AF137988

KLIMA.
MENSCH.
GESCHICHTE.

KLIMA.
MENSCH.
GESCHICHTE.

Für die Zukunft von unseren Vorfahren lernen

BRIAN FAGAN & NADIA DURRANI

Aus dem Englischen von
Ilka Schlüchtermann

KOSMOS

Aus dem Englischen übersetzt von Ilka Schlüchtermann, Neckargemünd

Titel der Originalausgabe: **CLIMATE CHAOS: Lessons on Survival from Our Ancestors**
von Brian Fagan und Nadia Durrani, erschienen @ 2021 bei PublicAffairs, einem Imprint von
Perseus Books (Hachette Book Group), unter der ISBN 9781541750876

IMPRESSUM

Umschlaggestaltung: GRAMISCI Editorialdesign, Claudia Geffert, München,
unter Verwendung des Fotos von Piyaset/Shutterstock

Unser gesamtes Programm finden Sie unter **kosmos.de**
Über Neuigkeiten informieren Sie regelmäßig unsere
Newsletter, einfach anmelden unter **kosmos.de/newsletter**.

Gedruckt auf chlorfrei gebleichtem Papier

Für die 1. deutschsprachige Ausgabe:
© 2022, Franckh-Kosmos Verlags-GmbH & Co. KG,
Pfizerstraße 5–7, 70184 Stuttgart
Alle Rechte vorbehalten
ISBN: 978-3-440-17580-4
Projektleitung: Wiebke Hebold
Kartenredaktion: Irmgard Sigg
Redaktion: Verlagsbüro Wais & Partner, Stuttgart: Annine Fuchs
Satz: Verlagsbüro Wais & Partner, Stuttgart
Produktion: Klaus Jost
Druck und Bindung: Finidr s.r.o, Cesky Tesin
Printed in Czech Republic / Imprimé en République Tchèque

◆◆◆

INHALT

Für Michael McCormick

Mit großem Dank für seine Ermutigung und seine klugen Ratschläge.

Er ist ein Vorbild für das „anbrechende Zeitalter der vereinten interdisziplinären Erforschung der menschlichen und natürlichen Vergangenheit."

◆ ◆ ◆

VORWORT

Nekhen, Oberägypten, ca. 2180 v. Chr. Anchtifi war ein sehr mächtiger Mann in einem von Zwist und Hunger geplagten Ägypten. Er war ein Nomarch, der höchste Beamte eines Verwaltungsbezirks (Gau), und somit zumindest theoretisch ein Untergebener des Pharaos, de facto jedoch einer der einflussreichsten Männer des Staates. Schritt er in feierlicher Prozession zum Tempel des Sonnengottes Amun, umgaben ihn schwer bewaffnete Leibwächter. Dabei war er ganz in Weiß gekleidet, trug eine perfekt frisierte Perücke und Ketten aus Halbedelsteinen um seinen Hals. Im hellen Sonnenlicht schaute der Staatsmann weder nach links noch nach rechts. Dabei schien er die Menschenmassen zu ignorieren, die sich entlang des Weges versammelt hatten. Er trug seinen langen Amtsstab und die zeremonielle Keule (Streitkolben) in Händen sowie einen reich verzierten, geknüpften Gürtel um die Taille. Unaufhörlich ließen die ihn begleitenden Wachen ihre Blicke nach vorn und nach hinten schweifen, stets auf der Hut vor Speeren und Messern. Die Menschen hatten leere Mägen, denn die Lebensmittelrationen, die sie bekamen, waren äußerst dürftig. Diebstahl und andere kleine Gewalttaten nahmen zu. Ein Horn ertönte, als der mächtige Mann den Tempel mit dem dunklen Schrein betrat, in dem der Sonnengott ihn bereits erwartete. Stille kehrte ein, als der Nomarch Amun seine Opfergaben darbrachte und für eine gute Überschwemmung betete, um die Not der letzten Jahre zu mildern.

So war es schon seit vielen Generationen, länger als viele Bauern dieser Region sich erinnern konnten. Unten am Nilufer hatten Priester den Fluss seit Tagen beobachtet und seinen Pegel an den Stufen des Flussufers markiert. Einige von ihnen waren der Verzweiflung nahe, denn sie erkannten, dass die Flut zurückging. Doch sie blieben voller Hoffnung, denn sie glaubten daran, dass die Götter den Fluss und die Fluten lenkten, die ihn flussaufwärts nährten. Anchtifi war ein starker, geradliniger Mann, der seinen Verwaltungsbezirk mit eiserner Hand führte. Er rationierte die Nahrungsmittel, überwachte die Bewegungen der Menschen und schloss die Grenzen zu seinem Gau – dies alles jedoch mit der tief im Herzen verwurzelten Überzeugung, dass sie alle der Gnade der Götter ausgeliefert waren. Schließlich war es schon immer so gewesen.

Gemeinsam mit seinen Zeitgenossen lebte Anchtifi in einer ägyptischen Welt, die vom Nil beherrscht wurde. Es war ein Leben in unruhigen Zeiten, in denen die erhofften Überschwemmungen oft gering und die Hungersnöte groß waren – nicht wesentlich anders, als wir es heute erleben. Die Klimaherausforderungen, denen wir uns gegenwärtig stellen müssen, sind global und von noch nie da gewesenem Ausmaß. Unzählige Menschen, von Politikern über religiöse Führer bis hin zu Aktivisten und Wissenschaftlern, verkünden, dass die Zukunft der Menschheit auf dem Spiel steht. Viele Experten ermahnen uns, dass wir noch immer eine Chance haben, um unseren Kurs zu korrigieren und das mögliche Aussterben zu verhindern. Obwohl dem tatsächlich so ist, haben wir dennoch das gewaltige Erbe weitgehend vergessen, das wir Menschen im Zusammenhang mit dem Klimawandel angetreten haben.

In weiten Kreisen herrscht die Überzeugung, dass die menschlichen Erfahrungen mit den Klimaveränderungen der Vorzeit für die heutige industrialisierte Welt irrelevant seien. Doch nichts könnte weniger der Wahrheit entsprechen. Sicher können wir die Lehren der Vergangenheit nicht direkt auf unser Leben heute übertragen. Dank jahrelanger archäologischer Forschung haben wir aber mehr über uns selbst als Individuum und als Gesellschaft gelernt. Zudem ist unser Wissen über die Anpassung an Klimaveränderungen über lange Zeiträume hinweg deutlich gewachsen.

Erschreckenderweise schreitet unsere vielfältige Abhängigkeit von fossilen Energieträgern (Kohle, Erdöl, Erdgas), bei deren Verbrennung Kohlenstoffdioxid (CO_2) entsteht, praktisch unvermindert fort. Ein niederschmetternder Beweis für die Bedrohung, die der vom Menschen gemachte Klimawandel ist, sind beispielsweise die katastrophalen Waldbrände, die im Jahr 2020 den amerikanischen Westen heimsuchten. Anhaltende globale Erwärmung, immer häufiger auftretende Wirbelstürme und andere Extremwetterereignisse, der steigende Meeresspiegel, beispiellose Dürren und rekordverdächtige Temperaturen: Die Liste der Bedrohungen scheint nicht enden zu wollen. Eine außerordentlich hohe Anzahl wissenschaftlicher Studien hat mittlerweile zweifelsfrei bewiesen, dass wir Menschen den hohen CO_2-Gehalt in der Atmosphäre verursachen.

Ungeachtet dessen haben sich Heerscharen von Klimaleugnern zusammengefunden. Häufig verteidigen sie genau jene Industrien, die sie finanzieren und die verkünden, dass die globale Erwärmung, der Anstieg des Meeresspiegels sowie die immer häufiger auftretenden Extremwetterereignisse Teil eines natürlichen Kreislaufs sind. Diese „Skeptiker" geben viel Geld für aufwendige Desinformationskampagnen aus und machen selbst vor jenen Verschwörungstheorien nicht halt, die die Wissenschaft in Misskredit bringen. Sie sind derart überzeugend, dass ein erheblicher Prozentsatz der Erdbevölkerung glaubt, sie sprächen die Wahrheit. Doch auf welcher Grundlage beruhen ihre Schlussfolgerungen? Wir wollen uns hier mit den bahnbrechenden Wissensfortschritten befassen, mit denen der Mensch dem Klimawandel in den vergangenen 30 000 Jahren begegnet ist. Wie sind die Menschen mit den Unwägbarkeiten des Wetters und des Klimas umgegangen? Welche ihrer Maßnahmen waren erfolgreich und welche sind gescheitert? Welche Lehren können wir aus ihren Entscheidungen für unser Leben ziehen, um daraus für unsere eigene Zukunft zu lernen? Die Behauptungen der Klimaleugner haben in diesen Diskussionen keinen Platz.

Noch vor einem Vierteljahrhundert wäre es unmöglich gewesen, diese Geschichte zu erzählen. Unter allen historischen Wissenschaften ist die Archäologie einzigartig in ihrer Fähigkeit, die Entwicklung und den Wandel menschlicher Gesellschaften über extrem lange Zeiträume hinweg zu erforschen. Denn die historische Perspektive der Archäologen reicht viel weiter zurück als bis zur Unabhängigkeitserklärung der Vereinigten Staaten oder zum Römischen Reich. Die rund 5100 Jahre unserer Geschichtsschreibung sind nicht mehr als ein Wimpernschlag im Vergleich zu den 6 Millionen Jahren menschlicher Erfahrung. Auf den folgenden Seiten werden wir unser historisches Teleskop auf den Menschen und den Klimawandel innerhalb eines ganz bestimmten Abschnitts dieser langen Chronik richten: auf die letzten 30 000 Jahre, vom Höhepunkt der Letzten Eiszeit bis zur Neuzeit – eine Periode bemerkenswerter Wandlung in der menschlichen

Gesellschaft. Ebenso einschneidende wie auch revolutionäre Erkenntnisse über den Klimawandel der Vorzeit verdanken wir der Paläoklimatologie. Sie untersucht und rekonstruiert historische Klimaverhältnisse anhand von Messungen, Analysen und sogenannten Proxiedaten aus Klimaarchiven wie Eisbohrkernen und Baumringen. Ein Großteil der aktuellen Forschung ist hoch spezialisiert, auf dem neuesten Stand der Technik und äußerst rasant voranschreitend. Im Wochentakt erscheinen neue bedeutende Studien. Hier den Überblick zu behalten und alle neuen Informationen zu bewältigen, ist ein gewaltiges Unterfangen, das nur wenige Laien anspricht. Anstatt unsere Geschichte im Morast wissenschaftlicher Einzelheiten versinken zu lassen, haben wir daher ein Prolegomenon – eine Art Vorrede – zur Klimatologie geschrieben, das die Seiten 27 bis 44 umfasst. In dieser Vorrede geben wir einen Überblick über die wichtigsten Klimaphänomene (z. B. den El Niño und die Nordatlantische Oszillation), sowie die am häufigsten verwendeten Methoden zur Erforschung des Klimas der Vorzeit. Wir halten eine vorangestellte Erörterung dieser Themen für sinnvoll, damit wir nicht von der Kernaussage unserer Schilderung abkommen, die in erster Linie archäologisch und historisch begründet ist.

Erst jetzt können wir Archäologen und Historiker damit beginnen, die Geschichte des Klimawandels der Vorzeit zu erzählen. Wir sind der festen Überzeugung, dass die Anpassungsstrategien unserer Vorfahren an lang- und kurzzeitige Klimaveränderungen von unmittelbarer Bedeutung für die heutige, vom Menschen verursachte (anthropogene) globale Erwärmung sind. Warum? Weil wir aus den Lektionen der Vergangenheit lernen können: Wie haben unsere Vorfahren die schwierigen Lebensbedingungen bewältigt, die der Klimawandel mit sich brachte, oder warum sind sie gescheitert? Wie der US-amerikanische Astrophysiker Carl Sagan schon 1980 sagte: „Man muss die Vergangenheit kennen, um die Gegenwart zu verstehen."

KLIMA. MENSCH. GESCHICHTE. stützt sich nicht nur auf die neuesten Erkenntnisse aus der Paläoklimatologie, sondern ebenfalls auf die sehr innovative, weit gefächerte Forschungsliteratur der Geistes- und Humanwissenschaften, darunter die Anthropologie, Archäologie, Ökologie und Umweltgeschichte. Wir bringen in diesem Buch auch Beiträge ans Tageslicht, die in den vergangenen zwei Jahrzehnten ihr Dasein im Verborgenen von Fachzeitschriften und Universitätsbibliotheken fristeten, denn sie geben tiefe Einblicke in den Zusammenhang zwischen menschlichem Verhalten und Klimaverhältnissen der Vorzeit. Wir haben diese Archive durchforstet, um die Reaktionen des Menschen auf die Extremwetterereignisse der Vergangenheit lebendig werden zu lassen.

EINE 30 000 JAHRE WÄHRENDE ERZÄHLUNG

Dies ist kein Fachbuch über die Geschichte des Klimas der Vorzeit; es ist die Erzählung darüber, wie sich unsere Vorfahren an die unzähligen kleinen und großen Klimaschwankungen angepasst haben. Die Wissenschaft des Klimawandels bildet den Hintergrund für das, was wir auf den folgenden Seiten über die Menschen der Vergangenheit berichten: ein Kaleidoskop unterschiedlichster Gesellschaften – Jäger und Sammler, Bauern und Hirten oder Menschen aus vorindustriellen Zivilisationen. Diese Geschichten umspannen Tausende von Jahren menschlicher Erfahrung in Zeiten, bevor es staatliche Behörden, Wetterberichte und Vorhersagen, Satelliten oder andere technologische Errungenschaften gab, die für uns heute eine Selbstverständlichkeit sind (s. dazu die Zeittafel auf S. 22).

Wir beginnen unsere Erzählung mit der Letzten Eiszeit vor rund 30 000 Jahren. Das sollten wir auch, denn die Anpassungsstrategien an extreme Kälte in Bezug auf Kleidung, Technologie und Risikomanagement wurden auch Tausende Jahre später noch genutzt. Kunst aus der Eiszeit, insbesondere jene an Felswänden, ist ein eindrucksvolles Zeugnis der komplexen Beziehung zwischen dem Menschen und seiner natürlichen Umwelt, einer Beziehung, die, wenn auch in veränderter Form, bis heute Bestand hat. Die letzte maximale Ausdehnung der Gletscher (letztes glaziales Maximum) wurde vor 18 000 Jahren erreicht, gefolgt von einer lang anhaltenden, unregelmäßigen, natürlichen globalen Erwärmung. Die Anpassungsfähigkeit der Menschen der Letzten Eiszeit war ein wertvolles Vermächtnis für die sich rasch verändernde, sich erwärmende Welt, der sich ihre Nachfahren vor 15 000 Jahren gegenübersahen. Dies führt uns ein entscheidendes Charakteristikum des Klimawandels vor Augen: seine Unbeständigkeit. Er umgibt den Menschen von allen Seiten, er schwankt in Zyklen von Kälte und

Hitze, von Regenfällen mit Fluten, kurzen und langen Dürren sowie klimatischen Veränderungen, manchmal durch heftige Vulkanausbrüche ausgelöst.

Die ersten drei Kapitel dieses Buches decken einen Zeitabschnitt zwischen dem Ende der Eiszeit vor rund 15 000 Jahren und dem 1. Jahrtausend n. Chr. ab. Es waren bedeutsame Zeiten: Der Übergang vom Jagen und Sammeln hin zu Ackerbau und Viehzucht vollzog sich, kurz darauf entstanden schon die ersten vorindustriellen städtischen Zivilisationen. Intuition und Sozialgedächtnis waren entscheidend für den Erfolg der Bedarfswirtschaft, wo Erfahrung stets ein wesentlicher Bestandteil des Risikomanagements und der Anpassung war, genauso wie detaillierte Kenntnisse des Lebensraumes. Allerdings entstanden nun komplexere gesellschaftliche Strukturen und soziale Schichten, die nicht nur für eine dramatisch wachsende soziale Ungleichheit sorgten, sondern auch für die zunehmende Anfälligkeit für rasche klimatische Veränderungen. Dadurch, dass große Bevölkerungsgruppen in die Städte gelockt wurden und dementsprechend immer mehr Menschen von den staatlichen Lebensmittelrationen abhängig wurden, waren die Herrscher in hohem Maße auf weiter steigende Getreideüberschüsse aus dem städtischen Umland und die von der politischen Elite kontrollierte intensive Landwirtschaft angewiesen. Die Risiken stiegen mit dem schnellen Wachstum von Städten wie Rom und Konstantinopel, die in eine immer größer werdende Abhängigkeit von Getreideimporten aus fernen Ländern wie Ägypten und Nordafrika gerieten. Sie wurden außerdem zunehmend anfälliger für Pestpandemien wie die katastrophale Justinianische Pest von 541 n. Chr.

Kapitel 4 bis 10 dieses Buches führen uns weiter ins 1. Jahrtausend n. Chr., zum Ende des Römischen Reiches, zum Aufstieg des Islam im Nahen Osten und zur Blütezeit der Maya in Mittelamerika. Hier werden die Aufzeichnungen des Klimas erheblich detaillierter. Wir kehren dann zurück zu den hochkomplexen zentralisierten Staaten in vorindustriellen Zeiten und deren stetig zunehmende, manchmal fatale Verwundbarkeit. Zu nennen ist hier beispielsweise Angkor Wat in Kambodscha, denn die einst größte Stadt der Welt war dem Untergang geweiht, als ihr ausgeklügeltes Kanalsystem aufgrund heftiger Niederschläge nach längeren Dürrephasen unter Druck geriet und schließlich kollabierte. Aus dem Eis und den Seeböden der südlichen Anden entnommene Bohrkerne dokumentieren zudem den Aufstieg und den Zusammenbruch – das Wort ist hier tatsächlich angebracht – der Staaten Tiwanaku und Wari im bolivianischen bzw. peruanischen Hochland vor mehr als 1000 Jahren. Starke und schwache Monsune unterstützten oder untergruben die Zivilisationen in Südost- und Südasien und beeinflussten unbeständige Königreiche im südlichen Afrika.

Die in diesen sieben Kapiteln gebrachten Beispiele der verschiedenen vorindustriellen Kulturen verdeutlichen einen entscheidenden Punkt hinsichtlich des Klimawandels der Vorzeit. Langfristige oder kurzfristige Klimaveränderungen haben nie den Untergang einer Zivilisation „verursacht". Vielmehr trugen sie maßgeblich dazu bei, dass Gesellschaften mit autoritärer Führung und starren Ideologien extrem anfällig für ökologische, wirtschaftliche, politische und soziale Probleme wurden. Vom Prinzip her erinnert dies an einen Kieselstein, der in einen Teich geworfen wird, und an die kleinen Wellen, die sich vom Aufprallpunkt ausbreiten. Diese Wellen sind die wirtschaftlichen und anderen Faktoren, die zusammenkommen und die scheinbare Ruhe blühender Staaten zerstören.

Anschließend, in den Kapiteln 11 bis 14, betreten wir ein Gebiet, dessen Klimageschichte und Historie uns eher vertraut sind, nämlich die vergangenen 1300 Jahre, mit ihrem klimatischen Jo-Jo, bestehend aus der Mittelalterlichen Klimaanomalie und der Kleinen Eiszeit. Wieder betrachten wir alles im globalen Zusammenhang und analysieren, in welcher Art und Weise der Klimawandel auf größere Vorkommnisse wie etwa die Große Hungersnot in Europa von 1315 bis 1321 und den Schwarzen Tod von 1347 bis 1351 Einfluss genommen hat. Ebenso betrachten wir die verringerte Sonnenfleckenaktivität, einschließlich des Maunder-Minimums (1545–1715). Wir beschreiben die Auswirkungen der Kälte auf die Kolonisten von Jamestown in Nordamerika, die Strategien, mit denen sich die Anasazi (auch *Ancestral Puebloans* genannt) im amerikanischen Südwesten an lange Trockenperioden anpassten, und auch, wie das Klima das sogenannte Goldene Zeitalter der Niederlande begünstigte, als deren gewiefte Händler und Seeleute die bei kalten Bedingungen vorherrschenden Ostwinde für ihre Seefahrten nutzten. Kapitel 14 erzählt vom berühmten „Jahr ohne Sommer" von 1816, das durch den Ausbruch des Vulkans Tambora im Jahr zuvor ausgelöst wurde, weltweite Auswirkungen hatte und in vielen Ländern zu schweren Hungersnöten führte. Schließlich kommen wir zur globalen Erwärmung, die im späten 19. Jahrhundert als Folge der industriellen Verschmutzung begann.

Eine interessante Reise in die Vergangenheit – doch was bedeutet all das für uns persönlich? Kapitel 15 zeigt, dass die Lehren, die die Menschen in der Vergangenheit aus lang- und kurzfristigen Klimaveränderungen gezogen haben, von entscheidender Bedeutung dafür sind, ob wir mit der beispiellosen, von uns selbst verursachten Erderwärmung leben können. In diesem Buch arbeiten wir sorgsam die Unterschiede zwischen Vergangenheit und Gegenwart aus, insbesondere was das Ausmaß des Klimaproblems für die Gegenwart angeht. Vorhersagen über ein klimatisches Inferno tauchen in Büchern vieler Art auf und klingen oft wie moderne Versionen der biblischen Offenbarung mit den vier Reitern der Apokalypse. Wir hingegen argumentieren, dass wir wichtige Lehren aus den Erfahrungen der traditionellen Gesellschaften ziehen können, von denen einige zwar uralt sind, aber noch immer fruchten. So muss unser Umgang mit dem Klimawandel eine langfristige Planung und ein kluges Finanzmanagement einbinden – beides in der Vergangenheit noch vollkommen unbekannt, außer in den Andengesellschaften, die die Realitäten des Lebens mit andauernder Dürre gut kannten.

Wir haben gelernt, dass auch heute noch viel davon abhängt, mit welchen lokalen Antworten wir dem drohenden Klimawandel begegnen, dass gleichzeitig aber auch internationale Kooperation in einem Ausmaß erforderlich ist, wie sie in der Vergangenheit unvorstellbar gewesen ist.

GESCHENKE AUS DER VERGANGENHEIT

Die Menschen der Vergangenheit haben uns mit ihren Anpassungsstrategien an klimatische Veränderungen ein kostbares Erbe hinterlassen. Einen Grundsatz darf man aber nicht vergessen: Wir sind Menschen, genau wie unsere Vorfahren, und wir verfügen über die gleichen brillanten Eigenschaften wie sie – wir können vorausdenken, in die Zukunft planen, Innovationen entwickeln und mit anderen zusammenarbeiten. Wir sind *Homo sapiens*, und dessen Eigenschaften haben uns schon immer geholfen, uns an Klimaveränderungen anzupassen. Sie sind ein unbezahlbares Vermächtnis an Erfahrung.

Ein zweites Geschenk der Vergangenheit ist die bleibende Erinnerung daran, dass verwandtschaftliche Bindungen und die angeborene menschliche Fähigkeit, mit anderen zu kooperieren, selbst in dicht bevölkerten Megastädten ein wertvolles Gut sind. Schon ein Blick auf die alte oder auch moderne Pueblo-Kultur im amerikanischen Südwesten reicht aus, um zu erkennen, dass Verwandtschaft, gegenseitige Verpflichtungen und Mechanismen zur Überwindung von Abgrenzung unter Druck geratene Gesellschaften zusammenschweißen können. Dieselben Beziehungen können wir heute in verschiedenen Gemeinschaften, beispielsweise in Kirchen oder in Vereinen, beobachten. Verwandtschaftliche Beziehungen sind äußerst hilfreich, um Probleme gemeinsam zu bewältigen. Das Gleiche gilt für Strategien der Ausbreitung und Mobilität, mit denen sich die Menschen über Jahrtausende hinweg an Dürren oder Zerstörung durch Überflutungen angepasst haben. Bis heute ist Mobilität in Form von unfreiwilliger Migration nach wie vor eine bedeutsame menschliche Reaktion auf Klimaveränderungen: Man denke nur an die Tausende von Menschen, die versuchen, der Dürrekatastrophe im Nordosten Afrikas zu entfliehen. Heute sprechen wir von „Umweltflüchtlingen". In Wirklichkeit aber beobachten wir nur die uralte Strategie, durch Mobilität das Überleben zu sichern – allerdings in einem massiven Ausmaß.

Doch das ist noch nicht alles: Die Gesellschaften der Vergangenheit lebten in enger Beziehung mit ihrer Umwelt. Sie konnten keine wissenschaftlich ermittelten Wettervorhersagen nutzen, geschweige denn Computersimulationen oder auch nur eines der vielen Klima-Proxies, die uns heute zur Verfügung stehen. Die Babylonier und andere Völker, wie auch die Astronomen im Mittelalter, befragten die Himmelskörper, doch ohne großen Erfolg. Noch bis ins 19. Jahrhundert hinein waren selbst die fachkundigsten Vorhersagen auf lokale Wetterphänomene wie Wolkenformationen oder plötzliche Temperaturschwankungen angewiesen. Bauern und Städter mussten sich gleichermaßen auf subtile Anzeichen in ihrer Umwelt verlassen, die sie sich über Generationen hinweg angeeignet hatten. Hierzu gehörte beispielsweise, dass dichte Wolkenformationen einen herannahenden Wirbelsturm ankündigten. In ähnlicher Weise erkannten Fischer und Seeleute die kleinsten Veränderungen im Seegang als Vorboten gewaltiger Stürme.

Die Erfahrungen unserer Vorfahren erinnern uns daran, dass unsere Anpassungsfähigkeit an Klimaveränderungen zumeist auf lokaler Ebene gut funktioniert, aber auch auf lokalen Erfahrungen und Erkenntnissen gründet. Solche Anpassungen – seien es der Bau eines Deiches, die Verlegung von Häusern in höher gelegene Gebiete oder aber die gemeinschaftliche Reaktion auf eine Hochwasserkatastrophe –, beruhen auf lokaler Erfahrung und auf Kenntnissen über die unmittelbare Umwelt. Die meisten historischen Gesellschaften, ob in kleinen Dörfern oder Städten, waren sich sehr wohl bewusst, dass sie den Naturkräften ausgeliefert waren und keine Chance hatten, diese in irgendeiner Weise zu kontrollieren.

Wenn wir über die vergangenen Jahrtausende zurückblicken, können wir einige allgemeine Kategorien von Klimaveränderungen unterscheiden, mit denen unsere Vorfahren zurechtkommen mussten. Katastrophale Ereignisse wie das außergewöhnlich heftige El Niño/Southern Oscillation-Phänomen an den Küsten des Pazifiks oder massive Vulkanausbrüche, deren zerstörerische Aschewolken ganze Ernten ruinierten, verursachten jedoch viel Leid und teils auch schwerwiegende Schäden bis hin zum Verlust von Menschenleben.

Wenn solch ein Ereignis vorüber war, kehrten die normalen klimatischen Bedingungen schnell zurück und die Opfer erholten sich. Die Auswirkungen waren in der Regel nur von kurzer Dauer und rasch überwunden, häufig schon innerhalb einer einzigen Lebensspanne. Die Erholung von solchen Klimaeinbrüchen erforderte gute Zusammenarbeit, enge persönliche Bindungen und eine starke Führung – ein bleibendes Erbe der Vergangenheit.

In kleinen Gesellschaften lag die Führung in den Händen von Familienoberhäuptern und Ältesten, also Personen mit Erfahrung und einem ausgeprägten Charisma, das Loyalität hervorrief. Vieles hing von den gegenseitigen Verpflichtungen zwischen den Angehörigen einer Gruppe ab, und auch von der Fähigkeit der Anführer, Nahrungsmittelüberschüsse zu kontrollieren und zu lenken.

Klimaereignisse haben deutlich andere Ausmaße als kurzfristige Klimaveränderungen: eine längere Dürreperiode, ein regenreiches Jahrzehnt, oder heftige Überschwemmungen, die die Ernteerträge dezimieren.

Viele Bedarfswirtschaften der Vergangenheit, darunter die Moche- und Chimú-Kultur an der Westküste Südamerikas, waren sich der Gefahren lang anhaltender Dürren nur allzu bewusst. Sie vertrauten auf die Abflüsse aus den Anden, um ihre sorgfältig angelegten Bewässerungsanlagen in den Flusstälern der Wüste zu speisen, die zum Pazifik führten. Beide Kulturen waren auch von der reichen Sardellenfischerei an der Küste abhängig, die einen Großteil ihrer Ernährung ausmachte, sowie von Grundwasser und den gut gewarteten Bewässerungskanälen, denn bei der Verteilung der Wasservorräte zählte jeder Tropfen. Ihre Anpassungsfähigkeit stützte sich auf die gemeinschaftliche Verwaltung der Wassersysteme, die von mächtigen Häuptlingen beaufsichtigt wurden.

Es war kein Zufall, dass die vorindustriellen Zivilisationen der vergangenen 5000 Jahre auf Kosten sozialer Ungleichheit erblühten, denn die Gesellschaften wurden von einigen wenigen zum eigenen Vorteil geführt. Alles hing von den sorgsam erarbeiteten und kontrollierten Nahrungsmittelüberschüssen ab, denn in Gesellschaften wie dem Alten Ägypten und dem Khmer-Reich in Südostasien mussten sowohl das Bürgerturm als auch der Adel von den ihnen zugeteilten Rationen leben. Die Bauern in ländlichen Regionen, die das Land unweit ihres Wohnortes bearbeiteten, konnten kürzere Dürren überstehen, indem sie auf weniger beliebte Feldfrüchte oder auch Wildpflanzen auswichen. Sie mussten vielleicht einmal eine Zeit lang Hunger leiden, aber das Leben ging weiter. Länger anhaltende Trockenperioden waren etwas anderes. Dazu gehört unter anderem die berühmte Megadürre von 2200 bis 1900 v. Chr., häufig als „4,2-Kilojahr-Ereignis" oder „4,2-ka-Ereignis" bezeichnet, die sich über den östlichen Mittelmeerraum und Südasien erstreckte. Ebendieser Megadürre waren die Pharaonen hilflos ausgeliefert. Da sie ihr Volk nicht mehr ausreichend ernähren konnten, zerfiel ihr Staat in konkurrierende Regionen. Nur den erfolgreichsten Provinzführern, die ihre Probleme auf lokaler Ebene lösen konnten, gelang es, ihr Volk zu ernähren und die Abwanderung einzuschränken. Von göttlichen Pharaonen, die die Nilfluten unter ihrer Kontrolle hatten, war keine Rede mehr. Spätere Könige investierten enorm viel in Bewässerungssysteme, und so überlebte das Alte Ägypten bis zur Römerzeit.

Es war auch kein Zufall, dass die vorindustriellen Zivilisationen größtenteils unbeständige Gebilde waren, die mit verwirrender Schnelligkeit aufstiegen und wieder verschwanden. Vieles hing von der Fähigkeit der Herrscher ab, Getreide und andere lebenswichtige Güter über größere Entfernungen zu transportieren. Die Pharaonen hatten den Nil direkt vor ihrer Haustür, während die Maya sowie viele Staaten in China und Mesopotamien auf menschliche Arbeitskraft und Packtiere angewiesen waren. Politisch hieß dies, dass die Anpassung an Klimaveränderungen einmal mehr eine lokale Angelegenheit war, da die meisten Herrscher aufgrund der begrenzten Infrastruktur ihre Territorien lediglich in einem Umkreis von etwa 100 Kilometern kontrollieren konnten. Die Lösung war, Frachtgut auf dem Wasserweg zu transportieren. So ernährten beispielsweise die römischen Kaiser Tausende ihrer Untertanen mit Getreide aus Ägypten und Nordafrika, doch ihre Anfälligkeit für klimatisch bedingte Ernteausfälle in entlegenen Gebieten stieg um das Hundertfache.

Mit der schnell voranschreitenden Industrialisierung, der Entwicklung der Dampfkraft und der sich beschleunigenden Globalisierung vom 19. bis zum 21. Jahrhundert, wurde die Anpassung der komplexen, stetig wachsenden Gesellschaften an Klimaveränderungen zu einem extrem schwierigen Unterfangen. Doch es gibt Hoffnung für die Zukunft, und ein Teil dieses Optimismus basiert auf der brillanten menschlichen Fähigkeit, Chancen beim Schopfe zu packen und sich dem Klimawandel in großem Maßstab anzupassen. Zudem machen uns die Lehren aus der Vergangenheit Mut für die Zukunft. Entschlossene Führung und – als herausragendste menschliche Eigenschaft – unsere Fähigkeit, mit unseren Mitmenschen zu kooperieren, dies sind zwei grundlegende, bewährte Strategien, die die Vergangenheit zur klimapolitischen Diskussion heute beisteuert. Die menschliche Natur und unsere Reaktionen auf Veränderungen und plötzliche Notlagen sind manchmal leicht vorhersehbar. Der Vulkanausbruch von Pompeji 79. n. Chr. und ähnliche Katastrophen zeigen, wie wir uns angesichts unheilvoller Ereignisse verhalten. Wir gehören alle zur selben Spezies, können viel voneinander, aber auch von unserer gemeinsamen Vergangenheit lernen. Wenn nicht jetzt, so doch bald, wird die Menschheit einen anderen Gang einlegen müssen. Denn eines Tages, vielleicht schon morgen, vielleicht auch erst in einigen Jahrhunderten, werden wir mit einer Klimakatastrophe konfrontiert sein, die über jeden kleinlichen Nationalismus hinausgeht und die uns alle betrifft – uns alle gleichzeitig. Und sie wird so tiefgreifend sein wie eine Pandemie. Mit diesem Buch möchten wir die Vergangenheit ausbreiten, um es den Lesern zu ermöglichen, sich in der Gegenwart zurechtzufinden und Erkenntnisse aus der Vergangenheit zu nutzen, um in die Zukunft zu gehen.

◆◆◆

ANMERKUNG DER AUTOREN

Daten

Alle Radiokarbondaten sind auf Kalenderjahre geeicht. Es wird durchgehend die gebräuchliche Bezeichnung „v. Chr./n. Chr." von Zeiten verwendet. Daten, die vor 10 000 Jahre v. Chr. liegen, werden als „vor … Jahren" angegeben.

Ortsnamen

Die modernen Ortsnamen spiegeln die derzeit gebräuchlichste Schreibweise wider. Wo es angebracht erscheint, werden weithin akzeptierte alte Schreibweisen verwendet.

Massangaben

Alle Maßangaben sind in metrischen Maßen angegeben, wie es heute in wissenschaftlichen Studien üblich ist.

Karten

In einigen Fällen wurden Orte, die unklar oder unbedeutend sind bzw. die sich innerhalb oder in der Nähe von heutigen Städten befinden, nicht auf den Karten berücksichtigt.

Zeittafel

Eine allgemeine Zeittafel folgt hier im Anschluss. In Anbetracht des weiten zeitlichen Rahmens des Buches und der manchmal unvermeidlichen abrupten Wechsel zwischen Jahrhunderten und Jahrtausenden werden die chronologischen Informationen auch bei den einzelnen Kapiteltiteln und bei vielen Unterüberschriften angegeben.

◆◆◆

BEDEUTENDE KLIMATISCHE UND HISTORISCHE EREIGNISSE
VOR 15 000 JAHREN BIS HEUTE

In dieser Zeittafel sind einige der bedeutendsten klimatischen und kulturellen Entwicklungen seit der Letzten Eiszeit aufgeführt. Sie erhebt keinen Anspruch auf Vollständigkeit. Wichtige Klimaereignisse sind fett gedruckt. Daten vor 10 000 v. Chr. sind in Jahren vor der Gegenwart angegeben.

n. Chr.

2020	Anhaltende, vom Menschen verursachte Erwärmung.
1875–1877	Schwere Dürren in Indien und Nordchina. Millionen von Menschen sterben.
ca. 1850	Mit dem sprunghaften Anstieg der Schwarzkohleemissionen nimmt die vom Menschen gemachte Erderwärmung gravierende Ausmaße an. Die Kleine Eiszeit geht allmählich zu Ende.
1817–1830er	Eine schwere Cholerapandemie fordert Tausende von Menschenleben.
1816	Das vulkanbedingte „Jahr ohne Sommer" führt zu einem Kälteeinbruch. Mary Shelley schreibt ihren Roman *Frankenstein*.
1815	Der Tambora bricht auf der indonesischen Insel Sambowa aus.
ca. 1760	Beginn der Industriellen Revolution.

1645–1715	Maunder-Minimum.
1607	Jamestown, die erste dauerhafte englische Siedlung in Nordamerika, wird gegründet. Die Dürre von 1606 bis 1612 verursacht großes Leid.
1602	Gründung der Niederländischen Ostindien-Kompanie.
1600	Ausbruch des Vulkans Huaynaputina in Peru.
1600er	Nunalleq in Alaska wird von Angehörigen der Kulturgruppe der Yup'ik besiedelt.
1565	St. Augustine, die älteste durchgehend besiedelte und von Europäern gegründete Stadt der USA, wird in Florida gegründet.
1584–1586	Die englische Kolonie Roanoke wird auf Roanoke Island vor der Ostküste des heutigen US-Bundesstaates North Carolina gegründet und wieder aufgegeben.
1590	König Heinrich IV. von Frankreich belagert das katholische Paris.
1560er–1620	Grindelwald-Schwankung.
1458	Der unterseeische Vulkan Kuwae auf Vanuatu im südwestlichen Pazifik bricht aus.
ca. 1450	Die skandinavischen Siedlungen auf Grönland werden aufgegeben.
1453	Das Oströmische Reich fällt an das Osmanische Reich.
1450–1530	Das Spörer-Minimum bringt Kälte.
1431	Das Khmer-Reich löst sich auf.
1321–1361	Die Große Hungersnot in Europa fordert Zehntausende von Menschenleben.
ca. 1250	Die Kleine Eiszeit setzt ein.
ca. 1200	Die Mittelalterliche Klimaanomalie klingt ab.
1341–1351	Der Schwarze Tod kostet Millionen von Menschen das Leben.
ca. 1300–1450	Groß-Simbabwe im südlichen Afrika ist auf dem Höhepunkt seiner Macht.
1220–1448	Mehrere Dutzend teils untereinander verfeindete Stadtstaaten der Maya beherrschen den Norden der mittelamerikanischen Halbinsel Yucatán.

ca. 1220–1310	Das Königreich Mapungubwe erlebt seine Blütezeit im südlichen Afrika.
1113–1150	Angkor Wat wird in Südostasien errichtet, anschließend Angkor Thom.
ca. 1050–1300	Cahokia im Mississippital wird zu einem bedeutenden politischen und rituellen Zentrum.
ca. 1017	Das Anuradhapura-Königreich in Sri Lanka löst sich auf.
ca. 1000	L'Anse aux Meadows, eine skandinavische Siedlung, wird in Neufundland gegründet.
ca. 950	Die Mittelalterliche Klimaanomalie beginnt.
ca. 850–1471	Chimú blüht an der Nordküste Perus auf.
800–1130	Der Chaco Canyon wird zu einem wichtigen zeremoniellen Zentrum im amerikanischen Südwesten.
750–950	Mindestens acht gewaltige Vulkanausbrüche beeinflussen das Klima.
ca. 550–1000	Der Tiwanaku-Staat beherrscht das Andenhochland.
541	Die Justinianische Pest erreicht Ägypten und breitet sich im Römischen Reich aus.
536	Großer Vulkanausbruch auf Island.
450–ca. 700	Spätantike Kleine Eiszeit.
405–410	Das Weströmische Reich löst sich auf.
330	Der römische Kaiser Konstantin der Große macht Byzanz zu seiner Hauptresidenz und benennt die Stadt in Nova Roma um. Nach seinem Tod im Jahr 337 wird die Stadt in Konstantinopel (heute Istanbul) umbenannt.
166	Antoninische Pest in Rom.
ca. 100	Die ersten Bauern lassen sich südlich des Sambesi in Afrika nieder.
100–800	Der Moche-Kultur gedeiht an der Nordküste Perus.

v. Chr.

30	Octavian, der spätere Kaiser Augustus, annektiert Ägypten und macht es zur römischen Provinz.
ca. 200–150 n. Chr.	Römisches Klima-Optimum.
250–ca. 900 n. Chr.	In Mittelamerika erlebt die Maya-Kultur ihre Blütezeit.
377	Die Königsstadt Anuradhapura wird in Sri Lanka gegründet.
912–610	Das Neuassyrische Reich beherrscht große Teile Südwestasiens.
1000–400	Maya-Bauern besiedeln in Mittelamerika das Tiefland von Yucatán.
1472/1	Expeditionen der altägyptischen Königin Hatschepsut nach Punt, einem mythischen Goldland ähnlich Eldorado, dessen Ort bis heute unbekannt ist.
2200–1900	Das 4,2-ka-Ereignis (Megadürre). Dürre in ganz Mesopotamien. Destabilisierung des Alten Ägypten bis 2060.
ca. 2500	In Ägypten werden die Pyramiden von Gizeh gebaut.
2600–1700	Die Städte der Indus-Kultur erleben ihre Blütezeit.
2334–2218	Die Akkadische Zivilisation beherrscht Mesopotamien.
ca. 2900–2300	Sumerische Zivilisation in Mesopotamien.
3100	Die Vereinigung Ägyptens führt Ober- und Unterägypten zusammen.
3000–1800	Caral, die älteste bekannte Stadtsiedlung auf dem amerikanischen Kontinent, blüht an der peruanischen Küste auf.
3500	Uruk in Mesopotamien (heutiges Warka, Irak) erlangt Bedeutung.
6200–5800	Große Dürreperioden in weiten Teilen des Nahen Ostens.
ca. 6200	Doggerland in der heutigen Nordsee zwischen Deutschland und Südengland wird endgültig überflutet.
7400–5700	Catalhöyük, eine jungsteinzeitliche Siedlung in der heutigen Türkei, erlangt große Bedeutung.

ca. 9000	Ackerbau und Viehzucht beginnen in Abu Hureyra und an anderen Orten im Norden des Nahen Ostens.
ca. 11 000	Abu Hureyra im heutigen Syrien wird von Jägern und Sammlern besiedelt.
ca. 11 650 (vor 13 650 Jahren)	Das Holozän (Nacheiszeitalter) beginnt.
ca. 13 000 (vor 15 000 Jahren)	Die ersten Siedlungen in Amerika entstehen.
ca. 18 000 (vor 20 000 Jahren)	Die natürliche globale Erwärmung beginnt.

◆◆◆

BEVOR WIR BEGINNEN
FEUER, EISZEITEN UND MEHR

Während wir dieses Buch schrieben, standen weite Teile Kaliforniens in Flammen. Waldbrände breiteten sich rasend schnell aus und erfassten 1,6 Millionen Hektar. Dutzende kleine und große Brandherde gerieten außer Kontrolle und vereinigten sich häufig in riesigen Flächenbränden. Dichte Aschewolken trieben über gigantische Entfernungen hinweg, die Luftverschmutzung gefährdete die Gesundheit. Brände klangen über Nacht nicht mehr ab, weil die Temperaturen weiter hoch blieben. Das als *North Complex Fire* bezeichnete Großfeuer im Norden Kaliforniens hatte sich zum Beispiel über Nacht um 40 468 Hektar ausgeweitet. Die jährlich in Kalifornien abbrennende Fläche hat sich seit 1972 verfünffacht. Derweil haben mehr als 14 000 Feuerwehrleute aus den Vereinigten Staaten und der ganzen Welt gegen das Flammenmeer gekämpft. Tausende von Menschen wurden evakuiert und Hunderte von Häusern brannten nieder. Der Temperaturanstieg ist spürbar, die Niederschläge haben abgenommen und sind weniger vorhersehbar geworden. Die Vegetation in häufig unzugänglichem Terrain wird immer trockener und die Schneedecken in den Bergen verdunsten. Nahezu 30 Prozent der Bevölkerung Kaliforniens leben in Gebieten mit Waldbrandgefahr, was zum Teil auf die unzureichende Flächennutzungspolitik zurückzuführen ist, die eine unaufhaltsame Zersiedelung der Landschaft fördert.

Immer mehr Menschen bauen in brandgefährdeten Gebieten oder errichten dort ihre Häuser nach Bränden tatsächlich wieder. Die Bewirtschaftung der Wälder verschlechtert sich, denn viel zu häufig wird ausschließlich mit einzelnen Arten aufgeforstet. Zudem wurde fast nichts getan, um die Menschen zu ermutigen, sich aus der Gefahrenzone zu bewegen. So stehen Menschen in Kalifornien und Oregon vor einem Ergebnis des zunehmend unberechenbaren, katastrophalen wie auch vom Menschen gemachten Klimawandels: scheinbar unkontrollierbarem Feuer.

Dies ist bei Weitem nicht das erste Mal in der Geschichte, dass die Menschen vor einer Umweltkatastrophe stehen – sei es nun Überschwemmung, Dürre oder Feuer. Aber dieses Mal ist es anders. Denn dieses Mal sind die klimabedingten Katastrophen das direkte Ergebnis unseres eigenen Handelns. Manche fragen sich, ob wir uns jemals an die neuen Gegebenheiten mit extremen Temperaturen und zerstörerischen Bränden anpassen werden. Schließlich sind unsere dicht besiedelten Landschaften sehr anfällig für verheerende Feuer, die durch Blitzeinschläge ausgelöst und von heftigen Fallwinden verstärkt werden. Letztere tragen die Funken kilometerweit und lassen auf diesem Wege innerhalb weniger Minuten ganze Gemeinden in Flammen aufgehen. Sind wir vom Aussterben bedroht und sollten daher in eine sichere Umgebung evakuiert werden? Oder sind wir in der Lage, uns an die neuen bedrohlichen Bedingungen anzupassen, die größtenteils von uns selbst verursacht wurden? Erst jetzt beginnen wir, uns mit diesen Fragen ernsthaft auseinanderzusetzen.

Dieses Buch beschreibt die Anpassung des Menschen an Klimaveränderungen aller Art. Historische Gesellschaften adaptierten sich erfolgreich an plötzliche Klimaereignisse, wie Aschewolken von weit entfernten Vulkanausbrüchen oder Dürreperioden, die wenige Jahre andauerten. Ihnen gelang aber auch die Anpassung an längerfristige klimatische Schwankungen, wie steigende Meeresspiegel, jahrhundertelange Trockenperioden und mehrjährige Phasen mit extrem niedrigen Temperaturen. So gesehen hat sich unsere Fähigkeit zur Zusammenarbeit, zur gegenseitigen Unterstützung und zum wirksamen Risikomanagement bewährt. Der Preis dafür war häufig hoch, doch unsere Erfahrungen aus der Vergangenheit lassen hoffen, dass wir auch die gegenwärtige Umweltkrise überleben werden. Des Öfteren werden die Kosten dafür hoch sein. Dies gilt sowohl in Bezug auf kurzfristige Anpassungen als auch auf längerfristige, mühsam erstrittene und letztendlich dauerhaft umgesetzte Veränderungen in der Gesellschaft sowie in unserer Lebensweise.

Zum Glück konnten wir in den vergangenen 50 Jahren eine revolutionäre Entwicklung in der Paläoklimatologie beobachten, die klimatische Verhältnisse der erdgeschichtlichen Vergangenheit (Paläoklima) in Form einer Klimageschichte erforscht und rekonstruiert. Was als kühne Pionierarbeit im späten 19. und frühen 20. Jahrhundert in den Händen einiger weniger begabter Forscher begann, ist nun zu einem bedeutenden wissenschaftlichen Unterfangen geworden. Fachliteratur über historische Klimaentwicklungen schießt in den letzten Jahren wie Pilze aus dem Boden. Nahezu wöchentlich erscheinen wichtige Studien, die es selbst spezialisierten Klimatologen unmöglich machen, mit dem aktuellen Stand Schritt zu halten. Nicht-Klimatologen wie wir – wir sind Archäologen – verzweifeln mitunter bei dem Versuch, auf dem Laufenden zu bleiben. Bereits ein Exkurs in die Fach- und Sachliteratur führt uns in einen Dschungel von Fachbegriffen und Abkürzungen, von denen das El Niño/Southern Oscillation-Phänomen (ENSO) vielleicht noch die bekannteste ist.

Wir verfolgen mit diesem Buch nicht die Absicht, in die tiefgründigen Feinheiten der globalen Klimatologie oder der Paläoklimatologie einzutauchen, denn diese Themen sind Wissenschaften für sich. Vielmehr haben wir die jüngsten Studien dazu genutzt, um eine Geschichte über unsere Vorfahren und ihre Beziehungen zum sich wandelnden Klima zu erzählen, angefangen von der Vorzeit bis in die jüngste Vergangenheit – schließlich sind es doch gerade die langen Zeiträume, in die wir Archäologen leidenschaftlich abtauchen. Als wir uns in den Klimawandel der Vorzeit einarbeiteten, entdeckten wir eine Reihe bedeutender Kräfte, die Einfluss auf die Klimaveränderungen hatten, und werden diese hier dokumentieren. Dazu gehören einige bekannte Phänomene wie El Niños und La Niñas, Eiszeiten, Megadürren und Monsune. Im Folgenden beleuchten wir die Rolle, die diese Hauptakteure neben anderen im Zuge des Klimawandels gespielt haben. Wir erläutern auch einige der indirekten Anzeiger des Klimas, sogenannte Klima-Proxies, mittels derer sich Schwankungen des Klimas in der Vergangenheit aufzeigen lassen. Betrachten Sie die folgenden Abschnitte doch zunächst als *snorts before the solid orgies* („Schnauber, bevor die

Geschichte richtig losgeht") wie es der große Humorist P. G. Wodehouse einprägsam formulierte. Wenn Ihnen einige dieser Klimaakteure nicht bekannt sind, sollten Sie sich diesen kurzen Ausflug in die globale Klimaforschung gönnen.

Der US-amerikanische Geowissenschaftler und El Niño-Experte George Philander hat uns in seinem Klassiker über die globale Erderwärmung *Is the Temperature Rising?*[1] den Weg bereitet. Darin beschreibt er die ungleiche Kopplung zwischen Veränderungen im Ozean und der atmosphärischen Zirkulation – in seinen Augen kein ideales Paar – wie folgt: *„Während die Atmosphäre recht schnell auf Veränderungen der Oberflächentemperatur im Ozean reagiert, so ist der Ozean selbst eher langsam und schwerfällig in seinen Reaktionen."* Dieser Satz allein bringt eine der grundlegenden Herausforderungen an die Paläoklimatologie auf den Punkt: Wie kann es einem so ungleichen Paar von Klimagiganten überhaupt gelingen, miteinander zu tanzen? Wer übernimmt in diesem Tanz die Führung? Wer ändert das Tempo oder verlangsamt es sogar fast bis zum Stillstand? Viele Details dieser komplexen, sich ständig verändernden Partnerschaft stellen uns noch immer vor große Rätsel. An dieser Stelle können wir die Hauptakteure näher betrachten.

NATÜRLICHE ARCHIVE UND INDIREKTE ANZEIGER DES KLIMAS

Eine Vielzahl der globalen Klimaveränderungen vollzieht sich in großem Maßstab. Vor etwas mehr als 100 Jahren identifizierten die beiden österreichischen Geologen Albrecht Penck und Eduard Brückner mindestens vier große Kaltzeiten in den Alpen, die von Warmzeiten unterbrochen waren. Die beiden Wissenschaftler untersuchten glaziale Ablagerungen in den Flusstälern der Gebirge, doch ihre Erkenntnisse sind längst überholt. Die vier Kaltzeiten sind eine viel zu vereinfachte Darstellung der Eiszeit, die doch den Hintergrund für die Evolution des Menschen und das Auftreten des modernen Menschen auf der Weltbühne bildete. Heute wissen wir, dass die Eiszeit (Pleistozän) mit der sogenannten Würm-Kaltzeit vor rund 15 000 Jahren endete. Mit dem Rückzug des Eises brachte das Holozän (Nacheiszeit) eine natürliche, stetige Erwärmung – die bis heute anhält.

Unser Wissen über das eiszeitliche Klima beschreibt ein allgemeines Bild mit dem Wechsel von Abkühlung und Erwärmung. Hier arbeiten wir mit Zeitskalen, die Tausende und Zehntausende Jahre überspannen. Wir wissen zum Beispiel, dass es die kältesten Jahrtausende der Letzten Eiszeit vor rund 21 000 Jahren gab. Wie jedoch aus späteren Aufzeichnungen klar hervorgeht, verändert sich das Klima stetig, sodass Klima-Proxies ein viel differenzierteres Bild des eiszeitlichen Klimas vor 30 000 bis 15 000 Jahren abgeben als Gletscherablagerungen.

Klima-Proxies sind indirekte Anzeiger des Klimas, die in natürlichen Archiven wie Eisbohrkernen und Baumringen aufgezeichnet werden. Sie können uns dabei helfen, klimatische Veränderungen abzulesen, die aus einer Zeit weit vor den ersten präzisen Klimaaufzeichnungen aus der Mitte des 19. Jahrhunderts stammen. Tiefseebohrkerne aus dem südwestlichen Pazifik, die bis 780 000 Jahre zurückreichen und einen Großteil der Eiszeit abdecken, zeigen vollständige Gletscher- und Zwischeneiszeiten in diesen Jahrtausenden. Offensichtlich war das Klima während der Eiszeit weitaus wechselhafter als bisher angenommen. Eisbohrkerne, die durch tiefe Bohrungen in das grönländische und arktische Eis gewonnen werden, liefern uns heute viel genauere Aufzeichnungen des Klimas im Pleistozän, die mindestens 800 000 Jahre zurückreichen. Heute wissen wir zum Beispiel, dass ein 100 000-Jahres-Zyklus den Wechsel von Vereisung zu wärmeren Zwischeneiszeiten gesteuert hat. Eine Abkühlung vollzieht sich graduell, die Erwärmung hingegen viel schneller.

Allerdings gibt es durchaus Schwierigkeiten bei der Verwendung von Tiefseebohrkernen, die inzwischen aus fast allen Ozeanen verfügbar sind. Genauso bei Eisbohrkernen, die von vielen Orten der Erde, einschließlich der heutigen Gletscher in den peruanischen Anden, vorhanden sind. Zwar werden die Klima-Proxies aus Eis- und Tiefseebohrkernen immer präziser, doch aus archäologischer Sicht liefern sie ein etwas zu breites Bild von der Letzten Eiszeit. Gleiches gilt für die enormen Löss-Ablagerungen, also den vom Wind verwehten feinen Sand der Eiszeitgletscher, der in der Letzten Eiszeit häufig Siedlungen wie in den Flusstälern der Ukraine bedeckte. Übergeordnet versprechen diese natürlichen Archive zwar verblüffende Erkenntnisse. Aber wenn es um die Anpassung des Menschen an das sich wandelnde Klima geht, bedarf es erheblich detaillierterer Klima-Proxies.

Zu ebendiesen zählen Tropfsteine, die zwar noch relativ neu auf der Bühne der Klimaforschung sind, nichtsdestotrotz aber von großer Bedeutung. Sie entstehen, wenn Wasser durch die Erde oder poröses Gestein ins Höhleninnere sickert. Dabei wird der sich im Gestein befindliche Kalk gelöst, von dem das Wasser beim Tropfen oder Fließen in die Höhle Rückstände zurücklässt. Über einen längeren Zeitraum wachsen auf diese Weise Stalaktiten (von der Höhlendecke) und Stalagmiten (vom Höhlenboden) in Schichten heran. Während dickere Schichten sich bilden, wenn viel Wasser in die Höhle fließt, entstehen dünnere, wenn wenig Wasser einsickert. Die jeweiligen Schichten in Tropfsteinen können zeitlich sehr genau bestimmt werden, indem die Menge an radioaktivem Uran gemessen wird, das bei der Entstehung der Tropfsteine in geringen Konzentrationen im Tropfwasser gelöst und somit in den jeweiligen Schichten gespeichert wird. Da Uran mit einer bekannten Geschwindigkeit in Thorium zerfällt, gibt eine Gesteinsprobe genauen Aufschluss über das Alter. Dies bedeutet: Umso höher der Anteil an Thorium im Vergleich zu Uran ist, je älter ist die Gesteinsprobe. So lässt sich ebenfalls feststellen, wie sich der Grundwasserspiegel im Laufe der Zeit verändert hat. Da eine ganze Reihe von Faktoren das Wachstum von Tropfsteinen beeinflusst, zum Beispiel die chemische Zusammensetzung des lokalen Grundwassers, müssen die klimatischen Daten aus Tropfsteinen einer Höhle mit jenen aus anderen Höhlen in einem großen Umkreis miteinander verglichen werden.

Darüber hinaus gibt eine Probe aus Tropfstein auch Aufschluss über die Niederschlagsmenge im Laufe der Zeit. Dazu werden die Verhältnisse verschiedener Sauerstoffisotope zueinander untersucht, da sowohl schwerer als auch leichter Sauerstoff im Wasser vorkommt. Starke Regenfälle liefern mehr leichten Sauerstoff, schwerer Sauerstoff ist hingegen ein Zeichen für weniger Regen, während in Wasser aus verschiedenen Quellen unterschiedliche Verhältnisse auftreten.

Zwar steckt die Tropfstein-Forschung noch in den Kinderschuhen, doch sie verspricht ein großes Potenzial für die Ermittlung chronologisch exakter Niederschlagsdaten, welche direkt mit Ereignissen aus der Vergangenheit in Verbindung gebracht werden können. Hierzu zählt zum Beispiel der Untergang der Maya-Kultur im südlichen Tiefland von Yucatán im 10. Jahrhundert n. Chr. Wertvolle Daten aus Tropfsteinen häufen sich in vielen Teilen der Welt rasch an. Sie sind möglicherweise einer der nützlichsten Klimaindikatoren überhaupt.

Die Geomorphologie unserer Erde veränderte sich dramatisch, als der Meeresspiegel am Ende der Letzten Eiszeit innerhalb weniger Tausend Jahre um rund 90 Meter auf das heutige Niveau anstieg. Zwei klassische Beispiele werden in Kapitel 2 beschrieben: die versunkene Landbrücke, die einst Nordostsibirien mit Alaska verband, sowie die sumpfigen Flussebenen von Doggerland, die bis etwa 5500 v. Chr. Britannien und das europäische Festland zusammenhielten. In der Sahara lebten bis etwa 4000 v. Chr. Rinderhirten, als über Jahrtausende hinweg dort flache Seen und überwiegend trockenes Grasland vorzufinden waren – dies geht aus den durch Kernbohrungen und Pollenanalysen gewonnenen Erkenntnissen hervor.

Betrachten wir die Klimaveränderungen der vergangenen 15 000 Jahre, stehen uns wesentlich vollständigere Informationsquellen zur Verfügung. Zum Beispiel Pollen, denn sie sind gegenüber Umwelteinflüssen äußerst robust und werden in Sedimenten nicht zersetzt. So dokumentieren Pollenprofile aus Nordamerika und -europa die komplexen Veränderungen der Vegetation im Zuge des globalen Temperaturanstiegs. Erste präzisere Daten finden sich in winzigen versteinerten (fossilen) Pollenkörnern aus den Mooren und Sümpfen Nordeuropas, mit denen die dramatischen Veränderungen der Vegetation nach der Letzten Eiszeit aufgezeigt werden konnten: eine Entwicklung von offener Steppe über Birken- bis hin zu Eichenmischwäldern. In Kombination mit anderen Archiven wie Baumringen dokumentieren Pollenprofile den Wandel der Vegetation rund um die Siedlungen früher Ackerbauern in Westeuropa und geben Aufschluss über die dort kultivierten Pflanzen. Beispielsweise wurden in einer zwischen 9000 und 8500 v. Chr. bewohnten Seeufersiedlung im Nordosten Englands Birkenpollen und Holzkohle von verbranntem Schilfrohr entdeckt. Vermutlich wurde hier im Herbst und Frühjahr, wenn das Schilfrohr trocken war und neues Wachstum einsetzte, dieses regelmäßig kontrolliert in Brand gesetzt, um das Pflanzenwachstum anzuregen und Weidetiere anzulocken.

Ein weiterer wichtiger Baustein in der Klimaforschung ist seit beinahe 100 Jahren die Dendrochronologie, mittels derer sich Jahresringe alter Bäume analysieren und datieren lassen. Erstmals im amerikanischen Südwesten vom Astronomen Andrew Douglass angewandt, der sich eigentlich für die Erforschung von Sonnenflecken interessierte, entwickelte sich die Dendrochronologie schon bald zur bedeutendsten Datierungsmethode. So wurde sie beispielsweise herangezogen, um Holzbalken aus alten Pueblo-Ruinen des *Pueblo Bonito* in Chaco Canyon (New Mexico) zeitlich zu bestimmen. Baumringe, die vom Kambium, also der Wachstumsschicht zwischen Holz und Rinde, gebildet werden, zeichnen das jährliche Wachstum von Baumarten auf. Durch den Vergleich alter Baumringe mit den Ringsequenzen gegenwärtiger Bäume, ergeben sich aus den alten Ringen Datierungen für Kathedralen in Europa, Pueblos im Südwesten der USA oder auch Schiffswracks und vieles mehr. Darüber hinaus liefern uns alte Baumringe ebenfalls wertvolle Klimainformationen, die wir über Aufzeichnungen von durch sommerliche Niederschläge entstehende Sauerstoff-Isotopensignale gewinnen. Die Dendrochronologie führt zu erstaunlich exakten Erkenntnissen. Aus 7000 Baumrindensequenzen der Jahre 398 v. Chr. bis 2000 aus Mitteleuropa konnte man die Niederschlagsmengen zwischen April und Juni, also der wichtigen Pflanz- und Wachstumszeit, abschätzen. Baumringe sind für die Klimatologie heute eine große Fundgrube, denn sie stellen datierte Sequenzen aus vielen Teilen der Welt zur Verfügung. Sie datieren nicht nur archäologische Stätten, sondern zeichnen auch sehr exakte Diagramme über feuchte und trockene Niederschlagszyklen. Baumringsequenzen sind mittlerweile so umfangreich vorhanden, dass man die Ausbreitung schwerer Dürreperioden nachzeichnen kann. Viele dieser Dürren und andere klimatische Veränderungen sind das Ergebnis mächtiger Naturkräfte von globalem Ausmaß.

DER GOLFSTROM

Der Golfstrom ist eine Meeresströmung im Atlantik und Teil eines globalen Strömungssystems, das oft als „globales Förderband" bezeichnet wird. Dieses hat nicht nur Auswirkungen auf das Klima, sondern es beeinflusst auch das Leben der Menschen. Die Abkühlung in nördlichen und die Erwärmung in südlichen Breitengraden – was man als thermohalinen Antrieb bezeichnen kann – treiben die Strömungszirkulation an. Dabei strömen gewaltige Wärmemengen nordwärts und steigen in die Luftströme der Arktis über dem Nordatlantik auf. Das Absinken des sich abkühlenden Salzwassers im Norden nährt dieses marine Förderband und beschert Europa damit jene warmen Temperaturen, die für das dort vorherrschende relativ milde ozeanische Klima mit seinen feuchten Westwinden verantwortlich sind. Jene Westwinde wehen bereits, wenn auch mit unterschiedlicher Kraft, seit der Letzten Eiszeit.

Aber nicht fortwährend. Als sich mit dem Ende der Letzten Eiszeit die großen Eisschilde auf dem nordamerikanischen Kontinent zurückzogen, entstand der Agassizsee, ein riesiger nach dem renommierten schweizerisch-amerikanischen Geologen Louis Agassiz benannter Eisstausee, der sich über 11 000 Kilometer entlang des Laurentischen Eisschilds erstreckte. Zunächst hinderte die massive südliche Grenze ebendieser Vereisung das Seewasser daran, ostwärts durch das heutige Sankt-Lorenz-Tal in den Nordatlantik abzufließen. Die unaufhaltsame globale Erwärmung und die stetig abnehmenden Schneemengen führten allerdings dazu, dass sich das Eis immer weiter zurückzog. Schließlich, um etwa 11 500 v. Chr., gab die Barriere nach und eine gewaltige Gletschereisschmelze ergoss sich ostwärts in den Atlantik. Das wärmere Wasser bildete daraufhin praktisch einen Deckel auf dem warmen Wasser des Golfstroms, der Richtung Norden und Osten floss und Europa mit wärmeren Temperaturen versorgte. Ganze 1000 Jahre lang kamen der Golfstrom und die atlantische Wasserzirkulation zum Erliegen. Die Temperaturen in Mitteleuropa sanken rapide, die Eisschilde Skandinaviens rückten vor. Europa und der Nahe Osten wurden um einiges trockener. Klimaforscher bezeichnen dieses 1000-jährige Ereignis als die Jüngere Dryas, benannt nach einer Wildpflanze der arktischen Tundra (*Dryas octopetala*), die aufgrund zahlreicher Radiokarbonproben auf den Zeitraum zwischen 11 500 und 10 600 v. Chr. datiert werden konnte. Dann setzte ebenso abrupt die Golfstromzirkulation wieder ein, der allmähliche Temperaturanstieg begann – und setzt sich bis heute fort.

Während der Jüngeren Dryas kam es zu enormen gesellschaftlichen Veränderungen. Dazu zählen insbesondere die Anfänge von Ackerbau und Viehzucht im Nahen Osten (s. Kapitel 2). Ab diesem Zeitpunkt kann man nun von modernen klimatischen Bedingungen sprechen. Dazu zählen unregelmäßige, aber klimatische Einschnitte von wesentlich kürzerer Dauer. Solche Veränderungen riefen sowohl unvorhersehbare Niederschläge als auch Dürreperioden hervor und stellten die Gesellschaft vor neue Herausforderungen. Überraschende klimatische Schwankungen traten vor allem in jenen Jahrtausenden auf, als die Bevölkerungsdichte stetig zunahm und die sesshafte Lebensweise zur Norm wurde. Die Menschen mussten sich anpassen – schon lange bevor die von ihnen verursachte globale Erwärmung ins Spiel kam.

Während Regen und Dürren lokale Auswirkungen haben, liegt der Ursprung der dahintersteckenden klimatischen Kräfte hingegen häufig Tausende Kilometer weit entfernt. Der Golfstrom transportiert warmes Wasser aus den Subtropen in die Arktis und ist eine Art Wärmepumpe für Europa, denn er hat die Eigenschaft, sehr hohe und sehr niedrige Temperaturspitzen und -tiefs auszugleichen. Langfristig wird sich der Golfstrom Modellrechnungen zufolge bis zum Ende des 21. Jahrhunderts wohl etwas abschwächen – vieles hängt dabei von den Treibhausgasemissionen ab, die der Mensch verursacht. In einem Worst-Case-Szenario sprechen Experten von einer 30-prozentigen Abnahme der Wasserzirkulation: Welchen Einfluss wird hier das schmelzende Grönlandeis haben? Momentan sind wir noch weit von einer annähernd genauen Vorhersage entfernt.

DIE NORDATLANTISCHE OSZILLATION

Die treibende klimatische Kraft für Europa und weite Teile des Mittelmeerraums ist die Nordatlantische Oszillation (NAO). Als riesige atmosphärische Wippe auf Meereshöhe zwischen dem beständigen subtropischen Azorenhoch im Süden und dem anhaltenden subpolaren Islandtief im Norden ist sie für bis zu 60 Prozent der Temperatur- und Niederschlagsschwankungen zwischen Dezember und März in diesen Breitengraden verantwortlich. Die NAO ist der wichtigste Faktor für die winterlichen Klimaschwankungen im Nordatlantik und beeinflusst ein riesiges Gebiet, das sich von der Mitte Nordamerikas über Europa bis nach Nordasien erstreckt. Im Gegensatz zu den El Niños (s. unten) handelt es sich bei der NAO weitgehend um ein atmosphärisches Phänomen. Seine Intensität wird durch den NAO-Index beschrieben. Ist der Luftdruckunterschied zwischen Azorenhoch und Islandtief besonders kräftig, spricht man von einem positiven NAO-Index. Eine starke Westwindzirkulation ist die Folge, die von Europa bis Sibirien sowie an der amerikanischen Ostküste für milde und feuchte Winter sorgt; im Norden Kanadas und in Grönland sowie vom Mittelmeerraum bis in den Nahen Osten sind die Winter dagegen deutlich kühler und trockener.

Im Gegensatz dazu ist von einem negativen NAO-Index die Rede, wenn sich der Luftdruckunterschied zwischen Azorenhoch und Islandtief deutlich abschwächt. Immer weniger und schwächere Westwinde überqueren in diesem Fall den Atlantik auf einem eher ost-westlichen Kurs. Diese bringen feuchte Luft in den Mittelmeerraum und kalte Luft nach Nordeuropa. Die Winter an der Ostküste der USA werden kälter und schneereicher. Da die NAO den Wärme- und Feuchtigkeitstransport vom Atlantik in den Mittelmeerraum steuert, haben die Oberflächentemperaturen von Atlantik und Mittelmeer schon immer großen Einfluss auf das Klima im Nahen Osten gehabt. In Nordamerika ist der Einfluss der NAO generell bedeutend geringer.

Ein positiver NAO-Index hatte bereits im späten 3. und 4. Jahrhundert n. Chr. einen entscheidenden Einfluss auf die Niederschlagsmengen in Mittel- und Nordeuropa – eine Periode, die für die Geschichte des Römischen Reiches von besonderer Bedeutung war (s. Kapitel 5).

Veränderungen der Sonneneinstrahlung und verstärkte Eruptionstätigkeiten von Vulkanen haben einen Großteil der Temperaturschwankungen im Laufe des vergangenen Jahrtausends verursacht. Dies mag auch schon in früheren Zeiten der Fall gewesen sein, gegenwärtig ist allerdings die NAO in weiten Teilen der Erde eine der größten Triebkräfte für klimatische Veränderungen. Die östlichen Grenzen ihres Einflussbereichs liegen im östlichen Mittelmeerraum, einem Gebiet, das wir als „klimatische Übergangszone" bezeichnen können, in welcher der asiatische Monsun wie auch die El Niños im südwestlichen Pazifik ihre Wirkung entfalten. Dies führt im gesamten Nahen Osten zu großen lokalen Schwankungen, sowohl hinsichtlich der Trockenheit als auch bei Regenmengen.

MONSUNE

Eines unserer unvergesslichen Erlebnisse war die Fahrt mit einem in allen Anliegerstaaten des Indischen Ozeans zu findenden Segelschiffstyp (Dau) während des winterlichen Nordostmonsuns östlich der Hafenstadt Aden im Jemen, unweit der Mündung zum Roten Meer. Stunde um Stunde segelte das mit Laternen ausgerüstete Schiff dicht an der Küste entlang und schwenkte dann ab, direkt hinter die Brandung. Die See war ruhig, der sanfte tropische Wind tagelang konstant – so jedenfalls wurde es uns nach einem unvergesslichen Tag der Überfahrt erzählt. Abgesehen von den küstennahen Passatwinden, sind die Monsune im Indischen Ozean perfekt fürs Segeln.

Das Einflussgebiet des Monsuns ist riesig. Es erstreckt sich von Südostasien über China bis zum Indischen Ozean, und auf seiner allgemeinen Zeitachse der saisonalen Niederschläge kommt es zu beträchtlichen Schwankungen. Im Grunde genommen sind Monsunwinde großräumige Meereswinde, die an Stärke gewinnen, sobald die Temperatur an Land wärmer oder kälter ist als jene über dem Ozean. Während der wärmeren Sommermonate steigen die Temperaturen an Land erheblich schneller als auf offener See. Aus diesem Grund dehnt sich die Luft über den Landmassen aus, und es entsteht ein Tiefdruckgebiet. Über dem Meer bleibt es kühler, und somit ist der Luftdruck dort höher. Dieser Druckunterschied führt dazu, dass die Monsunwinde vom Meer aus landeinwärts wehen und feuchtere Luft an Land tragen. Ebendiese feuchte Luft steigt auf, strömt zurück zum Meer, kühlt aber während des Aufsteigens ab und verliert ihre Fähigkeit, Feuchtigkeit zu speichern, sodass es zu starken Niederschlägen im Inland kommt. Genau das Gegenteil geschieht in den kälteren Monaten. Dann kühlt das Land schneller ab als das Meer und an Land entsteht ein höherer Luftdruck. Die Luft vom Land strömt in Richtung Meer, und es kommt zu Niederschlägen vor der Küste. Die kalte Luft strömt zurück Richtung Land und der Kreislauf ist vollendet.

Über Tausende von Jahren hat der Monsun im Indischen Ozean die Segelschifffahrt vorangetrieben. Der Handel über den Ozean war lukrativ, denn die Monsunwinde ermöglichten es den Schiffen, innerhalb von zwölf Monaten von der Westküste Indiens bis zum Roten Meer oder nach Ostafrika und wieder zurück zu segeln. Sie konnten außerdem den Weg entlang der Küste zwischen Golf und Nordwestindien nehmen. Über viele Jahrhunderte hinweg gelangten auf diesem Wege Seide, andere Textilien sowie exotische Produkte aus Asien nach Westen, und im Gegenzug Gold und Elfenbein aus Afrika nach Osten. Im Indischen Ozean weht von Juli bis September der sommerliche Monsun aus Südwest, also in jenen Monaten, in denen feuchtigkeitsreiche Luft über die heißen trockenen Landmassen des indischen Subkontinents strömt. Für nahezu 80 Prozent aller Niederschläge in Indien ist der Sommermonsun zuständig, in einem Land, in dem 70 Prozent der Bevölkerung von der Landwirtschaft leben und Baumwolle, Reis und andere Getreidesorten anbauen. Die Bauern in Westindien sind so sehr auf die Monsunregen angewiesen, dass schon eine wenige Tage oder Wochen andauernde Verzögerung der Niederschläge ihre Ernten in Gefahr bringt. So haben verspätete oder ausbleibende Monsunregen in Indien eine Vielzahl von Hungersnöten hervorgerufen und Tausenden Menschen das Leben gekostet. Ein Beispiel hierfür ereignete sich im Jahr 1877, als die Niederschläge gänzlich ausfielen. Lokale Varianten des indischen Monsuns haben Auswirkungen auf das Arabische Meer und den Golf von Bengalen. Der Südwestmonsun ist so stark, dass er Richtung Norden bis nach Xinjiang im Nordwesten Chinas spürbar ist. In Ostasien ist der Monsun warm und regnerisch und sorgt für einen oft feuchten Sommer, im Winter ist er kalt und trocken. Die Monsunregen bilden einen breiten Gürtel: Sie ziehen Anfang Mai von Südchina aus nach Norden und weiter ins Jangtsetal, im Juli dann nach Nordchina und Korea. Im August bewegt sich der Regengürtel wieder zurück nach Südchina.

Historisch gesehen war der Monsunregen stets von großer Bedeutung. So waren beispielsweise die Bauern des Khmer-Reiches Angkor Wat in Kambodscha stark auf den asiatischen Monsun angewiesen, der sich schon vor rund 10 Millionen Jahren entwickelte, also lange bevor der Mensch auf der Erde erschien. Die Intensität des Monsuns variierte mit der Zeit, vor allem kurz nach der Letzten Eiszeit, ist aber stets ein dominanter Faktor in der globalen Klimageschichte gewesen. Er beschert mehr als 60 Prozent der Weltbevölkerung recht zuverlässig jahreszeitlich bedingte Niederschläge oder aber auch Trockenperioden und Dürren. Die unterschiedlich schnelle Erwärmung der eurasischen Landmasse und der angrenzenden Ozeane im Sommer und Winter führt zu einer jährlichen Windumkehr, die sich auf die gesamte Hemisphäre auswirkt. Dazu kommt noch ein weiterer Akteur: die Innertropische Konvergenzzone (ITC), in der die Passatwinde zusammenströmen. Drei regionale Monsunsysteme sind ebenfalls Teil dieser komplexen Klimadynamik, die das Wetter in Südostasien bestimmt. Zudem bringen die El Niño-Ereignisse sowie die Interdekadische Pazifische Schwingung

(IPO) kurz- oder längerfristige Störungen mit sich, die in weiten Teilen Asiens, einschließlich Angkor, zu schweren Dürren führen können.

Die ITC umrundet die Erde in der Nähe des Äquators, und zwar in einem Gürtel, in dem die Passatwinde der nördlichen und südlichen Hemisphäre aufeinandertreffen. Intensive Sonneneinstrahlung und warmes Wasser heizen die Luft in der ITC-Zone auf, wodurch sich die Fähigkeit zur Aufnahme von Feuchtigkeit erhöht. Ebendiese Luft steigt auf, wenn die Passatwinde zusammenströmen; die aufsteigende, sich ausdehnende und abkühlende Luft gibt Feuchtigkeit in häufigen, unregelmäßigen Gewittern ab. Nahe der Oberfläche sind die Winde normalerweise schwach, weshalb Seeleute die ITC auch als *Doldrums* (Kalmenzone, Windstille) bezeichnen. Jahreszeitlich bedingte Verschiebungen der ITC beeinflussen die Niederschläge in vielen tropischen Ländern und sorgen für die unterschiedlichen feuchten und trockenen Perioden in den Tropen. Im Sommer der nördlichen Hemisphäre schiebt sich die ITC zwischen 10 und 15 Grad nach Norden. Diese saisonale Bewegung hatte im Tiefland der Maya-Zivilisation Mittelamerikas starke Auswirkungen auf die Niederschläge (s. Kapitel 6). Sobald sich der asiatische Kontinent stärker erwärmt als der Ozean, verschiebt sich die ITC im Pazifik Richtung Norden. Die warme Kontinentalluft steigt auf, und die Ozeanluft wird zum Land gezogen, wobei Winde aus Süden den Monsunregen bringen. Im Sommer der südlichen Hemisphäre verlagert sich die ITC-Zone dann wieder nach Süden.

EL NIÑO/SOUTHERN-OSCILLATION-PHÄNOMEN (ENSO)

ENSO ist wohl der einflussreichste Akteur im globalen Klimageschehen. Ursprünglich hielt man El Niños für ein lokales Phänomen, das die Sardellenfischerei an der Küste Perus regelmäßig – und üblicherweise um die Weihnachtszeit herum – betraf. Einer der ganz großen Triumphe in der Meteorologie gelang dem britischen Statistiker und Meteorologen Gilbert Walker: Dieser erforschte in Britisch-Indien die Ursachen von Monsunen, wurde zum Experten für El Niños und war einer der ersten Beobachter, der ENSO als globales Phänomen erkannte. Er stellte fest, dass der Luftdruck im Indischen Ozean von Afrika bis Australien tendenziell niedrig ist. Dieses Phänomen nannte er das Southern Oscillation-Phänomen, dessen Schwankungen Einfluss auf die Niederschlagsmuster und Windrichtungen im tropischen Pazifik sowie im Indischen Ozean hatten. Leider fehlten Walker die Daten über die Meeresoberflächen- und tiefere Wassertemperaturen, um die Mechanismen der Südlichen Oszillation zu bestätigen – diese Daten standen in den 1920er-Jahren nicht zur Verfügung.

Auch der norwegische Meteorologe Jacob Bjerknes von der Universität von Kalifornien in Los Angeles stellte seine Studien über die atmosphärische Zirkulation in einen globalen Zusammenhang. Ein starker El Niño in den Jahren 1957/1958 lenkte seine Aufmerksamkeit nach Westen, und er konnte zeigen, dass es eine enge Beziehung im Temperaturgradienten der Meeresoberfläche zwischen dem relativ kalten Ostpazifik am Äquator und einem riesigen Warmwasserpool im Westpazifik bis nach Indonesien gibt. Er stellte fest, dass es eine gewaltige Ost-West-Zirkulationszelle in der Nähe der Äquatorebene gibt. Trockene Luft sinkt langsam über dem kalten Ostpazifik ab. Dann strömt sie als Teil des südöstlichen Passatsystems am Äquator entlang Richtung Westen. Der Luftdruck ist im Osten höher und im Westen niedriger – das treibt diese Bewegung an. Die Luft kehrt in der oberen Atmosphäre nach Osten zurück und die Zirkulation ist beendet. Bjerknes nannte dies die „Walker-Zirkulation". Er erkannte, dass mit der Erwärmung im Ostpazifik der Temperaturgradient der Meeresoberfläche zwischen Ost und West sank. Dadurch wurde die Passatströmung geschwächt, die den unteren Teilabschnitt der Walker-Zelle antreibt. Die Druckveränderungen zwischen dem Ost- und dem Äquatorialpazifik funktionierten wie eine Wippe – daher der Name Walker-Zirkulation.

Eine Vielzahl von Faktoren ist am El Niño/Southern Oscillation-Phänomen beteiligt. Dazu gehören die Wipp-Bewegungen der Oszillation, die weitreichenden Wechselwirkungen zwischen Luft und Meer, die eine Erwärmung des Pazifiks bewirken sowie noch weitreichendere globale Zusammenhänge, die zu Klimaveränderungen sowohl in Nordamerika als auch im Atlantischen Ozean führen. Bjerknes zeigte, dass die Ozeanzirkulation jene Kraft ist, welche den riesigen Klimamotor antreibt. Jede ENSO hat ihren eigenen Charakter. Einige sind enorm stark, andere sind schwach bzw. kurzlebig und werden in einem gewaltigen, ewigen Zyklus zwischen östlichem und südwestlichem Pazifik angetrieben. Entlang des Äquators verbindet eine normale Nord-Süd-Zirkulation – die Hadley-Zelle – die tropische Atmosphäre mit der Atmosphäre der nördlichen Breitengrade. Sie leitet die Winterstürme nordwärts in Richtung Alaska, es sei denn, El Niño unterbricht dieses Muster. Die Sturmbahn bewegt sich dann langsam ostwärts und trifft auf die Küste Kaliforniens.

Doch erst das massive ENSO-Ereignis in den Jahren 1972/1973 weckte das breite wissenschaftliche Interesse an diesem globalen Phänomen: Ohne große Vorwarnung stellte es die Dürre- und Niederschlagsmuster auf den Kopf – ganz abgesehen vom Zusammenbruch der peruanischen Sardellenfischerei durch Überfischung. Heute wissen wir erheblich mehr über ENSO, dieses chaotische Pendel mit seinen abrupten Schwingungen, die Monate oder auch Jahrzehnte dauern können. Das Pendel schlägt nie gleich aus, selbst wenn ein Rhythmus der Schwingung vorgegeben ist. Baumringsequenzen von Teakbäumen in Java, von Tannen in Mexiko und Borstenkiefern im Südwesten der USA dokumentieren, dass es bis 1880 etwa alle 7,5 Jahre größere Regenmengen gab. Jetzt treten sie augenscheinlich alle 4,9 Jahre auf, La Niñas alle 4,2 Jahre. Die Korallen im Ozean und die Eisbohrkerne von Gebirgsgletschern zeigen, dass ENSOs seit mindestens 5000 Jahren – wahrscheinlich sogar noch viel länger – eine bedeutende Rolle in der globalen Klimageschichte gespielt haben. Der ENSO-Zyklus ist ein derart kraftvoller Antriebsmotor im globalen Klimawandel, dass viele Experten ihn nach den Jahreszeiten als den zweitwichtigsten Faktor für Klimaveränderungen nennen.

ENSO ist ein tropisches Phänomen, welches das Leben von Millionen tropischen Nahrungssuchern und Selbstversorgern sowie von vorindustriellen Zivilisationen in Flusstälern, in Regenwäldern und hoch oben in den Anden massiv beeinflusst hat. Diese Gesellschaften waren den Dürren und Überschwemmungen schon immer hilflos ausgeliefert. Mehr als 75 Prozent der Bevölkerung weltweit leben in tropischen Regionen, davon sind wiederum zwei Drittel auf die Landwirtschaft angewiesen. Die Anfälligkeit dieser Gesellschaften nimmt täglich zu, da die stetig wachsende Bevölkerung die Belastbarkeit der tropischen Umwelt immer stärker an ihre Grenzen führt. Bis vor Kurzem war keine menschliche Gesellschaft in der Lage, ENSOs oder andere große Klimaereignisse vorherzusagen. Heute allerdings können unsere Computer und Prognosemodelle solche Vorhersagen weit im Voraus treffen. Diese Informationen sind in einer Zeit, in der wir uns an eine sich erwärmende Welt anpassen müssen, von unschätzbarem ökonomischem, politischem und gesellschaftlichem Wert. Keine der auf diesen Seiten beschriebenen historischen Gesellschaften konnte auf diesen Luxus zurückgreifen – für sie war die Anpassung an die ENSO-Ereignisse eine enorme, manchmal sogar tödliche Herausforderung.

LETZTLICH: DIE MEGADÜRREN

Die jahrhundertelange Baumringforschung hat eine Fülle von Daten über heutige lang andauernde Megadürren – der Begriff wird in der Klimatologie verwendet – während der Mittelalterlichen Klimaanomalie (ca. 800 bis 1300 n. Chr.) und der Kleinen Eiszeit (ca. 1300 bis 1850 n. Chr.) geliefert; zwei Perioden, die wir beide in den Kapitel 11 bis 14 näher beleuchten.

Vorteil der durch Baumringsequenzen nachgewiesenen Klimaentwicklungen ist, dass sie sehr exakt sind, auf das Jahr genau. Erfreulicherweise stehen mittlerweile für weite Teile der Vereinigten Staaten so viele Baumringsequenzen zur Verfügung, dass der *North American Drought Atlas*, von einem Team bedeutender Klimaforscher zusammengestellt, 2000 Jahre Sommerfeuchtigkeit rekonstruieren konnte. Zur Berechnung nutzten sie einen Dürre-Index, der als Palmer-Dürre-Index bekannt ist. In der neuesten Fassung des *Atlas* werden zwei Megadürren hervorgehoben, die starke Auswirkungen auf das Leben der amerikanischen Ureinwohner hatten. Die erste dieser beiden Dürreperioden trat im Südwesten in den späten 1200er-Jahren auf und trug zur Bevölkerungsreduktion der Anasazi in den Regionen Mesa Verde und Four Corners bei (s. Kapitel 8). Die zweite Megadürre ereignete sich in den Central Plains in den 1300er-Jahren. Sie ging der Aufgabe des großen Zeremonialzentrums von Cahokia im American Bottom von Mississippi unmittelbar voraus und hielt auch danach noch an (s. ebenfalls Kapitel 8). Erkenntnisse über die Auswirkungen dieser und anderer Dürren werden dadurch erschwert, dass die Baumringsequenzen ungleich verteilt sind, insbesondere in Gebieten wie den Central Plains.

Zwar waren die jüngsten Megadürren, die den amerikanischen Westen heimsuchten, ebenfalls schwerwiegend, doch jene der vergangenen 2000 Jahre dauerten erheblich länger an. Sie waren mit Sicherheit viel länger als die berühmte Dust-Bowl-Dürre von 1932 bis 1939. Eine Reihe einflussreicher Studien hat gezeigt, dass Megadürren nicht nur nahezu alle Teile der westlichen USA erfasst haben, sondern während des frühen bis mittleren Erdzeitalters auch in Mexiko, in der nordamerikanischen Region der Great Lakes und im Pazifischen Nordwesten auftraten.

Bis Mitte oder Ende des 19. Jahrhunderts mussten sich die historischen Gesellschaften an naturgegebene Klimaschwankungen anpassen, die zumeist den mächtigen Naturkräften zuzuschreiben waren, denn diese waren in der Vergangenheit Auslöser für Klimaveränderungen. In dem Moment jedoch, als fossile Brennstoffe und eine intensive industrielle Tätigkeit ins Spiel kamen, nahm der Mensch – seine ökonomischen Aktivitäten veränderten die Energiebilanz der Erde – direkt Einfluss und unsere heutige Klimakrise ihren Lauf. Um die mögliche Zerstörung unserer Erde zu verhindern, ist es jedoch unumgänglich, jene Kräfte zu verstehen, die dem natürlichen Klimawandel über Jahrhunderte und Jahrtausende zugrunde lagen.

◆◆◆

KAPITEL 1

EINE EISIGE WELT
(VOR CA. 30 000 BIS VOR 15 000 JAHREN)

Mitteleuropa im Herbst vor 24 000 Jahren. Zwei vom Wetter gebeutelte Jäger sitzen auf einem Felsblock am Bach, ihre Rücken dem Wind zugewandt blicken sie Richtung Horizont. Den Rentieren, die am Flussufer im Herbstlaub scharren, schenken sie keinerlei Beachtung. Graue Wolkenberge türmen sich dicht über dem Erdboden auf und eilen gen Norden. Keiner der beiden spricht ein Wort. Ihre Blicke sind starr auf die kalte, karge Landschaft gerichtet, über die sich langsam die Dunkelheit legt. Sie schauen sich an, nicken, ziehen die dicken vor Kälte schützenden Pelze fester um ihre Schultern.

Ihre Sommerbehausung ist ein niedrig am Boden liegendes, kuppelförmiges Gebilde aus Rasenziegeln und Fellen. Die Jäger gehen gebückt ins rauchige Innere hinein, wo sich alles um die Feuerstelle drängt und große Fackeln in der Dämmerung flackern. Während draußen die Dunkelheit hereinbricht und die wogenden Winde weiter Fahrt aufnehmen, kauern sich die Menschen drinnen unter ihren Fellen und Häuten eng zusammen. Einer der Jäger, dem übernatürliche Kräfte zugeschrieben werden, erzählt eine bekannte Legende von mythischen Wesen, von den ersten Menschen aus Urzeiten. Für die zusammengekauerten Menschen ist diese Erzählung alles andere als neu. Viele Male haben sie diese bereits gehört – eine Legende, die dem Weg der Rentiere und der Wildpferde, im Frühling und im Herbst, folgt. Während die Geschichte erzählt wird, hören sich die Älteren der Gemeinschaft die Meinungen dazu von Jungen und Alten, von Männern und Frauen an. Es ist Zeit, ins Winterquartier zu ziehen.

Wir sind *Homo sapiens*, der selbst ernannte „weise Mensch". Unsere Spezies taucht erstmals vor mindestens 300 000 Jahren in den warmen Gefilden Afrikas auf – das exakte Datum ist umstritten. Als behände, intelligente Wesen zogen wir durch weite Jagdgründe und passten uns den klimatischen Veränderungen, beispielsweise den langen Dürreperioden, an, indem wir uns an verlässlichen Wasserquellen niederließen. Wir waren die perfekten Opportunisten, verließen uns zum Überleben auf unsere gute Beobachtungsgabe, genaue Ortskenntnisse unserer Umgebung und gegenseitige Hilfe – sowohl innerhalb des engen Familienverbunds als auch innerhalb großer Gruppen. Wir lebten mit dem ständigen Auf und Ab von lokalen Klimaveränderungen und nutzten Werkzeuge wie Waffen, die so einfach und leicht waren, dass wir sie stets mit uns tragen konnten. Nahezu die gesamte Zeit unseres Daseins haben wir ein Nomadenleben geführt: Wir zogen mit den Tieren und mit den Jahreszeiten. Bevor die Schrift vor rund 5000 Jahren in Westasien entstand, gaben wir all unser Wissen – ob real oder imaginär – mündlich weiter, zum Teil auch durch Kunst.

Unser Überleben in vergangenen Zeiten hing von der genauen Kenntnis und dem Respekt vor jener Lebensumwelt ab, deren Teil wir waren. Auch wenn keine der heutigen Gesellschaften ein offenes Tor in die ferne Vergangenheit ist, so bleiben uns dennoch einige nomadische Jäger- und Sammlergesellschaften, deren Lebensweisen uns hilfreiche Einblicke geben. So finden wir beispielsweise bei den Inuit in der Arktis oder den San im südlichen Afrika ein Gefühl großer Ehrfurcht vor der Beute, aber auch ein tiefes Verständnis für die Lebenswelt um sie herum: den Wechsel der Jahreszeiten, Pflanzennahrung und die Wanderungen der Wildtiere. Dieses Wissen entscheidet über Leben und Tod – so ist es immer gewesen.

In unserer ursprünglichen afrikanischen Heimat gehörten heftige Stürme, bittere Dürreperioden und Ascheregen als Folge großer Vulkanausbrüche stets zum Leben dazu. Die Herausforderungen verschärften sich allerdings dramatisch, als ein Teil der *Homo sapiens* vor rund 45 000 Jahren in viel kältere, dünn besiedelte Landstriche Europas und Asiens zog. Wir sahen uns mit den härtesten klimatischen Lebensbedingungen konfrontiert, die unsere Spezies je erlebt hat. Aber: Wir waren nicht allein. In den rund 6 Millionen Jahren menschlicher Evolution existierten stets mehrere unterschiedliche Menschengattungen nebeneinander.

Beispielsweise in Eurasien lebte schon vor 400 000 bis 30 000 Jahren der *Homo neanderthalensis* (Neandertaler), wenngleich diese Daten noch immer strittig sind. Ebenso wie wir, waren diese *Hominini*. Zumindest aus evolutionärer Sicht also relativ enge Verwandte, denn vor rund 700 000 Jahren (oder mehr) hatten wir in Afrika einen gemeinsamen Vorfahren. Auf einer Insel in Südostasien lebte bis vor rund 50 000 Jahren die isolierte Population eines körperlich kleinen Menschen: der *Homo floresiensis*, wegen seiner Kleinwüchsigkeit auch mit dem Spitznamen Hobbit versehen. Eine weitere, weitgehend unbekannte Hominiart war der *Homo denisova* (Denisova-Mensch), der in Sibirien und weiter Richtung Osten und Süden zu Hause war. Obgleich es noch viele weitere Hominiarten gegeben hat, ist unser Wissen über sie bislang extrem gering. Trotz einer minimalen Verpaarung (insbesondere zwischen dem anatomisch modernen Menschen, dem Neandertaler und dem Denisova-Menschen) waren alle zum Aussterben verurteilt – nur wir überlebten: Vor 30 000 Jahren existierte ausschließlich der *Homo sapiens*.

Warum alle anderen Arten von der Erde verschwanden, bleibt eine der ungelösten und viel diskutierten Fragen in der Erforschung der Menschheitsgeschichte. Interessant ist, dass die Ankunft des *Homo sapiens* weitgehend zeitgleich mit dem Verschwinden anderer Arten zusammenfiel. Daraus ziehen viele Experten den Schluss, dass es eine Situation des „sie gegen uns" gegeben haben muss, in der wir die anderen auslöschten, verdrängten oder sogar beides. Es ist jedoch ebenso vorstellbar, dass die verschiedenen Arten nur sehr wenig miteinander in Berührung kamen – außerhalb der gelegentlichen, teils amourösen Begegnungen. Möglicherweise war aber zusätzlich noch etwas anderes, etwas Ernsteres im Gange. Evolutionsgenetiker wie der US-Amerikaner David Reich argumentieren, dass der Neandertaler bereits vor 100 000 Jahren im Verschwinden begriffen war, was hauptsächlich auf die sich dramatisch verändernden Klimaverhältnisse zurückzuführen sei. Lediglich wenige Tausend Neandertaler waren noch übrig, als der *Homo sapiens* in ihre Heimat kam. Ähnliche Umwelteinflüsse können möglicherweise auch das Ende einiger anderer ausgestorbener

Hominini erklären. Sicher ist nur, dass sich der *Homo sapiens* über den gesamten Erdball verbreitet hat, weil er es schaffte, sich an die neuen herausfordernden Umweltbedingungen anzupassen.

EINE ANDERE WELT

Wie sah die Welt vor 45 000 Jahren aus? Unvorstellbar anders als jener sich aufheizende Globus, der heute mehr als 7,5 Milliarden Menschen beherbergt.[2] Riesige Eisflächen bedeckten Nordeuropa und erstreckten sich über die Alpen. Große Teile Nordamerikas waren von zwei großen Eisschilden bedeckt, deren südliche Grenze etwa auf Höhe der heutigen Stadt Seattle und bis hin zu den Great Lakes im Grenzgebiet Kanadas und der USA verlief. Afrikas Kilimandscharo und das Ruwenzorigebirge, die Anden Südamerikas und die Südalpen Neuseelands waren vereist, zusätzlich zum großen Frost in der Antarktis. Dadurch, dass die Eisschilde solch große Wassermassen absorbierten, lag der Meeresspiegel weltweit rund 90 Meter (oder mehr) unter dem heutigen Niveau. Man konnte trockenen Fußes über eine extrem kalte und windige Landbrücke von Sibirien nach Alaska laufen. Die Nord- und Ostsee waren Festland, Britannien mit dem europäischen Festland verbunden. Riesige Küstenebenen erstreckten sich vom Festland Südostasiens bis nach Neuguinea und Australien. Von der Atlantikküste bis tief nach Europa und Sibirien erstreckten sich ausgedehnte Gebiete mit buschbewachsener arktischer Tundra. Monatelang tosten unbändige Nordwinde über die endlose, trockene Steppe und hüllten alles mit feinem Gletscherstaub der Eisschilde ein.

In weiten Teilen Europas und Eurasiens harrten Mensch und Tier in neunmonatigen Wintern mit anhaltenden Minusgraden aus. Aber wie kalt war es wirklich? Um Antwort auf diese Frage zu erlangen, nutzte ein Team unter Leitung der US-amerikanischen Klimatologin Jessica Tierney Modelle basierend auf Daten von Meeresplanktonfossilien in Kombination mit Klimasimulationen des letzten glazialen Maximums, um die Temperaturen von Meeresoberflächen zu rekonstruieren. Diesen Forschungen zufolge waren die Durchschnittstemperaturen weltweit um 6 °C niedriger als heute, während die stärkste Abkühlung erwartungsgemäß in den hohen Breiten stattfand.[3]

Daten von Eisbohrkernen aus Grönland haben gezeigt, dass sich die Menschen im Norden in einer Zeit regelmäßiger abrupter Klimaveränderungen an eine extrem kalte und klimatisch unbeständige Welt anpassen konnten. Weltweit gesehen sanken die Temperaturen auf der Nordhalbkugel stärker als anderswo. Grund dafür ist der ausgleichende Effekt der Ozeane. In der nördlichen Hemisphäre sind 60 Prozent der Erdoberfläche mit Wasser bedeckt, südlich des Äquators sind dies sogar nahezu 80 Prozent. Das bedeutet, dass die Temperaturen auf der Südhalbkugel – lässt man die Regionen nahe der Antarktis beiseite – tendenziell wärmer sind. Die Wintertemperaturen sind im Norden niedriger, zeigen größere jahreszeitlich bedingte Temperaturunterschiede und eine größere Abkühlung, je weiter man sich vom Äquator entfernt. Vor rund 24 000 Jahren fielen die Temperaturen in der Nähe vom heutigen New York um bis zu 10 °C und in der Region Chicago um 20 °C. Im Gegensatz dazu betrug der Temperaturrückgang in der Karibik nur etwa 2 °C. Stärkere Temperaturgefälle zwischen Nordpol und Äquator erzeugten deutlich höhere Windgeschwindigkeiten mit teils lebensgefährlichen Folgen für Mensch und Tier. Denn diese hatten zur Folge, dass der sogenannte Windchill-Effekt, der Unterschied zwischen tatsächlicher und gefühlter Temperatur in der Kälte unterhalb von 10 °C, drastisch anstieg, was zu Unterkühlungen führen kann.

Und doch herrschte damals kein permanenter Frost. Die Eisbohrkerne aus Grönland belegen mehr als zwölf kurze Wärmeperioden, bekannt als Dansgaard-Oeschger-Ereignisse, die zwischen 60 000 bis 30 000 Jahre zurückliegen. Eine plötzliche Erwärmung in Grönland vor 38 000 Jahren führte zu Temperatursprüngen um 12 °C innerhalb einer bemerkenswert kurzen Zeitspanne, möglicherweise sogar innerhalb eines einzigen Jahrhunderts. Die lokalen Jahrestemperaturen verharrten wahrscheinlich zwischen 5 °C und 6 °C unter den heutigen Werten. Es traten aber ebenso kurze, kalte Intervalle auf, mit Temperaturstürzen zwischen 5 °C und 8 °C unter denen der wärmeren Schwankungen.

Beim *Homo sapiens* scheint sich vor rund 35 000 Jahren das Bevölkerungswachstum im Norden verlangsamt zu haben. Die sich ausdehnenden Eisschilde könnten ein Grund hierfür sein,[4] denn möglicherweise nötigten sie kleine Menschengruppen dazu, sich an geschütztere Orte wie tiefe Fluss- und Gebirgstäler in Richtung Mittelmeerraum zurückzuziehen. In Europa lebten damals lediglich einige Hundert Jägergruppen. Während der damals üblichen Lebensspanne von etwa 20 bis 30 Jahren begegnete man wahrscheinlich nur ein paar Dutzend Individuen, von denen viele in festen Gruppen lebten. Aber ohne diese Kontakte hätte damals wohl niemand überlebt. Keine Jägergruppe – und wäre sie noch so erfahren gewesen – konnte in jener bedrohlichen Eiszeitlandschaft völlig autark leben. Von Anfang an vertrauten unsere Vorfahren fest auf ihre verwandtschaftlichen Beziehungen, denen sie wichtige Informationen, Wissen und auch Lebenspartner verdankten. Aufgrund ihrer Mobilität und ihrer Kontakte zu anderen Gruppen verbreiteten sie technologische Neuerungen innerhalb bemerkenswert kurzer Zeit über enorme Entfernungen hinweg. Glücklicherweise sank die Bevölkerungszahl selbst in den kältesten Jahrtausenden niemals so tief, dass die Menschen ihr Wissen über lebenswichtige Anpassungen an die bittere Kälte verloren. Und auch ihre besonderen symbolischen Beziehungen zur übernatürlichen Welt, die ihnen Kraft gaben, blieben ihnen erhalten.

Vor 30 000 Jahren kehrten die eiszeitlichen Bedingungen zurück, mit extrem eisigen Temperaturen vor 24 000 bis 21 000 Jahren. Diese Jahrtausende waren die kältesten der Letzten Eiszeit und sind allgemein als das letzte glaziale Maximum bekannt. Da das Wasser im Eis eingeschlossen war, lag der Meeresspiegel weltweit rund 91 Meter niedriger als heute.

WARM EINGEPACKT

Wie haben sich die Menschen der Letzten Eiszeit an solch extreme Kälte angepasst? Wir *Homo sapiens* sind schließlich alle im Grunde haarlose Affen aus Afrika. Ohne Kleidung reagieren unsere Körper auf Kälte, wenn die Lufttemperatur unter 27 °C sinkt. Bei 13 °C beginnen wir zu zittern. Doch diese Zahlen sind lediglich Laborwerte von Menschen in Räumen ohne Luftbewegung. Ein unbekleideter Körper verliert natürlich viel schneller Wärme, wenn der Wind weht. Selbst milde Minustemperaturen können für Menschen ohne Kleidung gefährlich werden. Bei –20 °C und einem Wind von 30 km/h dauert es weniger als 15 Minuten bis Erfrierungen auftreten.[5]

Wenn dann noch Feuchtigkeit hinzukommt, kondensiert das Wasser beim Abkühlen auf unserer Haut. Der Schweiß wird zu einer gefährlichen Angelegenheit, denn er durchtränkt die Kleidung, die wiederum ihre Wärme- und Isolierfunktion verliert. Werden wir zu kalt, sinkt unsere Körperkerntemperatur unter den kritischen Wert von 37 °C und es kommt aufgrund einer schlechten Wärmeregulation zu einer Unterkühlung des Körpers. Bei einer Körpertemperatur von 33 °C verlieren wir das Bewusstsein. Unter 30 °C verlangsamt sich der Herzschlag, der Blutdruck sinkt und ein Herzstillstand ist nahezu unvermeidlich.

Aber wie haben sich dann unsere Vorfahren an die extreme Kälte und die abrupten Temperaturschwankungen in der Letzten Eiszeit angepasst? Die meisten von uns stellen heute ihre Autoheizung auf etwa 21 °C ein, eine Temperatur, bei der wir uns wohlfühlen – wenn wir Kleidung tragen. Wir wissen aber, dass Menschen, die von Geburt an ohne Kleidung gelebt haben, viel besser mit der Kälte umgehen können. Als der britische Kapitän Robert FitzRoy von der HMS Beagle im Jahr 1829 die Magellanstraße erkundete, traf er auf der Insel Feuerland auf die Yaghan. Zum Zeitpunkt seines Besuchs siedelten dort etwa 8000 von ihnen als Seenomaden. Von ihrer Statur her waren die Yaghan eher kleine, stämmige Menschen mit einer durchschnittlichen Größe von etwa 1,50 Metern. Trotz kalter Temperaturen sowie häufiger Regen- und Schneefälle waren sie normalerweise unbekleidet, trugen bei sehr kaltem Wetter höchstens Otter- oder Robbenfell-Umhänge, die bis zur Taille reichten. Erstaunten Auges berichtete nur wenige Jahre später der junge Charles Darwin, im Jahr 1833 an Bord der Beagle: „… Unvermittelt kamen vier, fünf Männer an den Rand eines überhängenden Kliffs; sie waren vollkommen nackt, und langes Haar hing ihnen übers Gesicht …"[6] Ihre Kältetoleranz war erstaunlich.

Neben Mobilität und leichten äußerlichen genetischen Veränderungen zur Anpassung an niedrige Temperaturen waren die einzigen Waffen, die der Mensch gegen Kälte zur Hand hatte, Feuer, Kleidung und effiziente Steinwerkzeuge. Niemand weiß genau, wann wir erstmals das Feuer domestiziert haben, doch unsere Vorfahren scheinen schon vor etwa 1 Million Jahren um ein kontrolliertes Feuer herum gesessen zu haben. Das zumindest legt die kürzlich wiederentdeckte Wonderwerk-Höhle in Südafrika nahe. Das Feuer war ohne Frage eine bedeutsame Errungenschaft und den Menschen in vielerlei Hinsicht eine große

Hilfe: als Schutz vor wilden Tieren oder auch zur Erhöhung der Kalorienzufuhr durch die Möglichkeit, Essen zu kochen. (Die Freisetzung von mehr Energie aus der Nahrung für unsere kalorienhungrigen Gehirne mag auch eine entscheidende Triebkraft in der menschlichen Evolution gewesen sein.) Von sicherlich größter Bedeutung war aber die Tatsache, dass das Feuer uns warmhielt. Es erlaubte den Menschen, in kälteren Umgebungen zu überleben. Folglich konnten sie Afrika verlassen, es half aber auch jenen, die in ihrer Heimat bleiben wollten, die kalten Temperaturen der Nächte besser zu ertragen. Feuer wurden sogar benutzt, um Höhlen zu säubern, bevor Menschen darin lebten. Natürlich war auch das Wohnen in Höhlen schon ein weiterer Entwicklungsschritt, da eine Höhle nicht nur Schutz vor Raubtieren, sondern ebenso vor dem Wetter bot.

Der andere große Kälteschutz war die Kleidung und ein einfaches Grundprinzip: Bedecke dich. Wie bei vielen anderen Innovationen, hat sich die Idee, sich in Felle oder Ähnliches einzuhüllen, bei unterschiedlichen Gelegenheiten und zu unterschiedlichen Zeiten durchgesetzt, ohne dass man die Erfindung auf einen genauen Zeitpunkt festlegen könnte. In der einfachsten Form hüllten die Menschen zunächst ihren Oberkörper in Felle, so wie es einst die Yaghan auf Feuerland taten, die San-Jäger in der südafrikanischen Kalahari oder auch die Aborigines in Australien. Dabei handelte es sich um mehr als bloße Kleidungsstücke, denn die Felle dienten vielerlei Zwecken: Sie wurden um die Schultern gehängt, um kleine Kinder darin zu tragen, sie wurden genutzt, um Nüsse oder andere pflanzliche Nahrungsmittel zurück zum Lager zu befördern, sie schützten die Hände, wenn es hieß, Steinwerkzeuge zu bearbeiten, oder sie halfen beim Transport von frisch geschlachtetem Fleisch. Die Menschen schliefen in Umhänge gehüllt und bestatteten ihre Toten darin.

In kälteren Klimazonen genügten Karibu- oder Rentierfelle als Schutz, in den Tropen trugen die San Antilopenfelle. Die Hawaiianer und die Maoris in Neuseeland stellten Umhänge her, die als Kleidungsstück höchstes Ansehen genossen. Ein Umhang konnte in Sekundenschnelle an- oder ausgezogen werden und war nie zu eng anliegend. Es handelte sich um äußerst praktische, vielseitig nutzbare Tücher, die bei niedrigen Temperaturen äußerst effektiv waren, wenn man sie fest um den Körper wickelte.

Niemand konnte während der Letzten Eiszeit einen Winter im Norden ohne dicke Kleidung überleben. Neandertaler-Fundstätten aus den bitterkalten Jahrtausenden vor 50 000 bis 60 000 Jahren brachten eine große Anzahl von Steinschabern mit langen, sorgfältig geformten Kanten ans Tageslicht, die für die Verarbeitung von Fellen zu Bettzeug, Umhängen und anderen Zwecken genutzt worden waren. Allerdings war die Technik, die unseren frühen Verwandten zur Verfügung stand, nicht wandlungsfähig genug, um mehr zu erreichen, als Felle zu Kleidung zu verarbeiten – möglicherweise nutzten sie aber auch schon gewetzte Steine oder spitze Dornen als Nähnadeln, die in wirren Zeiten verloren gegangen sind. Ehrlich gesagt, ist die Suche nach Nadeln in archäologischen Stätten schwieriger als die Suche nach der berühmten Nadel im Heuhaufen. Allerdings gelang einem Team, das in der *Homo-Sapiens*-Höhle von Sibudu in Südafrika forschte, genau dies: Sie fanden eine 61 000 Jahre alte Spitze, die Teil einer speziell gefertigten Knochennadel gewesen sein könnte.

Irgendwann während der Letzten Eiszeit erkannten die Menschen in Europa und Eurasien, dass mehrere eng anliegende Kleidungsschichten die persönliche Wärmeisolierung verbesserten und sie auch bei großer Kälte warm hielten. Um wirklich effektiv warm zu halten, mussten die untersten Schichten allerdings mithilfe von Fäden aus Tiersehnen oder Pflanzenfasern individuell an die einzelnen Gliedmaßen, an Hüften und Schultern angepasst werden. Erst eine Knochennadel mit Nadelöhr und die fein gearbeitete Ahle machten das Schneidern möglich. Wie immer war die Not die Mutter der Erfindung, Beispiele hierzu gibt es aus Europa und Sibirien. Das älteste bekannte Fundstück, eine Nadel aus Vogelknochen, lässt sich auf die Zeit vor etwa 50 000 Jahren zurückdatieren. Sie stammt aus der Denissowa-Höhle in Sibirien und wird nicht dem *Homo sapiens* zugeschrieben, sondern dem Denisova-Menschen, einem engen Verwandten des Neandertalers und somit auch des anatomisch modernen Menschen, der schon Jahrtausende vor unserer Ankunft in Europa lebte. Die Werkzeuge zeugen von Einfallsreichtum und Kunstfertigkeit der *Hominini* und ermöglichten die ersten technologischen Anpassungen an das unberechenbare Klima: vielseitig verwendbare Kleidung für unterschiedliche Temperaturen. Doch dann verschwanden all diese Homininarten aus unbekannten Gründen wieder. Möglicherweise hat der Klimawandel dabei durchaus eine Rolle gespielt. Nach 30 000 Jahren gab es nur noch eine menschliche Spezies, die über die Erde schritt: uns, den *Homo sapiens*.

SPITZENTECHNOLOGIE

Trotz der häufig unerbittlichen Kälte breitete sich der *Homo sapiens* in seiner neuen europäischen Heimat aus. Möglicherweise erreichte er den europäischen Kontinent während einer wärmeren Periode, denn die Bevölkerungsdichte erhöhte sich und die Jagdwaffen wurden stark verändert. Diese Innovationen waren aber nicht unbedingt das Ergebnis gezielter Wanderbewegungen, sondern entstanden eher durch regelmäßige Kontakte und den Ideenaustausch zwischen den Menschen unterschiedlicher Gruppen, wie es die südafrikanische Archäologin Lyn Wadley aufzeigte. Heute wissen wir, dass im südlichen Afrika schon vor mindestens 70 000 Jahren technologische Innovationen Einzug hielten, als nämlich kleine, tödlich scharfe Speerspitzen aus Stein weit verbreitet wurden. Es ist davon auszugehen, dass ähnliche Prozesse – wenn auch mit anderen Ansätzen oder Techniken – in den unbekannten Gebieten nördlich des Mittelmeeres stattfanden.

Wann der Mensch jedoch damit begann, nordwärts gen Europa oder Eurasien zu ziehen, ist bislang nicht eindeutig geklärt. Sehr wahrscheinlich führte der Weg jedoch zunächst in die Ebenen Osteuropas, nördlich des heutigen Schwarzen Meeres, das vor 45 000 Jahren ein riesiger Gletschersee war.[7] Weiter im Westen gab es potenzielle Konkurrenz, denn der Neandertaler hatte sich schon lange, bevor wir die dortige Bühne betraten, erfolgreich an die vergleichsweise kalten Lebensbedingungen angepasst. Dies mag der Grund dafür gewesen sein, dass der *Homo sapiens* sich zunächst im kälteren und weniger einladenden Osten ansiedelte und je nach Jahreszeit Lagerplätze oberhalb des Polarkreises bei 66° nördlicher Breite aufsuchte. Vor 35 000 Jahren war der *Homo sapiens* jedoch bereits in beträchtlicher Zahl im Herzen des Gebiets der Neandertaler im Westen angesiedelt, obwohl einige andere moderne Menschen bereits 10 000 Jahre früher dort angekommen sein müssen.

Es ist erstaunlich, wie schnell sich der *Homo sapiens* an eine solch große Bandbreite von unterschiedlichen Umgebungen anpassen konnte. Im Zuge seiner weiteren Ausbreitung in Europa und Eurasien brachte er spezielle Symbole, Glaubensvorstellungen und Konzepte von Raum und Zeit mit, die seine Weltanschauung und Verhaltensweisen prägten. Dabei war ein entscheidendes Element das gesprochene Wort bzw. die Sprache an sich, die – selbst wenn dies vermutlich nicht nur für uns Menschen gilt – unsere Vorfahren in die Lage versetzte, ihre Welt durch Worte und Sätze, aber auch mithilfe von Kunst, zu begreifen. Ob Tiere, Wolken, Kälte und Hitze, Schnee, Regen und Dürre – sie interpretierten ihre Umwelt mithilfe von Liedern, Tänzen, Musik und Gesang. Klangerzeugende Trommeln und andere Musikinstrumente, wie zum Beispiel Flöten, sind jedoch über die lange Zeit nur in den seltensten Fällen erhalten geblieben. Mit diesen Instrumenten strukturierten die Menschen ihren Kosmos, sowohl auf pragmatische als auch auf symbolische Weise. Wir erkennen daran, dass ihre Siedlungen besser organisiert waren als die anderer, heute ausgestorbener Verwandter des anatomisch modernen Menschen. Die wechselnden Farben der Bäume, der Lauf der Jahreszeiten, die Zyklen der Himmelskörper: Diese und andere Formen der Symbolik, wie zum Beispiel wechselnde Wolkenformationen, maßen den Lauf der Zeit und die Realitäten des Raums.

Ebenso wie die heutigen in der Arktis lebenden Menschen und die Jäger und Sammler überall sonst, sammelten die neuen Bewohner der nördlichen Gefilde umfangreiches Wissen über ihren Lebensraum. Allein ihr Wissen über die Wirkung von Pflanzen dürfte enzyklopädisch gewesen sein, ebenso wie ihre Kenntnisse über Eis und Schnee mit unzähligen Begriffen für deren besondere Eigenschaften. Dieses Wissen wurde von Generation zu Generation weitergegeben: angefangen beim am besten geeigneten Material für die Herstellung einer Schneehuhnfalle bis hin zur richtigen Behandlung von Fellen für windabweisende Bekleidung mit Kapuzen.

Fast all dieses Wissen war nicht greifbar, nicht aufgeschrieben und kurzlebig. Wir Archäologen können nur Vermutungen darüber anstellen, wie die bemerkenswerte und immer komplexer werdende Technologie, die der *Homo sapiens* im Norden nutzte, zustande kam. Sie führt uns zunächst ins tropische Afrika, wo es den Menschen gelang, kleine messerscharfe Werkzeuge herzustellen. Diese wiederum führten zu immer anspruchsvolleren und raffinierteren Werkzeugen aus anderen Materialien, wie Geweihen, Knochen, Muscheln und Holz.

Eine Gruppe konnte in Sekundenschnelle ein paar schmale Längsabschläge von einem Feuerstein abtrennen und daraus verschiedene, relativ spezialisierte Werkzeuge herstellen. So entstand vielerlei, von rasiermesserscharfen Speerspitzen über Schaber, Ahlen, um Löcher in Leder und Holz zu bohren, bis hin zu einer Art Meißel, unter Archäologen als Stichel bekannt. Diese leicht tragbaren Werkzeuge waren scharf genug, um selbst hartes Geweih derart zu bearbeiten, dass es in langen Streifen zu Harpunenspitzen und anderen Waffen verarbeitet werden konnte. Als Grundlage für die Herstellung dieser Gerätschaften verwendeten die bemerkenswerten Werkzeugmacher eine sorgfältig behauene Knolle aus feinkörnigem Stein. Diese im Norden beherrschte Bearbeitungsmethode zeigt eine frappierende Ähnlichkeit mit dem Multitool „Leatherman" oder auch dem Schweizer Taschenmesser. Unter allen Werkzeugen, die die Menschheit je erfunden hat, gilt eines als das nützlichste und beständigste: die Nähnadel.

Die Nadel, die spitze Steinahle, die das Tierfell durchsticht, eine scharfe Messerklinge und ein feiner Faden aus Sehne oder Pflanzenfaser – diese bescheidenen Werkzeuge revolutionierten das Leben in bitterkalten Landschaften.

PFIFFIGE KLEIDUNG

Kleidung ist vergänglich und bleibt nur äußerst selten über die Jahrtausende hinweg erhalten. Ebenso wie bei der Erforschung des Klimawandels, müssen sich Archäologen im Fall von Textilien daher auf Proxies verlassen. Im Gegensatz zu Eisbohrkernen, Baumringen und Co. können bei der Suche nach Spuren von Kleidung allerdings regelrecht verräterische Abnutzungsspuren an Werkzeugen wie Steinmessern und Schabern unter die Lupe genommen werden. So zeigen beispielsweise abgenutzte Klingen und Schaber aus der Siedlung Pavlov in der heutigen Tschechischen Republik, die vor 22 000 bis 23 000 Jahren angelegt wurde, dass ebendiese verwendet wurden.

Solche Klingen ermöglichten es den Menschen, differenzierte, maßgeschneiderte Kleidungsstücke herzustellen, die den verletzlichen Rumpf bedeckten und die Gliedmaßen zylinderförmig umschlossen. Der „Schneider" war in der Lage, nicht nur individuelle Kleider herzustellen, sondern auch sorgfältig ausgewählte Materialien für die unterschiedlichen windabweisenden Teile der Kleidung zu verwenden. Denn er hatte den großen Vorteil, dass er auf die besonderen Häute und Felle von Rentier oder Polarfuchs zurückgreifen konnte. Drei oder vier Schichten, von der Unterwäsche bis zur wasser- und winddichten Oberbekleidung und Hosen, ermöglichten es den Menschen, bei Minusgraden effizient weiterzuarbeiten. Alle diese Kleidungsstücke wurden sorgfältig an den Körper angepasst. Eines der Werkzeuge, mit denen man individuelle Kleider herstellen konnte, waren feine Ahlen. Mit ihnen wurden Löcher in die Häute gestochen und sie waren wohl das am meisten genutzte Werkzeug, als sich der anatomisch moderne Mensch erstmals in den kälteren, nördlichen Breiten niederließ. Doch erst mit der Nähnadel konnten anschließend differenziertere Kleidungsstücke, wie zum Beispiel Unterwäsche, hergestellt werden. Mehrlagige Kleidung hatte den großen Vorteil, dass man überschüssige Lagen leicht an- oder ausziehen konnte, wenn sich die Temperaturen schnell änderten.

Die Menschen gewöhnten sich daran, passende Kleidung zu tragen. Komplexere, mehrlagige Kleidung erlaubte es ihnen, aus einem geschützten warmen Felsunterschlupf jederzeit in die eisige kalte Luft hinauszugehen. Wie jeder Läufer oder Radfahrer bestätigen wird, schützt eine schnell übergezogene, zusätzliche Kleidungsschicht zuverlässig vor wechselnden Temperaturen, vor Regen, Schnee oder Wind. Moderne Schutzkleidung funktioniert genau nach diesem Zwiebelprinzip.

Als sich das Leben immer kälter und herausfordernder gestaltete, wurden aus einfachster Bekleidung immer aufwendigere und besser angepasste Kleidungsstücke. In Shuidonggou im Nordwesten Chinas kamen vor etwa 30 000 Jahren Nähnadeln in Gebrauch, als nämlich das Klima zwischen 36 und 40 Grad nördlicher Breite deutlich kälter wurde.[8] Weit im Westen tauchen diese Nadeln vor rund 35 000 Jahren in der Ukraine bei 51 Grad nördlicher Breite auf, in Westeuropa, wo die Temperaturen etwas milder waren, vor etwa 30 000 Jahren. In der kältesten Periode des letzten glazialen Maximums vor etwa 21 000 Jahren waren Nähnadeln dann weithin in Gebrauch.

Angepasste Kleidung und die zu ihrer Herstellung notwendigen Werkzeuge und Techniken, aber auch genaue Ortskenntnisse sowie ständige Mobilitätsbereitschaft – dies waren die ersten Schritte, mit denen sich die Menschen an die ständigen und manchmal abrupten Klimaveränderungen der Letzten Eiszeit und insbesondere an die Kälte anpassten.

SCHWACHER TROST

Aller noch so schönen auf Geweihen, Knochen und an Felswänden hinterlassenen Kunst zum Trotz, verfügen wir zu unserem großen Bedauern über keine Selbstporträts der Jäger inmitten jener Tiere, die sie so strahlend schön vor 35 000 Jahren (auch dieses Datum ist umstritten) wiedergaben. Tatsächlich ist uns nur äußerst selten einmal ein Blick auf die Menschen vergönnt. Ein Beispiel hierfür ist der etwa 25 000 Jahre alte, aus Mammut-Elfenbein geschnitzte Kopf der sogenannten Venus von Brassempouy aus dem Südwesten Frankreichs. Dabei handelt es sich um die älteste bislang in Europa bekannte Darstellung eines menschlichen Gesichts, die detaillierter ausgeführt wurde. Über seine Deutung wurde indessen schon endlos diskutiert. Ist es das Antlitz einer Frau, eines Mannes, eines Jungen oder eines Mädchens? Und was hat es mit dem schachbrettartigen Muster auf sich, das von der Stirn über den Hinterkopf bis zu den Schultern reicht? Während manche darin eine Perücke zu erkennen glaubten, deuteten es andere als Kapuze mit geometrischem Muster. Wahrscheinlicher ist jedoch, dass es sich um das fest geflochtene Haar der Person handelt, denn die Frisur ist alles andere als ungewöhnlich. Das unterstreichen insbesondere die mittels genetischer Analysen gewonnenen Erkenntnisse, die zeigen, dass der *Homo sapiens* zu jener Zeit in Europa lockiges Haar und eine schwarze bzw. dunkle Haut hatte. Beides verdeutlicht zudem unsere afrikanische Herkunft.

Viele dieser frühen Jägergruppen lebten unter großen oder kleinen natürlichen Felsüberhängen, also in Halbhöhlen (Abris), die die Seiten tiefer Flusstäler säumten. Große Unterstände wie La Ferrassie und der Abri Pataud in der Nähe des heutigen Dorfes Les Eyzies im Südwesten Frankreichs waren – wenigstens zu bestimmten Jahreszeiten – über längere Zeitspannen hinweg bewohnt. Es gibt Anzeichen dafür, dass die Bewohner dieser und anderer Halbhöhlen lange Tierfelle an den Felsüberhängen aufhängten, um ihre Unterstände vor dem schneidenden Wind zu schützen und warm zu halten. Dahinter verborgen waren große Feuerstellen und die Schlafplätze.

Im Frühjahr und Herbst muss es in diesen Gebieten stets sehr rege zugegangen sein, wenn sich die einzelnen Gruppen zusammenfanden, um die wandernden Rentierherden zu jagen. Diese Herbstjagd war sehr wichtig, denn die Tiere waren nach den wärmeren Monaten fetter als sonst. In dieser Zeit füllten die Menschen ihre Vorräte an Fellen, Fett und getrocknetem Fleisch auf, um gut durch den Winter zu kommen. Dank der Untersuchungen alter und heutiger Rentierzähne, sind mittlerweile acht Rentiergebiete bekannt, die sich von 200 bis 400 Kilometern erstreckten. Drei davon befanden sich im Südwesten Frankreichs, also dort, wo auch der *Homo sapiens* lebte.

Archäologische Untersuchungen des am Fluss Vézère gelegenen Abri Pataud machten eine mächtige Sedimentfolge mit Schichten menschlicher Besiedlungsspuren aus, die zeigen, dass sich das Leben in der Zeit von vor 28 000 bis

Köpfchen der Venus von Brassempouy aus Elfenbein, Frankreich, ausgegraben 1894.

20 500 Jahren, in einer Periode extremer Kälte, nur wenig verändert hat.[9] Vor etwa 24 000 Jahren konzentrierte sich die Nutzung auf eine solide zeltartige Struktur, die zwischen dem Felsen und einigen Felsblöcken an der Vorderseite des Unterstandes errichtet wurde. Mit Fellen bespannte Stangen zwischen der Rückwand und dem Boden bildeten eine stabile Behausung. Man kann sich gut vorstellen, wie an windstillen Tagen der Rauch der Feuerstellen den Raum unter dem Überhang erfüllte. Die Bewohner jagten Wildpferde, Rentiere und Auerochsen – eine große wild lebende Art der Rinder, die in Europa noch Tausende von Jahren überlebte, bevor sie 1672 ausstarb. In jeder Hinsicht waren diese frühen Menschen effiziente, erfinderische Jäger, die ihren Lebensraum und ihr unbeständiges Klima genau kannten – für uns heute unvorstellbar. Man muss sich nur ihre großartigen Darstellungen von Wisenten und anderen Tieren ansehen, um

zu erkennen, dass sie viel Zeit damit verbrachten, die spezifischen Verhaltensweisen ihrer Beute genau zu beobachten. Bilder von Rentieren bei der Paarung, von Pferden mit Sommer- und Winterfell, einem Wisent, der seine Flanke putzt, oder auch von Tieren in Wach- oder Drohpositionen verraten ein tiefes Verständnis für ihr Lebensumfeld.

Die Kunst der Menschen der Letzten Eiszeit offenbart vor allem ihre komplexe Beziehung zur natürlichen Umwelt und zu den übernatürlichen Kräften des sie umgebenden Kosmos. An den Wänden vieler Ausgrabungsstätten sind Handabdrücke zu sehen, und es scheint, als ob die Besucher, wenn sie die bemalten Felswände weit unter der Erdoberfläche berührten, eine besondere Stärke erlangten. In der Tropfsteinhöhle Pech Merle in Frankreich, deren Felsbilder wohl vor rund 24 600 Jahren entstanden sind, stehen sich zwei schwarze Pferde gegenüber. Sie sind umgeben von großen schwarzen Punkten sowie von negativen Handabdrücken, die in Rot oder mit schwarzer Farbe auf die Wand gesprüht wurden. Aufgrund von Experimenten geht man heute davon aus, dass die Farbe mit dem Mund auf die Felswand geblasen wurde. Auch in der Höhle von Gargas, die auf französischer Seite in den Ausläufern der Pyrenäen liegt, finden sich Handabdrücke dieser Art. Dort hinterließen Generationen von Männern, Frauen und Kindern, ja sogar Säuglinge, ihre Handabdrücke an den Wänden im unteren Bereich der Höhle. Über deren Bedeutung können wir nur spekulieren. Sollten die Abdrücke möglicherweise Unheil abwehren (das Berühren von Steinen als Glücksbringer ist weitverbreitet), und einen unauslöschlichen Beweis für den Kontakt mit dem Übernatürlichen darstellen? Auch andere Zwecke sind vorstellbar. Vielleicht dienten die Handabdrücke dazu, zwischenmenschliche Beziehungen, die Zugehörigkeit zu einer Gruppe und Ähnliches zu markieren.[10]

Obwohl die frühen Menschen ihre Umgebung und ihre Nahrungsquellen so gut kannten, waren die Klimaveränderungen für sie nicht kontrollierbar und eine ständige Unsicherheit. Auf Jahre mit anhaltender Kälte und Knappheit folgten wärmere Zyklen mit reichlich Wild. Wie alle Jäger und Sammler, nutzten auch die Menschen der Letzten Eiszeit jede Gelegenheit, um ihre Beutetiere an strategisch günstigen Orten zu erlegen. Ein solcher findet sich beispielsweise im zentralfranzösischen Solutré, nahe der heutigen Stadt Mâcon. Es wird vermutet, dass hier die Jäger vor rund 32 000 Jahren in einer jährlich wiederkehrenden

Routine ihre Beute erlegten, indem sie am Rande der dortigen Schlucht hinter Felsen Position bezogen, um aus dem Versteck ausgewählte Tiere der vorbeiziehenden Herden ins Visier zu nehmen.[11] Schließlich gab es während der kalten Jahre des letzten glazialen Maximums in der umliegenden offenen Steppenlandschaft Wildpferde und Rentiere im Überfluss. Zwischen Mai und November lockten die Jäger daher junge Hengste in dieses Gebiet und erlegten über einen langen Zeitraum regelmäßig zahlreiche Tiere binnen kurzer Zeit. Mindestens 30 000 Pferde verendeten auf diese Weise im Laufe der Jahrtausende in Solutré; verwesende Tierkadaver und Skelette lagen im ganzen Tal verstreut. Erst als die extreme Kälte vor ca. 21 500 Jahren die Jäger südwärts in wärmere Gefilde vertrieb, kehrten wieder ruhigere Zeiten ein.

Weit im Osten, zwischen offenen Ebenen, geschützten Tälern und in Gebirgsausläufern, trafen Menschen mit unterschiedlichen Traditionen aufeinander, vermischten sich und pflegten Kontakte. Sie waren in der Lage, mit Menschen zu interagieren, deren Zuhause weit entfernt an der Peripherie der weiten Steppen im Osten und in den flachen Flusstälern lag, die sich bis zum Uralgebirge erstreckten. Jene Gebiete waren eine brutale kalte Welt aus graubraunem Staub und Wind, eine Region unerbittlicher Trockenheit. Doch trotz all ihrer Rauheit, beherbergten die Ebenen im Osten nicht nur eine überraschend reiche Tierwelt, sondern auch zähe Jägergruppen, die Jagd auf sie machten.

Einige der am besten erhaltenen Jägerlager befinden sich entlang der Flussufer des Don im Südwesten des heutigen Russlands. Vor etwa 25 000 Jahren jagten die Menschen hier hauptsächlich Pferde und Pelztiere. Während der Sommermonate hielten sie sich für kurze Zeit in saisonalen Lagern auf. Dort kamen weit verstreute Gruppen zusammen, um Handel zu treiben, Bündnisse zu schließen, Streitigkeiten beizulegen und zeremonielle Handlungen durchzuführen. Während der langen Wintermonate wurden solche Lager jedoch wieder aufgegeben, und die Menschen suchten sich in kleineren zerstreuten Gruppen halb unterirdisch liegende Behausungen, die sie in den eisigen Staub gruben.

Der Fundort Meschyritsch im Dnepr-Becken in der Ukraine lässt sich rund 15 200 Jahre zurückdatieren, lange nach dem letzten glazialen Maximum also. Während die Temperaturen dort etwas wärmer gewesen sein mögen, waren die Winter noch immer extrem kalt.[12] Um sich perfekt an ihre Umgebung anzupassen,

Die in den Kapiteln 1 und 2 genannten Orte in Europa.

bewohnten die Menschen halb in die Erde hineingegrabene kuppelförmige Behausungen von etwa 5 Metern Durchmesser. Aus besonders sorgfältig bearbeiteten Mammutschädeln und -knochen fertigten sie die äußeren kuppelförmigen Stützmauern an, die Dächer aus Fellen und Grassoden. Die US-amerikanische Archäologin Olga Soffer schätzt, dass ungefähr 14 oder 15 Arbeiter die vier Häuser in Meschyritsch in etwa zehn Tagen gebaut haben könnten.

Orte wie Meschyritsch waren eine Art Basislager, die bis zu sechs Monate im Jahr genutzt wurden. Sie wurden in flachen Flusstälern errichtet, die einen gewissen Schutz vor den unerbittlichen Nordwinden boten. Mit dem Beginn des Sommers zogen die Menschengruppen hinaus in offeneres Land, wo sie ihre Übergangslager aufschlugen. In jedem dieser Wintercamps lebten etwa 50 bis 60 Menschen zusammen, jeweils eine oder zwei Familien in einer Behausung.

Während der Wintermonate ernährten sie sich von den sorgfältig gesammelten Fleischvorräten, die sie im Laufe des Sommers in Gruben im Permafrostboden eingelagert hatten. Hier wie anderswo war das Jagen von wandernden Rentierherden die Hauptbeschäftigung im Frühjahr und Herbst, dazu das Fangen kleinerer Tiere und Vögel, manchmal sogar Fische. Vorrangige Bedeutung allerdings hatte die Jagd auf Pelztiere, denn das Überleben der Menschen in dieser extrem rauen Umgebung hing von geeigneter Kleidung und Pelzen ab. Das Fallenlegen war in Klimazonen mit Minusgraden eine unverzichtbare Fertigkeit. Dazu verwendeten die Jäger einfache, aber hoch effektive Schlingenfallen, die sie entlang der von Hasen und Füchsen benutzten Wege aufstellten. Die Beute lieferte nicht nur Nahrung, um die Kälte zu überstehen, sondern auch das benötigte Material, um die notwendigen Kleider herzustellen.

Während des letzten glazialen Maximums gab es in keinem der von Menschen bewohnten Gebiete Europas Dauerfrost. Mit dem Anstieg der Temperaturen verließen die Gruppen in den längeren Sommern die geschützten Täler, doch waren sie sich stets bewusst, was es bedeutete, dort draußen in extremer Kälte gefangen zu sein. Auch heute noch überlegen sich im Norden heimische Jäger gründlich, ob lange Ausflüge bei Temperaturen, die weit unter den Gefrierpunkt sinken, wirklich erforderlich sind. Zu Fuß unterwegs zu sein, ist unter solchen Bedingungen äußerst gefährlich – das wussten bereits die Menschen der Vorzeit nur zu gut. Während einige aus solchen Gruppen auf die Jagd gingen, blieben andere im Lager zurück und nutzten die Zeit, um Kleidung herzustellen oder Häute und Felle für die Weiterverarbeitung vorzubereiten – sie schabten beispielsweise das Fett ab, um das Material geschmeidig zu machen. Die Menschen der Letzten Eiszeit gerbten die Häute von vielerlei Tieren, sogar jene von Vögeln, die sie vorsichtig abschabten und mit Öl einrieben. Das unaufhörliche Schabgeräusch von Stein auf Haut war so etwas wie das Äquivalent zum heutigen Straßenlärm – eine permanente Erscheinung.

Genaue Kenntnisse der sich ständig verändernden Umwelt, sorgfältig überlegte Mobilität und ein tiefer Respekt vor der Natur: Dies waren die wesentlichen Fähigkeiten der Menschen der eiszeitlichen Welt, um sich an ebendiese anzupassen. Über Jahre, Jahrhunderte und Jahrtausende wurden sie von Generation zu Generation weitergegeben. Als gesellige Rudelwesen waren unsere frühen Vorfahren auf ihre sorgsam gepflegten gemeinschaftlichen Bindungen, einen ständigen Informationsaustausch und auf Kooperation angewiesen, wobei Letztere die beständigste menschliche Qualität war, um sich an Klimaveränderungen anzupassen. Kooperation war der Klebstoff, der alles zusammenhielt. Da nur eine sehr kleine Anzahl von Menschen in den rauen, von Raubtieren geprägten Landschaften lebte, war für praktisch jede einzelne Tätigkeit, selbst für die Vorbereitung der Felle oder das Teilen von erjagtem Fleisch, die Gruppe als Ganzes gefragt. Daher wurde nur in Ausnahmefällen allein gejagt, denn zwei oder mehr Wachsame hatten erheblich größere Aussichten auf Erfolg und mehr Sicherheit. Auch auf die Suche nach essbaren Wildpflanzen und Nüssen machte man sich in der Regel in kleinen Gruppen, meist wenige Stunden zu Fuß vom Lager entfernt. In Kooperation nutzten sie ihr gemeinsames Wissen über Nussbaumhaine und andere Nahrungsquellen, Wissen, das sich jeder von ihnen, egal, ob jung oder alt, im Laufe des Lebens angeeignet hatte. Das unausgesprochene Ziel war es, Nahrungsmittelknappheit zu verhindern, das heißt, Nahrungsmittel sowohl zum sofortigen Verzehr zu besorgen als auch zur Bevorratung in Gruben, Höhlen und Felsnischen für die langen Wintermonate. Doch es gab noch weitere Aspekte.

Die in kleinen Gruppen lebenden Jäger und Sammler wohnten in saisonalen Lagern oder in dauerhafteren Winterquartieren. Allerdings war die Zahl der Gruppenmitglieder so gering, dass schon ein kleiner Unfall – beispielsweise von zwei der Jagd Kundiger – von jetzt auf gleich der gesamten Gruppe zum Verhängnis werden konnte. Unerwarteter Frost konnte über Nacht die gesamte Nussernte zerstören und somit die Wintervorräte gefährden, noch bevor sie gesammelt waren. Bei der Geburt konnte der Tod der Mutter ein hilfloses Waisenkind zurücklassen. Unter solchen Umständen waren die Menschen dringend aufeinander angewiesen, um zu überleben – entweder auf die Mitglieder ihrer persönlichen Gruppen in der Nähe oder auch auf jene, die weiter entfernt lebten.[13] Um es deutlich zu sagen: Niemand konnte ohne seine Mitmenschen und ohne die engen rituellen Bande leben und überleben, die Familien, Verwandte oder Gruppen zusammenhielten.

Kooperation bedeutete Erfolg bei der Jagd und Erfolg bei der Nahrungssuche; das kollektive Wissen der Gruppe sicherte das Überleben und verminderte die

Risiken – verstärkt durch gemeinsame Musik, durch Gesang und Erzählungen an Sommerabenden wie in Winternächten. Dadurch wurden sowohl die Existenz jedes Einzelnen als auch die grundlegenden Werte der Gruppe definiert: Zusammenarbeit stand an erster Stelle, denn diese sicherte das Überleben in guten wie in schlechten Zeiten. Die Welt des Jägers war dynamisch und pulsierend und erfüllt von lebendigen Kräften. Es war kein Zufall – und ist noch immer so –, dass die Menschen ihre Beute und ihre sich ständig verändernde Umwelt mit Ehrfurcht betrachteten. Diese uralten Qualitäten von Zusammenarbeit und einem sorgsam gepflegten Wissen über den Lebensraum haben in der menschlichen Gesellschaft über Tausende von Jahren überlebt und zeigen sich in einigen wenigen Gesellschaften auch heute noch. Leider sind viele dieser alten Qualitäten in unserer überfüllten industriellen Welt nun verschwunden oder werden nicht ausreichend geschätzt.

Wie uns allerdings die Erfahrung mit Extremwetterereignissen in den vergangenen Jahren gelehrt hat, darunter mit dem Hurrikan Katrina, brauchen wir viele dieser uralten Qualitäten heute mehr denn je. Dass uns diese noch immer nicht verloren gegangen sind, lässt sich beispielsweise in Kalifornien erkennen. Denn dort bringen Verwüstungen von Wirbelstürmen und massiven Waldbränden, die durch extreme Hitze, Blitzeinschläge und Fallwinde entstehen, immer wieder viele scheinbar anonyme Nachbarschaften aus kleinen ländlichen Gemeinden zusammen, die bei der Rettung und beim Wiederaufbau gemeinsam Hand anlegen. In solchen Fällen vertrauen die Menschen auf verwandtschaftliche Bindungen und ihnen nahestehende Organisationen wie Kirchengemeinden oder Vereine, von denen sie Schutz, Nahrung und Unterstützung erwarten konnten. In solchen Zeiten wird das Gemeinwohl wichtiger als persönliche Ziele. Es scheint, als ob uns die Fähigkeit zur Kooperation in die Wiege gelegt wurde. Und doch leben die meisten von uns unter Bedingungen, die so wenig mit der eisigen Welt von vor 20 000 Jahren zu tun haben, dass wir es versäumen, zurückzublicken und aus der Vergangenheit zu lernen. Tatsächlich standen auch unsere Vorfahren damals an einem Scheitelpunkt – die Letzte Eiszeit ging zu Ende, eine außergewöhnliche und sehr intensive globale Erwärmung stand bevor, und es sollte nicht mehr lange dauern, bis die Art und Weise, wie die meisten von uns lebten, nie wieder dieselbe sein würde.

◆◆◆

KAPITEL 2

NACH DEM EIS
(VOR 15 000 JAHREN BIS CA. 6000 V. CHR.)

Nördlicher Teil des Nahen Ostens, heute Libanon, vor etwa 12 000 Jahren. Die Sommertage waren ungewöhnlich kühl, der Himmel bedeckt von dichten grauen Wolken. In einem Lager zwischen Eichen zitterten die Mitglieder einer Gruppe vor Kälte. Angelockt von dem schnell strömenden Bach, der in der Nähe floss, hatten sie sich vor einiger Zeit an dieser Stelle niedergelassen. Doch mit jedem neuen Tag trocknete der Bach weiter aus, bis nur noch Rinnsale in den Mulden kleine ruhende Pfützen bildeten. Die Niederschläge waren zu einem Schatten ihres einstigen Selbst verkommen. Alle plagte der Hunger, denn sie ernährten sich von eingefangenen Vögeln und Nagern sowie von den wilden Pflanzen, die zwischen den Bäumen ums Überleben kämpften. Am Lagerfeuer diskutierten die Ältesten über Berichte von ständigem Wasser und reicher Nahrung in einem nahe gelegenen Tal. Dabei kamen auch die Meinungen anderer der Gruppe zum Tragen, woraufhin sie beschlossen, weiterzuziehen. So schulterten sie bereits am nächsten Tag ihre Habseligkeiten und machten sich auf den Weg, eine Suche, die, ohne dass sie es ahnten, Generationen andauern sollte.

Über Jahrtausende war es den Jägern und Sammlern in den relativ gut bewässerten Gebieten zwischen der Mittelmeerküste und der Syrisch-Arabischen Wüste gut gegangen. Das zuvor eisige Klima der Letzten Eiszeit wurde nach

20 000 Jahren langsam milder. Vor 14 500 bis 12 700 Jahren lebten die Menschen in einem wahren Garten Eden: Es war warm und feucht, die Niederschläge stiegen und die Nahrungsmittelversorgung war besser vorhersehbar. Doch dann, sieben Jahrhunderte später, schien etwas im Gange zu sein. Die Temperaturen fielen rapide, wodurch auch die Zukunft der Gruppe zu wanken begann. Aber woher wissen wir all dies? Antworten finden sich in Gletscherablagerungen und See-bohrkernen aus den Tiefen des afrikanischen Ruwenzorigebirges, auf der Grenze zwischen dem heutigen Uganda und der Demokratischen Republik Kongo. Geologisch gesehen gehören diese Gipfel zu jenen Orten, die uns Aufschluss über den Klimawandel in der Vorzeit geben, insbesondere darüber, wann die Erderwär-mung am Ende der Letzten Eiszeit begann.

DAS KLIMA DER VERGANGENHEIT VERSTEHEN

Das Ruwenzorigebirge hat eine Höhe von bis zu 5100 Metern und weist fünf Vegetationszonen auf: vom tropischen Regenwald über alpine Wiesen bis hin zu schneebedeckten Regionen.[14] Während des letzten glazialen Maximums vor 24 000 Jahren floss das Schmelzwasser der Gletscher von den zentralen Gipfeln in die Täler, die das Ruwenzorigebirge durchziehen. Die Eismassen verschmolzen rund 2300 Meter über dem Meeresspiegel zu einem einzigen Supergletscher. Heute umschließen die Überreste des längst verschwundenen Eisschildes eine ganze Lagune, den in 3000 Metern Höhe gelegenen Mahomasee, dessen umlie-gende Täler von üppigen Pflanzen bewachsen sind. Steile Berghänge ragen hoch hinauf, schneebedeckte Gipfel sind häufig in Wolken gehüllt. So idyllisch es auch erscheinen mag: Hier ist nicht alles gut. Während es im Jahr 1906 noch 43 nament-lich bekannte Gletscher im Ruwenzorigebirge gab, die sich mit einer Fläche von 7,5 Quadratkilometern über sechs Berge erstreckten, hat die Erderwärmung nun dafür gesorgt, dass wir heute nur noch drei Gipfel mit Gletschern von gerade einmal 1,5 Quadratkilometern sehen. Das lang anhaltende Tauwetter hat massive Auswirkungen auf die Vegetation und die Biodiversität in diesem Gebirge.

Die eisbedeckten Gipfel, die modernen Gradmesser des Klimawandels, schmelzen hier in alarmierendem Tempo. Sie liefern uns jedoch auch wichtige

Informationen über die Vergangenheit. Rücken Gletscher vor, schleppen sie Gesteins- und Erdhügel mit sich; ziehen sie sich zurück, sind die als Moränen bekannten Anhäufungen von Gletscherrückständen kosmischen Strahlen ausgesetzt. Letztere erzeugen Isotope im Gestein, die Wissenschaftlern dabei helfen können, festzustellen, wann genau ein Gletscher auf dem Rückzug war und welchen Weg er dabei im Laufe der Zeit genommen hat. Ein Beispiel hierfür ist das radioaktive Beryllium-10 (oder ^{10}Be) dessen Anhäufung in Gesteinsproben im Labor gemessen werden kann. So lässt sich indirekt berechnen, wie stark sich das Klima im Laufe der Zeit erwärmt hat. Daher wissen wir, dass die Ruwenzori-Gletscher ihre größte Ausdehnung vor etwa 21 500 bis 18 000 Jahren hatten und angesichts des globalen Temperaturanstiegs vor 20 000 bis 19 000 Jahren ihren unaufhaltsamen Rückzug begannen.[15] Erdgeschichtlich gesprochen war dies der Zeitpunkt, als die gegenwärtige natürliche Erderwärmung ihren Anfang nahm und das Ende der Letzten Eiszeit einläutete.

Bohrkerne aus den Seen Ostafrikas erzählen eine ähnliche Geschichte. Vor 19 000 Jahren hatte die Erwärmung der tropischen Ozeane schon eingesetzt. Zu diesem Zeitpunkt hatte auch der große Laurentidische Eisschild, der die nördlichen Breitengrade Nordamerikas einschloss, seinen Rückzug begonnen, ebenso die Eisschilde auf der südlichen Erdhalbkugel. Dies waren epochale Veränderungen für die Welt der Letzten Eiszeit, vor allem in den nördlichen Breiten. Sowohl die Meerestemperaturen als auch jene an Land blieben vor 19 000 bis 16 000 Jahren niedrig. Doch dann beschleunigte sich plötzlich die Erwärmung. Vor 15 000 bis 13 000 Jahren stiegen die Temperaturen rasant an, möglicherweise um bis zu 7 °C pro Jahrhundert. Direkt im Anschluss kippte vor 13 000 bis 11 600 Jahren die klimatische Wippe wieder nach unten, und die Temperaturen sanken erheblich. Dieser kalte „Ruck", die Jüngere Dryas (vgl. Prolegomenon) dauerte gerade einmal 1000 Jahre. Die Temperaturen sanken in den Keller, die arktische Vegetation kam zurück nach Europa und die Eisschilde rückten wieder vor. Europa und Südwestasien wurden um einiges trockener. Eine schwere Dürreperiode suchte weite Teile des Nahen Ostens heim und zwang viele Gruppen, die nach Essbarem suchten, weiterzuziehen. Die Gründe für diesen Temperatursturz sind Gegenstand vieler Diskussionen: War es eine Welle vulkanischer Aktivitäten oder gar ein möglicher Meteoriteneinschlag? Die Auswirkungen der Jüngeren Dryas blieben aber regional begrenzt und fielen teilweise mit den ersten landwirtschaftlichen Aktivitäten im Nahen Osten zusammen. Diese kalte Periode endete und zurück kehrte die schrittweise Erwärmung der Erde, die sich bis heute unvermindert fortsetzt.

LANDSCHAFTEN IM WANDEL (VOR 16 000 JAHREN)

Doch was bedeutete dies alles für unsere Vorfahren? Im Norden Eurasiens, vor etwa 16 000 Jahren, zogen Jägergruppen weiter gen Norden, in jene von Gletschereis befreiten Gebiete, die sich in offene Steppen verwandelt hatten. Als die Temperaturen nach der Jüngeren Dryas stiegen, verdrängten zunächst Birken- und schließlich Eichenwälder die Steppen.[16] Während bislang Rentiere und andere kälteliebende Wildtiere erbeutet worden waren, jagte man nun Rotwild, Wildschweine und alle Arten von Waldtieren. Zur Jagd kamen nach wie vor Speer und Speerschleuder, ein den Wurfarm verlängerndes und somit die Geschosse mit erhöhter Geschwindigkeit an ihr Ziel bringendes Gerät, zum Einsatz. Einfache Pfeile und Bögen waren schon lange vorher in Gebrauch, wahrscheinlich zuerst in Afrika vor mehr als 50 000 Jahren, aber sie kamen erst richtig zur Geltung, als neue Steinbearbeitungstechniken die Herstellung kleiner, messerscharfer Pfeilspitzen ermöglichten. Diese leichten Waffen mit ihrer größeren Reichweite hatten einen enormen Vorteil: Sie konnten die Vögel im Flug erwischen.

Durch die Jagd mit Pfeil und Bogen wurden Kaninchen, andere Nagetiere und wandernde Wasservögel zu wertvoller Nahrung, denn man konnte sie außer mit Netzen und Fallen nun auch mithilfe der neuen leichten Waffen erlegen. Pfeile waren mit kleinen, tödlichen, scharfen Spitzen versehen, die fast nichts wiegen. Unter Archäologen sind diese als „Mikrolithen", oder kleine Klingen oder Spitzen aus Stein, bekannt. Zusammen mit der Ausweitung der Jagdbeute wuchs auch die Ausbeutung von pflanzlichen Nahrungsmitteln aller Art. Getreidegräser, Früchte und Nüsse waren nun weit mehr als reine Zusatznahrung und bildeten nach der Letzten Eiszeit den zentralen Bestandteil der Ernährung. Viele Gruppen ließen sich an den Ufern von Seen und Flüssen oder in geschützten Meeresbuchten nieder, der Fischfang und die Suche nach Mollusken blühte.

Manche Gruppen kehrten Jahr für Jahr wieder in ihre alten Lager zurück, andere blieben dauerhaft, je nach saisonalem Nahrungsangebot.

Die jahrtausendelange Erwärmung brachte dramatische Veränderungen für die Küsten und Flüsse mit sich, denn das schmelzende Eis ließ den globalen Meeresspiegel ansteigen. Festlandsockel wie jener vor Südostasien verschwanden, die Bering-Landbrücke zwischen Sibirien und Alaska wurde zu einem stürmischen Ozean, und auch die bis vor etwa 8500 Jahren bestehende Landbrücke aus tief liegenden Feuchtgebieten und Seen zwischen den Britischen Inseln und dem europäischen Festland wurde vom Wasser der heutigen Nordsee bedeckt. Geologen nennen diese versunkene alte Welt „Doggerland", nach der Doggerbank, heute ein reiches Fischereigebiet.[17] Dort konnten einst mehrere Tausend Menschen gut leben. Viele Jagdgruppen müssen praktisch ihr ganzes Leben in hölzernen Einbäumen, mit dem Auswerfen von Netzen, dem Aufstellen von Reusen und mit der Jagd auf Vögel, Rotwild und anderes Kleinwild verbracht haben. Wie die Menschen der Eiszeit waren sie ständig in Bewegung, doch ihre Mobilität richtete sich nicht nur nach den Wanderwegen ihrer Beutetiere oder der saisonalen Pflanzennahrung, sondern war auch von den sich verändernden Wasserständen abhängig. In diesen nahezu ebenen Landschaften bedeutete ein Anstieg des Meeresspiegels – oder auch, wie einmal geschehen, ein Tsunamiereignis – eine vollständige Überflutung ihres Lebensraumes. Ein geschützter Anlegeplatz konnte innerhalb einer Lebensspanne für immer unter Wasser verschwinden.

Die Auswirkungen waren tiefgreifend: Tiere wählten neue Wanderrouten und zogen weiter, wenn ihre Lebensräume überflutet wurden, plötzliche Überschwemmungen brachten Krankheiten und neue Parasiten mit sich. Vor allem aber führte der Verlust von Jagdgründen und klar abgegrenzten Territorien in Zeiten steigender Bevölkerungsdichte zu sozialen Unruhen, zum Wettstreit um die nun knapper werdenden Nahrungsmittel. Gewalt und Krieg waren unweigerliche Folgen. Die ebenso permanenten wie scheinbar unaufhaltsamen Veränderungen und Umweltbedrohungen riefen ein stetes Gefühl der Unsicherheit, ja teilweise sogar große Angst hervor. Auch heute ist dies angesichts des steigenden Meeresspiegels bei den Inselbewohnern im Pazifik und in anderen tiefer gelegenen Gebieten auf der Welt gleichermaßen der Fall. Jede größere Überschwemmung von Doggerland bedeutete den Verlust einer Landschaft, die zuvor eine besondere Bedeutung gehabt hatte und emotionale Erinnerungen hervorrief, die mit Familiengeschichten, mit Zusammenhalt und Verwandtschaftsbeziehungen verknüpft waren. Jede Überflutung bedeutete zudem einen Verlust an Wissen: wo man den besten Fisch oder einen guten Feuerstein fand. Auch wenn einige Forscher gelegentlich anmerken, dass Mobilität eine sinnvolle Anpassung an den Klimawandel gewesen sei, so hat es sicher Zeiten gegeben, in denen die ökologischen Veränderungen für die Menschen traumatisch waren oder sie sogar in eine tiefe Krise stürzten. Um 6500 bis 6200 v. Chr. entstand durch den Anstieg des Atlantiks die Nordsee, die wiederum die vormalige Landbrücke von Doggerland in den Fluten versinken ließ – heute trennen tiefe Gewässer Großbritannien vom europäischen Festland. Die Erderwärmung löste unter den Menschen ein typisches, opportunistisches Verhalten aus. Da sie weder an feste Behausungen gebunden noch durch den Anbau von Nutzpflanzen beschränkt waren, fiel es den frühen Menschen relativ leicht, mobil zu sein, anders als späteren Generationen sesshafter Menschengruppen. Sie konnten aufgrund ihrer genauen Umweltkenntnisse auch flexibel und kreativ auf plötzliche Klimaveränderungen reagieren. Beleg dafür sind die technischen Innovationen jener Zeit, beispielsweise neuartige Angelgeräte: 1931 wurde nahe der Doggerbank eine fein geschnitzte vielzackige Harpunenspitze aus Knochen ausgegraben.

Die ersten Menschen, die vor rund 15 000 Jahren die Bering-Landbrücke von Sibirien nach Alaska überquerten, zeigten sich bemerkenswert anpassungsfähig an ein Leben in neuen Landschaften.[18] Die ersten Migranten waren arktische Jäger, die sich erstaunlich rasch Richtung Süden durch Nordamerika und weiter, wahrscheinlich entlang der Pazifikküste, ausbreiteten. Innerhalb weniger Jahrtausende hatten sich die Menschen, auch wenn sie noch immer dünn gesät waren, in bemerkenswerter Weise an vielfältige Lebensräume angepasst: von der arktischen Tundra über weite offene Steppen und Wüsten bis in die tropischen Regenwälder.

Anfangs war die menschliche Bevölkerung Nord- und Südamerikas verschwindend klein, weit verstreut, in Gruppen organisiert. Die ersten Amerikaner waren ein wanderndes Volk, immer in Bewegung, und nur gelegentlich in Kontakt miteinander. Ihre Werkzeuge waren leicht und einfach zu tragen; viele ihrer Jagdwaffen und andere Gerätschaften stellten sie erst dann her, wenn sie sie brauchten, und warfen sie anschließend gleich wieder weg. Daher sind ihre Hinterlassenschaften praktisch unsichtbar, meist verstreute Steinwerkzeuge und Steinsplitter, gelegentlich einmal Tierknochen. Soweit wir es heute sagen können, benutzten sie scharfkantige Messer und Speere mit Steinspitzen, die nur wenig Ähnlichkeit mit jenen in Sibirien hatten, ein Zeichen dafür, dass das Leben in neuer Umgebung zu angepassten technischen Innovationen führte. Weit verstreute Werkzeuge und Radiokarbondatierungen erlauben uns einen Blick zurück bis in die Zeit vor 14 000 Jahren, vielleicht sogar noch früher.

Vor rund 13 000 Jahren kamen die ersten Menschen der weitverbreiteten Clovis-Kultur nach Nordamerika. Sie waren berühmt für die Fertigung charakteristischer Projektilspitzen mit scharfen Klingen an beiden Seiten. Als geschickte Jäger erlegten sie Tiere jedweder Größe, außerdem suchten sie weite Gebiete nach pflanzlicher Nahrung ab. Ebenso wie ihre Vorfahren, waren auch die Menschen der Clovis-Kultur sehr mobil und folgten Bisons und kleinerem Wild über weite Entfernungen. Für die Herstellung von Werkzeugen besorgten sie sich feinkörnigen Stein über durchaus weite Entfernungen. So wurden beispielsweise in Saint Louis, Missouri, Clovis-Spitzen aus Feuerstein gefunden, der aus Steinbrüchen aus dem 1770 Kilometer entfernt liegenden North Dakota stammte. Die mobilen, vielseitigen Menschen der Clovis-Kultur passten sich allen Herausforderungen ihrer neuen, anspruchsvollen Umgebungen an, vom Grasland der Great Plains bis zu den Wüstenlandschaften im Westen, und ebenso an die extremen Temperaturen, die von nördlicher Kälte bis zur Wüstenhitze alles für sie bereithielten.

Die Blütezeit der Clovis-Kultur dauerte etwa 500 Jahre. Dann wurde sie von der Folsom-Kultur abgelöst, deren Verbreitung sich von den Grenzen Alaskas bis zum Golf von Mexiko erstreckte. Auch sie waren Jäger und Sammler, jagten Bisons und passten sich einer Vielzahl von Landschaften an; von den Rocky Mountains bis zu den Prärien und Baumsavannen östlich der Great Plains. Im Laufe der Jahrhunderte passten sich ihre Nachfolger an alle möglichen natürlichen Umgebungen an, darunter die Wüsten im Westen, die Wälder im Osten ebenso wie die außerordentlich reichen Flussmündungen und Seeufer, wo immer fortschrittlichere Jäger- und Sammlerkulturen an denselben Orten über viele Generationen hinweg florierten. Diese ernährten sich in hohem Maße von Fisch und Pflanzennahrung sowie von Wild. In diesen Gruppen führten verwandtschaftliche Beziehungen sowie der gegenseitige Austausch von Nahrungsmitteln und anderen Produkten zu stabileren Wohnverhältnissen und zu engen Bindungen zum Land der Vorfahren. Einige dieser Gesellschaften waren die Vorläufer der späteren, noch weitaus komplexeren Jäger- und Ackerbauern-Gesellschaften.

All diese Gesellschaften passten sich den tiefgreifenden Klimaveränderungen, insbesondere der zunehmenden Trockenheit und der größeren Wärme, dadurch an, dass sie sich auf ihre kulturellen Werte besannen, nach Instinkt handelten und zielgerichtete Strategien wie die Ausweitung ihrer Ernährungspalette und größere Mobilität realisierten. Die zunehmende Bevölkerungsdichte und der regelmäßige Kontakt mit anderen Gruppen machten es leichter, Nahrungsmittel gemeinsam zu nutzen, zusammenzuarbeiten und vor allem das Wissen über die vielfältigen Landschaften auszutauschen, denen sie alle eine hohe Wertschätzung beimaßen.

DIE LAGE WIRD KRITISCH

Als die Temperaturen in der Eiszeit in früheren Jahrtausenden anstiegen, breiteten sich über ganz Südwestasien rasch Wälder aus – obwohl es noch bedeutend kühler war als heute und es relativ viel regnete. Die Vegetation wurde vielfältiger und umfasste wildes Getreide, das reiche Ernten an essbaren Samen lieferte. Wild gab es im Überfluss, ebenso wie Getreidegräser und genießbare Nüsse wie Pistazien und Eicheln. Vor allem an den unteren Flussläufen von Euphrat und Tigris lebten Generationen von Jägern und Sammlern so gut, dass sie damit begannen, an Ort und Stelle zu bleiben. Ihre Siedlungen wurden immer größer und sie bestatteten ihre Toten auf Friedhöfen, wobei sie vielen von ihnen prächtige Beigaben mit ins Grab legten.

Es gibt viele Hinweise darauf, dass dort Gesellschaften mit komplexen sozialen Strukturen entstanden, die ihren Vorfahren eine tiefgehende Verehrung entgegenbrachten, da diese früheren Generationen das gleiche Land bewohnt und bestellt hatten wie sie. Überraschend ist dieses Vorgehen nicht, denn das Verdeutlichen der engen Bindung zu den Vorfahren ist ein guter Weg, um seinen Anspruch auf jenes Land zu legitimieren, das ihnen einst gehörte.

Aber warum war es überhaupt von Vorteil, sesshaft zu werden? Schließlich waren die *Hominini* doch seit mehr als 6 Millionen Jahren – und seit mehr als 300 000 Jahren auch der *Homo sapiens* – mobil gewesen. Eine mögliche Theorie besagt, dass nach dem Eis das üppige Nahrungsangebot und die milden Lebensbedingungen vor 14 500 bis 12 900 Jahren die Nahrungssucher dazu bewog, sich dauerhaft in den fruchtbaren Landstrichen niederzulassen und Dörfer zu bauen. Ein anderer Beweggrund könnte gewesen sein, dass der durch die vermehrten Niederschläge und das verbesserte Nahrungsangebot weiter befeuerte Bevölkerungsanstieg dazu führte, dass die Menschen ihre Ansprüche auf „Territorien" geltend machen wollten. Die Realität war höchstwahrscheinlich eine Kombination aus beidem.

Auf die warme Periode und den Überfluss folgte jedoch die kalte Jüngere Dryas, eine Zeit, die nicht nur trockenere und recht kühle Bedingungen mit sich brachte, sondern auch weitverbreitete Dürren, wie beispielsweise im Nordlibanon. Seit Langem ist bekannt, dass die Jüngere Dryas Einfluss auf die Gesellschaften der Jäger und Sammler in Südwestasien genommen hatte. Dank der Forschung an Tropfsteinen aus der Sorek-Höhle in Israel und anderer Klima-Proxies, wie Pollen- und Isotopenanalysen, können wir jetzt genauere Details hinzufügen.

Für die Menschen führten die trockeneren Bedingungen dazu, dass sie sich verstärkt auf die Ernte von Wildgetreide und den Bau von Vorratsanlagen konzentrierten. Gleichzeitig waren die Anbauversuche mit Kulturpflanzen bereits in vollem Gange. Darauf lassen Funde schließen, die am Fundort Ohalo II am Ufer des Sees Genezareth in Israel gemacht wurden. Infolge dieser Veränderungen war zumindest vorübergehend bereits vor 23 000 Jahren mit dem Anbau von Roggen und Weizen begonnen worden. Allem Anschein nach war dieser Versuch aber nur von kurzer Dauer und wurde aufgegeben, als die Regenfälle zunahmen. Der Anbau von Wildgräsern war offenbar in trockenen Gebieten, in denen sowohl Pflanzen als auch Tiere unberechenbare Ressourcen darstellten, zu einer bewährten Strategie geworden. Zweifellos hatten auch andere Menschengruppen während der Letzten Eiszeit Getreide angebaut, doch die Strategie, gezielt Nahrungspflanzen anzubauen, wurde erst gängige Praxis, als genetische Veränderungen bei den domestizierten Getreidegräsern sowohl die Vollzeit-Landwirtschaft ermöglichten als auch zu einem erheblichen Bevölkerungswachstum führten.

Trotz alledem war der Übergang zur eigenen Produktion von Nahrungsmitteln ein weit komplexerer Anpassungsvorgang, als es auf den ersten Blick erscheinen mag. Es war ja nicht so, dass ein einziges Individuum die Landwirtschaft „erfand" oder sich eines Tages einfach dazu entschloss, dem Menschen nützliche Tiere zu domestizieren. Vielmehr vollzog sich ein allmählicher Wandel, der sich an voneinander unabhängigen Orten – wahrscheinlich 14 oder mehr – gleichzeitig abspielte, häufig als Reaktion auf Klimaveränderungen.[19]

DIE ERSTEN BAUERN (VOR CA. 11 000 JAHREN)

Auch wenn es schon viel früher Versuche mit dem Anbau von Kulturpflanzen gegeben hatte, so begann eine ernsthafte Nahrungsmittelproduktion erst vor etwa 11 000 Jahren, und zwar in Südwest- sowie Ostasien und in Südamerika. Rund 3000 bis 4000 Jahre später tauchten dann die ersten sesshaften Bauern entlang des Jangtse und des Gelben Flusses in China auf. Ackerbau und Viehzucht setzten sich in Süd- und Südostasien, in Teilen der afrikanischen Savanne und in Nordamerika vor 5000 Jahren durch. Die neue Wirtschaftsform verbreitete sich unaufhaltsam, aber in unterschiedlichen Geschwindigkeiten, je nach den spezifischen örtlichen Gegebenheiten. Mit der Verlässlichkeit der Nahrungsquelle verstetigte sich auch das Bevölkerungswachstum und vor allem die Bevölkerungsdichte. Als die Nahrungsmittelproduktion begann, lebten rund 5 Millionen Menschen auf der Erde, doch diese Zahl stieg bis zu Christi Geburt rasant auf 200 bis 300 Millionen an. Heute leben 7,9 Milliarden Menschen weltweit von der Bedarfs- oder industriellen Landwirtschaft, eine Zahl, die weiter unablässig steigt. Im Vergleich dazu leben nur noch weniger als 1 Million Menschen von der uralten Methode des „Jagens und Sammelns".

Vor über einem halben Jahrhundert beschrieb der australisch-britische Archäologe Vere Gordon Childe die beiden großen Revolutionen in der Geschichte der Menschheit: die Neolithische Revolution und die Urbane Revolution.[20] Hinter Childes Revolutionen verbergen sich aber weitaus komplexere Veränderungen in der menschlichen Gesellschaft, die die Fähigkeit mit sich bringt, Nahrungsmittel zu produzieren. Dazu zählte nicht nur das steigende Wissen über

Nutzpflanzen und Tiere, sondern auch die Gründung größerer dauerhafter Siedlungen mit entsprechend höherer Bevölkerungsdichte.

Als Marxist legte Childe ganz besonderes Augenmerk auf die sozialen und wirtschaftlichen Folgen, die mit der Sesshaftigkeit einhergingen: die Anhäufung von Eigentum, Investitionen in begrenzten Grund und Boden sowie die daraus resultierende Vorherrschaft einiger weniger über die vielen. Die Sesshaftigkeit förderte in der Tat die Konkurrenz untereinander, soziale Ungleichheit und zunehmend hierarchisch strukturierte Gesellschaften. Auf der anderen Seite bedeutete die neue Lebensform auch, dass einige von den alltäglichen Aufgaben der Nahrungsbeschaffung befreit waren, sodass sie sich auf andere Dinge wie die Töpferei oder die Metallverarbeitung spezialisieren konnten oder einfach Zeit hatten, um über ihr Leben und ihre Begabungen nachzudenken. Genau aus diesem Grund gelang es den sesshaften Gesellschaften dann, vielfältige Innovationen in der Metallurgie, in der Schrift, der Kunst und der Technik hervorzubringen. Mit der Vermehrung der Menschen wuchs auch ihr Ideenreichtum – vor allem dann, wenn sie sich in Dörfern und Siedlungen zusammenfanden, wo sie ihr Wissen und ihre Gedanken miteinander austauschen konnten. Die Bevölkerung wuchs aber nicht nur aufgrund des reichlichen Nahrungsangebots (dafür gab es keine hundertprozentige Garantie), sondern auch deswegen, weil eine große Anzahl Kinder – zukünftige Arbeitskräfte – für Agrargesellschaften stets von Vorteil war. Ganz im Gegensatz zu den Jäger-und-Sammler-Gesellschaften, in denen zu viele Nachkommen die Nahrungsversorgung der Gruppe belasteten. Die Bevölkerung wuchs, aus Dörfern wurden Siedlungen, aus Siedlungen Städte und aus Städten Königreiche – am Ende standen mächtige Imperien.

Unvorhersehbare Konsequenzen folgten: Zum einen traten neue Infektionskrankheiten auf, die von Haustieren oder Insekten übertragen wurden, zum anderen litt die Umwelt. Diese „zivilisatorischen Veränderungen" hatten grundlegende Auswirkungen auf das globale Klima. In den vergangenen 750 000 Jahren wechselten sich mindestens acht Warm- und Kaltzeiten ab, und jede wärmere Zeit begann mit einem hohen Niveau an Treibhausgasen, das mit sinkenden Temperaturen ebenfalls langsam wieder sank.

Anschließend begann der gegenwärtig noch andauernde Zeitabschnitt, den Geologen als Holozän bezeichnen, gewissermaßen also die Ära der Landwirtschaft.

Brandrodungsfeldbau in Tansania, Ostafrika. Die Abholzung der Wälder zugunsten von Bedarfswirtschaft und Viehzucht hat die globale Umwelt und den CO_2-Gehalt in der Atmosphäre nachhaltig verändert.

Der US-amerikanische Klimaforscher William Ruddiman hat dargestellt, wie der Kohlendioxidgehalt zunächst allmählich sank, dann aber vor etwa 7000 Jahren wieder anstieg.[21] Etwa 2000 Jahre später begann der Methananstieg. Der Klimaforscher argumentierte, dass der Anstieg des Kohlendioxids auf die Abholzung der Wälder zugunsten der Landwirtschaft zurückzuführen sei, und der Anstieg des Methans auf den Nassreisanbau.

Ruddimans Theorie ist umstritten, findet jedoch immer größere Akzeptanz. Sicher gibt es Argumente dafür, dass diese uralte Transformation vom Jagen und Sammeln zur Landwirtschaft die globale Erwärmung langsam, unaufhaltsam und – in der Tat – ungewollt vorangetrieben sowie unsere Anfälligkeit für kurz- und langfristige Klimaveränderungen dramatisch erhöht hat.

Diese Anfälligkeit hat es immer schon gegeben, keine Frage. Kurzfristige Extremwetterereignisse wie Dürrekatastrophen brachen auch ohne Erwärmung über die Menschheit herein. Es stellt sich aber die Frage, mit welchen Anpassungsstrategien die Gesellschaften in der Vergangenheit abrupten Klimaveränderungen begegnet sind und diese überlebt haben. Ganz offensichtlich war das

Streben nach Nahrung das vorherrschende Kriterium, das die Gesellschaft vorantrieb. Wenn die Bedingungen günstig waren und Wild und pflanzliche Nahrung reichlich vorhanden, zählte nur eines: Welche Nahrung ist – in Konkurrenz zum Nachbarn – am leichtesten zu beschaffen?

Als sich die Bedingungen verschlechterten, traten neue Ziele in den Vordergrund, beispielsweise die Reduktion von Risiken. Die Intuition spielte hier eine ebenso große Rolle wie traditionelle Überlebensstrategien. Einige Gruppen zogen an neue Orte, um Auseinandersetzungen zu vermeiden, andere konkurrierten um die knappen Ressourcen und wendeten Gewalt an – Ausgang offen.

Viele Entscheidungen müssen vom langfristigen sozialen Gedächtnis abhängig gewesen sein, dem Wissen über Umwelt und Nahrungsressourcen, dem Wissen, das von einer Generation an die nächste weitergegeben wurde. Sobald sie eine enge Verbindung mit ihrem Land eingingen, waren die Bauern im Gegensatz zu den Jägern und Sammlern risikoscheuer, denn sie wussten nur zu gut, dass wiederholte Ernteeinbrüche oder Krankheiten unter den Tieren die Anpassung an eine länger anhaltende Dürre unmöglich machte. Viele Menschen haben solche Zeiten nicht überlebt, ganze Bevölkerungsgruppen starben aus. Hier liegt der entscheidende Unterschied zwischen den Sammlern, die ständig unterwegs waren, und jenen, die mit dem Ackerbau herumexperimentierten und über Generationen hinweg an einem Ort blieben. Schon die ersten Bauern hatten mächtig in ihr Land, in ihre Behausungen, Vorratslager und rituelle Zentren investiert. Da sie psychologisch derart stark mit ihrem Lebensraum verbunden waren, neigten die Bauern dazu, unmittelbar und aktiv auf Umweltveränderungen zu reagieren, beispielsweise dadurch, dass sie ihre Rinderherden durch Schafherden ersetzten. Eine Siedlung und ihr hochgeschätztes Land aufzugeben, das war nur der allerletzte Ausweg.

Welch entscheidende Rolle die Umweltbedingungen im Leben der Menschen gespielt haben, sieht man daran, dass während der raschen Abkühlung in der Jüngeren Dryas die Menschen in der nördlichen Levante ernsthaft damit begannen, Landwirtschaft zu betreiben.[22] Die Klimaveränderung könnte zur gezielten Produktion von Getreide geführt haben, denn die Winterfröste töteten die Samen ab und verzögerten die Keimung sowie die Reifung der Kulturpflanzen. Die sesshaften Menschen waren gezwungen, ihre Nahrungsquellen zu erweitern, denn es

Im Text erwähnte Orte im Nahen Osten und in Ägypten.

herrschten wechselhafte und instabile jahreszeitliche Bedingungen. Dazu kam ein hoher demografischer Druck, denn die besiedelten Landschaften konnten nicht alle Menschen ernähren. Die Folge waren soziale Unruhen, die Konkurrenz um Nahrungsmittel und viele kleinere Wanderbewegungen. Sammlergruppen reagierten, indem sie regenarme Gebiete wie die Negev-Wüste oder die Randgebiete der Syro-Arabischen Wüste verließen und fruchtbarere Regionen aufsuchten. Innerhalb kurzer Zeit konnten Sammlergruppen nur noch in den Randgebieten in der Nähe der Wüsten überleben, wo der Ackerbau unmöglich war.

Der große Umbruch erfolgte in Gebieten mit mediterraner Vegetation oder in der Nähe der Steppe innerhalb des Fruchtbaren Halbmonds.[23] In anderen, waldreicheren Landschaften führten die Sammler an der Seite der Bauern weiterhin ein gutes Leben.

Vor 11 700 bis 11 200 Jahren entwickelten die Bauern neue Formen von Äxten und Querbeilen und verwendeten effizientere Schleifsteine, Sicheln mit Steinklingen und neue, effektivere Pfeilspitzen. Ihre Siedlungen waren nun auf Dauer angelegt, mit flach überdachten Häusern, deren Mauern aus Lehmziegeln oder Backsteinen gefertigt waren und häufig auf Steinfundamenten standen. Die frühesten Belege für zeremonielle Bauten, wie die Schreine des Göbekli Tepe im Südosten der Türkei, stammen genau aus jener Zeit. Soweit uns bekannt ist, waren die Bewohner dieser Stätte, die eine ganze Hügelkuppe in ein Zeremonialzentrum verwandelten, noch immer Jäger und Sammler – keine Bauern. Doch sie errichteten einen kunstvollen Rundbau mit Gesteinsblöcken (Monolithen), auf denen eingemeißelte Tierreliefs dargestellt sind, was ein wichtiger Hinweis darauf ist, dass es sich um einen bedeutsamen heiligen Ort handeln könnte.

Die Kunst, die Figuren und die Menschenschädel aus Gips, die mit solchen Schreinen in Verbindung stehen, deuten darauf hin, wie besessen die Menschen an ihre Vorfahren als Hüter des Landes und an die mächtigen mythischen Wesen glaubten, die diese Umwelt und die Naturkräfte, die sie nähren, geschaffen haben. Diese Gedanken spiegeln die größer werdende Sorge um die Kontrolle der von ihnen bewohnten Territorien wider. Zur gleichen Zeit dokumentieren sorgfältig ausgearbeitete Tier- und Menschenfiguren oder Wanddekorationen in Schreinen die vielseitigen Interaktionen mit Nachbarn nah und fern. Diese Kontakte förderten den Austausch über Ackerbau und Viehzucht, sodass andere Gruppen neue Wege der Bedarfswirtschaft und Nachhaltigkeit einschlagen konnten.

ERSTE STÄDTE: DROGEN, DÜRREN, KRANKHEITEN (CA. 7500 V. CHR.)

Als sich die Wälder angesichts der Dürren zurückzogen, brachen auch die Ernten von Wildgräsern ein. Die hungernden Gemeinschaften konnten nur durch die Gazellenjagd und den intensiveren Anbau von Getreide und Hülsenfrüchten überleben. In Gebieten wie dem Südosten der Türkei und Nordsyrien begannen einige Gemeinschaften mit dem Anbau von Wildgräsern herumzuexperimentieren, eine bekannte Strategie, um die Nahrungspalette zu erweitern.

Auf dem Siedlungshügel Abu Hureyra nahe dem Euphrat in Nordsyrien lebten die Menschen vor 13 000 Jahren in einfachen Grubenhäusern in waldreicher Umgebung, wo es reichlich Tiere und Wildgetreide gab.[24] Sie jagten außerdem große Herden von Persischen Kropfgazellen, die in jedem Frühjahr von Süden her vorbeizogen. Der britische Archäologe Andrew Moore konnte bei seinen Ausgrabungen mithilfe von feinen Sieben die aschigen Siedlungshorizonte genauer untersuchen und fand dabei eine große Auswahl an pflanzlichen Nahrungsmitteln. Sein Mitarbeiter Gordon Hillman fand heraus, dass wohl ein halbes Dutzend Wildpflanzen zu den Hauptnahrungsmitteln gezählt haben musste. Dazu noch Hunderte anderer Pflanzen, die vielseitig verwendet wurden: auch als Halluzinogene und Färbemittel. Als die Dürren zunahmen, verließen die Mensch das kleine Dorf, was zum Teil auf den Mangel an Brennholz zurückzuführen sein könnte.

Um 9000 v. Chr. entstand auf dem niedrigen Hügel ein neues Dorf, das sich auf fast 12 Hektar ausdehnte. Innerhalb einer Generation wich die Gazellenjagd der Schaf- und Ziegenhaltung. Hillman fand heraus, dass die Menschen zunächst in den nahe gelegenen Wäldern Früchte und Gräser suchten, doch mit der andauernden Dürre wurden die wilden Gräser immer seltener, die einst in der Nähe der Häuser wuchsen. 400 Jahre später war die Dürresituation noch gravierender. Zunächst passten sich die Menschen an die seit jeher halb trockene Region an, indem sie kleinsamige Gräser und andere Ersatznahrungsmittel anpflanzten. Ihren Skeletten nach zu urteilen, war das Leben der ersten Bauern sehr viel härter als das ihrer Vorgänger. Einige junge Männer hatten Nacken- oder Wirbelsäulenprobleme, wohl zurückzuführen auf das Tragen von übermäßig schweren Lasten, wie Getreidebündel oder Baumaterialien. Die Frauen zeigten typisch abgenutzte Zehenknochen, ein Krankheitsbild, das als Folge einer ständigen Zehenkrümmung beziehungsweise Schaukelhaltung entsteht – genau jene Haltung also, die erforderlich war, um endlos Getreide auf den in den Böden der Häuser eingelassenen Mahlsteinen zu verarbeiten. Trotz dieser gesundheitlichen Bürden wuchs die Bevölkerung an und stieg auf bis zu 400 Einwohner. Da sie schon bald in einer nicht mehr bewohnbaren, vollkommen trockenen Steppe lebten, übernahmen die Bewohner eine vor langer Zeit etablierte Strategie: Wie ihre Vorfahren in den Zeiten vor der Verbreitung der Landwirtschaft, machten sie sich schließlich auf den Weg, verließen ihr Dorf und zogen in besser bewässerte Landschaften.

Als nach 7700 v. Chr. wieder günstigere Lebensbedingungen herrschten, wuchs auf dem Hügel ein größeres Dorf heran. Einstöckige, durch enge Wege voneinander getrennte Lehmziegelhäuser entstanden. Abu Hureyra war kein Einzelfall. Das Klima wurde wieder feuchter und die trockenen Jahrhunderte gerieten in Vergessenheit, Ackerbau und Viehzucht breiteten sich von der Küste ins Inland aus, vom Tiefland ins Hochland, über Mesopotamien bis in die Türkei und ins Niltal. Und doch war es nicht der Klimawandel allein, der die Menschen dazu brachte, Bauern zu werden. Diese Entwicklung war um einiges komplexer.

Eine weitere Langzeitausgrabung fand in der Zentraltürkei in Çatalhöyük statt, einem größeren Dorf oder Städtchen mit dicht gedrängten Häusern, das in den vergangenen 1700 Jahren, zwischen 7400 und 5700 v. Chr., wenigstens 18 Mal wieder neu aufgebaut wurde.[25] Das tägliche Leben spielte sich rund um die Häusergruppen ab, die von denselben Familien über viele Generationen hinweg bewohnt wurden. Ein Großteil dieser Behausungen war üppig verziert und dekoriert, ein Zeichen kunstvoller Symbolik. Wandmalereien zeigen Menschen und gefährliche Tiere, es gibt Gipsschädel von Menschen und Bullen. In den bewohnten Häusern standen die Menschen noch immer eng mit ihrer Vergangenheit in Verbindung. In anderen Häusern ruhten die Skelette von Menschen, und zwar von erheblich mehr Menschen, als früher dort gelebt hatten. Es war, als ob dies – wie die Archäologen sie nannten – „Geschichtshäuser" waren, also Orte, an denen Rituale stattfanden und an denen die Lebenden direkten Kontakt zu den von ihnen verehrten Vorfahren hatten.

Nicht, dass das Leben in Çatalhöyük zwangsläufig angenehm gewesen wäre. Zwischen 3000 und 8000 Menschen lebten in oder nahe der Siedlung auf dem Höhepunkt ihrer Blütezeit, als es reichliche Regenfälle gab und der Handel florierte. Diese Menschen erlebten allerdings eine Zeit der Überbevölkerung, die Ausbreitung von Infektionskrankheiten, Gewalt und schwerwiegender Umweltprobleme. Was um 7400 v. Chr. als kleine Siedlung begann, entwickelte sich rasch zu einem dicht bevölkerten, viel größeren Dorf, ja sogar zu einer Stadt, die von einem regen Handel mit Obsidian profitierte: vulkanischem Glas, das für die Herstellung von Werkzeugen hochgeschätzt wurde. Heute können Bioarchäologen die chemische Signatur aus den Knochen der damaligen Bewohner herauslesen. Die stabilen Kohlenstoffisotope zeigen, dass die Menschen sich hauptsächlich von Getreide ernährten, vor allem von Gerste, Roggen und Weizen. Von Anfang an hielten sie Schafe, später auch Rinder. Die getreidelastige Ernährung führte zu vielen Fällen von Zahnverfall. Untersuchungen an Querschnitten der Beinknochen zeigen, dass die späteren Bewohner viel weitere Strecken zu Fuß zurücklegten als ihre Vorgänger. Als Erklärung dafür wird vermutet, dass sie ihre Schaf- und Viehherden in erheblich größerer Entfernung von der Siedlung hüten und weiden mussten. Der US-amerikanische Verhaltensforscher und Anthropologe Clark Spencer Larsen, der das Forschungsprojekt leitete, glaubt, dass die Umweltzerstörung und der Klimawandel die Dorfgemeinschaft dazu zwangen, wegzuziehen, damit sie sowohl Getreide anbauen als auch ausreichende Mengen von einem ihrer lebenswichtigen Rohstoffe sammeln konnten: Brennholz.

Çatalhöyük erlebte seine Blütezeit in einer Periode, in der das Klima im gesamten Nahen Osten zunehmend trockener wurde. Es war unvermeidlich, dass die chronische Überfüllung und die schlechten Hygienebedingungen zu Infektionen führten, was sich in den Knochen der Toten widerspiegelt. Die Unterkünfte glichen überfüllten Mietskasernen, die Untersuchungen der Wände und Böden zeigen Spuren von sowohl tierischen als auch menschlichen Fäkalien. Abfallgruben und Tierställe befanden sich unweit der Wohnhäuser. Die sanitären Bedingungen müssen sich rasant verschlechtert haben und die Überfüllung führte überdies zu Gewalt. Bei einer Stichprobe von 25 Personen zeigten mehr als ein Viertel verheilte Knochenbrüche. Einige von ihnen hatten wiederholt Verletzungen erlitten, häufig am Hinterkopf und vermutlich durch harte Lehmkugeln verursacht, die Angreifer ihnen hinterhergeschleudert hatten. Mehr als die Hälfte der Opfer waren Frauen. Die meisten Übergriffe ereigneten sich in den Generationen, in denen die Überfüllung in den Behausungen am größten war. Sie waren also möglicherweise ein Zeichen für Stress und Konflikte innerhalb der Gemeinschaft. Auffällig ist, dass die Probleme, mit denen die Bauern von Çatalhöyük damals konfrontiert waren, quasi identisch mit denen sind, die heute alle urbanen Zentren belasten, wenngleich heute auch in weitaus größerem Umfang.

Zu einer Zeit, in der die Menschen eine stärkere Verbindung zu dem Land aufbauten, auf dem sie lebten und arbeiteten, waren auch die Gemeinschaften in nah und fern untereinander in engerem und häufigerem Austausch. Eine Philosophie von Kontinuität wurde in Gesellschaften, in denen sich das alltägliche Leben mehr als je zuvor um den wiederkehrenden Lauf der Jahreszeiten drehte, zu einem zentralen Bestandteil ihres Lebens. Dies war der Kontext, in dem die bäuerlichen Dorfgesellschaften fast überall mit den Herausforderungen von Klimaveränderungen umgehen mussten.

Zwischen 6200 und 5800 v. Chr. wurden die bäuerlichen Gemeinschaften zwischen dem Euxinischen Meer (dem heutigen Schwarzen Meer) und dem Euphrat von katastrophalen Dürreperioden heimgesucht. Die Trockenheit war unerbittlich, Seen und Flüsse trockneten vollständig aus, der Meeresspiegel des Toten Meeres sank auf ein Rekordtief. Die Bauerngemeinschaften, große wie kleine, schrumpften und verkümmerten angesichts einer unbarmherzigen Dürre. Viele Menschen verschwanden einfach, unzählige verhungerten oder starben an ernährungsbedingten Krankheiten. Andere, so wie die Bewohner der einst blühenden Stadt Çatalhöyük, wichen von der Rinder- auf die Schafzucht aus, da es ihnen nicht möglich war, den Wasserbedarf der Herden mit größeren Tieren zu decken.

EIN UNSICHERES LEBEN

Das Ende der Eiszeit verlangte den Menschen eine drastische Anpassung an die veränderten Klimabedingungen ab. Als die Eisschilde zurückwichen, der Meeresspiegel anstieg und die Landschaften sich erheblich wandelten, griffen die Menschen, die noch immer nomadische Jäger und Sammler waren, auf das zurück, was sie am besten beherrschten: Sie passten sich im Rahmen ihrer traditionellen Lebensweise an, verließen sich auf ihre Erfahrung, verwandtschaftliche Beziehungen und Kooperation, gepaart mit ihrem technologischen Einfallsreichtum, um die Risiken zu minimieren und angesichts tiefgreifender kultureller und ökologischer Veränderungen ihre Widerstandsfähigkeit zu stärken.

Die größte dieser Veränderungen war wohl der Schritt hin zu Ackerbau und Viehzucht in verschiedenen Teilen der Welt vor etwa 11 000 Jahren. Bedarfswirtschaft und Viehzucht banden die Menschen an ihr Land, und sie begannen, Produkte zu „importieren", die vor Ort nicht erhältlich waren. Zu diesem Zeitpunkt nahm der Fernhandel mit seinen „exotischen Waren" richtig Fahrt auf. Obsidian, ein feinkörniges vulkanisches Glas, wurde zum begehrten Gut für die Herstellung von Werkzeug und Schmuck. Der britische Archäologe Colin Renfrew nutzte spezielle Spurenelemente im Gestein, um die Handelsrouten des Obsidians über weite Gebiete im östlichen Mittelmeerraum zu ergründen.

Doch die meisten von der Landwirtschaft abhängigen Menschen hatten es schwer und lebten in prekären Verhältnissen. Zum ersten Mal erlebten die Menschen die harte Realität der Bedarfswirtschaft, wenn sie bei kurz- und langfristigen Dürren ihr Land nicht so einfach verlassen konnten, wie sie es von früher gewohnt waren. Es erfordert weit weniger Zeit und Energie, wenn man einfach hinausgeht und Nahrung sammelt oder Tiere jagt, anstatt in Land und Hof zu investieren. Anthropologen haben diese Erkenntnis in Studien über Jäger-und-Sammler-Gruppen immer wieder aufgezeigt – so in einer Studie über die Hadza in Tansania, deren Kalorienverbrauch und -aufwand exakt dokumentiert wurde. Darüber hinaus haben Anthropologen in ihren Studien über die San in der afrikanischen Kalahari gezeigt, dass für den Ackerbau weitaus mehr Kalorien und Zeit benötigt werden als beim Jagen und Sammeln – ganz abgesehen davon, dass die Bevölkerungsdichte von Kulturen von Jägern und Sammlern tendenziell niedriger als bei sesshaften Gruppen bleibt und somit kleinere Nahrungsmittelmengen erforderlich sind.

Diejenigen bäuerlichen Gemeinschaften, die sich durchsetzen konnten, taten dies vornehmlich dank ihrer von Generation zu Generation weitergegebenen Erfahrungen mit Risikomanagement. Die Anpassung an klimatische Schwankungen war stets eine lokale Angelegenheit und basierte auf den Kenntnissen über die Umwelt und auf überlieferten Erfahrungen. Als sesshafte Menschen – wie auch wir sie sind – vergessen wir häufig, wie wichtig die lokale Anpassung ist. Maßnahmen gegen Klimaveränderungen begannen stets auf lokaler Ebene und waren an die lokalen Gegebenheiten angepasst. Dies gilt auch heute noch, egal, ob wir in einem Dorf leben oder in einer Millionenstadt.

Mit der Ausweitung der Landwirtschaft zeichnete sich bereits eine dichtere Besiedlung am Horizont ab. Wenn „Erfolg" an der zunehmenden Bevölkerungsdichte gemessen wird, dann war die Landwirtschaft außerordentlich erfolgreich. Innerhalb nur weniger Jahrhunderte waren die Landschaften im Norden und Süden Mesopotamiens, dem „Land zwischen den Flüssen" von bäuerlichen Gemeinschaften übersät. Sehr bald schon entstanden zunächst kleinere Städte und dann hoch entwickelte, fortschrittliche Großstädte mit Schrift, monumentaler Architektur, Gold, Juwelen, charismatischen Königen und aufwendiger Kriegsführung. Die folgenden zwei Kapitel gehen der Frage nach, warum Mesopotamien und seine zeitgenössischen Zivilisationen in Ägypten wie auch im Industal im Kampf gegen Sonne und Regen zunächst Erfolg hatten – dann aber scheiterten.

◆ ◆ ◆

KAPITEL 3

MEGADÜRRE
(CA. 5500 V. CHR. BIS 651 N. CHR.)

Marduk, König der Götter und Menschen, Herr der Gerechtigkeit, der Gesundheit, der Landwirtschaft und der Gewitter, herrschte über den Urkosmos zwischen Euphrat und Tigris, den großen Flüssen Mesopotamiens. So jedenfalls erzählt es uns eine uralte Legende. Infolge dieser bestieg er seinen Sturmwagen und schuf mit Fluten, Blitzen und Stürmen Ordnung aus dem Chaos. Die charismatische Gottheit bezwang die Drachen des Chaos und schuf die stürmische Geistes- und Menschenwelt der Sumerer, der ersten Stadtbewohner der Erde. Marduk herrschte über ein Land mit extremen Klimabedingungen, mit brütend heißen Sommern bis zu 49 °C und Wintern mit heftigen, starken Regenfällen sowie eisigen Temperaturen. Seine Welt war stürmisch und stets unberechenbar.

Seine Mitgötter schufen die Städte, die in diesem fruchtbaren und gewalttätigen Land um die Macht stritten. „Alle Länder waren Meer. Dann wurde Eridu gebaut", heißt es in einer mesopotamischen Schöpfungslegende, die viele Jahrhunderte später auf einer Tontafel festgehalten wurde. Westlich des Euphrat, im heutigen Irak gelegen, war Eridu wohl die älteste Stadt von allen, Wohnstätte des Gottes Enki, dem Herrn des Abyss und Gott der Weisheit. Eridus frühester Schrein stammt aus der Zeit um 5000 v. Chr. und wurde fünf Jahrhunderte später unter einem prächtigen gestuften Tempelhügel (Zikkurat) gefunden, verziert mit bunten Ziegeln. Das rasche Wachstum einer anderen Stadt, Uruk, ebenfalls im heutigen Irak nahe dem Euphrat gelegen, beschleunigte sich nach 5000 v. Chr., als zwei große Bauerndörfer zu einer einzigen Siedlung verschmolzen.[26] Uruk war die Heimat des mythischen Helden Gilgamesch. Fast 2000 Jahre später, um 3500 v. Chr., war es weit mehr als eine große Stadt.

Um dieses Ballungszentrum herum erstreckten sich über 10 Kilometer in alle Richtungen kleine Ortschaften, jede mit einem eigenen Bewässerungssystem. Vier Jahrhunderte später hatte sich Uruk über nahezu 200 Hektar ausgebreitet und war zu einer Stadt mit 50 000 bis 80 000 Menschen herangewachsen. Es wurde zu einem bedeutenden religiösen Zentrum und Handelsplatz, der nun durch die großen Handelsrouten der Flüsse Euphrat und Tigris Teil einer weit größeren Welt war. Ein beeindruckender Tempel, von dem es heißt, Gilgamesch persönlich habe ihn Inanna, der Göttin der Liebe, geweiht, befand sich an jener Stelle. Dort soll die Göttin einen Weidenbaum – den Fluten des Euphrat entnommen – gepflanzt haben. Nach dem *Gilgamesch-Epos* hatte Uruk vier Bezirke: die Stadt selbst, Gärten, Ziegelgruben und den größten unter ihnen: das Tempelviertel.

Die Zikkurate (Tempeltürme) und der Tempelbezirk der Göttin Ishtar lagen inmitten einer Metropole aus überfüllten Wohnvierteln mit Lehmziegelhäusern. Die meisten dieser Viertel waren eng verwobene Nachbarschaften, die seit Langem mit den umliegenden Dörfern verbunden waren, oder Bezirke, in denen erfahrene Handwerker lebten und arbeiteten. Enge Gassen, die gerade breit genug waren, um beladenes Vieh hindurchzulassen, trennten die Wohnhäuser. An ruhigen, kalten Tagen umhüllte eine aus den heimischen Feuerstellen und Werkstätten quellende Rauchwolke die Stadt und ihre geschäftigen Märkte. Uruk war eine Kakofonie aus Tier- und Menschenstimmen: Hunde bellten, Verkäufer priesen hinter ihren Ständen lautstark ihre Waren an, Männer stritten, Frauen trafen sich zum Getreideeinkauf, aus der Tempelanlage waren ferne Gesänge zu hören. Eine Mélange aus Gerüchen – Lebensmittel, Viehdung, verwesende Abfälle und Urin –, doch wie alle Städte Mesopotamiens, war auch Uruk gleichzeitig ein pulsierender, lebendiger Ort in einer Landschaft, die ständig von Naturereignissen bedroht war.

Schon bald waren größere Städte ein übliches Erscheinungsbild.[27] Am Ende des 4. Jahrtausends v. Chr. lebten mehr als 80 Prozent der Bevölkerung im Süden Mesopotamiens in Siedlungen, die sich über eine Fläche von 10 Hektar erstreckten, in einem unruhigen Land, das von hart umkämpften Stadtstaaten regiert wurde. Sie bildeten das, was wir die sumerische Zivilisation nennen. Die Region Sumer im Süden des heutigen Iraks war nur selten in seiner bronzezeitlichen Geschichte ein einheitlicher Staat, in der Praxis eher ein Flickenteppich von Städten und Stadtstaaten, im Frühjahr und Frühsommer von den Überschwemmungen der Flüsse abhängig sowie von den Sommermonsun-Regenfällen des Indischen Ozeans.

Mit dem Anwachsen der Städte stieg auch die landwirtschaftliche Produktion stark an, um Tausende Menschen zu ernähren, die keine bäuerlichen Selbstversorger waren. Die gesamte Landwirtschaft war auf die Überschwemmungen der großen Flüsse im Frühjahr und Sommer angewiesen. Nach etwa 3000 v. Chr. schwächte sich der Monsun im Indischen Ozean ab, der stets ausreichende Sommerniederschläge gebracht hatte. Die Regenfälle wurden schwächer, begannen später und endeten deutlich früher. Auch in der heutigen Türkei, der Quelle von Euphrat und Tigris, gingen die Niederschläge zurück. Das Klima in Mesopotamien wurde instabiler, und lang anhaltende Dürreperioden hatten verheerende Folgen. Dies galt vor allem für kleinere Siedlungen, die von Flüssen abhängig waren, welche ständig und unberechenbar ihren Lauf änderten.

Selbst bei reichlichen Niederschlägen stellten diese eine Herausforderung für die Bewässerungslandwirtschaft dar.[28] Mit dem Wachstum der Städte stieg die Nachfrage nach Getreide und anderen Grundnahrungsmitteln. Seit Jahrhunderten hatten die Bauern schmale Feldstreifen an den rückseitigen Hängen natürlicher Dämme und an den Rändern überschwemmter Senken bewirtschaftet. Sie nutzten außerdem die Vorteile natürlicher Dammbrüche und die dadurch entstandenen, besser entwässerten Sedimentablagerungen, die eine Bewässerung in kleinem Maßstab ermöglichten. Solche Felder konnten jedoch nur relativ kleine Siedlungen versorgen, und zwar hauptsächlich Dörfer, die sich entlang größerer, auch als Handelsrouten genutzter Kanäle erstreckten. Dies war einer der Hauptgründe, warum die Landwirtschaft auf lokaler Ebene am effektivsten war.

Angesichts der steigenden Trockenheit war eine intensive Landwirtschaft mit von Menschenhand geschaffenen Bewässerungsanlagen unumgänglich, denn die Städte beherbergten schon bald zwischen 5000 und 50 000 Menschen. Die ohnehin engen Vernetzungen zwischen den Dörfern sowie zwischen Dörfern und Städten gewannen noch einmal mehr an Bedeutung. Der Wandel des Klimas und die wachsende Zahl der Menschen, die keine Bauern waren, bedeuteten, dass die auf quadratischen ebenen Parzellen basierende Landwirtschaft Blöcken von standardisierten langen Feldern wich, die zwar eine intensive Bewirtschaftung erforderten, aber von Ochsen gepflügt wurden, um Furchen zu ziehen. Ein Bauernkalender aus dem 3. Jahrtausend enthielt sehr detaillierte Bewässerungsanweisungen: „Wenn die Gerste den schmalen Boden der Furche ausfüllt, gieße die oberste Saat."[29] Es gab keine zentrale Autorität, wie es später der Fall war, als sich im 19. Jahrhundert die industrielle Landwirtschaft in der westlichen Welt entwickelte. Stattdessen bildeten die Ackerbauern einen Zusammenschluss kleiner Gruppen, von denen jede ihre eigenen Bewässerungsanlagen unterschiedlicher Größe hatte, die sich ständig an das sich verändernde Klima anpassten. Um dieses wirtschaftliche Geflecht unter lokaler Kontrolle zu verwalten, bedurfte es genauer Kenntnisse der Sitten und Rivalitäten im Dorf – eine große Herausforderung für jede zentralisierte Autorität.

Anfangs gab es noch keine Könige, keine mächtigen Herrscher, die die Regeln der Gesellschaft diktierten, Wasser zuteilten oder Kanäle reparierten. Die Macht lag in den Händen von lokalen Stammesvorstehern, deren Autorität von der Loyalität ihrer Dorfbewohner sowie von ihren verwandtschaftlichen wie auch sonstigen Beziehungen abhing, die die Mitglieder jeder ländlichen und häufig auch städtischen Gesellschaft zusammenhielten. Diese sozialen und politischen Gegebenheiten führten ganz automatisch zu chronischen Spannungen zwischen den Städten und ihrem Hinterland, ebenso wie zu anhaltenden Turbulenzen und Unruhen, die noch lange nach Ende der sumerischen Zivilisation anhielten.

Mit dem Bevölkerungswachstum in den Städten stieg der Druck auf die Produktion immer größerer Getreideüberschüsse. Die Bewirtschaftung der langen Feldreihen mit ihren dicht gedrängten Furchen erforderte ein hohes Maß an Organisation, das die Familien und verwandtschaftlichen Gruppen letztlich überforderte. Hier kam nun ein neuer Faktor ins Spiel: Es entstand eine Form gesellschaftlicher Autorität, möglicherweise auf der Grundlage einer Tempelaufsicht, die Bewässerung und Ackerbau in größerem Maßstab überwachte. Leicht vorstellbar, dass nun auch so etwas wie Besteuerung entstand, als die Entwicklung mehr oder weniger zu einer Form von Fronarbeit führte, nicht nur im Bewässerungssektor, sondern auch für öffentliche Arbeiten jedweder Art. Die Bezahlung der Arbeiter erfolgte in sorgfältig zugeteilten Rationen, den Bauern wurden folglich Steuern abverlangt. Der Druck, diese Steuerbeträge zu leisten, war groß. Als Beleg dieser Arbeitseinsätze dienen einheitliche Schüsseln mit abgeschrägtem Rand, die im nördlichen Mesopotamien und bis weit in den Iran hinein verwendet wurden.

Während sich Tempel, wie der von Ishtar in Uruk, zu mächtigen wirtschaftlichen, politischen und sozialen Zentren entwickelten, lebten die Sumerer in einer zweigeteilten Welt aus Städten und Dörfern. Die Dörfer produzierten Nahrungsmittel, die Städte waren zentrale Stätten der Produktion, des Handels und religiöser Aktivitäten.

Ein Sprichwort aus dem 3. Jahrtausend bemerkt treffend: „Die umliegenden Dörfer unterhalten die zentrale Stadt." Und eine andere Schrifttafel kommentiert: „Derjenige, den man fürchten muss, ist der Steuereintreiber."

Der italienische Gelehrte Mario Liverani hat diesen bedeutenden Einschnitt beschrieben, der die Bauerngemeinschaften in Mesopotamien verwandelte.[30] Über Jahrhunderte hatten die Menschen als Selbstversorger gelebt. Doch dann bildeten sie, wie es Liverani nennt, den „äußeren Kreis" der neu entstehenden städtischen Gesellschaften. Die Bauerngemeinschaften stellten Arbeitskräfte für die Produktion von Nahrungsmitteln und für Projekte zur Stadtentwicklung zur Verfügung, ohne dass sie größere Gegenleistungen – wenn überhaupt irgendetwas – dafür erhielten, außer dem befriedigenden Gefühl, dem jeweiligen Schutzgott zu dienen, der gerade über die nahe gelegene Stadt herrschte. Die vom äußeren Kreis bereitgestellten Nahrungsmittel und Arbeitskräfte ernährten einen inneren Kreis von Handwerkern, Beamten und Priestern, denen entsprechende Rationen zugeteilt wurden. Diese ungleiche Art der Nahrungsmittelproduktion und -verteilung führte in den Städten zwangsläufig zu sozialer Ungleichheit und Privilegien. Die Abgrenzung nach innen und außen schuf schon bald eine tiefe

Kluft zwischen Eliten und einfachen Bürgern und festigte durch Rituale und „Weisheitsliteratur" ein System, das die Zusammenarbeit durch hierarchische Strukturen festigte. Ein Sprichwort jener Zeit mahnte: „Vertreibe nicht die Mächtigen, zerstöre nicht die Mauer der Verteidigung."[31]

SUMERER UND AKKADER (CA. 3000 BIS CA. 2200 V. CHR.)

Die sumerische Weltanschauung kannte zwei große Bewässerungskanäle: den Euphrat und den Tigris, die von den Bergen im Norden in den städtischen Süden Mesopotamiens flossen. Sie erzählte auch von Göttern und Herrschern, die Hacken und Körbe trugen, als ob sie persönlich den Boden bestellten, wodurch die Nahrungsmittelversorgung und die Landwirtschaft eine religiöse Aufwertung erfuhren. Alles im Süden hing von der Bewässerung ab, was bedeutete, dass jeder Bauer die Besonderheiten der Schwemmebenen sehr genau kannte, also jener Orte mit den fruchtbarsten Böden und Stellen, an denen die Fluten regelmäßig durch die natürlichen Dämme brachen. Späteren Inschriften zufolge kannten die erfolgreichsten Bauern die Warnzeichen für drohende Überschwemmungen und für bevorstehende Jahre mit Niedrigwasser.

Landwirtschaft in Mesopotamien war niemals ein leichtes Unterfangen gewesen, nicht einmal in den Jahrhunderten mit mehr Niederschlägen. Zumindest anfangs waren dauerhafte Bewässerungskanäle ein Ding der Unmöglichkeit, denn die Flussläufe änderten sich ständig und unbemerkt. Veränderungen im Flusslauf waren eine permanente Gefahr, unerwartete natürliche Dammbrüche boten aber auch die Möglichkeit, das benötigte Wasser direkt auf das potenziell fruchtbare Land zu leiten.

Der Ackerbau wurde noch härter, als 3000 v. Chr. die Trockenheit weiter zunahm und die Stadtbevölkerung ebenso beständig stieg. Die informellen, unsicheren dörflichen Bewässerungssysteme der Vergangenheit wichen eher formellen Ansätzen, die sich aber noch immer auf eine gemeinschaftliche Basis stützten. Das mussten sie allerdings auch, denn die Städte waren nach wie vor auf die Nahrungsmittelüberschüsse der Dörfer ringsum angewiesen. Die sumerische Gesellschaft wurde von den weltlichen Herrschern, *Ens* oder *Lugal*, regiert, die in der Landwirtschaft, im Krieg, im Handel und der Diplomatie das Sagen hatten.[32] Das wirre Beziehungsgeflecht politischer Bündnisse und individueller oder familiärer Verpflichtungen, das die Gemeinschaften über Jahrhunderte hinweg zusammengehalten hatte, funktionierte nun in einem erheblich größeren Maßstab, da die politische Macht in weniger Hände überging. Die sich verändernden Flusssysteme und die Konzentration von Siedlungen in den großen Bewässerungsgebieten verschärften die diplomatischen und politischen Konflikte in einer Welt, in der ein Herrscher, dessen Territorium an einem strategisch günstigen Ort lag, seinen Nachbarn möglicherweise das Wasser vorenthalten und sie verhungern lassen konnte. Städte wie Lagaš, Umma, Ur und Uruk führten erbitterte Kämpfe um Wasser und Ackerland. Und die Rhetorik war 2500 v. Chr. ebenso schrill wie heute: „Es sei bekannt, dass deine Stadt vollkommen zerstört werden wird! Ergib dich!"[33] In fragmentarischen Aufzeichnungen über Streitigkeiten um die Kontrolle der Wasservorräte und Böden ist häufig die Rede davon, „raising the battle net of Enlil" (… das Kampfnetz von Enlil zu heben), denn die Schlachten wurden stets im Namen der Götter ausgetragen. Die großen Flüsse schlängelten sich in weiten Bögen durch die Landschaft und änderten so manches Mal ihren Lauf, wenn sie über ihre Ufer traten – ein Schmelztiegel für Zwist und Krieg zwischen den Städten. Um 2700 v. Chr. wurden Mauern um Städte wie Lagaš und Ur (das biblische Ur der Chaldäer) gebaut. Die Zyklen von Auf- und Abschwung, Bevölkerungswachstum und -rückgang sowie der Anstieg des Salzgehalts im Boden, der zum Teil durch kürzere Brachezeiten verursacht wurde, verringerten überall die Ernteerträge – in Ur um die Hälfte im Vergleich zu früher.

Angesichts der zunehmenden Trockenheit und der Notwendigkeit, immer größere Nahrungsmittelüberschüsse zu produzieren, wurde die ganzjährige Landwirtschaft eine unerlässliche Routine. Städte wie Ur und Uruk knüpften entlang der großen Flüsse organisierte Netzwerke aus Handelskontakten, die bis weit in die heutige Türkei hineinreichten, wodurch sie einen extrem großen politischen wie auch kulturellen Einfluss erhielten. Der US-amerikanische Mesopotamien-Experte Guillermo Algaze nannte dies das „Uruk-Weltsystem". Die sumerischen Herrscher konkurrierten mit den Städten im Nordwesten bis Syrien. Sie übten Überfälle auf Handelsrouten aus und annektierten ihre Nachbarn.

Allerdings waren solche Aktionen häufig nur von kurzer Dauer, da interne Streitigkeiten und kleinliche Rivalitäten im eigenen Land dazwischenkamen. Zwangsläufig entwickelten einige Herrscher mit der Zeit weiter reichende territoriale Ambitionen. Im Jahr 2334 v. Chr. besiegte der akkadische König Sargon von Akkad südlich von Babylon eine von König Lugalzagesi von Ur angeführte Koalition aus sumerischen Stadtstaaten.[34] Er schuf damit das erste bekannte Großreich, das ganz Mesopotamien mit Ländern weit im Westen, im Osten und im Süden vereinigte. Doch seine ausgeweiteten und nur locker kontrollierten Herrschaftsbereiche waren weitaus anfälliger für schwere Dürren als ihre kleineren, anpassungsfähigeren Vorgängerstaaten. Letztlich hing die Organisation der landwirtschaftlichen Produktion fast vollständig von den lokalen Beamten und Gemeindevorstehern ab.

Sargon und seine Nachfolger schufen ein Reich, das sich auf die Loyalität seiner Beamten, den großzügigen Einsatz von Zuwendungen sowie auf die Arbeitskraft Tausender einfacher Menschen und Kriegsgefangener stützte, denn wie alle vorindustriellen Zivilisationen, waren die Akkader auf menschliche Arbeitskraft angewiesen. Die zunehmend kompliziertere Struktur des Reiches erforderte eine sorgfältig geplante Zuteilung der Rationen nicht nur für ungelernte Arbeitskräfte, sondern auch für Beamte, qualifizierte Handwerker, die in Städten und Palästen arbeiteten, sowie das große Eroberungsheer. Für ihre Feldzüge und anschließende Ausbeutung ihrer Nachbarn nutzten die Akkader nahezu alle eroberten Städte und Dörfer im Norden und Süden als Basis, da diese über riesige Nahrungsmittelüberschüsse verfügten. Die Macht der akkadischen Herrscher hing zum einen von diesem wichtigen Netzwerk ab, zum anderen von zwei ökologischen Komponenten von entscheidender Bedeutung: reichliche Niederschläge im Norden und ausreichende Flussüberschwemmungen, die die fruchtbaren Böden im Süden nährten.

Von wenigen Keilschrifttafeln wissen wir, dass die akkadischen Beamten die Hochwasserstände sehr sorgfältig verfolgten, da diese Einfluss auf die Getreideerträge und Nahrungsmittelzuteilungen hatten. Es gibt jedoch keine Anzeichen dafür, dass die Beamten über lang anhaltende Dürren besorgt gewesen wären. Das Wirken der akkadischen Herrscher erreichte seine Blütezeit um 2230 v. Chr., hielt aber nur weniger als ein Jahrhundert an, da plötzlich und ohne Vorwarnung die Niederschläge ausblieben. Die Niederschlagsmenge sank um 30 bis 50 Prozent des Normalwerts. Eine Megadürre setzte ein, die sage und schreibe 300 Jahre lang andauerte.[35]

EINE VERHEERENDE DÜRRE (CA. 2200 BIS 1900 V. CHR.)

Die große Megadürre von ca. 2200 bis 1900 v. Chr., häufig auch das 4,2-ka-Ereignis (oder 4,2-ka-BP-Ereignis) genannt, war ein globales Klimaereignis. Diese beispiellose Trockenperiode hatte Auswirkungen auf menschliche Gesellschaften von Amerika bis Asien, vom Nahen Osten bis ins tropische Afrika und nach Europa.[36]

Warum kam es zu dieser Megadürre?[37] Das können wir nicht mit Sicherheit sagen. Schwankungen in der Sonneneinstrahlung und die Zyklen vulkanischer Aktivität sind für einen Großteil der Temperaturschwankungen im letzten Jahrtausend verantwortlich. Dies mag auch in früheren Zeiten der Fall gewesen sein, aber die Nordatlantische Oszillation (NAO) war (und ist) eine wichtige klimatische Triebkraft. Diese riesige atmosphärische Wippe zwischen dem subtropischen Hoch über den Azoren und dem subpolaren Tief über Island ist für bis zu 60 Prozent der Temperatur- und Niederschlagsschwankungen zwischen Dezember und März in Europa und im Mittelmeerraum verantwortlich. Da die NAO die Wärme- und Feuchtigkeitszufuhr vom Atlantik in den Mittelmeerraum steuert, haben sowohl die Oberflächentemperaturen des Atlantischen Ozeans als auch die des Mittelmeers Einfluss auf das Klima im Nahen Osten gehabt – und beeinflussen es noch heute. Es steht wohl außer Frage, dass die NAO-Schwankung ihren Teil zur Megadürre beigetragen hat.

Die Megadürre lässt sich in den Sedimenten von Seen in Island und Grönland sowie in Baumringen aus Europa nachverfolgen. Auch Sequenzen von Tropfsteinen aus der Türkei und dem Iran belegen das Ereignis gleichermaßen. Ebenso erscheint die 300-jährige Episode, in der der indische Monsun ins Stocken geriet, in paläoklimatischen Sequenzen aus Ostafrika und dem Industal. Es gab plötzliche Veränderungen in den Überschwemmungen des Nils und bei den Niederschlägen entlang des Indus wie auch in der Sahara und in Westafrika. Der instabile Monsun in Ostasien brachte die gut etablierten landwirtschaftlichen Gemeinschaften in Ostchina in Bedrängnis.

Die Folgen der Megadürre waren überall zu spüren: in Königreichen und in blühenden Zivilisationen ebenso wie in dörflichen Landschaften. Wie wir in Kapitel 4 erfahren werden, fiel die Megadürre mit dem Ende des Alten Ägypten und der vorübergehenden Zersplitterung der Herrschaftsgebiete der Pharaonen zusammen. Die Auswirkungen der Trockenheit waren bis nach Tibet und weit in den amerikanischen Kontinent hinein zu spüren, wo sie die zeitlich mit der Einführung des Maisanbaus im Südwesten der USA und im mittelamerikanischen Yucatán zusammenfiel. Die Dürre spielte ebenso im Aufstieg und Niedergang bedeutender Gemeinschaften in der Andenregion Südamerikas eine Rolle. Es heißt, der Wasserspiegel des Toten Meeres im Nahen Osten sei um etwa 45 Meter gesunken. Die extreme Trockenperiode lässt sich auch in einem Bohrkern aus dem Golf von Oman nachweisen, während eine Sequenz von Höhlenmineralen aus der Mawmluh-Höhle im Nordosten Indiens den Rückgang der Nilströmung und das Absinken der Wasserspiegel ostafrikanischer Seen mit der Ablenkung des indischen Monsuns in Verbindung setzt. Wie nicht anders zu erwarten, waren die Auswirkungen der Dürre von einem Gebiet zum anderen sehr verschieden. In Westasien und Nordmesopotamien schrumpfte der für die Landwirtschaft bedeutsame Trockenfeldbau schlagartig um 30 bis 50 Prozent. In großen Teilen der Khaburebene im Nordosten Syriens, im östlichen Mittelmeerraum und im Nordirak hinterließ die Dürre verheerende Zerstörungen.

Auch die Art und Weise, in der die unglückseligen Mesopotamier mit der Trockenheit fertig wurden, war sehr unterschiedlich. In den Trockenfeldbaugebieten wie der Khaburebene im Norden wurden wichtige Zentren wie Tell Brak und Tell Leilan vollständig aufgegeben.[38] Diese Auflösung betraf in jeder Stadt bis zu 20 000 Menschen, sodass in der Folge viele große Bauvorhaben eingestellt werden mussten. In Tell Leilan untersuchte der Archäologe Harvey Weiss von der Yale University ein groß angelegtes Getreidelager und Verteilzentrum, das um 2230 v. Chr. abrupt aufgegeben wurde. Halb errichtete Bauten zwischen den gepflasterten Straßen waren Zeugnis dieser plötzlich eingestellten Stadtentwicklungsprojekte. Hier und anderswo wurden eindeutig administrative Entscheidungen getroffen, wichtige Gebäude aufzugeben. In der Khaburebene fand nach

2200 v. Chr. kein Leben mehr statt, bis sich die Niederschlagssituation 250 Jahre später verbesserte. Die Bauern der Trockenfeldsysteme verließen die größeren Städte und kleineren Gemeinschaften, und zwar vom oberen Euphrat in der Türkei bis zur südlichen Levante.

Ein Großteil der Bauern reagierte auf die Dürre durch das Wegziehen in besser bewässerte Habitate im Süden, wo Quellen die Felder speisten. Große Küstenstädte am Mittelmeer, wie Byblos und Ugarit, die über keine entsprechende Wasserversorgung verfügten, hatten einen bedeutenden Bevölkerungsrückgang zu verkraften, während das südlich gelegene Jericho mit seinen großen Schafherden von einer natürlichen Quelle profitierte. Der Euphrat führte ebenfalls erheblich weniger Wasser, ermöglichte aber dennoch eine gewisse Bewässerung in Zentral- und Südmesopotamien. Die zunehmende Trockenheit führte zu einem Aufschwung in der Herdenhaltung. Ausgelöst durch die Unterbrechung der alten saisonalen Hirtenwanderungen zwischen Khaburebene und Euphrat breitete sich somit der Überlebensmechanismus des nomadischen Hirtenlebens aus. Die Khaburdürre zwang die als Amoriter bekannten Nomaden hinaus in die nahe gelegene Steppe, an die Ufer des Euphrat und weiter nach Süden in besiedeltes Land. Das Eindringen der Herden auf die Acker- und Weideflächen führte jedoch zu ständigen Konflikten mit den niedergelassenen Bauern. Sie empfanden die Bedrohung derart stark, dass der Herrscher von Ur um 2200 v. Chr. zur Abwehr der ungebetenen Besucher eine 180 Kilometer lange Mauer mit dem Namen *Vertreiber der Amoriter* errichtete. Doch seine Bemühungen waren vergeblich.[39] Das Hinterland von Ur erlebte eine Verdreifachung seiner Bevölkerung zu einer Zeit, als die Beamten der Stadt noch fieberhaft versuchten, Bewässerungskanäle zu begradigen und winzige Getreiderationen ausgaben. Aus den Keilschrifttafeln geht hervor, dass die Agrarwirtschaft von Ur letztendlich zusammenbrach.

Im Süden gab man die Schuld am Klimawandel den Göttern, was in Gedichten oder Stadtklagen zum Ausdruck kommt: Die *Sumer- und Ur-Klage* ist eine der frühesten schriftlichen Aufzeichnungen über die Bitte um göttliches Handeln, um den Klimawandel zu erklären. Wir erfahren, dass Enlil, Enki und andere Gottheiten beschlossen, eine Stadt zu zerstören. „Die Stürme versammeln sich …"[40] Sie befahlen, dass an den Ufern von Euphrat und Tigris „böses Unkraut" wuchs, und verwandelten die Städte in „Ruinenhügel". Es konnten keine Feldfrüchte mehr angepflanzt werden, und das Land trocknete aus; „Enlil blockierte das Wasser in Tigris und Euphrat."

DIE NEUASSYRER (883 BIS 610 V. CHR.)

Die verheerende Zerstörung machte ganze mesopotamische Städte dem Erdboden gleich, die Ernte verdarb „am Halm" und im Euphrat trieben Leichname. Nahrungsmittel waren knapp, Flussbetten versiegten. Es folgten Jahrhunderte wechselhafter politischer Machtkämpfe und Rivalitäten, bis im 9. Jahrhundert der assyrische Monarch Aschschur-nasir-apli II. (Reg. 883–859 v. Chr.), der Herrscher des dominanten Assyrerreichs in Mesopotamien, seinen rücksichtslosen Expansionsgelüsten in einer mittlerweile herrschenden Zeit des Überflusses freien Lauf ließ. Jedes Anzeichen einer Revolte wurde in einem auf Macht und Gewalt aufgebauten Reich mit drakonischen Strafmaßnahmen geahndet. Der Herrscher ernannte Statthalter, die die besiegten Gebiete kontrollierten und horrende Abgaben in Form von Edelmetallen, Rohstoffen und Waren wie Getreide verlangten. Nachdem er weit nach Westen bis zum Mittelmeer vorgedrungen war, kehrte er in seine Heimat zurück. Wie anhand eines Tropfsteins im Nordiran abzulesen, war dies eine Zeit reicherer Niederschläge. In ebendieser ließ er sich von den Kriegsgefangenen ein prächtiges Schloss in Kalchu (Nimrud) am Euphrat bauen. Dann gab er um 879 v. Chr. ein zehntägiges Fest, um die Fertigstellung seines Prachtbaus zu feiern.

Es war ein ziemliches Spektakel.[41] Aschschur-nasir-apli II. prahlte damit, dass 69 574 Gäste sein Fest besucht hätten, darunter 16 000 aus Kalchu selbst. Sie verspeisten Tausende von Schafen, Ochsen und Wild, Vögel, Fische und alle Arten von Getreide, dazu tranken sie 10 000 Krüge Bier und leerten 10 000 volle Weinschläuche. Der Monarch schickte sie satt, gebadet und mit Öl gesalbt „in Frieden und Freude" nach Hause. Während Aschschur-nasir-aplis II. Gäste das Festmahl genossen, betrachteten sie die Wände, die mit leuchtend farbigen Flachreliefs und Keilschrift verziert waren. 22 Zeilen beschrieben die Verdienste des Monarchen, neun weitere erinnerten an seine Siege. Er war ein „Auserwählter" der Götter Enlil und Ninurta, ein „großer König, starker König, König des Universums ... furchtlos im Kampf ... der alle Feinde zerstampfte". Unablässig verkündete die Propaganda seine Herrschaft über ein assyrisches Reich, das durch mörderische Eroberungen entstanden war: Männer, Frauen, Kinder – alle kamen durch seine Hand um. Doch dann, gerade einmal 270 Jahre, nachdem er es erschaffen hatte, fiel das Reich des trinkfreudigen, lautstarken Aschschur-nasir-apli II. in sich zusammen.

Das Neuassyrische Reich (wie es unter Archäologen heißt) war das größte und mächtigste Reich seiner Zeit, das um 912 v. Chr., als Aschschur-nasir-apli II. sein prachtvolles Fest feierte, in voller Blüte stand. Es wurde Mitte des 8. Jahrhunderts v. Chr. unter der Regierung des Furcht einflößenden Tiglath Pileser III. sogar noch mächtiger, dem Mann, der die größte Expansion Mesopotamiens vorantrieb. Sein Name taucht in einer Vielzahl von Quellen auf: von den alten jemenitischen Inschriften bis hin zu den feindseligen Erinnerungen im Alten Testament – vor allem wegen seiner Invasion Israels, der Eroberung Galiläas und wegen seines ungerechten Steuererhebungssystems. Wenn aber das Neuassyrische Reich von solch allmächtigen Monarchen geführt wurde, warum brach es dann im Jahr 610 v. Chr. so plötzlich zusammen?

Hat eine Reihe von blutigen Bürgerkriegen und Aufständen die Autorität des Herrschers erschüttert? Oder untergruben brutale Kriege und militärische Niederlagen ein überfordertes Reich? Sicherlich spielte beides eine wichtige Rolle. Die assyrische Herrschaft war, wie viele frühen Monarchien, stets fragil und verfügte nicht über die sorgfältig gepflegten Präzedenzfälle, die die ägyptischen Pharaonen stützten. Heute wissen wir jedoch, dass ein weiterer, vertrauter Gast mit am Tisch saß: der Klimawandel.

Die Kuna-Ba-Höhle in Nordiran erzählt uns anhand hoch auflösender, genau datierter Tropfstein-Aufzeichnungen die Geschichte der Klimaveränderungen jener Zeit.[42] Die Tropfsteine zeigen, dass der Aufstieg des Neuassyrischen Reiches in zwei Jahrhunderte mit ungewöhnlich feuchtem Klima fiel. Die reichlichen Niederschläge waren ein Geschenk des Himmels für die Tausenden von Bauern, die die Städte mit Nahrungsmitteln versorgten und die Krieg führenden Armeen, die von den Rationen des Staates abhängig waren. Anschließend scheint eine Reihe von Megadürren, die sich im 7. Jahrhundert über Jahrzehnte hinzogen, einen Rückgang der landwirtschaftlichen Produktivität in Assyrien ausgelöst zu haben, was zum politischen und wirtschaftlichen Zusammenbruch des Landes beitrug. Letztendlich zerfiel das gesamte Neuassyrische Reich inmitten erbitterter Kämpfe – allerdings mit einem durch die harte Dürre bereits geschwächten Volk.

VERWANDELTE LANDSCHAFTEN

Da es immer mehr und größere Städte gab und das Fernhandelsnetz sich ständig vergrößerte, stieg der Bedarf an Rohstoffen aller Art, insbesondere von Holz und Metallerzen. Die unersättliche Nachfrage nach Tongefäßen, ebenso wie nach Metallwerkzeugen und Schmuck, führte zu einem permanenten Bedarf an Holz für die Brennöfen, zusätzlich zu der bisherigen Nachfrage nach Holzbalken und anderem Nutzholz für Bauwerke aller Art. Das immer stärker nachgefragte Brennholz wurde in großen Bündeln mit Lasttieren herbeigeschafft. Die vielseitige Verwendung von Holz für häusliche und gewerbliche Zwecke hat an windstillen Tagen sicher dichte Wolken aus den Holzöfen über die wachsenden Städte ziehen lassen. Zwar war die Luftverschmutzung in den überfüllten Städten schon gravierend, doch die durch die Abholzung angerichteten Schäden hatten noch weitaus schwerwiegendere und vor allem langfristige Folgen.

Über die Vegetationsgeschichte im Nahen Osten ist noch wenig bekannt, aber die Auswirkungen dieses Holzverbrauchs in nahezu industriellem Maßstab führte zu einer Umwandlung eines Großteils der Landschaften. In Zentralanatolien beispielsweise zeigen Pollendiagramme eine Landschaft, die um 5000 bis 3000 v. Chr. offenen Eichenwald barg. Doch dann gingen die Waldflächen rasch zurück, so wie es auch der Fall im heutigen Irak und in Syrien war. Kaman-Kalehöyük, 100 Kilometer südöstlich von Ankara gelegen, war im 2. und 1. Jahrtausend bis etwa 300 v. Chr. eine bedeutende Siedlung und ein wichtiges landwirtschaftliches Zentrum mit Textil- und Keramikherstellung. Die Besiedlung fiel mit einer großen Dürre zwischen etwa 1250 und 1050 v. Chr. zusammen, einer Zeit, in der das mächtige Hethiterreich auseinanderbrach. Eine Analyse von Holzkohleresten zeigt, dass die hethitischen Bewohner der Siedlung die umliegenden Wälder so intensiv bewirtschafteten, dass die Holzfäller nicht mehr die gut etablierten Eichenwälder früherer Zeiten nutzten, sondern Wälder mit einer geringeren Artenvielfalt anderer Arten abholzten.[43]

ZERFALL DES GROSSREICHS (224 BIS 651 N. CHR.)

Nach der Megadürre blühte die mesopotamische Zivilisation wieder auf, sobald die Regenfälle zu ihrer früheren Saisonalität zurückgekehrt waren. Menschen besiedelten erneut die Khaburebene und Assyrien. Auch Tell Leilan erblühte aufs Neue. Die verwässerten Ideologien und Institutionen früherer Zeiten überlebten als Modell für die großen Königreiche, die auf den Fundamenten früherer Stadt-staaten entstanden. Die neuen Reiche machten die Bewässerungslandwirtschaft zur Staatsangelegenheit. Doch ihre eigentliche Basis lag noch immer in den Händen der lokalen Scheichs und Bauern, die das Wasser und die Ernten ver-walteten, wie sie es seit Jahrhunderten getan hatten – mit all den Unzulänglich-keiten und ständigen Fehden, die die Herrschaft der Sumerer, Akkader und Assyrer schließlich untergraben hatten. Diejenigen, die den mesopotamischen Boden kultivierten, waren höchst eigenständig und machten sich keine Illusionen über die Landschaft, die mittlerweile durch menschliche Aktivitäten drastisch verändert worden war. Folglich waren sie sich alle der Schwierigkeiten bewusst, mit denen sie auf lokaler Ebene konfrontiert waren: Abgesehen von Dürren, zählte dazu die stetig wachsende Versandung der Flussbetten und der steigende Salzgehalt der Böden. Aber die Landwirtschaft jener Zeit war noch immer stabil genug, um das größte Reich der Antike zu ernähren: das Reich der Achämeniden (550–330 v. Chr.), die in relativem Frieden lebten und für architektonische Meis-terwerke wie die altpersische Residenzstadt Persepolis berühmt sind.

Ein Sprung ins Jahr 224 n. Chr.: Die Sassaniden gründeten das letzte vorisla-mische Reich Persiens, das vier Jahrhunderte lang florierte.[44] Sie kontrollierten ein riesiges Gebiet zwischen dem südlichen Kaukasusgebirge und Teilen der Arabischen Halbinsel. Die Zentralregierung verfolgte ihre Politik mit drakoni-schen Maßnahmen, die den Assyrern gute Dienste geleistet hatten – nun aber in weit größerem Umfang. Die Behörden tätigten massive Investitionen in Bewäs-serungssysteme, die alle vorherigen Bemühungen um die Wasserwirtschaft in den Schatten stellten.[45] Wie schon die Assyrer, siedelten die Sassaniden die vertriebenen Menschen in Gebiete um, die gute Lebensbedingungen zu versprechen schienen. Dort gründeten sie neue Städte und forcierten den von Hand gegrabenen Bau von Bewässerungsanlagen. Eine aus dem 6. Jahrhundert nutzte zwei Flüsse und führte das Wasser über mehr als 230 Kilometer zum Tigris. Die Anlage bewässerte etwa 8000 Quadratkilometer Ackerland nordöstlich von Bagdad, doch die bewässerten Böden hatten einen nur schleppenden Abfluss. Lange nach den Sassaniden führte die intensive Landnutzung dementsprechend zu einer akuten Versalzung der Böden, sodass unzählige Hektar Anbaufläche verödeten. So wurde das Projekt um 1500 aufgegeben.

Die Sassaniden hatten im 6. Jahrhundert ein Gebiet von rund 12 000 Quadratkilometern zwischen Euphrat und Tigris zumindest sporadisch an ein Bewässerungssystem angeschlossen. Damit bewirtschafteten sie eine Fläche, die mindestens doppelt so groß war wie in früheren Zeiten. Den Tigris in seine Schranken zu weisen und nutzbar zu machen, war angesichts der starken und wechselhaften Strömung des Flusses ein riskantes Unterfangen. Das Netz aus Flüssen, Kanälen und Feldern umfasste Gebiete, die viel zu groß waren, um von den Dorfbauern oder einem kleinen Stadtstaat verwaltet zu werden. Der Umfang des neuen Bewässerungssystems bedeutete, dass die Bauern, die in einiger Entfernung von den Wasserquellen lebten, kaum reagieren konnten, wenn es weiter stromaufwärts zu Durchbrüchen kam. Es war eine zentral geplante, standardisierte Bewässerung in nie da gewesenem Ausmaß entstanden. Diese orientierte sich eher an potenziellen Steuererträgen als an guten Ernten und zielte darauf ab, der Zentralregierung maximale Steuereinnahmen in Form von Getreide- und Grundsteuern zu garantieren. Weniger wichtig war es, die Bedürfnisse der lokalen Bevölkerung zu stillen. Die meisten Kanäle wurden von Tausenden von Kriegsgefangenen gebaut, um in den bewässerten Gebieten die eroberten Völker anzusiedeln. Die Sassaniden wandten sich von den kleineren Bewässerungsanlagen ab, die sich an den örtlichen Gegebenheiten orientierten. Sie schufen vor allem künstliche Bewässerungssysteme, die anfangs reichlich Getreide lieferten. Doch die Projekte gerieten in große Schwierigkeiten, als Schlamm und Schlick sich in den schlecht angelegten Kanälen festsetzten. Jede neue Bewässerungsanlage, jede gesteigerte Nachfrage von außen, reduzierte die Selbstversorgung der einfachen Landbevölkerung – jener Menschen, die auf den Feldern arbeiteten. Die streitbaren sassanidischen Ingenieure konzentrierten sich in erster Linie auf kurzfristige Ergebnisse und schenkten der viel zu schleppenden Entwässerung, auf deren Effizienz die Bauern früher großen Wert gelegt hatten, keine Beachtung. Anfangs brachten die üppigen Erträge Wohlstand und weiter wachsende Einkünfte. Doch steigende Instandhaltungskosten überforderten die Ingenieure. Ihre neu errichteten Dämme unterbrachen die bereits bestehenden Entwässerungseinrichtungen und führten zu einem Anstieg des Grundwasserspiegels und zu einer chronischen Versalzung der Böden. Schon bald mussten die kurzfristigen Ertragssteigerungen mit zunehmender ökologischer Anfälligkeit erkauft werden. Die Produktivität sank drastisch, insbesondere in den weniger geeigneten Randgebieten. Bewässerungsanlagen konnten angesichts von Dürren, Hochwasser und anderen Klimaschwankungen nicht mehr flexibel umgestaltet werden. Als wirtschaftliche und politische Schwächen zur Verarmung der landwirtschaftlichen Bevölkerung führten, schmolz auch der bürokratische Apparat, der rund um die Landwirtschaft und das Wassermanagement beschäftigt gewesen war, und das zentral gesteuerte Bewässerungssystem brach zusammen. Das Sassanidenreich löste sich zwischen 632 und 651 n. Chr. mit der Ausbreitung des Islams auf.

Die Assyrer, Akkader und Sumerer erlebten den Anbruch einer Ära, in der sowohl die ländliche als auch die städtische Bevölkerung immer anfälliger für abrupte, häufig kurzfristige Klimaveränderungen wurde. Die von den Sassaniden praktizierte zentrale Regierungsgewalt und autoritäre Herrschaft hatte keine Antwort auf das Problem der steigenden Bevölkerungsdichte und der durch Überschwemmungen oder Regenfälle bedingten unberechenbaren Wasserversorgung. Schon den Sumerern war bewusst gewesen, dass die besten Lösungen eher auf lokaler Ebene zu finden waren, da dort die Anführer einer Gemeinschaft einfachere, flexiblere Maßnahmen zur Bekämpfung von Hunger ergreifen konnten. Sie kannten das Land, sie kannten die Launen der Flüsse, und sie kannten die Stimmung sowie das überlieferte Wissen ihres Volkes. Als sich die komplexe Beziehung zwischen Stadt und Land von einer Wechselbeziehung in eine einseitige Dominanz wandelte, machten jahrhundertelange turbulente Vorkommnisse in Verbindung mit Unabhängigkeitsbestrebungen es praktisch unmöglich, schweren Dürren oder anderen klimatischen Veränderungen langfristig in irgendeiner Weise Herr zu werden. Zweifellos schafften es einige längst vergessene mesopotamische Herrscher, diese Herausforderungen innerhalb der engen Grenzen ihrer eigenen Herrschaftsgebiete – seien es Städte oder Provinzen – zu bewältigen. Doch darüber, wie und mit welchen Maßnahmen sie reagierten, gibt es keinerlei Aufzeichnungen.

Mesopotamien lag zwischen zwei großen Strömen, aber darüber hinaus besaß es geografisch durchlässige Grenzen und eine häufig unzuverlässige, landgebundene Infrastruktur. Die anhaltende Unbeständigkeit, die lockeren Kontrollen und das Wechseln von politischen Loyalitäten in Verbindung mit wechselnden Gunstbezeugungen und königlichen Ambitionen standen in drastischem Gegensatz zu den Erfahrungen, die die Pharaonen entlang des Nils machten. Daraus ergibt sich eine allgemeingültige Lehre für die Anpassung an den Klimawandel: Unterwerfung und Ausbeutung sind keine Lösung, auch wenn König Aschschur-nasir-apli II. und Tiglath Pileser III. dies dachten. Die historischen Erfahrungen in Mesopotamien finden einen starken Widerhall in der heutigen Welt. Anpassung an sich verändernde Lebensbedingungen – den Klimawandel eingeschlossen – ist häufig am effektivsten, wenn Lösungen auf lokaler Ebene gefunden und nicht von einem weit entfernten bürokratischen Apparat oder einem großen Industrieunternehmen vorgegeben werden.

◆ ◆ ◆

KAPITEL 4

NIL UND INDUS

(3100 BIS CA. 1700 V. CHR.)

Der griechische Geschichtsschreiber Herodot berichtete im 5. Jahrhundert v. Chr. über die ägyptischen Bauern: *„Heute freilich gibt es kein Volk auf der Erde, auch keinen Landstrich in Ägypten, wo die Früchte des Bodens so mühelos gewonnen werden wie hier … Sie warten einfach ab, bis der Fluß kommt, die Äcker bewässert und wieder abfließt. Dann besät jeder sein Feld und treibt die Schweine darauf, um die Saat einzustampfen, …“*[46]

Jeden Sommer ließen starke Monsunregen im Hochland Äthiopiens das Wasser des Blauen Nils und des Atbara-Flusses weit stromaufwärts ansteigen. Die schlammbeladenen Fluten strömten Richtung Norden und erreichten ihren Höchststand innerhalb von etwa sechs Wochen zwischen Juli und September. Jedes Jahr kam *akhet*, jene Überschwemmung, die sich – sanft vom Hauptflussbett hinunterfließend – über die Flussniederung ausbreitete. Dies war die Zeit der Vorfreude. In einem Pyramidentext heißt es: „Es zittern, die den Nil sehen, wenn er strömt! Die Felder lachen und die Ufer sind überflutet. Die Opfer des Gottes steigen herab, das Gesicht der Menschen wird hell, und das Herz der Götter jauchzt."[47]

Was für ein idyllisches, aber auch irreführendes und wahrhaft mythisches Bild sowohl Herodot als auch die ägyptischen Schriftgelehrten hier zeichnen. In der Realität bemühten sich die ägyptischen Dorfbewohner nach allen Kräften, um das Hochwasser mithilfe von Deichen und Kanälen, die jederzeit von einer stürmischen Flut weggerissen werden konnten, auf ihre Felder zu leiten. Die Bauern im Alten Ägypten waren dem Nil und den fernab stattfindenden Wechselwirkungen zwischen Ozean und Atmosphäre, die den Monsun im Indischen Ozean vorantrieben, schutzlos ausgeliefert.

Und dennoch schienen sie in einer zeitlosen Welt zu leben, in der die Sonne Tag für Tag über den wolkenlosen Himmel wanderte. Wasser, Erde und Sonne waren die ewigen Wahrheiten der altägyptischen Zivilisation.[48] Der Schöpfergott Atum, „der Vollendete", erhob sich als Erster der Götter aus dem chaotischen Urwasser Nun und schuf darauf einen Erdhügel. Aber der Sonnengott Ra war die höchste Verkörperung der Macht. Er erschien immer bei Sonnenaufgang und bewegte sich durch den Himmel, so wie das Leben sich vorwärtsbewegte. Der ägyptische Glaube wie auch die Ideologie hingen von der beständigen, weisen Regierung gottesfürchtiger Pharaonen ab, die über einen hierarchischen Staat herrschten. Die ägyptischen Könige regierten als Vermittler des Gottes Horus, eine Manifestation der kosmischen Macht und des Himmels, dem Inbegriff der höchsten Ordnung. Ihr Feind war dessen Onkel Seth, eine Kreatur mit langer, gekrümmter Schnauze, die das Chaos und die Unordnung verkörperte und die Stürme, Dürre ebenso wie feindselige Fremde in die harmonische Welt am Nil brachte. Der Konflikt zwischen Horus und Seth symbolisierte die gegensätzlichen Kräfte von Ordnung und Harmonie auf der einen Seite sowie Anarchie und Chaos auf der anderen. Entschlossene, kraftvolle Herrscher mit persönlichem Charisma standen für ein geeintes Ober- und Unterägypten – die Zwei Länder. Die Vereinigung des ägyptischen Staates dauerte Jahrhunderte und wurde (fälschlicherweise) stets als ein Akt der Harmonie, als Triumph der Ordnung über das Chaos, dargestellt.

Ägypten war eine beständige Zivilisation, die sich an die fruchtbare Flussaue schmiegte und von der lange Zeit als turbulent empfundenen Außenwelt abgegrenzt war. Die Pharaonen regierten nach Präzedenzfällen und galten als Personifizierung der *ma'at*, was annähernd dem modernen Wort „Ordnung" oder „Gerechtigkeit" entspricht, Eigenschaften, die von einer weisen und harmonischen Göttin gleichen Namens verkörpert wurden, die sowohl die Jahreszeiten als auch das Gesetz regelte. Maat stand in Kontrast zu *isfet*, den Kräften der Unordnung. Ägyptens als göttlich verehrte Herrscher regierten nach ihrem eigenen Ermessen und folgten keinerlei schriftlich festgehaltenen Gesetzen, nur ihrer eigenen Version der Tradition. Eine gewaltige erbliche Bürokratie – regelrechte Dynastien höherer und niederer Beamter – regierte den Staat für sie, und zwar sehr effektiv. Die meiste Zeit über funktionierte der Staat gut. Es war eine außergewöhnliche Zivilisation, die in unterschiedlichen Formen länger als 3000 Jahre existierte – unterstützt sowohl durch *ma'at* als auch durch die einzigartige Landschaft des Nils.

AM ANFANG (CA. 6000 BIS 3100 V. CHR.)

Als der Ackerbau um 6000 v. Chr. im südlichen Mesopotamien begann, und das Doggerland in der Nordsee verschwand, floss der Nil durch ein von Wüsten umschlossenes, üppiges Flusstal. Westlich des Nils reichten die unregelmäßigen Regenfälle aus, um die weiten, aus trockenem Grasland bestehenden Saharaebenen zu versorgen. Nur ein paar Tausend Menschen lebten dort: Jäger, Wildbeuter und Fischer, die vielleicht noch ein paar Getreidepflanzen anbauten. Sie trieben sporadischen Handel mit nomadischen Hirten aus der Wüste, die vorbeikamen, um ihre Tiere zu weiden und zu tränken. Die Anführer dieser Nomadengruppen waren Männer mit außergewöhnlichen rituellen Fähigkeiten – augenscheinlich erfahrene Regenmacher. Diese Gabe wird ihnen in dem trockenen Land wohl eine ganz besondere Glaubwürdigkeit verliehen haben.

Als die Niederschläge nach 5000 v. Chr. sporadischer ausfielen, zogen die Viehhirten allmählich ostwärts in die Flussniederung des Nils. Die Sahara wurde zusehends trockener, sodass sie sich schließlich dauerhaft am Nil niederließen. Sie brachten neue Vorstellungen von Anführern mit als jene von starken Bullen und Viehtreibern, zudem möglicherweise noch Rituale zur Verehrung der Fruchtbarkeitsgöttin Hathor. Die altägyptische Zivilisation besaß tiefe Wurzeln in den dörflichen Kulturen vergangener Zeiten, die auf einer gewissenhaften Wasserbewirtschaftung und mühsamer Knochenarbeit in der Bewässerungslandwirtschaft basierten. Die Tradition einer autoritären Führung mögen sie von den

Dorfvorstehern übernommen haben. Diese war in einer Welt, in der es praktisch keine Niederschläge mehr gab, tief in der ägyptischen Psyche verwurzelt. Alles hing von den Leben spendenden Überschwemmungen und der zuversichtlichen Führung durch einen Viehhirten ab.

Der Nil floss durch unwirtliche Wüsten. Aus dem Weltraum betrachtet sieht er aus wie ein grüner Pfeil, der Richtung Mittelmeer nach Norden zeigt. Die Ägypter nannten sein Überschwemmungsgebiet *kmt* oder „das Schwarze Land", denn die fruchtbaren schwarzen Böden bildeten einen auffälligen Kontrast zum „Roten Land" der Wüste. Jedes Jahr trug der Nil – so die Götter es wollten – Wasser und Schlamm weit stromabwärts, gespeist von seinen zwei Zuflüssen, dem Weißen und dem Blauen Nil, die aus Ostafrika und dem Hochland Äthiopiens kommend, sich in Khartum, dem heutigen Sudan, zum eigentlichen Nil vereinigen. *Akhet*, die Jahreszeit der Überschwemmung, fand in den Frühlings- und Sommermonaten statt, wenn das Nilhochwasser über die Auen schwappte. Das zurückfließende Wasser nährte den fruchtbaren Boden für die Bauern, die auf ihren frisch bestellten Feldern mit großer Sorgfalt Bewässerungskanäle aushoben und instand hielten. Anders als in Mesopotamien, düngte *Akhet* das Überschwemmungsgebiet und verminderte so die Gefahr der Versalzung. Landwirtschaft war ein brutal hartes Geschäft, doch gemessen an mesopotamischen Verhältnissen, das heißt ohne die Notwendigkeit zu Pflügen und zu Düngen, war es am Nil um ein Vielfaches einfacher. Die Bauern mussten das ansteigende Wasser lediglich in die Kanäle und Stauseen umleiten, die zur Rückhaltung des Hochwassers gebaut worden waren.

Der Nil scheint der ideale Ort für Ackerbau im ländlichen Raum gewesen zu sein, mit offensichtlich perfekten Bedingungen, um große Getreideüberschüsse vorauszusehen und auch zu erzielen. Der griechische Geschichtsschreiber Herodot beschrieb *Akhet* als ein Ereignis, das jedes Jahr so zuverlässig funktionierte wie ein Uhrwerk. Der weitverbreitete Mythos dieser verlässlichen Überflutungen hält sich bis zum heutigen Tage – doch der Nil war schon immer auch ein launischer Fluss. Außerplanmäßige Regenfälle konnten nämlich ebenfalls eine potenzielle Katastrophe bedeuten, da die Fluten alles mit sich rissen und Ernten oder sogar ganze Dörfer wegschwemmten. Ein schwacher *Akhet* hingegen versorgte lediglich einen kleinen Teil der Flussebene. Manchmal zog sich das Hochwasser sofort wieder zurück, mit dem Ergebnis, dass die Ernte ausfiel und die Menschen hungerten. In den meisten Jahren allerdings gab es genug Wasser und eine ausreichende Ernte, und die Bauern konnten kurzfristige Dürren ohne große Probleme überstehen. Bei Trockenperioden über mehrere Jahre, Jahrzehnte oder sogar Jahrhunderte sah die Sache jedoch anders aus.

ALLMÄCHTIGE PHARAONEN (3100 BIS 2180 V. CHR.)

Das Leben war unberechenbar; Ordnung und Einheit waren gefragt. Viele Jahrhunderte lang war Ägypten ein Geflecht aus konkurrierenden Königreichen gewesen, bis ein Herrscher (vielleicht) namens Hor-Aha im Jahr 3100 v. Chr. die „Zwei Länder", Ober- und Unterägypten, zu einem einzigen Staat vereinte. Hor-Aha und seine Nachfolger, die Ägypten bis 2118 v. Chr. regierten, herrschten über einen Staat, in dem das Wohlergehen des einfachen Volkes von seinem obersten Herrscher auf Erden abhing, dessen Herrschaft den Triumph der göttlichen Ordnung über das Chaos verkörperte. Fast acht Jahrhunderte lang funktionierte ihr irdischer Staat recht reibungslos.

Ägyptens Zivilisation gründete nicht auf einer dichten Stadtbevölkerung, sondern auf einem Netzwerk aus Städten und Dörfern, die durch Wasserwege miteinander verbunden waren. Diese Infrastruktur hielt den Staat zusammen und erweiterte die logistischen Grenzen von 50 Kilometern, welche bislang für mit Getreide beladene Lasttiere gegolten hatten. Zum Glück der Pharaonen boten die dicht an das Niltal angrenzenden Wüsten ihnen einen natürlichen Schutz. Denn diese machten zusammen mit dem von Untiefen übersäten Delta eine Invasion feindlicher Nachbarn nahezu unmöglich. Als solche stand diese Abgrenzung in krassem Gegensatz zu den durchlässigen und sich ständig verändernden Grenzen Mesopotamiens und seinen beiden Flüssen, dessen Geschichte vom hart umkämpften Aufstieg, dem anschließenden Fall und manchmal Wiederaufstieg verschiedener Könige und ihrer Anhänger geprägt war. Derweil waren die Pharaonen in der Lage, durch die natürliche Isolation Ägyptens ihre Untertanen umfassend zu kontrollieren. Die Bevölkerung war gut organisiert, aber weit verstreut. Durch Volkszählungen und die Besteuerung von Getreide, Tieren und anderen Gütern war an Nahrungsmittelüberschüssen kein Mangel. So sicherte sich der Staat seinen Einfluss und sein Ansehen als erstklassiges Agrarland.

Ein Pharao konnte sein abgegrenztes Reich problemlos beherrschen, vorausgesetzt, die Regierung wurde als dienlich und mächtig angesehen. Königtum schien auf der einen Seite ewig, auf der anderen Seite aber auch menschlich, dadurch symbolisiert, dass der Herrscher gleichzeitig göttlich und doch greifbar erschien. Das ägyptische Königtum war eine Institution, gekennzeichnet durch den Erfolg oder Misserfolg des Pharaos. Trotz der spürbaren Göttlichkeit des Herrschers hing die königliche Autorität letztlich doch von den tatsächlichen Nahrungsmittelüberschüssen ab und diese wiederum von der harten Arbeit des einfachen Volkes. Neben all den komplexen, alltäglichen politischen Herausforderungen und dem bisweilen subversiven Handeln einzelner Provinzverwalter war der Staat vor allem durch klimatische Veränderungen gefährdet. Hierzu zählten beispielsweise die vom schwächeren Monsun im Indischen Ozean verursachten schweren Dürren.

Die Pharaonen des Alten Reiches, die zwischen 2575 und etwa 2180 regierten, waren mächtige, selbstbewusste Herrscher, die über vier Jahrhunderte lang gute Überschwemmungen und reiche Ernten verzeichnen konnten. So konnten sie leicht verkünden, dass sie aufgrund ihres göttlichen Status die Überschwemmungen in ihrer ganzen göttlichen Majestät kontrollierten. Der Pharao regierte von seinem Hof in Memphis in Unterägypten aus, 20 Kilometer südlich der Pyramide von Gizeh. Er herrschte über den „vereinigten" Staat von Unter- und Oberägypten, bestehend aus neun Verwaltungsbezirken (Gauen, griechisch: Nomos), die von mächtigen und teilweise rebellischen Nomarchen, den Provinzverwaltern, regiert wurden. Solange die Überschwemmungen ausreichend Wasser brachten, war die Autorität des Pharaos relativ sicher. Die Herrscher bauten ihre Bewässerungsanlagen und Kanäle weiter aus und intensivierten die Landwirtschaft im fruchtbaren Delta Unterägyptens. Doch zu geringe Hochwasserstände und die daraus resultierenden Missernten untergruben das wichtigste Element staatlicher Macht: ausreichende Nahrungsmittelüberschüsse. Immer mal wieder gab es Jahre mit geringen Wasserständen, doch stets kehrten die reichhaltigen Überschwemmungen recht bald zurück. Der Staat war derart mächtig und prosperierend, dass die Bevölkerung Ägyptens um etwa 2250 v. Chr. auf mehr als 1 Million Menschen anstieg. Ein Großteil davon war allerdings zu einem gewissem Grad auf die Nahrungsmittelversorgung durch den Staat angewiesen.

Irgendwann nach 2650 v. Chr. verband eine immer mächtigere Priesterschaft die Sonnenverehrung mit dem Pharaonenkult. Nach seinem Tod nahm der Herrscher nun seinen Platz unter den Sternen ein, die als göttliche Wesen galten. „Der König geht zu seinesgleichen … [Eine] Treppe wird für ihn errichtet, damit er hinaufsteigen kann", erinnert ein Pyramidentext, der in einer Pyramidenkammer eingraviert ist.[49] Die von den Pharaonen des Alten Reiches errichteten Pyramiden waren steinerne Symbole der Sonnenstrahlen, die durch die Wolken brachen. Die Totentempel der Könige des Alten Reichs befanden sich in den meisten Fällen östlich der imposanten Pyramiden innerhalb des Bestattungskomplexes, also der aufgehenden Sonne zugewandt. Ihr Bau war eine Meisterleistung von Bürokratie und Organisation: Der Transport von Lebensmittelrationen und Rohstoffen musste perfekt funktionieren. Wenn in der Überschwemmungssaison der Ackerbau zum Erliegen kam und mehr Arbeitskräfte zur Verfügung standen, wurden alle verfügbaren qualifizierten Handwerker und Tausende Arbeiter aus den Dörfern herangezogen. Jeder kennt die um 2500 v. Chr. erbauten, gigantischen Pyramiden von Gizeh westlich von Kairo – doch warum genau die Pharaonen solch aufwendige und arbeitsintensive Grabstätten errichteten, bleibt ihr großes Geheimnis.[50] Möglicherweise sollte sich das Volk auf diese Weise über die Arbeiter mit ihrem Beschützer verbinden. Der Pyramidenbau könnte auch ein Verwaltungsinstrument gewesen sein, um die Beziehung zwischen Herrscher und Volk in einer Art Austausch „Nahrung gegen Arbeit" zu institutionalisieren – ein probates Mittel, das in Zeiten der Knappheit genutzt werden konnte. Vielleicht sollten die Pyramiden aber auch in erster Linie die außergewöhnliche Verbindung zwischen Pharaonen und Göttern betonen, die enge Beziehung von König und Sonnengott, der höchsten Quelle menschlichen Lebens und reicher Ernten. Wir werden es nie erfahren. Nach einer Weile hatten die Pyramiden ihren Zweck erfüllt. Die staatlich gelenkte Arbeit verlagerte sich eher auf die gewaltigen Tempelkomplexe, beispielsweise bei Theben oder Luxor. „Weniger auffällig" sind diese aber keinesfalls.

Auch hier trennte eine große Kluft die Eliten, einschließlich der gebildeten Schriftgelehrten, von den hart arbeitenden einfachen Leuten, die gebraucht wurden, um die Bewässerungskanäle instand zu halten, Steine zu schleppen und Getreide anzubauen. Es war die Zeit einer zielgerichteten autoritären Führung, die sich auf die enge, kooperative Beziehung zwischen Pharao, seinen Nomarchen und den hohen Beamten stützen konnte. Ihre kollektiven Talente und ihre militärische Stärke schufen eine einzigartige Zivilisation, die in Jahrhunderten mit ausreichender Bewässerung sehr gut funktionierte, doch höchst anfällig, ja sogar zerbrechlich war, wenn *Akhet* ihr seine Gabe vorenthielt.

DIE MEGADÜRRE SCHLÄGT ZU (CA. 2200 BIS 2184 V. CHR.)

Die Anfälligkeit des Reiches wurde unmittelbar nach der Regentschaft des letzten großen Pharaos des Alten Reiches, Pepi II. (2278 bis 2184 v. Chr.) deutlich, der erstaunliche 94 Jahre lang regiert haben soll, was der längsten Regierungszeit in der Geschichte Ägyptens entspricht.[51] Als er älter wurde und die Erfolge zurückgingen, kam Unruhe unter den Nomarchen auf. Er reagierte darauf, indem er die Provinzverwalter mit großem Reichtum bedachte, was jedoch seine zentrale Autorität bedeutend schwächte. Nach seinem Tod im Jahr 2184 zogen chaotische Zeiten ein, da die hohen Beamten um die Macht konkurrierten. Ausgerechnet in diesem Moment brach das 4,2-ka-Ereignis über den Nil herein, das ganz Mesopotamien verwüstete.[52]

Zahlreiche Fundstücke dokumentieren die zunehmende Trockenheit. An der Quelle des Blauen Nils, dem Tanasee in Äthiopien, zeigen aus Süßwasserseen entnommene Bohrkerne eine Trockenperiode im Jahr 2200 v. Chr. an, im Roten Meer deuten Salz-Sedimente auf eine große Dürre zur gleichen Zeit hin. Ein in Saqqara in Unterägypten entnommener Bohrkern brachte 1 Meter Dünensand zum Vorschein, der ehemals bewirtschaftetes Land bedeckt hatte. Geringe Überschwemmungen sowie gelegentliche heftige Unwetter, schnitten den Qarunsee in der Fayumsenke vom Nil ab. Sogar Baumringe, die aus einem Zedernsarg und einem Begräbnisboot entnommen wurden, zeigen Anzeichen einer Dürre zwischen 2200 und 1900 v. Chr.

Ein plötzlicher und katastrophal langfristiger Rückgang der Überschwemmungen führte sehr schnell zu einer Hungersnot und legte die etablierten politischen Institutionen lahm. Über 300 Jahre lang suchten immer neue Hungersnöte das Land heim, dabei waren doch nun viel mehr Mäuler zu stopfen als in früheren Zeiten. Verzweifelte Bauern pflanzten ihr Getreide auf den Sandbänken der Flüsse an, doch alle Mühe war vergebens. Ein weiser Mann namens Ipuwer erlebte die Dürre möglicherweise aus erster Hand. Er beschrieb Oberägypten als „ein Ödland". „Seht, und alle sagen, ‚Ich wünschte, ich könnte sterben.'" In einem Kommentar, der heute noch nachhallt, gab er dem Pharao die Schuld: „Autorität, Wissen und Wahrheit – all dies ist deins, doch du hast das Land in Verwirrung gestürzt und in lärmende Unruhe."[53]

In ihrer Not wandten sich die Leute natürlich an den Pharao von Memphis, der schon lange verkündet hatte, den launischen Fluss beherrschen zu können. Pepis Nachfolger waren inkompetent und machtlos, die Getreidevorräte gingen bald zur Neige. Die Herrscher in Memphis kamen und gingen, während die politische und wirtschaftliche Macht den Verwaltungsbezirken (Gauen) zufiel. Diese waren ein Flickenteppich aus kleinen Königreichen, angeführt von ehrgeizigen Nomarchen, von denen einige wie Könige regierten. Die kompetentesten Nomarchen griffen aus Sorge um ihr Volk selbstständig zu drakonischen Maßnahmen. Die praktische Erfahrung lehrte sie schon bald eine der wichtigsten Regeln, wenn es galt, plötzliche Klimaschwankungen zu bewältigen: das Problem auf lokaler Ebene anzupacken.

Einige der Nomarchen verewigten ihre Ruhmestaten an den Wänden ihrer Grabstätten. Inwieweit diese Prahlerei eher auf Opportunismus als auf tatsächliche Taten zurückzuführen ist, ist umstritten. Anchtifi von Nekhen und Edfu herrschte um 2180 v. Chr. über zwei der südlichsten ägyptischen Verwaltungsbezirke, zu einer Zeit, als der Nil außergewöhnlich wenig Wasser führte. Seine Grabinschriften berichten von seinem entschlossenen Handeln: „In ganz Oberägypten verhungerten die Menschen, und zwar in solchem Ausmaß, dass sie keinen anderen Ausweg sahen, als ihre eigenen Kinder zu essen. Ich aber sorgte dafür, dass in meinem Land niemand an Hunger sterben musste."[54]

Anchtifi gab sein wertvolles Getreide auch an andere Provinzen. Seine überheblichen, selbstgefälligen Grabinschriften erzählen davon, wie die Menschen

Der Nomarch Anchtifi, dargestellt an der Wand seiner Grabstätte. Angesichts von Hunger und niedrigen Nilständen handelte er entschlossen und effektiv.

auf der Suche nach Essbarem ziellos umherzogen. Das Verhalten ähnelt auf unheimliche Weise dem der Menschen in Indien während der furchtbaren Hungersnöte in Viktorianischer Zeit im Jahr 1877 (s. Kapitel 9). Aus einst wohlhabenden Verwaltungsbezirken wurden, als die Sanddünen aus den umliegenden Wüsten in die Flusssenken gefegt wurden, dürre, trostlose Einöden. Die Lagerhäuser waren leer und Grabräuber plünderten die Ruhestätten der Toten.

Wie Anchtifi, ergriff auch der Nomarch Khety von Assiut drastische Maßnahmen, um den Hunger zu bekämpfen: Er errichtete Speicherdämme, legte Sümpfe trocken und grub einen 10 Meter breiten Kanal, um das von Dürre geplagte Agrarland zu bewässern. Die zuständigen Beamten wussten, dass nur äußerst radikale Maßnahmen die Bevölkerung am Leben erhalten würde. Sie schlossen die Grenzen ihrer Provinzen, um unkontrollierte Wanderbewegungen hungriger Menschengruppen zu unterbinden. Zudem rationierten sie das Getreide und verteilten es gewissenhaft. Die mächtigen Nomarchen waren die wahren Herrscher Ägyptens, denn nur sie konnten kurz- und längerfristige Maßnahmen ergreifen, um die Hungernden zu ernähren und die lokale Landwirtschaft anzukurbeln. Das fragile Gerüst eines einheitlichen ägyptischen Staates konnte den Problemen nicht standhalten.

Drei Jahrhunderte lang war Ägypten nun eine zerrissene Zivilisation. Die Pharaonen hatten in der Bevölkerung den Glauben genährt, dass sie jene geheimnisvollen Überschwemmungen beherrschten, die von weit flussaufwärts kamen. In Wirklichkeit aber war der ägyptische Staat in all seiner prachtvollen Arroganz von den Launen des Monsuns im Indischen Ozean und von den atmosphärischen Veränderungen im fernen südwestlichen Pazifik abhängig. Die Krise endete schließlich mit größeren Überschwemmungen und erbitterten Feldzügen des Pharaos Mentuhotep, der im Jahr 2060 v. Chr. den Thron in Oberägypten bestieg, den Staat mit Unterägypten vereinigte und ein halbes Jahrhundert lang regierte.

Mentuhotep und seine Nachfolger richteten die Agrarwirtschaft wieder auf, doch in dieser Zeit galt der Pharao nicht mehr länger als unfehlbar. Die Pharaonen wurden zu „Hirten des Volkes", die jeden Aspekt des Lebens in Ägypten mit strengen bürokratischen Regeln bedachten. Sie konnten sich auf reichliche Überschwemmungen verlassen, nur eine Periode niedriger Wasserstände im 8. und 7. Jahrhundert v. Chr. führte zu erneuten politischen Wirren. Zu diesem Zeitpunkt waren die Nomarchen wie nie zuvor abhängig voneinander, um wirtschaftlich überleben zu können. Später dann kamen die erfolgreichsten ägyptischen Pharaonen zu Wohlstand, weil sie die Arbeitskraft der Bevölkerung nutzten, um das Niltal in eine gut strukturierte Oase zu verwandeln. Als Ramses II. (1279–1213 v. Chr.) seine Stadt Pi-Ramesses errichtete, galten seine Kanäle als die beeindruckendsten in ganz Ägypten: hocheffiziente, großartige, kunstvoll verzierte Bauwerke, die die gesamte Region mit ausreichend Wasser versorgten.

Die Pharaonen waren geradezu gottgleiche Manager eines zentralisierten Agrarstaates. Sie investierten in den Ausbau enormer Bewässerungssysteme, förderten den technologischen Fortschritt und legten große Vorratslager an, um das Überleben ihres Volkes in Hunger- und Krisenjahren zu sichern. Ultimative Kontrollinstanz dieses Systems war die Religion. Einzelne Bauern, die Kanäle für ihre eigenen Felder und Ernten bauten, waren sich immer bewusst, dass sie gerecht bauen mussten, um Sanktionen zu vermeiden. Die Bekenntnisse 33 und 34 des *„Negativen Bekenntnisses"* sind Teil eines religiösen Buches, das um 1250 v. Chr. dem Priester Ani aus Theben mit ins Grab gegeben wurde. Sie beschreiben die Stellungnahme der Seele nach dem Tod vor dem Gericht im Jenseits. Dort musste die Seele versichern, dass sie niemals das Wasser im Kanal eines anderen behinderte und auch keinen Kanal je unrechtmäßig beschädigt hatte. Letztendlich war das Land nun für alle möglichen Krisenzeiten gerüstet. Darauf geht sogar die Bibel ein, als nämlich Josef mit seiner Familie nach Ägypten zieht, um der Hungersnot in Kanaan zu entfliehen: Er wusste, dass Ägypten über ausreichende Getreidevorräte verfügte.

Trotz ihrer allwissenden Macht waren die Götter nicht in der Lage, langfristige Monsun-Vorhersagen zu treffen. Allerdings gelang es den Priestern im Laufe der Jahrhunderte, einfache Nilometer zu entwickeln, eine geniale wissenschaftliche Methode, mit der man bei steigendem Nilpegel die Höhe der Überschwemmung prognostizieren konnte.

Nur wenige dieser Nilometer sind heute noch erhalten. Einige stammen aus dem 7. Jahrhuntert n. Chr., aus einer Zeit, in der die muslimischen Eroberer Ägypten unterwarfen.

Die meisten Messgeräte der Pharaonen unterstanden der Kontrolle der Tempel. Ein bedeutsames Exemplar hat sich auf Elephantine erhalten, einer Flussinsel im Nil gegenüber von Assuan in Oberägypten, der südlichsten Stadt des Landes. Hier wurden die frühesten Hochwassermessungen der Saison vorgenommen. Der vor der Römerzeit errichtete und von den Römern wiederhergestellte Pegelmesser ist im Grunde ein am Flussufer errichteter Brunnen, der aus passgenauen Steinen besteht, auf denen die bisherigen Hochwasserstände markiert sind. Langjährige Erfahrung, die von Generation zu Generation weitergegeben wurde, ermöglichte es den Priestern, die Hochwasserstände mit erstaunlicher Genauigkeit vorherzusagen. Diese Informationen waren nicht nur für die Bauern von unschätzbarem Wert, die mit der Bewässerung zu kämpfen hatten, sondern auch für die Steuereintreiber, die mit äußerster Sorgfalt die Ernten überwachten. Der griechische Geograf Strabon brachte es auf den Punkt: Je reichlicher die Überschwemmungen, desto höher die Einnahmen.

Es war kein Zufall, dass die ägyptische Zivilisation auch nach der Einrichtung des Nilometers auf Elephantine noch weitere 2000 Jahre florierte und schließlich zur Kornkammer Roms wurde, wie man im nächsten Kapitel sehen wird. Doch selbst in diesen erfolgreichen Zeiten verursachten plötzliche klimatische Veränderungen lang anhaltende Dürren, die zu Hungersnöten führten und Tausende von Menschenleben forderten und auch die Getreideversorgung bis nach Rom und Konstantinopel beeinträchtigten.

DIE INDUS-KULTUR: STÄDTE UND LANDSCHAFTEN (CA. 2600 BIS 1700 V. CHR.)

Die Schwankungen des indischen Monsuns betrafen das Leben von Millionen Menschen – nicht nur im Niltal und in Mesopotamien, sondern ebenfalls im tropischen Afrika und möglicherweise auch in Süd- und Südostasien – so wie zum Beispiel die Bewohner des Industals und der umliegenden Landschaften.

Südasien ist im Osten von tropischen Wäldern, im Norden von Gebirgen und vom Arabischen Meer, dem Indischen Ozean und dem Golf von Bengalen eingeschlossen. Der Subkontinent entwickelte seine eigene kulturelle Identität und unverkennbare Zivilisationen, die sich durch große Vielfalt auszeichneten. Die früheste war die Indus-Kultur, eine der großen frühen Zivilisationen, die zur gleichen Zeit wie Mesopotamien und Ägypten ihre Blütezeit erlebte.[55] Noch immer ist die Indus-Kultur in der Welt kaum bekannt. Sie wurde in den 1920er

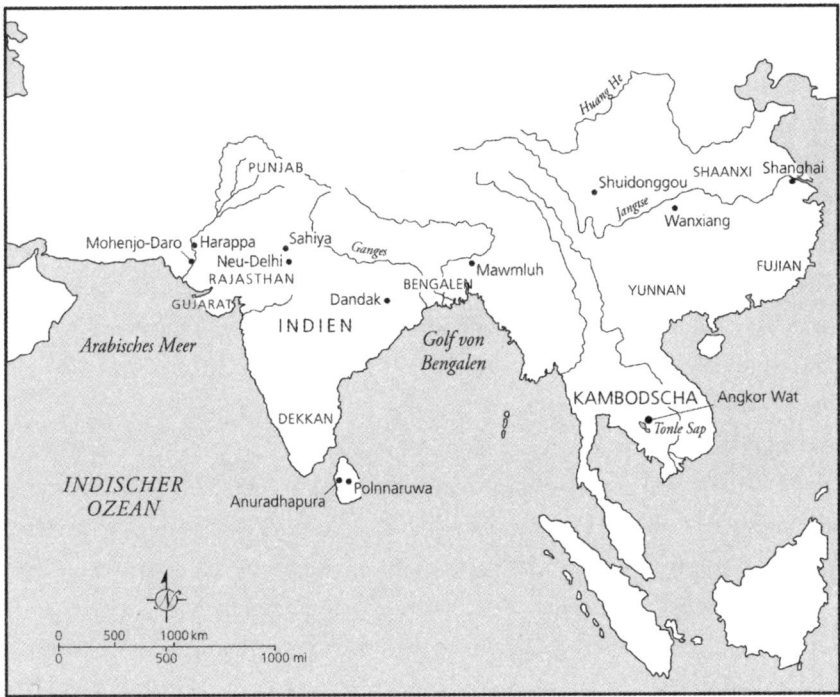

Jahren eher zufällig von britischen und indischen Archäologen im Punjab entdeckt. Heute wissen wir, dass sie sich über ein riesiges Gebiet von mindestens 800 000 Quadratkilometern erstreckte (etwa ein Viertel der Fläche Westeuropas), das das heutige Pakistan einschloss und sich vom heutigen Afghanistan bis nach Indien erstreckte. Die Täler des Indus und des inzwischen ausgetrockneten Flusses Saraswati stellten den kulturellen Mittelpunkt dieser Kultur dar, waren aber nur Teil einer weitaus vielfältigeren und weit verstreuten Gesellschaft, die sich über diverse Landschaften erstreckte: vom Hochland Belutschistans und den Ausläufern des Himalajas über das Tiefland des Punjab und Sindh bis zum heutigen Mumbai.

Archäologen konnten bis weit über 1000 Siedlungen der Indus-Kultur in unterschiedlichen Klimzaonen identifizieren, die von üppigen, grünen Idyllen bis zu heißen, unwirtlichen Halbwüsten reichen. Während der Großteil dieser Siedlungen aus Dörfern bestand, waren zumindest fünf größere Städte dabei. Um es noch einmal klar und deutlich zu sagen: Dies war die größte urbane Kultur ihrer Zeit, nahezu doppelt so groß wie ihre Pendants in Mesopotamien oder Ägypten. Ihre Städte florierten zwischen 2600 und 1900 v. Chr. über eine beeindruckende Zeitspanne von sechs bis sieben Jahrhunderten. Die Einwohnerzahl betrug möglicherweise 1 Million, was der Bevölkerungszahl des antiken Rom in seiner Blütezeit entspricht. Und doch verschwand diese gewaltige Kultur schon bald im Nebel der Geschichte. Weder Alexander der Große im 4. Jahrhundert v. Chr. noch Aśoka, der buddhistisch orientierte Herrscher des Subkontinents im 3. Jahrhundert v. Chr., hatten zu ihrer Zeit auch nur annähernd Kenntnis von dieser Kultur. Die spannende Frage, die sich Archäologen heute stellen, ist allerdings, welche Rolle der Klimawandel beim Untergang der Indus-Kultur gespielt hat.

Heute wirken sich die lokalen Klimabedingungen dort gut auf die Landwirtschaft aus, da zwei unterschiedliche Wettersysteme vorherrschen, die sich zeitweise überlappen.[56] Während ein regenreiches zyklonales Wettersystem im Winter das westliche Hochland beherrscht, versorgt das Sommermonsunsystem die Halbinseln mit Wasser. Wenn eines dieser beiden Systeme keinen Regen liefert, kann das andere die fehlenden Niederschläge eigentlich immer ausgleichen. Hungersnöte im Industal sind heute unbekannt. Der Indus selbst überflutet zwischen Juli und September. Die Bauern setzen ihre Pflanzen, sobald die Überschwemmung zurückgeht, und können dann im darauffolgenden Frühjahr ernten. Den vom Hochwasser mitgeführten Schlamm nutzen sie als Dünger. Interessanterweise gibt es keine Anhaltspunkte dafür, dass die Bauern der Indus-Kultur größere Bewässerungssysteme angelegt haben – anders als in Ägypten, wo Bewässerungskanäle unerlässlich waren, um die Reichweite der Flut vergrößern und dazu noch Wasser speichern zu können. Wenn eine Indus-Region von einer Missernte heimgesucht wurde, kam vermutlich Hilfe aus einer Region mit reichlicher Ernte und die Nahrungsmittel wurden über die bestehenden Handelsnetze transportiert.

Tropfsteine aus der Sahiya-Höhle in Nordindien, rund 200 Kilometer nördlich von Neu-Delhi, belegen, dass die Jahrhunderte, in denen die Indus-Kultur entstand, von verstärkten Monsunen geprägt waren, die für wärmere Temperaturen und für deutlich höhere Niederschläge sorgten.[57] Das Ergebnis: noch besser vorhersehbare Ernteerträge und zuverlässige Nahrungsmittelüberschüsse, die ökonomische Basis der Indus-Kultur. Zu dieser Zeit entwickelte sich der Flickenteppich aus anwachsenden Dörfern und größeren Bauerngemeinschaften zu einer komplexen vorindustriellen Zivilisation.

Städte sind zu einem Markenzeichen antiker Zivilisationen geworden, wenn auch in vielerlei Gewand. Nicht alle waren kompakte, überfüllte, und mit Mauern umgebene Siedlungen, wie man sie in weiten Teilen des Nahen Ostens findet. Die Städte der Indus-Kultur lassen sich nicht ohne weiteres mit Uruk, Ur, Pi-Ramesses oder irgendeiner anderen Stadt vergleichen. Keinerlei großspurige Phrasen assyrischer und sumerischer Monarchen, keinerlei selbstverherrlichende ideologische Verkündigungen der ägyptischen Pharaonen. Die Herrscher, die unter anderem in Harappa und Mohenjo-Daro das Sagen hatten, bleiben für immer anonym. Anders als die Machthaber Ägyptens oder Mesopotamiens, war es nicht ihre Sache, Errungenschaften an den Tempelwänden zu verewigen. Allerdings scheint diese Zivilisation auch gar keine Tempel besessen zu haben: keinerlei Anzeichen für religiöse Bauten. Zudem gibt es nur äußerst vage Hinweise auf irgendeine Art von Religion – wie etwa die winzige Büste eines „Priesterkönigs", der vielleicht aber weder König noch Priester war, sondern einfach nur jemand, der sich in einer seligmachenden Yogameditation befindet. Auf den reich verzierten Siegelstempeln findet sich eine Vielzahl von Abbildungen, auf denen Menschen in einer offensichtlichen Yogaposition sitzen. Religion? Kann sein. Leider ist ihr Schriftsystem noch immer nicht entschlüsselt. Sollte der Indus-Code jemals geknackt werden, könnte er eine andere Geschichte erzählen. Aber bis dies so weit ist, übermittelt die Archäologie weiterhin das Bild von Städten mit einer zurückhaltenden und auf soziale Gleichheit ausgerichteten Bevölkerung.

Der unermüdliche britische Archäologe Mortimer Wheeler, der in den späten 1940er-Jahren sowohl in Harappa als auch in Mohenjo-Daro Ausgrabungen durchführte, brachte keine reich verzierte Architektur ans Tageslicht, keine spektakulären Tempel, keine mit Gold überzogenen Schreine oder Paläste. Stattdessen fand er zwei Zitadellen mit eher pragmatisch genutzten öffentlichen Gebäuden, darunter befand sich ein Getreidespeicher und eine große Säulenhalle aus Ziegelsteinen – Ziegel zum Schutz vor Überschwemmungen. Die Menschen lebten in fachmännisch gebauten Häusern (ebenfalls aus Ziegeln), die keine der üblichen Anzeichen von Klassenunterschieden aufwiesen. Obwohl sie offensichtlich auf egalitären Prinzipien basierten, gehörten beide Städte während ihrer Besiedlung zwischen 2550 und 1850 v. Chr. zu den höchstentwickelten urbanen Zentren der Welt. Sie verfügten über beeindruckende Hochwasserschutzanlagen, Brunnen und sanitäre Einrichtungen vergleichbar mit jenen der Neuzeit, wie beispielsweise Duschkabinen und Toiletten mit Wasseranschluss – die ersten der Welt. In jeder Stadt folgten die Erbauer einem uneinheitlichen Gitternetz, das über viele Generationen hinweg entwickelt worden war und ein Raster für Straßen und Häuser darstellte. Wheeler beschrieb seine Eindrücke mit dem denkwürdigen Satz: „Mittelständischer Wohlstand mit pflichtbewusster Kommunalaufsicht."[58]

Wheeler hatte große Freude an lebendigen, von westlichem Denken geprägten Beschreibungen. Seine Darstellung der in Wohlstand lebenden Mittelschicht ist jedoch falsch. Nach neuesten Interpretationen waren die Städte polyzentrische Gemeinschaften mit Mauern und Plattformen, die verschiedene Zonen innerhalb der Stadt abgrenzten und auch weniger bedeutende Siedlungen außerhalb einschlossen – dort, wo sich die ökonomischen Aktivitäten abspielten und die Handwerker arbeiteten. Die Indus-Kultur mag zwar eine nicht hierarchisch strukturierte Gesellschaft gewesen sein, in der Gemeinschaftsaktivitäten üblich waren, doch ihre Stadtbewohner können genauso streitsüchtig gewesen sein wie

Ein Brunnen in Lothal, Indien.

anderswo. An Hinweisen auf rivalisierende lokale Gruppen wie zum Beispiel in Harappa mangelt es nicht.[59] Trotzdem sollten wir hier nicht die Aufmerksamkeit auf potenzielle lokale Streitigkeiten lenken, denn es handelt sich vermutlich um die einzige bekannte Zivilisation der Welt, von der es keinerlei Nachweise über organisierte Kriegführung gibt. Obwohl vielfache Anstrengungen unternommen wurden, das Gegenteil zu beweisen, kristallisiert sich eine Gesellschaft heraus, die – zumindest auf städtischer Ebene – friedlich und wohlhabend war und egalitäre Anschauungen vertrat. Ein weiteres Plus war ihre gute Vernetzung: Über viele Jahrhunderte florierte der Handel mit dem Persischen Golf und Mesopotamien.

Welche Art von Gesellschaft auch immer entlang des Indus und darüber hinaus erblüht sein mag, sie war sicher nicht wie eine soziale Pyramide strukturiert. Ein größerer Kontrast zu den bombastischen Staaten Ägypten und Mesopotamien lässt sich kaum beschreiben. Und was die Bekämpfung des Klimawandels betrifft, so war diese Zivilisation weitaus widerstandsfähiger als die zuvor genannten, auch wenn es im Hintergrund immer mal wieder Rivalitäten zwischen den lokalen Anführern und den Städten gab.

Mit dem Anwachsen der Städte wuchsen auch die umliegenden ländlichen Siedlungen. Besser passte hier also die Bezeichnung „Stadtstaaten", um ihrer Bedeutung in der lokalen Landschaft Rechnung zu tragen. Was die kleinen Ortschaften betrifft, so waren viele von ihnen auf Landwirtschaft ausgerichtet, andere waren Handwerkszentren. Ein Großteil der Außensiedlungen war nur für kurze Zeit bewohnt und auch nur in unregelmäßigen Abständen. Diese unbeständige Wohnsituation war insbesondere in Gebieten mit verzweigten Flusssystemen und häufigen monsunbedingten Überschwemmungen üblich. Umgebungen wie diese verlangten von der sesshaften Bevölkerung eine gewisse Mobilität, um sich an die sich rasch verändernden Wasserverhältnisse anpassen zu können. Teil dieser Anpassungsstrategie war es, dass sich die Familienmitglieder und Angehörigen auf mehrere Siedlungen verteilten, um den Zugang zu den Wasservorräten auszugleichen. Diese Gegebenheiten in zum Teil sehr herausfordernden Landschaften sorgten bei den Menschen wohl für zusätzliche Anpassungsfähigkeit und Nachhaltigkeit.

Unter diesen Lebensumständen war die Risikominimierung von zentraler Bedeutung für das Überleben und man besann sich auf Strategien wie das „Multicropping", den Anbau von Mehrfachkulturen (zwei oder drei pro Jahr). Es wurden dürretolerante Pflanzen zusammen mit anderen, unterschiedlichen Getreidearten auf demselben Stück Land angebaut.[60]

Die Diversifizierung in der Landwirtschaft nahm stetig zu, wobei sowohl der Anbau von Winterkulturen wie Gerste und Weizen als auch von Sommerkulturen wie Hirse und anderen trockenresistenten Getreidearten forciert wurde. Die landwirtschaftlichen Praktiken variierten in den verschiedenen Anbaugebieten enorm, sodass jede Form von zentraler Lagerung und Kontrolle eine Herausforderung war. Ein großer Getreidespeicher in Harappa deutet darauf hin, dass die Ernährung einer stetig wachsenden Stadtbevölkerung durchaus eines der Hauptanliegen war. Höchstwahrscheinlich verließen sich Städte wie Harappa auf Nahrungsmittelüberschüsse aus ihrem unmittelbaren Umland oder auch auf gut ausgebaute Handelsnetze zur Verteilung der Grundnahrungsmittel, während die Landbevölkerung im Wesentlichen Selbstversorger war.

Die Indus-Kultur stand in krassem Gegensatz zur ägyptischen. Es handelte sich nicht um einen einheitlichen Staat, sondern um eine vielfältige, dezentralisierte Gesellschaft, sodass Fragen der Nachhaltigkeit dementsprechend stärker auf lokaler Ebene geregelt wurden, als dies bei autoritären Herrschern der Fall war, die riesige Gebiete verwalteten. Das Risikomanagement variierte von Region zu Region beträchtlich, doch eine Entwicklung war allen Städten der Indus-Kultur gemeinsam: Sie lösten sich zwischen 2000 und 1900 v. Chr. auf – und mit ihnen die gesamte Indus-Kultur.

Warum nur?

ÜBERLEBEN IN DER MEGADÜRRE

Das 4,2-ka-Ereignis, eine Periode größter Trockenheit, suchte sowohl die einfachen als auch komplexere Gesellschaften in ganz Asien und der Welt rund um den Indischen Ozean heim. Die Abschwächung des indischen Sommer- und Wintermonsuns fiel weitgehend mit der Auflösung von Harappa, Mohenjo-Daro und anderen Städten der Indus-Kultur zusammen. Doch es scheint unwahrscheinlich, dass die Megadürre der einzige Auslöser dafür war. Wir verwenden hier ganz bewusst den Begriff „Auflösung", denn es wäre irreführend, von einem Zusammenbruch zu sprechen. Die Auflösung ländlicher Gemeinschaften hatte eine lange Tradition. Jüngste Isotopenanalysen an Skeletten von einem Friedhof in Harappa belegen, dass es sich bei vielen der Toten um Migranten handelte. Ein kontinuierlicher Menschenstrom zog in die Städte hinein und verließ sie auch wieder, dasselbe war der Fall in den kleineren Gemeinden. Dies ist wenig überraschend, wenn man sich daran erinnert, wie eng die Beziehungen zwischen den Dörfern und den größeren Gemeinschaften waren, sei es durch Familienangehörige oder auch Handelspartner.

Die Auflösung der Städte der Indus-Kultur war möglicherweise nur eine defensive Reaktion auf die Nahrungsknappheit, der man durch den Umzug in besser bewässerte Gebiete mit verfügbaren Lebensmitteln begegnen konnte. Da es sich bei der Indus-Kultur um eine dezentralisierte Gesellschaft handelte, war Mobilität eine geeignete Anpassungsstrategie. Denn: Warum die Stadtbevölkerung mit Lebensmitteln versorgen, wenn man sich um seine eigene Gemeinschaft kümmern musste? Die Anpassung an eine lang anhaltende Dürre war in den

Dörfern eine Routineangelegenheit: Man baute unterschiedliche Getreidesorten an, darunter vor allem sommer- und dürreresistente Hirse und Reis. Die Ernteerträge waren dann allerdings geringer und die Städte konnten nicht mehr problemlos versorgt werden. Sicherlich gab es im Indus-Gebiet regionale Unterschiede, aber wie überall muss man hier zwischen kurzfristigen Trockenperioden und längeren Dürren unterscheiden, wenn die kurzen und mittleren Versorgungsnetze nicht mehr in der Lage waren, ausreichende Nahrungsmittelüberschüsse für die Versorgung der Stadtbevölkerung zu produzieren. Eine alte Anpassungsstrategie spielte hier eine entscheidende Rolle, da die gleichberechtigte Gesellschaft den verwandtschaftlichen Beziehungen und den gegenseitigen Verpflichtungen große Bedeutung beimaß. Siedlungsstudien zufolge verließen viele Menschen um 1800 v. Chr. das Industal und zogen nach Nordosten bis Rajasthan und Haryana, wo die Bevölkerung nun stark zunahm, während Harappa schrumpfte. Abgesehen von der Anpassungsfähigkeit, bleiben grundlegende Fragen offen: Was geschah mit den scheinbar robusten Städten der Indus-Kultur angesichts der lang anhaltenden Dürre? War das Klima nun zu trocken? Waren die Anpassungsstrategien der Bauern doch zu unterschiedlich? War die städtische Indus-Bevölkerung nicht in der Lage, sich den Klimaveränderungen anzupassen? Wir wissen, dass der Indus noch immer schnell floss. Der zweitgrößte Fluss der Region aber, der Saraswati, trocknete aus – möglicherweise als Folge eines Erdbebens, das seine Quellflüsse erfasste und in den Ganges umleitete. Mit dem Austrocknen des Saraswati verschwanden auch die Siedlungen, die sein Wasser zum Leben brauchten. Der Umsturz der gesamten Gesellschaft war vorprogrammiert.

Trotz seines Verschwindens war diese Zivilisation im Großen und Ganzen langlebig gewesen. Es steht außer Frage, dass die Städte der Indus-Kultur für vorindustrielle Verhältnisse ungewöhnlich robust und beständig waren. Ihre langfristige Anpassungsfähigkeit könnte darauf zurückzuführen sein, dass sie sich auf nachhaltige ländliche Lebensweisen verließen, die sich erst dann als unzureichend erwiesen, als zurückgehende Ernteerträge die Überschüsse dezimierten. Im Gegensatz dazu sorgten die Bauern auf dem Land für eine langfristige Nachhaltigkeit, indem sie vielfältige Getreidesorten anbauten, die an die lokalen Gegebenheiten und die jeweilige Wasserversorgung angepasst waren.

Kleinere Bevölkerungsgruppen konnten auf vertraute, bewährte soziale Mechanismen zurückgreifen, bei denen die Wahl der Pflanzen und Anbaumethoden ebenso wie das kulturelle Verhalten flexiblere Möglichkeiten boten. Bei diesen Umständen war ein Wegzug der Bevölkerung häufig unumgänglich – dies mag wiederholt dazu geführt haben, dass ganze Siedlungen aufgegeben wurden. Es gibt keinerlei Belege für ein traumatisches Ende der Indus-Kultur: keinen Hinweis auf einen größeren Krieg (nicht einmal auf einen kleinen) und keinen Hinweis auf Gewalt oder Zerstörung innerhalb der Siedlungen.

Die Indus-Kultur war so robust, weil die ländlichen Gemeinschaften sozial und wirtschaftlich abgesichert waren, und sie durch das Leben in einer derart herausfordernden und vielfältigen Umwelt schon von Natur aus widerstandsfähig und nachhaltig waren. Dazu kam eine anscheinend friedliche Ideologie, die keine soziale Hierarchie und keine einengenden religiösen Dogmen kannte. Eine dezentralisierte Gesellschaft konnte auf diese Weise gut funktionieren, weil sich die soziale Autorität zum großen Teil auf lokaler Ebene abspielte. Mit dem Stadtleben setzte man sich nur vorübergehend auseinander, wenn es gerade passte. Ländliche Gemeinschaften konnten langfristige Dürreperioden überstehen, wenn sie die eine oder andere Unterstützung durch eine Nachbargemeinde bekamen. So blieb ihnen das Trauma einer hungernden, dicht an dicht wohnenden Bevölkerung erspart. Wieder einmal fanden die erfolgreichsten Klimaanpassungen auf lokaler Ebene statt.

VERSCHIEDENE RÜCKSCHLÄGE

Zersplittert, zerbrechlich und verletzlich: Die frühesten Zivilisationen in Mesopotamien und Ägypten verfügten jede für sich über eine lange Liste von Herrschern, die versuchten, die seit jeher dörflich geprägten Gemeinschaften in ihren Willen und ihre besondere Regierungsmethode einzubinden. Als legitime Vertreter ihrer Religion und ihrer Götter ging es ihnen um Macht und Ruhm. Die Menschen der Indus-Kultur scheinen etwas anderes versucht zu haben: Kooperation und soziale Gleichheit (zumindest unter den Stadtbewohnern) statt Hierarchie, Monarchie und Religion. Jede dieser Anpassungsstrategien an Klimaveränderungen war eine Zeit lang von Erfolg gekrönt, bis schließlich neue politische Systeme aufkamen und die Gesellschaft einem Wandel unterzogen. Doch immer, wenn es darum ging, mit Dürren und anderen großen Klimaereignissen fertigzuwerden, kamen die wirksamsten Antworten nicht von zentralisierten Imperien, die ihre Nachbarn unterwarfen, um an deren Ressourcen zu gelangen oder von mächtigen Satrapen, die zentrale Lagerhäuser verwalteten. Sie kamen vielmehr von lokalen Initiativen, die adäquate Anpassungsstrategien auf die ihnen vertrauten Gegebenheiten der Gemeinschaften und Umgebungen zuschnitten. Zweifellos ist das auch heute noch so.

Keine dieser frühen Zivilisationen war dem Klimawandel gegenüber vollkommen machtlos. Doch sie waren ebenso wenig in der Lage, sich unbegrenzt anzupassen, denn so manches Mal waren sie auch mit Wetterextremen wie dem 4,2-ka-Ereignis konfrontiert. Ihre Erfahrung mit biblisch langen Dürreperioden ist den modernen industriellen Zivilisationen erspart geblieben. An dieser Stelle lohnt es sich, die Trockenperiode von vor 4200 Jahren in einen aktuellen Kontext zu stellen: Die 15-jährige Dürre in der Levante von 1998 bis 2012 soll extremer gewesen sein als jede vergleichbare Trockenperiode in den vergangenen 900 Jahren. Diese Dürre war um einiges schlimmer als die durch natürliche Klimaschwankungen ausgelösten Ereignisse in den vergangenen Jahrhunderten – und ist zurückzuführen auf einen unaufhaltsamen, nun vom Menschen befeuerten Klimawandel!

Angesichts des für die Zukunft vorhergesagten globalen Klimas werden wir auf internationaler Ebene weitaus größere Anpassungen vornehmen müssen, als dies in der Vergangenheit der Fall war. Vielleicht helfen uns die Lehren aus der Megadürre von 2200 v. Chr., die bevorstehenden gigantischen klimatischen Herausforderungen der Zukunft zu bewältigen.

Das Vermächtnis dieser frühen Gesellschaften ist für uns heute von großer Bedeutung. Die Pharaonen herrschten über ein großes Flusstal mit geringen Niederschlägen, aber unvorhersehbaren jährlichen Überschwemmungen. Das 4,2-ka-Ereignis lehrte sie, dass weder absolute politische Macht noch die Götter angemessene Lösungen für Ernteausfälle und Hungersnöte bereithielten, wenn die landwirtschaftliche Kompetenz und Zuständigkeit letztendlich in der ländlichen Bevölkerung verankert war. Spätere Herrscher führten neue Doktrinen ein, in denen der Pharao nur noch als richtungsweisender Hirte galt. Diese Herrscher tätigten enorme Investitionen in Getreidespeicher und in lokale Bewässerungssysteme. Ihre Zivilisation überdauerte mehr als 2000 Jahre. Unterdessen lebten die Menschen in Mesopotamien in einer zerklüfteten politischen Landschaft, die zu einem beträchtlichen Teil von extremen Klimaereignissen geprägt war und häufig von heftigen Überschwemmungen heimgesucht wurde. Ihre Umwelt war weitaus unbeständiger als jene in Ägypten und die unvorhersehbaren Klimaschwankungen konnten dazu führen, dass Flüsse ihren Lauf änderten oder im schlimmsten Falle sogar austrockneten. Auf lange Sicht gesehen, konnte ein Überleben und eine Anpassung an Dürreperioden und andere Klimavariablen nur gelingen, wenn detaillierte Umweltkenntnisse und ein tiefgreifendes landwirtschaftliches Wissen vorhanden waren. Darum lag die wahre Macht letztlich nicht in den Händen mächtiger königlicher Eroberer, sondern basierte auf der Fähigkeit der Städte und Bauerngemeinschaften, sich an die lokalen Bedingungen anzupassen. Wie die Assyrer, mussten auch die Sassaniden Jahrhunderte später Lehrgeld zahlen, da ihre groß angelegte Bewässerungslandwirtschaft für einschneidende Umweltveränderungen in vielerlei Hinsicht viel zu anfällig war – ein besonderes Problem war hier die Versalzung der Böden. Die sassanidische Landwirtschaft ging zugrunde.

Entlang des Nils und in Mesopotamien herrschte eine elitäre Minderheit. Sie lebte in Gold und Luxus, während die Bauern sich abrackerten und zeitweise trotzdem chronische Armut litten. Für die wenigen, die die vielen kontrollieren wollten, war eine zentralisierte politische und wirtschaftliche Kontrolle das ideale Instrument, selbst wenn – angesichts ständig wachsender Forderungen nach Steuern in Naturalien – lokales Wissen, traditionelle Lösungen und Anpassungsstrategien unterdrückt wurden. Die Indus-Kultur hingegen: eine dezentralisierte, vielfältige Gesellschaft, die sich soziale Gleichheit (zumindest in ihren Städten) auf die Fahne geschrieben hatte und in der die Macht in den Händen der kleinen, mit ihrem Land verbundenen Gemeinschaften lag. Hier war Mobilität eine häufige Anpassungsstrategie, wenn Überschwemmungen ausblieben und Dürre herrschte. Selbst als der Saraswati austrocknete und die Städte der Indus-Kultur sich auflösten, lebten die charakteristische Indus-Kultur und ihre Institutionen eine Zeit lang fort. Wenn es ein Beispiel aus der Vergangenheit gibt, das den unschätzbaren Wert von traditionellem Wissen und lokalen Lösungen im Umgang mit dem Klimawandels verdeutlicht, dann ist es die Indus-Kultur.

In unserer modernen industrialisierten Welt herrscht dagegen ein System extremer wirtschaftlicher Ungleichheit, das auf einer Ideologie der Gewinnmaximierung, des Wachstums und der Ausbeutung beruht, eine Gesellschaft, in der eine kleine Elite auf Kosten der Arbeit anderer reich wird. Doch viele Kapitalisten vergessen die zahllosen Menschen, die in ländlichen Gebieten einen traditionellen Lebensstil pflegen, oder ignorieren sie stillschweigend. Diese Menschen überleben, wenn auch häufig unter äußerst schwierigen Bedingungen, weil sie an uralten, traditionellen Methoden in Ackerbau und Viehzucht festhalten, die – und das ist entscheidend für unser aller Zukunft – auch in unserer modernen Welt tragfähig und nachhaltig sind.

Während Archäologen uns viel Wissenswertes über den Klimawandel und die Anpassungsstrategien von Zivilisationen in frühesten Zeiten gelehrt haben, verfügen wir heute über viele historische Berichte und wissenschaftliche Daten, die die Zeitspanne der vergangenen 2000 Jahre umfassen. Wie wir sehen werden, trugen selbst kurze Dürreperioden von einigen Jahrzehnten oder kurze Kälteeinbrüche zu Tod und Elend bei – und schließlich sogar zum Untergang der mächtigsten Reiche. Mit den folgenden Kapiteln starten wir in Italien und durchstreifen dann die ganze Welt, um unterschiedliche Reiche zu erkunden, die angesichts des Klimawandels zusammenbrachen. Teilweise begegnen wir Völkern, die erfolgreich mit den klimatischen Herausforderungen fertig wurden, und wir werden von ihnen lernen. Doch zunächst: das Schicksal Roms.

KAPITEL 5

DER UNTERGANG ROMS
(CA. 200 V. CHR. BIS ZUM 8. JAHRHUNDERT N. CHR.)

Rom: Allein das Ausmaß des Reiches in seiner Blütezeit im Jahr 350 n. Chr. versetzt uns in Erstaunen. Seine Bürger lebten von der Westspitze Europas in Spanien bis weit östlich ins Niltal. Ihre Legionen besetzten im kalten Norden Britanniens den Hadrianswall, bewachten Grenzanlagen entlang des Rheins und der Donau und waren stark an der nördlichen Peripherie der Sahara sowie in Westasien vertreten. Die Ewige Stadt selbst hatte mit einem Bündnis mehrerer kleiner Dörfer ihren Anfang genommen. Der Legende nach wurde Rom im Jahr 753 v. Chr. von den Zwillingsbrüdern Romulus und Remus gegründet, die von einer Wölfin aufgezogen worden sein sollen. Zunächst eine Monarchie, wurde daraus erst eine Republik und schließlich das Zentrum eines ganzen Weltreiches. Dennoch ging es 476 n. Chr., mit der Entmachtung des letzten Kaisers, unter.

Aus welchem Grund das Römische Reich zerfiel, ist eines der großen Rätsel der Geschichte.[61] Im Jahr 1984 beschrieb der deutsche Altertumswissenschaftler Alexander Demandt nicht weniger als 210 Gründe für seinen Niedergang, die seit der Spätantike im Umlauf waren. Zweifelsohne gibt es heute noch viele weitere, aber mit einem großen Unterschied: Wir wissen heute erheblich mehr über die klimatischen Veränderungen und ihre Auswirkungen auf das Leben zur Zeit der Römer.

SANFTE ANFÄNGE (CA. 200 V. CHR. BIS 150 N. CHR.)

Das Römische Reich entstand während einer Periode warmen, allgemein feuchten und stabilen Klimas, die gemeinhin als Römisches Klima-Optimum (RCO) bezeichnet wird und von etwa 200 v. Chr. bis 150 n. Chr. andauerte.[62] Diese günstigen Bedingungen fielen nach einem größeren Ausbruch des Vulkans Okmok II in Alaska im Jahr 43 v. Chr. mit einer stark verringerten vulkanischen Aktivität zusammen. Zwischen der Ermordung von Julius Cäsar im Jahr 44 v. Chr. und 169 n. Chr. gab es keine richtig großen Ausbrüche mehr (selbst der berühmte Ausbruch des Vesuvs im Jahr 79 n. Chr. war relativ milde). Während im Westen die Nordatlantische Oszillation (NAO) und die atlantischen Westwinde die dominierenden Faktoren bildeten, waren im Osten mehrere Klimaakteure miteinander verkettet, darunter beispielsweise der Monsun im Indischen Ozean, die El Niños und ein anhaltendes subtropisches Hoch bei 30° nördlicher Breite, das mit gleichbleibender Regelmäßigkeit die Niederschläge unterdrückte. Dies war eine Warmzeit mit klimatischer Stabilität: perfekte Bedingungen für jeden *Homo sapiens*. Bis ins 3. Jahrhundert zogen sich 45 Alpengletscher zurück. Jahresringe hoch gelegener Bäume belegen, dass die höchsten Temperaturen in der Mitte des 1. Jahrhunderts herrschten. Kein Geringerer als der römische Zeitgenosse und Naturforscher Plinius der Ältere bemerkte, dass Buchen die Berge liebten und nicht nur in niedrigeren Lagen gediehen. Der gesamte Mittelmeerraum zeichnete sich durch eine konstante Luftfeuchtigkeit und reichlich Niederschläge aus.

Das Römische Klima-Optimum mit seiner Wärme und den meist ausreichenden Niederschlägen wirkte Wunder für die mediterrane Landwirtschaft, insbesondere für den Weizen, eine Getreideart, die sehr sensibel auf unzuverlässige Niederschlagsmengen und Temperaturschwankungen reagiert. Die Jahre mit größerer Wärme und reichlich Regen erweiterten die Grenzen der kultivierbaren Fläche und steigerten die Produktivität des Bodens in solchem Umfang, dass der Getreideanbau in römischer Zeit schließlich ertragreicher war als Jahrhunderte später zu Zeiten der mittelalterlichen Bauern. Eine vorsichtige Schätzung geht davon aus, dass bei einem längeren Temperaturanstieg von 1 °C eine Million Hektar zusätzliche Ackerfläche zur Verfügung steht – genug, um drei bis vier

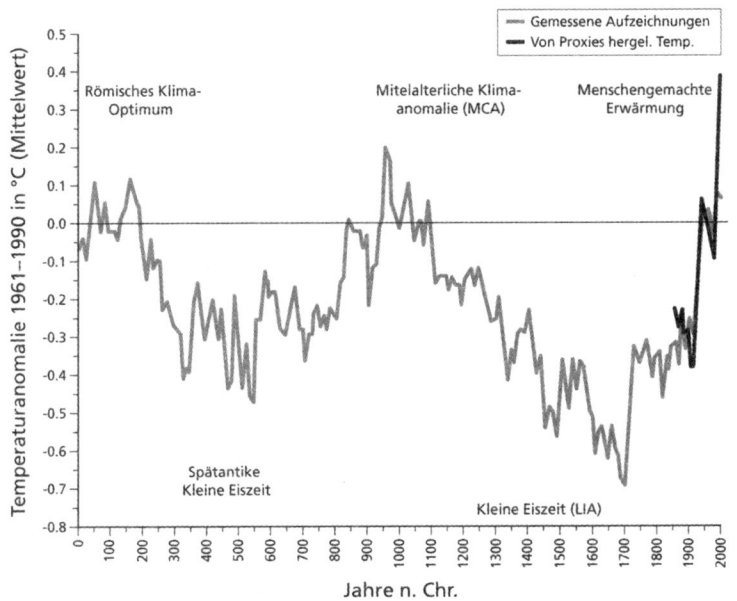

Ein stark verallgemeinertes Diagramm der Temperaturschwankungen in der europäischen Region in den vergangenen 2000 Jahren. Detailliertere Kurven finden sich in den Anmerkungen der zitierten Quellen.

Millionen Menschen mehr zu ernähren. Und nicht nur der Weizenanbau expandierte, auch der von Olivenbäumen und Weinreben.

Drei einflussreiche Faktoren wirkten bei der Expansion des römischen Herrschaftsgebietes zusammen: der Handel, der technologische Fortschritt und das Klima. Vermehrte Niederschläge machten Nordafrika zu einer der Kornkammern Roms. Heute hingegen sind die Länder Nordafrikas Getreideimporteure. Durch die wachsende Bevölkerungsdichte wurden die Bauern in Randgebiete verdrängt. Als das Reich weiterwuchs und sich stabilisierte, verbesserten sich der Grad der Vernetzung und die Fernhandelsbeziehungen beträchtlich, sodass die bis dahin risikoreiche Landwirtschaft zu einer leichteren, weniger gefährlichen Angelegenheit wurde. Das halbwüstenartige Nordafrika erlebte mit dem Bau von Aquädukten, Dämmen, Zisternen und den einfachen, aber genialen Foggara, die die Schwerkraft nutzten, um Grundwasser aus höheren Lagen in kultivierbare Niederungen zu lenken, eine explosionsartige Entwicklung der Bewässerungslandwirtschaft.[63]

Auf dem Höhepunkt des Römischen Klima-Optimums erstreckten sich die Getreidefelder bis ins Gebiet der heutigen nördlichen Sahara. Im 2. Jahrhundert, als die Trockenheit zurückkehrte, begann die Wüste aber erneut vorzurücken. Im Osten haben Tropfsteine aus der Sorek-Höhle in der Region des Toten Meeres einen starken Rückgang der Niederschläge nach 100 n. Chr. aufgezeichnet. Eine unaufhaltsame Entwicklung hin zu größerer sommerlicher Trockenheit beschleunigte sich gegen Ende des Römischen Klima-Optimums. Vorstellbar ist, dass dies eine Folge der Abholzung der mediterranen Wälder war, die die Bauern betrieben, weil sie das Holz zum Bauen, Feuermachen oder aber als Brennstoff benötigten. Ebendiese Aktivität bewirkt, dass mehr Wärme vom Boden reflektiert wird, was wiederum zu einer geringeren Bodenverdunstung in die untere Atmosphäre und dementsprechend zu geringeren Niederschlägen im Sommer führte. Diese These wird in Forscherkreisen weiter diskutiert. Aber wenn es zuträfe, dann fielen mit dem Ende des Römischen Klima-Optimums die menschengemachten und die natürlichen Faktoren zusammen – das Römische Reich sollte jahrhundertelang unter Druck stehen.

„Das Klima war die Grundlage für das römische Wunder", betont der US-amerikanische Althistoriker Kyle Harper.[64] Er beschreibt die von Rom beherrschten Länder als ein „gigantisches Treibhaus". Das Römische Klima-Optimum brachte ein Wachstum hervor, das in Ausmaß und Ambition ohne Beispiel war. Aber – und dies ist ein großes Aber – die Stabilität dieses scheinbar wundersamen Aufstiegs hing direkt von mächtigen Faktoren ab, die sich der menschlichen Kontrolle entzogen. In den drei Jahrhunderten nach 150 n. Chr. wurde das Klima im Römischen Reich immer unberechenbarer und instabiler, was nicht nur die Landwirtschaft und Staatsführung, sondern auch die Demografie des Reiches veränderte. Die unkontrollierbaren Kräfte des Klimawandels spielten plötzlich eine heikle und zeitweise auch dramatische Rolle.

Der Mittelmeerraum war eigentlich immer eine Region mit drastischen Klimaschwankungen gewesen. Das Römische Klima-Optimum mit seiner Wärme und den reichlichen Niederschlägen mag zur Abschwächung der exzessiven jährlichen Unwägbarkeiten geführt haben – eine für die Bauern wichtige Tatsache, wie Harper weiter feststellt. Im Jahr 128 n. Chr. besuchte der weit gereiste Kaiser Hadrian seine Provinzen in Afrika. Während seines Besuchs regnete es zum ersten Mal seit fünf Jahren, in einem Jahr, in dem die Weizenpreise um 25 Prozent höher lagen als in feuchteren Perioden. Das Wunder dieses kaiserlichen Regens war erfreulich, doch nun wurden praktische Maßnahmen erforderlich. Hadrian ordnete kühn den Bau eines 120 Kilometer langen Aquädukts an, eines der längsten, die die Römer je gebaut hatten, um Karthago mit Wasser zu versorgen.[65] Diese Anpassungsstrategie des Herrschers war durchaus bemerkenswert, aber doch nur die Reaktion auf eine von der Trockenheit ausgelöste Krise, die das Herz des Reiches über viele Jahrhunderte schwer belastet hatte.

ANPASSUNGSFÄHIGKEIT UND PANDEMIEN (AB DEM 1. JAHRHUNDERT N. CHR.)

Das Römische Reich war ein buntes und vielfältiges Geflecht, in dem landwirtschaftliche, demografische, steuerliche, militärische und politische Faktoren zusammenwirkten. Das Staatsgefüge war Risiken und Bedrohung von allen Seiten ausgesetzt. Wie Kaiser Marcus Aurelius es ausdrückte, ähnelte das Reich einer windumtosten Insel, die von feindlichen Flotten, Piratenhorden und Stürmen belagert wurde. Jeder Kaiser musste sich in einer Welt ständiger Turbulenzen, an denen der Klimawandel einen beträchtlichen Anteil hatte, den Widrigkeiten stellen. Das Risikomanagement lag in den Händen der Menschen, die unerwartete Fluten, lang anhaltende Dürreperioden und daraus resultierende Hungersnöte mit ihren hart erlernten Anpassungsstrategien bewältigten. Druck und Spannungen, immer häufiger auch durch Klimaschwankungen ausgelöst, waren im späteren Römischen Reich eine ständige Realität.

Die wirksamste Waffe befand sich auf dem Land unter den Bauerngemeinschaften, die über viele Generationen hinweg Erfahrungen und Kenntnisse erworben hatten: in der Diversifizierung der Ernte, in vorsorglichen Lagerungsmethoden und beim lokalen Anbau von exotischen Pflanzen, die in trockenen Jahren gut gediehen – eine unschätzbare Absicherung. Selbstversorgung, gegenseitige Hilfe für notleidende Angehörige und Nachbarn in schweren Zeiten sowie eine sorgsam abgestimmte Unterstützung gehörten zum Rüstzeug der Bauern. Die ländlichen Gesellschaften waren von einem tiefen Geist der Unabhängigkeit geprägt. So besaßen beispielsweise die Dorfgemeinschaften der Römerzeit in Britannien, wie auch anderswo, einen gewissen Grad an Autonomie. Nur wenige solcher Siedlungen sind bekannt, zwei allerdings konnten in Somerset in Südengland ausgegraben werden. Die erste, Sigwells, besteht aus einzelnen rechteckigen Gebäuden mit Steinmauern, während das nahe gelegene Catsgore von linearen Häuserzeilen entlang einer Straße geprägt ist.[66] Die beiden römisch-britischen Siedlungen sind zeitgleich entstanden, sehen allerdings völlig unterschiedlich aus. Sie wurden ganz offensichtlich entsprechend der lokalen Bedürfnisse ihrer Bewohner erbaut und entwickelten sich individuell, manchmal sogar – wie im Fall von Sigwell – über sehr lange, noch vorrömische Zeiträume hinweg.

Anpassungsstrategien erhielten nun auch in größeren und kleineren Städten mehr Aufmerksamkeit. Das Anlegen von Nahrungsmitteldepots in den Städten bekam im gesamten Reich große Bedeutung. Es war auch kein Zufall, dass sich viele Städte entlang größerer Flüsse und Wasserstraßen gründeten, wodurch sich ihre Abhängigkeit von der Versorgung aus dem eigenen Hinterland verringerte. Die Städte im Landesinneren waren ausgesprochen anfällig für kurzfristig auftretende Dürreperioden, da dort der Im- und Export von Nahrungsmitteln bedeutend schwieriger war.

Auf Nahrungsmittelkrisen war die römische Regierung gut vorbereitet und stellte entweder Getreide zur Verfügung oder sorgte dafür, dass die vollkommene Ausbeutung aller Ressourcen vermieden wurde. Diese Reaktion war im Grunde eine Erweiterung der Prinzipien von gegenseitiger Hilfe und Unterstützung, so wie sie auf dem Lande gang und gäbe waren. Die kaiserlichen Strategien waren häufig in großem Maßstab geplant. Während seiner Herrschaft von 117 bis 138 n. Chr. besuchte Kaiser Hadrian viele Städte und kümmerte sich um sie alle.[67] Er ließ Aquädukte für eine gute Wasserversorgung bauen, errichtete Häfen, importierte Getreide und gab sogar Geld für öffentliche Bauvorhaben aus. Städtische Getreidespeicher, wie jene, die beispielsweise Rom versorgten, hatten monumentale Ausmaße. Kaiser Septimius Severus, der von 193 bis 211 n. Chr. regierte, war dermaßen um die Ernährung der Einwohner Roms besorgt, dass er nach seinem Tod Getreidevorräte für weitere sieben Jahre hinterließ. Getreidegaben wurden zu einem beliebten Symbol kaiserlicher Großzügigkeit. Ein staatliches Schreiben aus dem 2. Jahrhundert aus der antiken Stadt Ephesos verspricht Getreide aus Ägypten, sofern die Ernteerträge ausreichten, um ganz Rom zu versorgen. „Wenn der Nil so viel Wasser führt wie sonst, worum wir beten, und die Ägypter eine reiche Weizenernte einbringen, dann werdet ihr unter den ersten Empfängern nach dem Heimatland sein."[68] In vielerlei Hinsicht hatten die Römer mit der gigantischen Nahrungsmittelvorsorge dieselben Herausforderungen zu bewältigen wie wir heute, denn die Anfälligkeit für Hungersnöte wuchs unaufhaltsam. Schaut man sich heute die modernen Supermärkte in den USA oder Europa an, dann gibt es dort Lebensmittel von sechs Kontinenten zu kaufen. Wie bei den Römern, hängt auch unsere Nahrungsmittelversorgung in hohem Maße von Monokulturen, von groß angelegter Produktion von Mais, Weizen und anderen Getreidesorten sowie von der industriellen Tierhaltung ab. Doch was würde passieren, wenn Teile dieser menschlichen Nahrungskette aufgrund der globalen Erwärmung ausfielen? Oder welche Konsequenzen hätte dies für die Lebensmittelversorgung angesichts von menschlichen Pandemien wie Covid-19 bzw. Tierseuchen wie dem Rinderwahn, durch den die Rindfleischvorräte in kürzester Zeit dezimiert werden könnten?

Die römischen Nahrungsketten waren sehr komplex. Im 2. Jahrhundert erhielten etwa 200 000 Bürger Roms monatlich fünf *modii* (1 modius = ca. 8,7 Liter) Getreide, allein 80 000 Tonnen davon waren für die kostenlose Verteilung (*annona*) vorgesehen.[69] Eine Flotte großer Getreideschiffe segelte jedes Jahr von Alexandria nach Rom und wurde stets von einer jubelnden Menschenmenge empfangen. Bemerkenswerterweise blieb der Transport des Getreides in die Stadt in privater Hand, ohne staatliche Beteiligung – vermutlich, weil man die Stärke des Getreidemarktes erkannt hatte. Der Großteil der Getreideversorgung Roms stützte sich jedoch auf zwei riesige Kornkammern: die Provinzen in Nordafrika und in Ägypten.

Während seiner gesamten Reichshistorie war Rom ein riesiges Unternehmen, das sich auf immer größer werdende Städte und Handelsnetze stützte, die weit über seine Grenzen hinausreichten. So wussten die Römer beispielsweise sehr wohl um die Existenz Chinas. Das Römische Reich war eine beeindruckende und Ehrfurcht gebietende Instanz, die Mobilität und Kontakte über weite Entfernungen entschieden förderte. Ebenso wurde es jedoch auch zum Brutkasten von Pandemien, was zum großen Teil auf Probleme mit der städtischen Kanalisation zurückzuführen war. Viele der Städte des Reiches waren dicht bevölkert, die Menschen lebten auf engstem Raum, kamen zusammen mit Einwanderern und Sklaven aus fernen Ländern. Römische Bauingenieure sorgten dafür, dass das Stadtzentrum mit Wasser zum Trinken und Baden sowie für die Kanalisation ausgestattet war. Die großen öffentlichen Toilettenhäuser, die sie errichteten, konnten zwischen 50 und 100 Menschen gleichzeitig aufnehmen. Doch die Abfallentsorgung und die sanitären Einrichtungen funktionierten bestenfalls rudimentär. Allein in Rom sollen täglich mehr als 45 300 Kilogramm menschlicher Exkremente produziert worden sein. Fadenwürmer und Bandwürmer – neben vielen anderen Parasiten – waren tägliche Begleiter. Ein riesiger Keimpool bescherte den Städten gewaltige Infektionscocktails, vor allem während der Spitzenzeiten des Sterbens im Spätsommer und Herbst, wenn die Hitze vielerorts den Tod brachte. Malaria, Typhus, Salmonellen und Durchfallerkrankungen ereilten Arm und Reich gleichermaßen. Selbst der Kaiser wurde nicht verschont: Titus erlag im Jahr 81 n. Chr. wahrscheinlich der Malaria. Die wärmeren Jahrhunderte im Römischen Klima-Optimum mit ihren vermehrten Niederschlägen scheinen die Malariaepidemien extrem begünstigt zu haben. Rom und andere große Städte waren Petrischalen für Infektionen.

Die Epidemien kamen im Allgemeinen eher von innen als von außen, bis zur Regierungszeit von Marcus Aurelius im 2. Jahrhundert n. Chr., unter dessen Herrschaft die Handelsbeziehungen mit dem Indischen Ozean und dem Golf von Bengalen durch die von den Monsunwinden begünstigten Segelexpeditionen immer enger wurden.[70] Zu jener Zeit liefen jährlich etwa 120 Handelsschiffe aus Indien in den Häfen am Roten Meer ein. Sie brachten neben chinesischer Seide auch Gold, Elfenbein, Pfeffer und andere Gewürze. Pfeffer wurde zum Bestandteil der Grundversorgung, selbst für die Soldaten, die in weiter Ferne am Hadrianswall im Norden Britanniens ihren Dienst taten. Alexandria, an der Schnittstelle zwischen Mittelmeer und Indischem Ozean gelegen, wurde zum größten Markt für Luxusartikel aus dem Osten. Ein Großteil des Handels fand an der Küste Ostafrikas statt, die reich mit Elfenbein und Gold gesegnet war. Diese Region wies aber auch eine große mikrobielle Artenvielfalt auf, mit potenziell tödlichen Krankheitserregern für den Menschen.

Die Seidenstraßen, die Eurasien durchquerten, waren ebenfalls lang etablierte Routen für die vom Menschen übertragenen Krankheitserreger. Im Jahr 2016 entdeckten Forscher, die an einer großen „Seidenstraßen-Zwischenstation" im Nordwesten Chinas arbeiteten, den ältesten Beweis dafür, dass Reisende Infektionskrankheiten über weite Entfernungen verbreiteten. Ihre Forschung konzentrierte sich auf eine Latrine aus der Han-Dynastie, die um 111 v. Chr. gegraben und noch bis 109 n. Chr. in Gebrauch war. An Bündeln von „persönlichen Hygienestäbchen" (mit Stoff umwickelte Stäbchen, die zum Aufwischen von Fäkalien verwendet wurden) fand das Forscherteam Eier von vier unterschiedlichen Arten parasitärer Würmer – unter anderem die Eier des Chinesischen Leberegels, eines parasitären Plattwurms, der Bauchschmerzen, Durchfall, Gelbsucht und Leberkrebs hervorruft.[71] Der Wurm benötigt gut bewässertes, sumpfiges Gelände, um seinen Lebenszyklus abzuschließen; die Xuanquanzhi-Station liegt jedoch am östlichen Ende des trockenen Tarimbeckens. Folglich konnte der Leberegel nicht in dieser trockenen Region zu Hause gewesen sein. Da das nächstgelegene endemische Gebiet rund 1500 Kilometer entfernt lag, lag folgende Schlussfolgerung nahe: Ein einzelner Reisender, der mit dem ansteckenden Leberegel infiziert war, hatte diese Bauchschmerzen über die weite Reise mit sich getragen. Doch trotz alledem waren diese Würmer und ihre Eier nichts im Vergleich zu dem, was schon kurz darauf die Welt heimsuchen sollte.

In der Mitte des 2. Jahrhunderts, etwa 156 n. Chr., breitete sich während der Herrschaft des Kaisers Antonius Pius in Windeseile eine wohl aus dem tropischen Afrika stammende Seuche über die arabische Welt aus. Bis 166 hatte die unter dem Namen „Antoninische Pest" bekannte Seuche Rom erreicht und verbreitete sich rasch im westlichen Mittelmeerraum von einem Bevölkerungszentrum zum nächsten.[72] Ganze Legionen wurden dahingerafft, die Rekrutierungszahlen stürzten in den Keller. Diese in der Geschichte erstmals aufgezeichnete Pandemie breitete sich von Südosten nach Nordwesten aus und bewegte sich in unberechenbarer Geschwindigkeit vorwärts. Schätzungen, wie viele Menschen ihr zum Opfer fielen, sind unmöglich. Doch es könnte ein Drittel der Gesamtbevölkerung des Reiches gewesen sein. Der angesehene römische Arzt Galen beschrieb Symptome, die stark an jene der Pocken erinnerten, eine Krankheit, die im direkten Kontakt zwischen Individuen übertragen wurde. In Großstädten wie Alexandria schlich sich die Krankheit zunächst vorsichtig herein und weitete sich dann explosionsartig aus. Ein heftiger Ausbruch im Jahr 191 tötete in Rom mehr als 2000 Menschen täglich. Die Antoninische Pest infiltrierte das Reich zu einem kritischen Zeitpunkt, als nämlich die internationalen Handelsbeziehungen gerade ein neues Niveau erreicht hatten.

Doch trotz erheblicher wirtschaftlicher Störungen und größerer Bevölkerungsverluste kollabierte das Reich nicht – die nächste große Seuche stand erst im Jahr 249 vor der Tür. Die Bevölkerung erholte sich schnell wieder, und die Antoninische Pest hinterließ keine dauerhaften demografischen Auswirkungen. Kurzfristig hatten die Menschen in entlegenen Regionen des Reiches durch die Unterbrechung in der Produktion von Grundnahrungsmitteln und der eingeschränkten Landwirtschaft mit Hungersnöten zu kämpfen. Mancherorts fielen Stadtbewohner in Dorfgemeinschaften ein und bemächtigten sich der Nahrungsmittelvorräte der Bauern, weil sie meinten, diese stünden ihnen zu. Es gab in jenen Zeiten auch größere politische Veränderungen, die wir hier aber außen vor lassen. Die unberechenbaren Klimaschwankungen und neuen Krankheitserreger, die am Horizont lauerten, hatten die Verwundbarkeit des riesigen Reiches offenbart.

Der Ausbruch der Pockenepidemie und anhaltenden Dürreperioden führten zu einem weitverbreiteten Pessimismus. In den späten 240er-Jahre beklagte Cyprian, der Bischof von Karthago im zunehmend trockeneren Nordafrika, dass „die Welt bereits alt geworden war, dass sie nicht mehr in ihrer früheren Kraft steht, … in der sie ehemals prangte … Nicht mehr reicht im Winter des Regens Fülle aus, um die Samen zu nähren, nicht mehr stellt sich im Sommer die gewohnte Hitze ein, um das Getreide zur Reife zu bringen …"[73] Er erlebte die Welt als einen bleichen alten Mann, der dem Tod nahe war – doch er irrte.

LOGISTIK UND VERWUNDBARKEIT (4. JAHRHUNDERT N. CHR.)

Ungeachtet des Pessimismus von Cyprian gedieh das Reich den größten Teil des 4. Jahrhunderts über prächtig. Rom besaß noch immer eine besondere Aura. Rund 700 000 Menschen lebten dort und erhielten eine tägliche Ration gebackenes Brot (statt Getreide), Olivenöl und Wein zu einem Bruchteil des üblichen Marktpreises,[74] 120 000 Menschen erhielten Zuwendungen in Form von Schweinefleisch. All diese kostenlosen Rationen blähten die Bevölkerung in der Hauptstadt weiter dramatisch auf. Im Zentrum des Geschehens stand ein enormer, vom Staat betriebener Militärkomplex. Eine halbe Million Männer waren im Einsatz. Für die Bereitstellung sämtlicher Ausrüstungsgegenstände, für Reit- und Lasttiere sowie ausreichende Lebensmittel sorgte ein hoch entwickeltes logistisches System. Allein der Nahrungsmittelbedarf der Armee stellte eine enorme Belastung für das Reich dar und machte es anfällig für Dürren wie auch andere klimatische Veränderungen, die häufig gravierender waren, als es die Verantwortlichen im Reich wahrhaben wollten. In der Zwischenzeit machte Kaiser Konstantin im Jahr 330 n. Chr. Byzanz (das spätere Konstatinopel und heutige Istanbul) zu seiner Hauptresidenz und benannte es in Nova Roma um. Die Bevölkerung der Stadt verzehnfachte sich im Laufe des 4. Jahrhunderts von 30 000 auf 300 000 Menschen. Getreide, das für Rom bestimmt war, reiste nun ostwärts. Wie Kyle Harper treffend bemerkt, verkehrten so viele Schiffe „zwischen Alexandria und Konstantinopel, dass es aussah, als segelten sie auf einem Streifen ‚trockenen Landes'".[75] Die Stadt war im 4. Jahrhundert ein Knotenpunkt des internationalen Handels und ein bedeutendes Zentrum der griechischen Kultur.

Glücklicherweise war das Klima noch immer günstig und relativ warm. Die Wirtschaft wuchs weiter, doch die glücklichen Tage des Römischen Klima-Optimums kehrten nie wieder zurück. Bei allem Wohlstand, waren die Großstädte des Imperiums von einer intensiven Monokultur abhängig, insbesondere von den Getreideimporten aus Nordafrika. Selbst in trockenen Jahren war das Niltal mit seinen durch die Monsunregen gesicherten, üppigen Überschwemmungen die zuverlässigste Nahrungsquelle. Die Kombination aus fruchtbarem Überschwemmungsgebiet und reichlich Hochwasser schuf ein natürliches Bewässerungssystem, das die Menschen schon vor der Pharaonenzeit ihren Bedürfnissen angepasst und genutzt hatten. Ägypten ernährte in der Folge ganz Rom und einen Großteil des Reiches.

Trotzdem konnten nicht einmal die genialen ägyptischen Nilometer die unaufhaltsamen, langfristigen klimatischen Veränderungen vorhersagen, die das Nilhochwasser bestimmten. Die eigentlichen Übeltäter waren die Innertropische

Konvergenzzone (ITC) und der Monsun des Indischen Ozeans weit im Süden und Osten, der sich immer weiter südwärts schob. Die Nilüberschwemmungen waren manchmal stabil, manchmal unregelmäßig, wodurch die menschlichen Gesellschaften und Zivilisationen entlang des Flusses auf besondere Weise herausgefordert wurden. Intensive Papyrusstudien haben gezeigt, dass im Jahr 30 v. Chr., als Octavian (der spätere Kaiser Augustus) Ägypten annektierte, eine Periode verlässlicher Überschwemmungen und zahlreicher Hochwasser herrschte, die bis 155 n. Chr. andauerte. Ab 156 nahm die Verlässlichkeit der Überschwemmungen wieder ab und die Nahrungsmittelexporte aus dem einst fruchtbaren Ägypten sanken dramatisch.

Neben den Monsunschwankungen sorgte eine starke Nordatlantische Oszillation (NAO) für unvorhersehbare Klimaverhältnisse.[76] Eine lange Periode positiver NAO-Bedingungen hatte im späten 3. Jahrhundert begonnen und dauerte das gesamte 4. Jahrhundert hindurch an, und zwar auf einem Niveau, das später nur noch während der Mittelalterlichen Klimaanomalie zu beobachten war (s. Kapitel 11). Die Alpengletscher wichen zurück. In Großbritannien dokumentieren Baumringe die hohen Niederschlagsmengen in Nord- und Mitteleuropa. Eichenringe in Frankreich und Deutschland verzeichnen steigende Regenmengen bis ins frühe 5. Jahrhundert hinein. Doch die Periode reichlicher Niederschläge hielt nicht an, die folgenden drei Jahrhunderte erlebten weniger stabile klimatische Bedingungen. Aufzeichnungen von Beryllium-Isotopen belegen einen beträchtlichen Rückgang der Sonneneinstrahlung, das heißt der Menge an Sonnenlicht, das die Erde erreicht. Es wurde kälter, die Alpengletscher rückten erneut vor. Eine große Dürre brach am südlichen Rand des Mittelmeers aus und hinterließ in Nordafrika verheerende Verwüstungen. In den Städten wurden die Nahrungsmittel knapp, was die reiche Bevölkerung dazu nutzte, aus den steigenden Getreidepreisen Gewinn zu schlagen. An der Küste der Levante, die seit Langem für ihre unberechenbaren Niederschläge bekannt ist, blieb der Regen ganz aus. Schließlich kamen doch noch heftigere Niederschläge, aber die Geschichten der großen Dürre haben in den Schriften der jüdischen Rabbiner lange überlebt.

Die Sturmausläufer fegten im Winter an den äußeren Rändern des Mittelmeerraumes entlang, während tropische Monsune und die El Niños in weiter Ferne für schwankende Niederschläge im Osten des Reiches sorgten. Dürreperioden und Hungersnöte häuften sich. Im Jahr 383 waren die Ernten in zahlreichen Provinzen völlig unzureichend, ebenso war das Nilhochwasser extrem niedrig. Die allgemeine Nahrungsknappheit war derart ernst, dass die Nachbarprovinzen nicht mehr in der Lage waren, sich gegenseitig mit Getreidelieferungen auszuhelfen, so wie es in der Vergangenheit der Fall gewesen war.

Jahrhundertelang hatten römische Philosophen und Dichter von einem friedlichen, wohlwollenden Universum geschrieben. Doch nun waren bösartige Kräfte über die Menschheit hergefallen. Wie vorauszusehen, glaubten die Menschen, dass entweder der christliche Gott im neu christianisierten Reich des 4. Jahrhunderts oder die heidnischen Götter der noch nicht bekehrten Menschen in den Provinzen ihren großen Zorn kundtaten und den Regen zurückhielten. Die Hungersnöte wurden unweigerlich von epidemischen Krankheiten begleitet, was zum Teil daran lag, dass die Menschen praktisch ungenießbare und teils sogar giftige Lebensmittel zu sich nahmen, was ihre Widerstandskraft gegen Infektionen aller Art deutlich schwächte.

VON PFERDEN, HUNNEN UND GRÄUELTATEN (CA. 370 BIS CA. 450 N. CHR.)

Östlich des Weströmischen Reiches lag die unendliche eurasische Steppe, eine baumlose Weite aus Grasland und Buschwerk. Die Niederschläge waren unregelmäßig und unvorhersehbar, abhängig von den Sturmbahnen aus West. Die Römer verachteten die nomadischen Viehhirten, die durch die für den Ackerbau unbrauchbaren Steppen zogen. Während sowohl die Römer als auch die Han in China sesshafte Bauern waren, blieben die Nomaden ständig in Bewegung, waren auf Pferden unterwegs, hüteten ihre Herden und drängten zunächst in China, später dann auch im Westen von außen an die Grenzen der besiedelten Gebiete. Im 4. Jahrhundert tauchten nomadische Stämme an den Westgrenzen des römischen Machtgebietes auf. Eine Sequenz von Wacholder-Baumringen aus der tibetischen Hochebene erzählt von einer Umgebung, in der sich die kontinentalen Wettermuster und Monsune vermischten. Von etwa 350 bis 370 n. Chr. herrschte in der Region die schlimmste Megadürre seit 2000 Jahren. Dieses Ereignis könnte die sogenannten Hunnen dazu veranlasst haben, sich auf den Weg Richtung Westen zu machen.[77]

Der Impuls, der die Menschen in trockene Landschaften trieb – in Zeiten viel Regens hinein, in Dürren wieder hinaus – kam nun erneut ins Spiel. Die Hunnen reagierten auf die Dürre, indem sie auf ihre Pferde sprangen und ausschwärmten, um nach besser bewässerten Weiden für ihre Herden zu suchen. Das politische Zentrum in der Steppe verlagerte sich von der Altai-Region in Sibirien nach Westen. Diese plötzliche Bewegung fiel in eine Periode erbitterten Wettstreits zwischen verschiedenen Bündnissen von Nomadengruppen. Der römische Soldat und Historiker Ammianus Marcellinus beschrieb die Hunnen mit anschaulichen Worten: „Bei ihrer reizlosen Menschengestalt sind sie durch ihre Lebensweise so abgehärtet, dass sie keines Feuers und keiner gewürzten Speise bedürfen, … aber auf ihren abgehärteten, doch unschönen Pferden sitzen sie wie angegossen."[78] Ihre mächtigen Reflexbögen sollen eine Reichweite von 150 Metern gehabt haben. Ihre wilde Angriffstaktik verbreitete Angst und Schrecken.

Die Lage spitzte sich zu, als die Nomaden aus der mittleren Donauregion nach Westen zogen. Kaiser Valens wurde im Jahr 378 in einer blutigen Schlacht nahe der Stadt Adrianopel besiegt. Sage und schreibe 20 000 Römer kamen bei dem Gemetzel ums Leben. Zwischen 405 und 410 begann sich die Autorität des Westreichs angesichts der Invasionen durch die Goten und nachfolgender anderer Gruppen aufzulösen, die den Rhein überquerten. Gallien lag in Schutt und Asche und die Eroberer drangen weiter westwärts bis nach Spanien vor. Nach dem Tod von Kaiser Theodosius I. im Jahr 395 wurden das Ost- und das Westreich der Römer niemals mehr von einem einzigen Herrscher regiert. Im Jahr 410 zog der gotische Anführer Alarich in Rom ein. Das Westreich hatte keine militärische Macht mehr und auch die Autorität Roms war brüchig. Attila, der berüchtigtste aller Hunnenführer, plünderte den Balkan. Erst eine Pestepidemie hielt ihn vor den Toren Konstantinopels auf. Die Stadt war 447 von einem schweren Erdbeben verwüstet worden. Attila rückte nach Gallien und Italien vor. Die Hunnen zogen sich aber angesichts einer Hungersnot und der Malariaepidemie, dessen Opfer Attila 453 n. Chr. im feuchten Tiefland Norditaliens geworden war, in die Steppe zurück. Im 6. Jahrhundert zerfiel die Bevölkerung Roms, da die Getreidelieferungen aus anderen Ländern ausblieben, auf die sie angewiesen waren.

Die Kaiser Diokletian und Konstantin hatten im frühen 4. Jahrhundert die Kontrolle über den kaiserlichen Verwaltungsapparat verschärft. Sie erklärten sich selbst zu göttlichen Herrschern und profitierten vom Wohlstand der östlichen Provinzen. Diokletian verwandelte die Position des Kaisers, der in früheren Zeiten von Konflikt zu Konflikt gezogen war, in einen fernen Herrscher, der sich insbesondere auf die zeremonielle Staatskunst stützte, um seine Macht auszuweiten. Konstantin gründete seine Hauptstadt am Meer, an den Handelsrouten, die Ost und West miteinander verbanden. Seine Herrschaft bildete die Grundlage für die späte Kaiserzeit. Konstantinopel löste Rom als Knotenpunkt des internationalen Handels und ebenso als bedeutendes Zentrum der griechischen Kultur ab. Getreide, das für Rom bestimmt war, wurde nun nach Osten umgeleitet.

Nirgendwo anders wurde die kaiserliche Macht so deutlich demonstriert wie bei der jährlichen Überprüfung der kaiserlichen Getreidespeicher. Schließlich bestand die wichtigste Verpflichtung des Kaisers darin, seine Untertanen zu ernähren. Bei einer halben Million Einwohner in seiner Hauptstadt durfte er nichts dem Zufall überlassen. Ein riesiger bürokratischer Apparat kontrollierte die Steuern und die Lebensmittelversorgung. Es stand nicht weniger auf dem Spiel als die Sicherheit der Stadt, die durch die ausreichende Versorgung mit Lebensmitteln gewährleistet werden sollte. Die drohende Hungersnot, die in Rom schon früher zu Unruhen geführt hatte, ließ den Herrscher deshalb immense Getreidevorräte anlegen. Konstantinopel wurde, wie schon seit Jahrhunderten, mit Nahrungsmitteln aus Ägypten versorgt. Während der Regierungszeit Justinians (527–565 n. Chr.) liefen jährlich Schiffe mit einer Ladung von 310 000 Hektoliter Weizen in Alexandria ein.[79]

Einmal im Jahr bestieg der Kaiser seinen Streitwagen, der Prätorianerpräfekt, der zweitmächtigste Mann des Reiches, küsste ihm die Füße und die kaiserliche Prozession fuhr in das belebte Marktviertel der Stadt hinein. Von dort begaben sie sich zu den riesigen öffentlichen Speicher am Goldenen Horn, wo die Schiffe mit ihrer Ladung ankerten. Hier legte der kaiserliche Beamte, der mit der Überwachung der Getreideversorgung betraut war, seine Abrechnung vor. Sofern alles in Ordnung war, wurden er und sein Buchhalter mit 10 Pfund Gold und Waffenröcken aus reiner Seide entlohnt. Dieses aufwendige, sehr sorgfältig inszenierte öffentliche Spektakel zeigte jedermann, dass man sich um die Nahrungs-versorgung keine Sorgen zu machen brauchte.

Justinian herrschte über eine wahrhaft globale, explosive Stadt, überfüllt mit Menschen und Waren aus allen Ecken der bekannten Welt. Konstantinopel war eine kosmopolitische Metropole im Zentrum eines riesigen Netzes kleinerer Städte. Doch während der Kaiser und seine Höflinge durch die Lagerhäuser zogen, wurden sie von einem anderen Mitglied des Ökosystems beobachtet, auf das zu jener Zeit noch niemand achtete: der Hausratte, *Rattus rattus*. Dieser allgegenwärtige Nager trug *Yersinia pestis* in sich, jene Mikrobe, die die Beulen-pest verursachte.

Die Pest kam 541 nach Ägypten und breitete sich in den folgenden zwei Jahrhunderten im gesamten Römischen Reich aus. Was als „Justinianische Pest" bekannt wurde, hatte einer Theorie zufolge ihren Ursprung im Hochland von Westchina.[80] Im 6. Jahrhundert war der Handel mit Asien, sowohl auf dem Landweg als auch über die alten Handelsrouten des Indischen Ozeans, ein großes Geschäft. Insbesondere Pfeffer und anderen Gewürze waren ein begehrtes Gut, ebenso wie Seide. Diese wurde zum großen Teil am Roten Meer produziert. Westlich davon lag das christliche aksumitische Königreich von Äthiopien, im Osten das altsüdarabische Königreich Himyar, das zu jener Zeit dem Judentum anhing und wechselnde Allianzen mit Rom und Persien schloss. Diese Region war von größter strategischer Bedeutung. Kein Wunder, dass in dieser religiösen und kulturellen Nachbarschaft im Jahr 571 mit Mohammed, dem Propheten des Islam, der Stifter der jüngsten Weltreligion geboren wurde.

Yersinia pestis reiste mit den Kaufleuten umher, ebenso wie die mit der Pest infizierten Ratten, die sich in den Schiffsladungen versteckt hielten. Die Epide-mie trat erstmals in Pelusium auf, nahe des Hafens Clysma an der nördlichen Spitze des Roten Meeres gelegen, wo regelmäßig die Schiffe aus Indien anlegten. Von dort aus gelangte die Seuche bequem zum Nil und weiter ins Römische Reich. Einmal an der Küste angekommen, verbreitete sich die Krankheit in zwei Richtungen: gen Westen bis Alexandria und anschließend das Niltal hinauf sowie gen Osten, wo sie nicht nur die Mittelmeerküste erfasste, sondern auch ganz Syrien und Mesopotamien. Über die gut funktionierenden römischen Handelswege gelangte die Pest ins Landesinnere – besonders schnell auf dem

Wasserweg. Im März 542 erreichte die Pandemie Konstantinopel und verweilte dort zwei Monate. Auf ihrem Höhepunkt sollen täglich 16 000 Menschen gestorben sein. Von der halben Million Einwohner der Stadt fielen zwischen 250 000 und 300 000 der Seuche zum Opfer. Die Stadtgesellschaft brach zusammen, Märkte mussten schließen, es herrschte Hunger allerorten. Der Beamtenapparat wurde dezimiert. Überall stapelten sich die Leichen, obwohl es Massenbestattungen in riesigen Gruben gab. Viele der Toten lagen in Schichten übereinander und versanken irgendwann im „Eiter derer, die darunter lagen". Der Geistliche und Kirchenhistoriker Johannes von Ephesos war unmittelbarer Beobachter dieses Grauens und schrieb, er sehe „die Weinpresse des Wütens von Gottes Zorn".[81] Diese katastrophalen Zustände brachten den Staat ins Wanken. Der Weizenpreis brach ein, denn es gab plötzlich sehr viel weniger Mäuler zu stopfen. Eine akute Finanzkrise untergrub den Staat, der kaum noch eine Armee mobilisieren, geschweige denn bezahlen konnte. Ein demografischer Kollaps des Oströmischen Reiches zeichnete sich am Horizont ab. Zwischen 542 und 619 wurde Konstantinopel durchschnittlich alle 15,4 Jahre von der Pest heimgesucht. Im Jahr 747 starben in einer erneuten Pestepidemie so viele Menschen, dass der Kaiser sich dazu entschloss, die nahezu menschenleere Stadt durch Zwangsumsiedlungen neu zu bevölkern.

FROSTIGE ZEITEN (450 BIS CA. 700 N. CHR.)

An diesem kritischen Zeitpunkt in der Geschichte Roms, zwischen 450 und 700 n. Chr., gingen drei Jahrhunderte instabiler, klimatischer Schwankungen in eine wesentlich kühlere Zeit über: eine Art Kleine Eiszeit. Bis 450 befand sich der NAO-Index im positiven Bereich. Doch im späten 5. Jahrhundert schlug er ins Negative um, wodurch sich die seit langer Zeit vorherrschenden Sturmbahnen nach Süden verlagerten. Die Niederschläge nahmen in weiten Teilen des Mittelmeerraumes zu. Zur gleichen Zeit wurde allerdings die vulkanische Ruhe der vorangegangenen Jahrhunderte durch heftige Eruptionen durchbrochen. Das Jahr 536 war „ein Jahr ohne Sommer", mit wenig Wärme vom Sonnenlicht, denn die hohe Konzentration von Vulkanasche eines Ausbruchs auf Island in der

Atmosphäre verdunkelte die Sonne. Im östlichen Teil des Reiches ließ das kalte, sonnenlose Jahr die Weinernten dramatisch zurückgehen.[82]

Der italienische Staatsmann Cassiodor beobachtete eine bläuliche Sonne.[83]

In Italien kam es zu Missernten, aber die reiche Ernte des Vorjahres konnte die Verluste glücklicherweise ausgleichen. Das Jahr 536 brachte eine Hungersnot, die weit nach Norden bis Irland reichte und ungewohnte Sommerkälte ins weit entfernte China brachte. Wenn man Eisbohrkerne, Baumringe und materielle Zeugnissen von globalen Vulkanausbrüchen zusammenführt, kann man jetzt sicher davon ausgehen, dass die 530er- und 540er-Jahre von höchst ungewöhnlicher und folgenschwerer vulkanischer Aktivität geprägt waren. Die gewaltige Eruption in der nördlichen Hemisphäre im Jahr 536, die Konstantinopel im März jenen Jahres einen aschebeladenen Himmel bescherte, fiel mit dem kältesten Jahr seit 2000 Jahren zusammen. Die durchschnittlichen Sommertemperaturen in Europa sanken um sage und schreibe 2,5 °C. Ein noch heftigerer Ausbruch in den Tropen, vermutlich im heutigen El Salvador, 539 bis 540 erschütterte Europa erneut mit einem Temperatursturz von etwa 2,7 °C. Die Kälte war drastischer als auf dem Höhepunkt der „Kleinen Eiszeit" im 17. Jahrhundert.

Glücklicherweise konnte die reiche Ernte aus dem Jahr 535 die Hungersnot zum Teil vorübergehend lindern, und auch die bäuerlichen Gesellschaften am Mittelmeer konnten ihre Ernteausfälle durch angepasste Ackerbaumethoden auffangen. Die unmittelbaren Folgen dieses Klimaereignisses waren jedoch subtiler und gingen weit über den damaligen Hunger hinaus. Die Abkühlung in der, wie sie häufig genannt wird, „Spätantiken Kleinen Eiszeit" – eine höchst ungeschickte Bezeichnung – verstärkte die großen Spannungen innerhalb der kaiserlichen Behörden, die durch die Pestausbrüche und die heftigen Angriffe von den Steppenvölkern Europas bereits unter großem Druck standen. Um 500 hatte ein starker Rückgang der Sonnenaktivität eingesetzt, der weniger Wärme von der Sonne auf die Erde brachte. Der Rückgang der Sonnenleistung von Mitte der 530er- bis in die 680-er Jahre fiel genau in die Zeit, als auch Vulkanausbrüche die Temperaturen weltweit beeinflussten. Der Einbruch in der Sonnenenergie war stärker als jener des berüchtigten Maunder-Minimums im 17. Jahrhundert, das in Kapitel 13 beschrieben wird.

Wie immer bei starken Klimaschwankungen waren die Auswirkungen regional unterschiedlich. Der NAO-Umschwung hatte die Sturmbahnen nach Süden verlagert, was Italien und Sizilien reichlich Regen und Überschwemmungen bescherte. Intensive Schneefälle, niedrige Temperaturen und mehr Regen betrafen einen breiten Streifen Anatoliens und Gebiete weiter im Osten. Häufigere Fröste ließen die Olivenbäume in vielen Regionen erfrieren und absterben, in denen sie traditionell gepflanzt wurden. In Nordafrika kam es zu einer katastrophalen Austrocknung, in deren Folge die Großstadt Leptis Magna verwaiste und ihre Gebäude mit Sand bedeckt zurückblieben. Nordafrikas Zeit als Kornkammer war Geschichte.

Als vorausschauender Kaiser steckte Justinian eine außerordentliche Energie in die Anpassung an die klimatischen Veränderungen – wie die anhaltende Trockenheit. Er ließ Aquädukte, große und kleine Zisternen und strategisch im ganzen Land verteilte Getreidespeicher bauen. Er verbesserte den Transport von Getreide, machte Überschwemmungsgebiete urbar und verlegte Flussbetten. Wie ein Schriftsteller es formulierte „verband er Wälder und Schluchten miteinander" und „befestigte das Meer an den Bergen". Justinian scheint davon ausgegangen zu sein, dass er sich die Umwelt untertan machen konnte wie seine Untergebenen. Doch die gewaltigen klimatischen Veränderungen seiner Zeit waren viel zu mächtig, als dass ein Normalsterblicher sie hätte bezwingen können.

Justinian überlebte diese doppelte Katastrophe von Klimawandel und Pest, doch die Klimaextreme der Spätantiken Kleinen Eiszeit brachten das Reich allmählich an einen kritischen Punkt. Die verschiedenen Orte der vernetzten römischen Welt erreichten diesen Wendepunkt auf unterschiedliche Weise. Doch letztendlich starb das Römische Reich langsam von innen heraus, ausgelöst durch umweltbedingte Ursachen.

Im östlichen Mittelmeerraum war das Niltal zu einer stark technisierten, von Menschenhand geformten Oase geworden, die in den Augen ihrer römischen Herren in erster Linie als Kornkammer dienen sollte. Die Ernten waren das Resultat eines komplizierten Geflechts aus Kanälen, Dämmen, Pumpen und Rädern, das sich auf einen riesigen Pool hart arbeitender Menschen stützte. Die Ägypter setzten auf Monokulturen, auf den von Rom und Konstantinopel geforderten Weizen, der praktisch alle anderen Pflanzen verdrängte. Als der Weizenmarkt infolge der Pest ins Bodenlose fiel – es mussten ja viel weniger Menschen versorgt werden –, führte das Überangebot an frisch geerntetem Getreide zu einer wirtschaftlichen Katastrophe.

Im gesamten Römischen Reich machte sich ein Gefühl drohenden Untergangs breit. Der Rammbock apokalyptischer Geschehnisse war wie eine Verkörperung göttlichen Zorns und des Jüngsten Gerichts bei der Züchtigung der Unterworfenen. Die ersten Aufzeichnungen über christliche Bußprozessionen, in denen die Sünden der verschiedenen Gemeinschaften gesühnt werden sollten, finden wir im 6. Jahrhundert. Papst Gregor der Große von Rom organisierte einen großen Bittgottesdienst – drei Tage voller Gebete und Gesänge. Chöre sangen die Psalmen, betende Menschenreihen zogen durch die ganze Stadt. Die Tatsache, dass die Gebete tagelang ohne Pause fortgesetzt wurden, soll 80 Menschen das Leben gekostet haben. Solche Zeremonien waren ein Aufruf zu Buße und Umkehr. Am Ende allerdings, als die islamischen Armeen die oströmischen Besitzungen vom Reich abtrennten, setzte sich eine neue Version der abrahamitischen monotheistischen Ideologie aus Arabien durch. Konstantinopels Lebensader, der Handel mit ägyptischem Getreide, war durchschnitten. Viele Jahrhunderte lang hatte das Imperium auf einem schmalen Grat zwischen all seinen Stärken und Schwächen überlebt. Doch schließlich ließen die unaufhaltbaren Kräfte der Natur die Menschen im Reich kapitulieren: Sie konnten dem Leid nicht mehr standhalten.

Das Römische Reich war in jeder Hinsicht ein riesiges, komplexes Gefüge, das auf großen Reichtümern gründete. Die verschiedenen Kaiser sahen sich vielen Herausforderungen gegenüber, die ihre zutiefst traditionellen, gut integrierten Herrschaftsbereiche bedrohten. Der Niedergang war ein langsamer Prozess. Er setzte im 2. Jahrhundert ein und dauerte bis ins 8. Jahrhundert an. Wie der große britische Historiker des 18. Jahrhunderts, Edward Gibbon, feststellte, dauerte der Niedergang des Reiches länger als der Aufstieg und Fall vieler anderer Staaten.[84] Der Zusammenbruch geschah nicht unvermittelt, sondern war vielmehr eine langsame Umwandlung von einem straff kontrollierten, relativ zentralisierten Reich hin zu einem Mosaik unterschiedlicher Gesellschaften und politischer Einheiten, die entweder alles Leid erduldeten, einfach verschwanden oder aber florierten. Rom gedieh auf dem Rücken des einfachen Volkes, insbesondere der

Sklaven. Es war aufgrund seiner militärischen Organisation und seiner effizienten Infrastruktur für den Transport von Lebensmitteln und anderen Waren über weite Entfernungen in der Lage, ein riesiges Gebiet zu kontrollieren. Das Imperium war aber ebenso ein Katalysator für die offenkundige Anfälligkeit für sowohl kurz- als auch langfristige klimatische Veränderungen. Relativ kurze Klimaereignisse, die nur wenige Jahre oder Jahrzehnte andauerten, waren aufgrund der Anstrengungen im Transportwesen und der zentralen Lagermöglichkeiten von Nahrungsmitteln in den Griff zu bekommen. Länger andauernde Trockenperioden, insbesondere Megadürren, die sowohl die lokalen Nahrungsquellen als auch die importierten Getreidelieferungen in Mitleidenschaft zogen, führten zu einer erhöhten Anfälligkeit. Hinzu kam die Belastung durch die überfüllten römischen Städte – die kleinen wie die großen – mit den damit einhergehenden unzureichenden sanitären Bedingungen. Pandemien wie der Antoninischen und der Justinianischen Pest war demzufolge der Boden geebnet. Aber obwohl klimatische Ereignisse und Seuchen sozusagen die Kipppunkte waren, darf man nicht vergessen, dass wirtschaftliche und soziale Umwälzungen, ebenso wie militärische Ereignisse, häufig Folgen des Schocks unerwarteter klimatischer Ereignisse waren.

Alle vorindustriellen Zivilisationen lebten vorrangig von menschlicher Arbeitskraft und Bedarfswirtschaft. Die Intensivierung der Landwirtschaft zur Versorgung wachsender städtischer Märkte und stehender Heere sowie die Notwendigkeit, Arbeiter, Soldaten und den Beamtenapparat mit Lebensmittelrationen versorgen zu können, machten die zunehmend komplexeren Gesellschaften verstärkt anfällig gegenüber klimatischen Veränderungen. Für risikoscheue selbstversorgende Bauern, die in ständiger Angst vor Hungersnöten und Unterernährung den Boden beackerten, waren Nahrungsmittelüberschüsse stets von entscheidender Bedeutung. Im Gegensatz dazu verließen sich die wachsenden Städte und Imperien zunehmend auf den Anbau von Pflanzen in Monokulturen, wie beispielsweise den Weizenanbau, die jedoch empfindlich auf Dürre, Kälte und auch übermäßige Niederschläge reagierten. Rom und Konstantinopel waren in hohem Maße auf Getreideimporte aus fernen Ländern angewiesen, in denen die Monokultur von Grundnahrungsmitteln zu einer nahezu industriellen Tätigkeit geworden war. Die Bürger beider Städte und anderer großer Bevölkerungszentren, ebenso wie Armeen und bürokratische Apparate, waren auf staatliche Zuwendungen angewiesen, die politische und soziale Ruhe garantierten. Das Niltal, Teile Europas und Nordafrikas wurden zu den Kornkammern des Römischen Reiches. In den wasserreichen Jahrzehnten funktionierte alles tadellos, doch als die Überschwemmungen in Ägypten ins Stocken gerieten und Dürre die nordafrikanischen Felder verwüsteten, brach das Versorgungssystem zusammen. Die Getreidespeicher leerten sich, es herrschte Hunger und es kam zu Unruhen. Die Kluft zwischen der wohlhabenden Elite und dem oft hungernden, einfachen Volk vertiefte sich angesichts von Pest und klimatischen Veränderungen unaufhaltsam. Aus den zerfallenden Überresten des Römischen Reiches entstand eine neue, stärker fragmentierte Welt. Der Staat machte Platz für sinnvollere lokale, kulturelle Strukturen, die die Welt auf neue Weise gestalteten.

Die Expansion des Römischen Reiches war unaufhörlich, bis es sich vom Norden Britanniens bis nach Mesopotamien und aufgrund seiner Handelskontakte noch weit darüber hinaus erstreckte. Diese Expansion fand größtenteils in Jahrhunderten mit relativ günstigen klimatischen Bedingungen statt und integrierte vielfältige Kulturen und Volkswirtschaften in ein einziges, gigantisches System. Viele der politischen Akteure sind uns allen wohlbekannt: Julius Cäsar, Kleopatra oder auch Kaiser mit unterschiedlichen Stärken und Schwächen, wie Augustus, Claudius, Nero und Hadrian, um nur einige zu nennen. Die Blütezeit des Reiches fand vor dem Hintergrund etablierter wirtschaftlicher, militärischer und politischer Strategien statt. Bemerkenswert ist dies insofern, als diejenigen, die diese Strategien initiierten, sich recht wenig Gedanken über deren längerfristige Entwicklung machten. Ganz sicher haben sie zu jener Zeit kaum Umweltveränderungen, die sich über ihre eigene Lebenszeit hinaus entfalten würden, bedacht. Und wir? Wir tun heute genau dasselbe, obwohl wir sehr wohl in der Lage sind, potenziell katastrophale Klimaveränderungen am Horizont zu erkennen.

Den Herrschern im späteren Imperium blieb nichts anderes übrig, als auf alle Veränderungen zu reagieren, denn im Gegensatz zu uns besaß Rom kein Vorwarnsystem, das auf einschneidende Klimaschwankungen aufmerksam machte – nicht einmal auf große Dürren.

Ein Blick zurück auf den Zerfall und die Transformation des Römischen Reiches zeigt uns schnell verblüffende Parallelen zu unserer heutigen, global ausgerichteten Welt auf, allerdings sind die uns bevorstehenden Probleme um einiges größer. Von den Kaisern von vor fast 2000 Jahren können wir viel über die Anfälligkeit für klimatische Veränderungen lernen. Schon ein Blick auf die Globalisierung der heutigen Lebensmittelketten bringt die kritische Situation, in der wir uns befinden, auf den Punkt. Doch im Vergleich zu den Römern sind wir potenziell in der Lage, unsere Nahrungsketten dem Klimawandel anzupassen. Doch es kann sehr wohl sein, dass die drohende Erderwärmung mit einer derartigen Geschwindigkeit und in einem solchen Ausmaß vor sich geht, dass Zehntausende, ja Millionen von uns verhungern werden. Aber wer denkt schon in politischer Hinsicht darüber nach?

KAPITEL 6

DIE TRANSFORMATION DER MAYA

(CA. 1000 V. CHR. BIS INS 15. JAHRHUNDERT N. CHR.)

Die Römer hatten Glück. Ihr Reich konnte über vier Jahrhunderte wachsen und gedeihen, während in einem Großteil des Mittelmeerraumes nach 200 v. Chr. relativ stabile, warme und feuchte Bedingungen vorherrschten. Sie schufen ein weitverzweigtes Reich auf Basis intensiver Landwirtschaft, ohne sich allerdings die riskanten ökologischen Grundlagen bewusst zu machen, auf die sich das in ihren Augen unerschütterliche System stützte. Das Reich schien für die Unsterblichkeit gemacht, eine dominante Einheit, die alles andere überdauern würde. Viele glaubten sogar, dass der Untergang des Römischen Reiches – wenn es denn jemals dazu käme – das Ende der Welt bedeuten würde.

Fromme Römer gingen davon aus, dass die Zukunft der Menschheit in göttlicher Hand lag, sei es eine Vielzahl von Gottheiten oder auch nur ein einziger Gott. Genau aus diesem Grund hoben die römischen Kaiser, wie viele andere Herrscher antiker Reiche auch, ihre engen Beziehungen zu den Göttern hervor. Wie wir allerdings im vorhergehenden Kapitel gesehen haben, waren diese Götter nicht in der Lage – oder bereit – in die harten Realitäten einer klimatischen Instabilität einzugreifen, die sich nach dem 3. Jahrhundert festsetzte. Mit der

Folge, dass das unter großen klimatischen, politischen und sozialen Druck geratene und zusätzlich von der katastrophalen Pandemie geschwächte Imperium wankte. Die beiden Großstädte Rom und Kontantinopel überlebten, wenn auch beträchtlich dezimiert, in einer veränderten mittelalterlichen Welt, in der sich nun der Islam ringsherum ausbreitete. Geringfügige Veränderungen in der Neigung der Erdachse beim Umlauf um die Sonne und heftige vulkanische Aktivitäten trugen dazu bei, dass in der europäischen und mediterranen Welt eine Unsicherheit und Unbeständigkeit entstand, die in das sogenannte Dunkle Zeitalter führte. Bevor wir uns aber in den Strudel aus klimatischen Veränderungen, politischen Entwicklungen und kriegerischen Armeen begeben, sollten wir zunächst etwas weiter ausholen. Schließlich ermöglichten die wärmeren, stabileren Umweltbedingungen des frühen 1. Jahrtausends n. Chr. auch auf dem amerikanischen Kontinent die Entwicklung beeindruckender Zivilisationen.

Sowohl der mächtige Stadtstaat Teotihuacán im Hochland von Zentralmexiko nahe Mexiko-Stadt als auch die facettenreiche Maya-Zivilisation im Tiefland von Yucatán erlangten im 1. Jahrtausend n. Chr. in Mesoamerika große Bedeutung.[85] Ihre Herrscher beriefen sich auf eine göttliche Abstammung und regierten mithilfe einer klugen Kombination aus kaufmännischem Scharfsinn und diplomatischem Geschick, die das Schließen von Bündnissen, eine gute Heiratspolitik sowie häufige Kriegsführung unter Elitekriegern erforderte. Sie herrschten über unbeständige Staatswesen, die mit verblüffender Schnelligkeit aufstiegen und wieder untergingen. In ihrer Blütezeit umspannte die klassische Maya-Zivilisation, die von etwa 250 bis 900 n. Chr. währte, ein Herrschaftsgebiet von rund 40 Königreichen und Städten mit verschiedensten Herrschaftsformen.[86] Im Laufe des 10. Jahrhunderts allerdings löste sich diese klassische Maya-Zivilisation im südlichen Tiefland, dem heutigen Petén in Guatemala, wieder auf. Ganze Dynastien brachen zusammen, Städte zerfielen und ihre Bewohner verstreuten sich in ländliche Dörfer. Zahlreiche Menschen zogen nach Süden in das heutige Honduras, so, wie auch die Menschen der Indus-Kultur nach Rajasthan gezogen waren, als sich ihre Zivilisation auflöste. Einst dicht besiedeltes Ackerland verwandelte sich in Wald und erholte sich kaum mehr.

Der Wandel der klassischen Maya-Zivilisation hat Generationen von Wissenschaftlern fasziniert, doch erst in den letzten 20 Jahren ist der Klimawandel mit seinen Dürren und Überschwemmungen als bedeutender Faktor in diese wissenschaftliche Debatte aufgenommen geworden. Neue Generationen exakterer Klimadaten erzählen eine umfassende und vielschichtige Geschichte, die weit über Wetterextreme wie Dürren und Wirbelstürme hinausgeht.

VOM TIEFLAND UND VON HOHEN HERREN (CA. 1000 V. CHR. BIS CA. 900 N. CHR.)

Das zentrale Maya-Tiefland der Halbinsel Yucatán ist ein schwieriges Umfeld für selbstversorgende Bauern mit den vereinzelten Gehöften in versprengten Siedlungen, ganz zu schweigen von den komplexen, hart umkämpften Stadtstaaten, die von ehrgeizigen, aufstrebenden Frauen und Männern regiert werden.[87] Und doch haben die Maya auf dieser einst dicht bewaldeten Hochebene aus porösem Fels, die das Rückgrat der Halbinsel bildet, mehr als 2000 Jahre lang Landwirtschaft betrieben und überlebt. Dabei waren die Lebensbedingungen eher entmutigend. Während die saisonalen Niederschläge dort äußerst unberechenbar sind und sich meist in Form von kurzen heftigen Gewitterregen während der heißen Sommermonate entladen, sind die Winter trocken und das Wasser fließt schnell durch das Gestein ab. Abgesehen von einigen einzelnen, weit verstreuten Quellen verfügt fast das gesamte Tiefland über keinerlei verlässliche Wasserversorgung. Die Grundwasserspeicher liegen häufig 100 Meter oder mehr unter der Oberfläche und sind daher nicht zugänglich. Aufgrund teilweise jahrzehnte- oder jahrhundertelanger Dürreperioden war Wasser dort zum wichtigsten Element im Überlebenskampf geworden. Somit war der alles entscheidende Faktor die Gesamtverdunstung (Evapotranspiration genannt), also die Verlagerung von Wasser aus dem Meer, aus Seen, aus den Pflanzendecken und aus anderen Quellen, die an Wassermenge den Niederschlag überstieg.

Dichter saisonaler Regenwald bedeckte die Landschaft, sofern er nicht für die landwirtschaftliche Nutzung gerodet worden war. Der Bewuchs gedieh auf Böden, deren fruchtbare Schichten unterschiedlich tief waren. Senken, die mit bis zu 1 Meter dickem Lehm gefüllt waren, nahmen die in den nassen Monaten abfließenden Niederschläge auf und schufen wertvolle saisonale Feuchtgebiete. Der limitierende Nährstoff für die Vegetation ist Phosphor, der vom Blätterdach des Waldes aufgefangen und in den Boden gespült wird. Die Erzeugung von immer größeren Nahrungsmittelüberschüssen, die von den wachsenden Stadtstaaten und ihren anspruchsvollen Führern benötigt wurden, erforderte eine vielfältige, effiziente Landwirtschaft – ebenso wie eine genaue Kenntnis der komplexen Lebensumwelt.

Zwischen 1000 und 400 v. Chr. zogen zahlreiche Maya-Bauern in das Tiefland von Yucatán, viele von der Golfküste, wo die Kultur der Olmeken ihre Blütezeit erlebte. Schon lange gedieh in Yucatán die traditionelle Landwirtschaft. Die Menschen dort bauten Kulturpflanzen an und verfügten über genaue Kenntnisse der Wälder ihrer Umgebung, ein Wissen, das sie sich über viele Jahrhunderte angeeignet hatten.[88] Um 600 v. Chr. bauten sie gewaltige Pyramiden und bestatteten ihre Toten auf Plattformen und anderen Bauwerken. Diese wurden zu heiligen Stätten, an denen sie ihre Vorfahren verehrten. Die Abstammung wurde zu

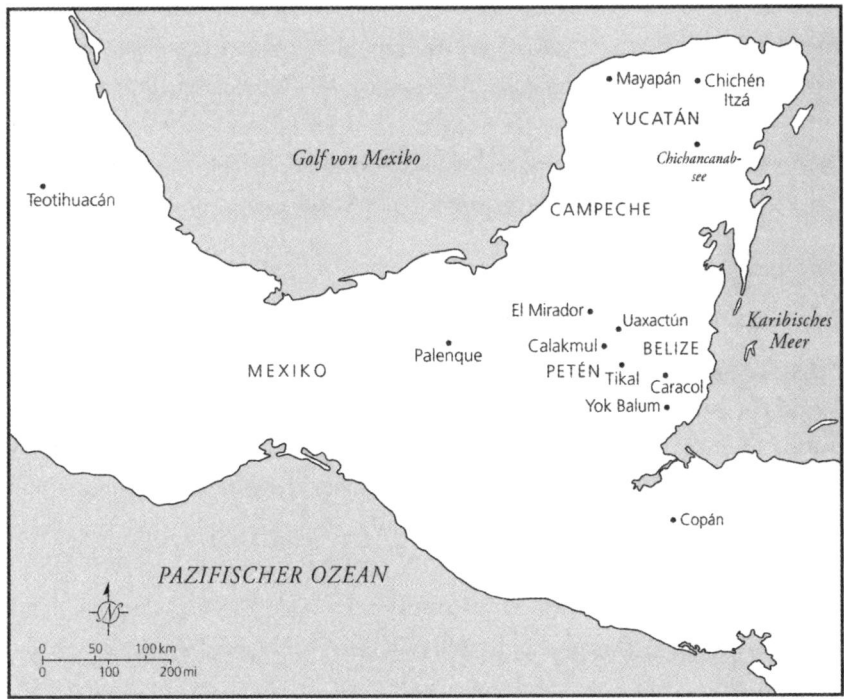

In Kapitel 6 genannte archäologische Stätten.

einem wichtigen Mittel, um Besitzansprüche auf einen Ort zu erheben. Innerhalb weniger Jahrhunderte errichteten ihre Nachfahren riesige Komplexe, bestehend aus Anlagen mit kunstvoll verzierten Bauten voller Stuckmasken von Göttern und Ahnen. So entstand die Institution eines göttlichen Königtums, 'ch'ul ahau', oder die „Heiligen Herren", wie in der Maya-Metropole El Mirador zu sehen. Seit Generationen waren die dortigen Bauern auf ihre Gärten in den Feuchtgebieten angewiesen, die sie zwischen 150 v. Chr. und 50 n. Chr. angelegt hatten.

In diesen Jahrhunderten begannen die Maya, die natürliche Landschaft in größerem Maßstab zu verändern. Sie hatten nun nicht mehr nur eine wachsende Zahl von Bauern, sondern auch von Städtern zu ernähren, die selbst keine Nahrungsmittel produzierten. Aus diesem Grund bewegten sie Millionen von Kubikmetern Erde, um Stauseen, Kanäle und Teiche zur Wasserversorgung in trockenen Jahreszeiten anzulegen. El Mirador, das in seiner Blütezeit 16 Quadratkilometer umfasste, liegt in einer Senke und war auf diese Wasserversorgung angewiesen. Mit dem Anstieg der Bevölkerung wuchs auch der Bedarf an gemeinschaftlicher Arbeit, sowohl für die Umgestaltung der Landschaft als auch für den Bau öffentlicher Gebäude. Im Laufe der Generationen wurde die soziale Ungleichheit zur Norm: Eine privilegierte Oberschicht, häufig mit den herrschenden Fürsten verwandt, lebte immer distanzierter von den einfachen Bürgern.

El Mirador brach allerdings urplötzlich zusammen. Zum einen, weil die Abholzung der Wälder unaufhaltsam voranschritt, und zum anderen, weil der Wasserabfluss und die Erosion große Schäden hinterließen. Die umliegenden Feuchtgebiete, die unter den ergiebigen Regenfällen litten, wurden zerstört. Viele Jahrhunderte lang hatten die lokalen Bauern die Feuchtgebiete für die Ernte der großen Getreidemengen bearbeitet, um die Stadtbewohner mit den Nahrungsüberschüssen zu ernähren. Mit dem unaufhaltsamen Anwachsen der nicht landwirtschaftlich tätigen Bevölkerung wurde die politische und soziale Infrastruktur des Stadtstaates bedroht, da die einfachen Bürger nicht mehr in der Lage waren, die Eliten zu versorgen. Für alle gab es nur eine Anpassungsstrategie: Mobilität. Dies bedeutete, in kleinere Siedlungen aufs Land zu ziehen und das städtische Zentrum verkümmern zu lassen. Um 250 n. Chr. hatte sich das politische Zentrum der Maya ins zentrale Tiefland verlagert, wo sich in Zeiten reicher Niederschläge neue Zentren wie Calakmul und Tikal zu mächtigen

Stadtstaaten entwickelten. Über ihre Herrscher haben wir etwas aus entzifferten Glyphen erfahren, die ein sich ständig veränderndes Mosaik aus Diplomatie, Handel und Kriegsführung offenbaren. Alles drehte sich um die Institution des Königtums, das vom Vater auf den Sohn oder von Bruder zu Bruder übertragen wurde, also in einer Dynastielinie, die auf einen Gründungsvater zurückging. Die Maya-Zivilisation war nie ein zentralisierter Staat wie Ägypten oder das Römische Reich, sondern vielmehr eine Ansammlung großer und kleiner politischer Einheiten, die zu bestimmten Zeiten von großen Stadtstaaten und einigen kleineren Königreichen regional dominiert wurden. Es war eine nach Macht strebende Gesellschaft, von einflussreichen Dynastien beherrscht, die in den großen Zentren wie Tikal, Calakmul, Palenque und Copán lebten.

Tikal und das nahe gelegene Uaxactún füllten das durch den Niedergang von El Mirador hinterlassene Vakuum. Im Laufe des 1. Jahrhunderts kam in Tikal eine Elite an die Macht, deren Hieroglyphentexte von 31 Herrschern zwischen den Jahren 292 und 869 n. Chr. berichten – also 577 Jahre dynastischer Führung. Der neue mächtige Stadtstaat wurde zu einem multizentrischen Königreich, bis es im Jahr 557 vom Herrscher des aufsteigenden Staates Caracol, im heutigen Belize, erobert wurde.

Um 650 n. Chr. führten die großen Herrscherdynastien stattliche öffentliche Zeremonien durch, die ihre göttliche Abstammung und ihre politische Macht bekräftigten. Sie verknüpften ihre Handlungen mit denen der Götter und ihrer Vorfahren und legitimierten ihre Abstammung zeitweise mit der Behauptung, dass diese eine Wiederholung mythischer Ereignisse wären. Sie verknüpften ihre Geschichte ebenso mit der Gegenwart wie mit der überirdischen Welt, wobei die Gesellschaft in eine Matrix aus heiligem Ort und Zeit eingebettet war. Ein Maya-Herrscher legte Wert darauf, herauszustellen, dass er ein Mittler zwischen den Lebenden, den Ahnen und der übernatürlichen Welt sei. Dies war die Grundlage eines unausgesprochenen Gesellschaftsvertrags zwischen den Herrschenden und den Beherrschten, jenen Tausenden von Maya, die unter enormen ökologischen Kosten eine winzige Elite unterstützten. Die Bevölkerungsdichte stieg im Tiefland dramatisch an, während die nur mäßig fruchtbaren Böden des Regenwaldes immer geringere Erträge erbrachten. Selbst kurze Trockenzyklen gefährdeten die kostbaren Wasservorräte, trotz der seit Langem praktizierten Diversifizierung von Anbaukulturen. So war es nur eine Frage der Zeit, bis das Land nicht mehr in der Lage war, die anwachsende Bevölkerung zu ernähren.

Nicht, dass die Herrscher sich der Gefahren von Klimaveränderungen nicht bewusst gewesen wären. Ganz im Gegenteil: Ihre jahrhundertelange Regierungszeit hatte eine stetig fortschreitende Austrocknung erlebt. Ein großer Teil des zeremoniellen Lebens hatte sich stets um Wasser und Niederschläge gedreht. In genialer Bauweise errichteten die Herrscher von Tikal Tempelpyramiden, deren Seitenwände das abfließende Regenwasser in Reservoirs leiteten, um die nahe gelegenen Felder zu bewässern und den Wasserüberfluss im Laufe des Jahres zu kontrollieren. Die Maya-Herrscher reagierten auf das Bevölkerungswachstum mit dem Bau von Wasserreservoirs und mitunter sehr umfangreichen Wassersteuerungssystemen, um Wasser für trockene Jahre zu speichern.

DIE MAYA-BAUERN, DAMALS UND HEUTE

Zwischen dem 3. und 10. Jahrhundert schossen im Tiefland Hunderte von kleinen und großen Maya-Siedlungen aus dem Boden, die auf bemerkenswert unterschiedlichen landwirtschaftlichen Methoden gründeten. Dazu gehörten der Brandrodungsfeldbau *(Milpa)* auf vormaligen Waldböden, die Errichtung von Terrassenfeldern an Hängen und Aufschüttungen in Sümpfen und Feuchtgebieten, die eine Art Hochfelder schufen – landwirtschaftliche Methoden, die alle offensiv in die Umwelt eingriffen, weil sie mit kargen Wasservorräten zurechtkommen mussten. Viele Bauern verfügten zudem über Hausgärten mit einem großen Reichtum an Pflanzen und Bäumen. Auf lokaler Ebene bewirtschafteten die Maya-Bauern Wälder, schufen Wasserspeicher und nutzten die unterschiedlichen Böden und Nahrungsressourcen im gesamten Tiefland. Dies taten sie so erfolgreich, dass sie über 4000 Jahre lang mit den risikoreichen, schwierigen Umweltbedingungen zurechtkamen. Grund dafür werden ihre genauen Kenntnisse über die sie umgebende Landschaft sowie eine intensive, nachhaltig aufgebaute und aufrechterhaltene Nahrungsmittelproduktion gewesen sein, die mindestens zwei lang anhaltenden Dürreperioden trotzten. Erst im 9. Jahrhundert geriet ihre Zivilisation erneut in ernsthafte Schwierigkeiten.

Glücklicherweise floriert das bäuerliche Leben der Nachkommen der Maya noch immer in dieser anspruchsvollen Umgebung des mesoamerikanischen Tieflands.

Viele Methoden und Praktiken, die heutige Dorfbewohner nutzen, sind noch aus früheren Zeiten erhalten. Für uns bedeutet dies, dass sie auch Aufschluss darüber geben können, wie die Menschen damals mit Dürren, Ernteausfällen und anderen unerwarteten klimatischen Schwierigkeiten fertiggeworden sind. Die vielfältigen modernen Anbaumethoden der Maya sind beeindruckend, denn sie demonstrieren Reaktionen auf eine Vielzahl von schwierigen Entwicklungen, von der steigenden Bevölkerungsdichte über die Beschaffenheit der heimischen Böden bis hin zu den sich ändernden Niederschlagsmustern. Sogar die Mischung der Feldfrüchte wechselte jährlich und von Saison zu Saison, je nach den sich ändernden Umweltbedingungen. Die Kekchí (Maya) in Belize beispielsweise betreiben noch immer traditionelle Landwirtschaft. Sie bewirtschaften aufgeschüttete, erhöhte Felder in schlecht entwässerten Gebieten, terrassierte Hänge und nutzen auch das Milpa-System der Brandrodung während der Regenzeit.[89] Der jahreszeitlich bedingte Trockenfeldbau der Kekchí am Flussufer ist ein Beispiel für opportunistischen Einfallsreichtum, der aus langer Erfahrung heraus geboren wurde. Jeder einzelne Bauer muss die speziellen klimatischen Bedingungen und die nachwachsende Vegetation mit anderen Arbeitsschritten in Einklang bringen. Je früher der Mais in die Erde kommt, desto besser, denn er braucht einen guten Start, solange der Boden noch feucht ist. Der Beginn der trockenen Monate variiert beträchtlich, was die Zeitplanung erschwert. Dies gilt ebenso für die herausfordernde Planung der Milpa-Ernte. Wenn diese gut ausfällt, dann bleibt in der Trockenperiode weniger Zeit zum Pflanzen. Eine schlechte Ernte hingegen bedeutet mehr Zeit für die Rodung und Bepflanzung.

Diese Landwirtschaft am Flussufer ist Teil eines größeren Selbstversorgungszyklus, wobei das Schlüsselwort hier der „Zyklus" ist. Denn dieser hilft uns dabei, die Strategien der Maya und vieler anderer selbstversorgender Bauern zu verstehen, die Jahr für Jahr mit unregelmäßigen Klimaschwankungen zu kämpfen haben. Eine solche zyklische Existenz bedeutet, dass die Menschen, deren Leben eng mit ihrem Land verbunden ist, die Zeit als einen endlosen Kreislauf begreifen. Ihre Vorfahren erlebten dieselben Kreisläufe von Aussaat, Wachstum und

Ernte, mit einer anschließend ruhigen Jahreszeit. Einem solchen Leben wohnte eine Beständigkeit inne, die von Ernten und Niederschlägen abhing.

Diese bedeutsame Tatsache verlieh den verehrten Vorfahren eine zentrale Rolle. Es gab zwingende Gründe, warum die Maya-Fürsten ihre engen Beziehungen zu den göttlichen Ahnen derart betonten und warum die ägyptischen Pharaonen solch aufwendige öffentliche Zeremonien abhielten, die ihre Rolle als göttliche Herrscher bestätigten. Durch die Beziehungen zu ihren Ahnen versprachen sich die Herrscher in der Regel gebieterische und spirituelle Legitimität. Die engen Verbindungen zwischen Ahnen und Lebenden waren tief im Leben der Dorfgemeinschaften verwurzelt, denn schon immer hing das Überleben von einer sehr engen Beziehung zur Umwelt, zu Niederschlägen, zur Vegetation und der Fruchtbarkeit des Bodens ab – und tut es noch immer. Heute vertrauen die Kekchí auf eine Mischung aus gesundem Menschenverstand, genauer Kenntnis der Lebensumwelt und der tief verwurzelten Überzeugung, dass die Erfahrungen der Vorfahren ein unschätzbares Vermächtnis für das eigene Überleben darstellen.

Ein großes Vermächtnis in dieser Region! In früheren Zeiten war dieses Gebiet dicht besiedelt und in höchstem Maße vom Geschick seiner Landwirte abhängig – in gleichem Maße wie vom Regen.[90] Die Bevölkerungszahl erreichte zwischen 700 und 800 v. Chr. ihren Höchststand. Zu jener Zeit waren Konzentrationen von 600 bis 1200 Menschen pro Quadratkilometer nichts Ungewöhnliches. Schätzungen zufolge haben sage und schreibe 11 Millionen Menschen das Tiefland bewohnt. Die meisten von ihnen lebten nicht in den großen Städten selbst, sondern in den nicht städtischen Gebieten, in einzelnen Hausgemeinschaften weit über die Landschaft verstreut. Dieses Muster ähnelt jenem rund um die Stadt Angkor im heutigen Kambodscha, das wir in Kapitel 9 beleuchten werden. Leider erhöhte sowohl in Kambodscha als auch bei den Maya jede Art von Umweltbelastung im Umland die Wahrscheinlichkeit, dass es zu sozialen und politischen Unruhen kam. Im 8. Jahrhundert befand sich die klassische Maya-Zivilisation im südlichen Tiefland im Niedergang.

Die Menschen, die dort im 8. Jahrhundert lebten, mussten mit einer vom Menschen selbst veränderten, allmählich austrocknenden Landschaft zurechtkommen, die sich radikal von den Lebensumständen früherer Jahrhunderte unterschied. Die kumulativen Auswirkungen der Umweltveränderungen hatten sich beschleunigt, als die Bevölkerung wuchs und die Ernteerträge sanken. Ein Mosaik aus gerodeten Flächen, bewirtschafteten Wäldern, Feldern und Städten hatte einen Großteil des Tieflandes verwandelt. Schon immer führte Bevölkerungswachstum zur Abholzung von Wäldern, weniger Bäume wiederum zu höheren Temperaturen und einer geringeren Aufnahme von Niederschlägen. Zudem verursachte die Verbrennung von Holz und Pflanzen einen höheren Anteil von Asche und Schadstoffen in der Luft.

Mit der zunehmenden Besiedlung des Tieflandes vergrößerten sich die undurchlässigen Bodenflächen dramatisch. Sowohl die Bautätigkeit als auch die Ausbreitung der Anbauflächen verringerten die Phosphoraufnahme und ließen die Sedimentation ansteigen. In früheren Jahrhunderten gelangten die Sedimente aus dem Bergland in die Überschwemmungsgebiete der Flüsse, wo die Landwirtschaft äußerst produktiv war. Doch die Bauern verringerten die dortige Ablagerung von Schwemmmaterial durch die weitverbreitete Nutzung von breit angelegten terrassierten Hängen zur landwirtschaftlichen Nutzung. Allein für Instandhaltung der Feldsysteme sowie für die Bewässerung durch Kanäle, Teiche und Reservoirs waren Tausende von lokalen Arbeitskräften erforderlich, teilweise die Arbeitskraft eines gesamten Dorfes. Und das Gleiche galt für Routinearbeiten wie Düngen, Mulchen und Jäten.

Die langfristigen Auswirkungen der Entwaldung waren verheerend. Um 600 v. Chr. war ein Großteil des Waldes von Petén im Norden Guatemalas abgeholzt. Die Rodungen setzten sich unvermindert fort, und im 9. Jahrhundert n. Chr. war der größte Teil des Baumbestandes aus dieser Landschaft verschwunden. Die langfristigen Auswirkungen einer Kombination aus kontinuierlicher Abholzung, veränderter Landnutzung und Umweltbeeinträchtigung durch landwirtschaftliche Tätigkeiten führten zu geringeren Niederschlägen, höheren Temperaturen und zunehmender Wasserknappheit.[91] Zwar waren die Folgen noch nicht so schwerwiegend wie bei natürlichen Dürrezyklen, doch als in einer Zeit großer Trockenheit die Wälder fast vollständig abgeholzt waren, zeigten die weiteren Anpassungsstrategien der Bauern keinen Erfolg mehr. Politische Instabilität und soziale Unruhen waren die Folge – die Maya-Zivilisation zerfiel. Ein Wendepunkt im System Mensch und Umwelt war erreicht, der kulturelle Niedergang und letztendlich die Entvölkerung der Landschaft nicht mehr aufzuhalten.

JENSEITS DES WENDEPUNKTES
(8. BIS 10. JAHRHUNDERT N. CHR.)

Der Niedergang der klassischen Maya-Zivilisation im Tiefland erfolgte durch die Verkettung von Spannungen in der sich verändernden Beziehung zwischen Mensch und Umwelt sowie einer Häufung von Dürreperioden. Es ging allerdings um weit mehr als nur um solch grundlegende Dinge wie die Versorgung mit Nahrungsmitteln und Wasser. Der Zeitpunkt war gekommen, an dem die Voraussetzungen für die Zukunftsfähigkeit der Maya schlicht zu komplex und gewaltig waren – für die Herrscher und Eliten ohnehin. So, wie die Elite in die sozioökonomischen, ideologischen und politischen Strukturen der Maya-Gesellschaft eingebettet war, waren die Hindernisse für die Aufrechterhaltung oder das Wachstum dieses Systems enorm – vielleicht derart, dass es einfacher war, nichts zu tun. Warum es zu dieser gewaltigen Transformation im 9. Jahrhundert kam, hatte sicher mehr als einen Grund und ist noch immer Gegenstand kontroverser Diskussionen.[92]

Als wesentlicher wie auch schwerer Schuldiger hierfür wird schon lange der Klimawandel, insbesondere die Dürre, angesehen. Schließlich zeigen Bohrkerne aus dem Chichancanabsee im nördlichen Tiefland, dass zwischen 800 und 1000 n. Chr. schwere Trockenzeiten auftraten.[93] Tiefseebohrkerne aus dem Cariocobecken in der Karibik belegen, dass zwischen 750 und 1100 sehr trockene Bedingungen mit mehrjährigen Dürreperioden in den Jahren 760, 810, 860 und 910 herrschten. Allerdings waren die See- und Meeresbohrkerne nicht so präzise wie wissenschaftlich erforderlich, sodass folglich viele Experten dazu neigten, die Rolle des Klimas beim Niedergang der klassischen Maya-Zivilisation herunterzuspielen.

Eine neue Generation von Studien konnte mittlerweile wesentlich genauere Daten über Dürren und Regenmengen vorlegen. So konnte beispielsweise ein 56 Zentimeter langer Stalagmit aus der Yok-Balum-Höhle im südlichen Maya-Tiefland eine genaue Klimasequenz über 2000 Jahre geben.[94] Ebendieser Tropfstein ist deswegen so bedeutend, weil er recht schnell und kontinuierlich über zwei Jahrtausende hinweg gewachsen ist. Die Forscher erhielten nicht weniger als 40 Daten aus Uranreihen mit einer Genauigkeit von fünf bis zehn Jahren, die gut mit Klimadaten aus anderen Quellen übereinstimmen. Zwischen 440 und 660 v. Chr. war die Region mit ungewöhnlich reichem Niederschlag gesegnet, gefolgt von dreieinhalb Jahrhunderten allmählicher Austrocknung. Diese Trockenperiode gipfelte in einer lang anhaltenden und sehr schweren Dürre zwischen 1000 und 1100, der schlimmsten in 2000 Jahren. Doch das war noch nicht alles. Zwischen 820 und 870 herrschte eine größere Dürre, dazu kam eine weitere kurze Trockenperiode um das Jahr 930. Die Klimadaten aus der Yok-Balum-Höhle passen sehr gut zu Aufzeichnungen aus anderen Teilen des Maya-Tieflandes, die ebenfalls zwei schwere Dürreperioden belegen: eine zwischen 820 und 900, die zweite zwischen 1000 und 1100.

Auf jeden Fall handelte es sich bei diesen Dürren um Perioden lang anhaltender Trockenheit, die in einer Region mit unvorhersehbaren Niederschlägen schwerwiegende Auswirkungen auf die landwirtschaftlichen Gemeinschaften gehabt haben müssen. Trockene Jahre haben deutliche Auswirkungen auf die Ernteerträge und die landwirtschaftliche Produktivität. Besonders gravierend sind die Folgen, wenn die feuchte Jahreszeit erst viel später einsetzt oder wenn es zu Missernten kommt. Die Dürreperioden des späten 1. Jahrtausends hatten ganz besondere Dimensionen, denn diese hielten über Jahrzehnte oder sogar Jahrhunderte an.

Wie es der US-amerikanische Archäologe Doug Kennett und der Klimaforscher David Hodell herausstellen, muss man deutlich zwischen einer landwirtschaftlichen Dürre und einer hydrologischen Dürre unterscheiden. Erstere resultiert aus Niederschlagsmangel und erhöhter Verdunstung, wodurch der Boden austrocknet und Missernten folgen. Es kann aber sein, dass die Pegelstände der Seen, die Wasserläufe und die Grundwasservorräte einige Jahre lang davon gar nicht betroffen sind. Die Maya waren sich der Notwendigkeit, ihre Wasservorräte schonend zu nutzen, durchaus bewusst. Solche Strategien waren auf kurze Sicht oder auch für etwas längere Zeiträume sehr effektiv, doch dann kam die Bevölkerungsdichte ins Spiel: Wie viele Menschen mussten die Wasserspeicher nutzen? Bei anhaltenden oder ungewöhnlich schwerwiegenden Trockenperioden kam mit der Austrocknung von Quellen oder der Verknappung der Wasserzufuhr zusätzlich die hydrologische Dürre ins Spiel. Die Folge waren dann ernste sozioökonomische Probleme, insbesondere wenn die Bevölkerungsdichte und die Nachfrage nach Wasser und anderen Umweltressourcen das Angebot überstiegen.

Hier ging es um weit mehr als nur Dürre. Die Gesellschaft der Maya war eine soziale Pyramide, beherrscht von einer winzigen Elite, die durch eine Kombination aus Gewalt und klug vermittelter Ideologie entstanden war. Diese genoss einen weitaus höheren Lebensstandard als Handwerker und einfache Leute. Denn der gesamte Reichtum des Landes lag praktisch in den Händen der Herrschenden, ebenso wie die Kontrolle über lebenswichtige Ressourcen, darunter Obsidian, Salz und hoch entwickelte Kenntnisse in den Bereichen Astronomie, Mathematik und Kalendarium. Der unausgesprochene Gesellschaftsvertrag mit dem Volk garantierte ihnen eine ideologische, materielle und spirituelle Autorität. Probleme gemeinsam zu lösen, gestaltete sich zunehmend schwieriger, da die ausgeklügelten Herrschaftsmechanismen immer raffinierter und vorsichtiger wurden.

Ihre Autorität, politische Macht und ihren Reichtum aufrechtzuerhalten und zu legitimieren, stellte die Elite vor zunehmend komplexere Herausforderungen. Ihr Aufgabenbereich umfasste so ziemlich alles, was das System am Laufen hielt, und reichte von der Instandhaltung der Infrastruktur über die Rückgewinnung von Feuchtgebieten bis hin zur Organisation der Streitkräfte zur Verteidigung und Eroberung von Nachbarstaaten. Diese Monarchien wurden von mächtigen Herrschern mit starren Ideologien regiert, die als Halbgötter angesehen wurden. Neben ihren Prunkbauten forderten sie große Nahrungsmittelüberschüsse ein, um ihrem Hof, dem Beamtenapparat und einer fest etablierten Elite einen angemessenen Lebensstil zu ermöglichen. Militärische Feldzüge erforderten Unterstützung. Dies galt auch für die zahlreichen qualifizierten Architekten, Handwerker und Schriftgelehrten, die nicht in der Landwirtschaft tätig waren und mit der Zuteilung von Nahrungsmitteln, aber auch anderen Gütern, Unterstützung für ihre Arbeit bekamen. Als wichtiges Grundnahrungsmittel war der Mais von solch großer Bedeutung, dass er in öffentlichen und privaten Ritualen sowie in der Kunst eine besondere Rolle spielte. Mais ist allerdings ein tropisches Getreide, und es ist nahezu unmöglich, ihn in einer feuchten Umgebung wie der des Maya-Tieflandes zu lagern. Auch Feldfrüchte wie Bohnen, Kürbisse und Chilischoten waren von großer Bedeutung für die Maya-Bauern, von denen jeder seine eigene Familie ernähren und zusätzlich noch genügend Saatgut für die kommende Saison aufbewahren musste. Zudem oblag es jeder Bauernfamilie, sowohl Nahrungsmittel als auch Arbeitskräfte für die Herrschenden und die Elite zur Verfügung zu stellen, um den immer anspruchsvolleren und vielschichtigeren Oberbau aus konkurrierenden Königreichen aufrechtzuerhalten. Nimmt man dann noch das vielfältige Mosaik aus Nutzpflanzen und produktiven Böden, die Topografie und insbesondere die Wasserversorgung hinzu, scheint es fast unmöglich, selbst auf kurze klimatische Veränderungen reagieren zu können.

Am Ende des 8. Jahrhunderts waren die Herrscher nicht mehr in der Lage, ihre sozialen Versprechungen einzuhalten. Als die Dürre nicht enden wollte, scheiterten sie daher insbesondere mit der Ankündigung, dass sie mithilfe ihrer gigantischen Wasserreservoirs die Bevölkerung immer mit sauberem Wasser versorgen konnten. Zu jenem Zeitpunkt war die jahrhundertealte wirtschaftliche und politische Struktur, die den Herrschern den Status von Halbgöttern zugestand, schon im Niedergang begriffen. Die Forderungen der Herrschenden an die Beherrschten führten zu unmittelbaren und anhaltenden Spannungen zwischen Besitzenden und Habenichtsen, in einer Gesellschaft, die von intensivem Wettbewerb und internen Gruppenkämpfen geprägt war. Die Bedarfswirtschaft, die bisher als Basis gedient hatte, konnte nicht mehr nachhaltig wirtschaften, weil die Region unter unzureichenden Niederschlägen und unberechenbaren, lang anhaltenden Dürren litt.

Die politischen Konsequenzen des Macht- und Autoritätsverlustes der herrschenden Klassen waren enorm. Trotz der großen Vielfalt, die die Maya-Zivilisation im Tiefland ausmachte, teilte die alte Kultur doch viele Traditionen, wie beispielsweise die Institution der göttlichen Königsherrschaft. Königinnen und Könige waren die Hauptakteure in den unbeständigen Beziehungen zwischen den größeren Reichen und den zahlreichen hierarchisch aufgestellten kleineren Domänen mit ihren ständig wechselnden Gefolgschaften und Bündnissen. Jeder Maya-Herrscher lebte in einer politisch brisanten Umgebung aus temporären Allianzen und Handelsnetzen sowie verwandtschaftlichen Beziehungen. Letztendlich jedoch waren die Bündnisse und kulturellen Bindungen lokal begrenzt, was dazu beitrug, dass umfassende, weitreichende Reaktionen zur Anpassung an klimatische Veränderungen nahezu unmöglich waren.

COPÁN LÖST SICH AUF (435 BIS 1150 N. CHR.)

Als die mächtigen Stadtstaaten zerfielen, zerstreuten sich die Handwerker und Bürger ins Hinterland oder zogen auf der Suche nach neuen Möglichkeiten in andere Landesteile. Copán in Honduras ist zum Beispiel solch ein spektakuläres Maya-Zentrum, das sich mit zwölf Pyramiden und Plätzen über eine Fläche von 12 Hektar erstreckt.[95] Ab dem 11. Dezember 435 herrschte vier Jahrhunderte lang eine mächtige Dynastie über das Königreich, die vom Herrscher K'inich Yak Ku'k Mo'gegründet wurde.

Langfristige Feldforschungen rund um Copán haben während der 400-jährigen Sunbirds-Dynastie (Dynastie der „Sonnenvögel") dramatische Bevölkerungsschwankungen dokumentiert. Zwischen 550 und 700 n. Chr. gab es eine wahre Bevölkerungsexplosion. Die Menschen lebten in der Nähe der zentralen Bezirke und ihrer unmittelbaren Umgebung, die Landbevölkerung war nur klein. Die Bevölkerung und mit ihr die sozialen Verflechtungen wuchsen kontinuierlich, bis schließlich 18 000 bis 20 000 Menschen im Copántal lebten, davon 500 pro Quadratkilometer im Zentrum. Die Bevölkerung scheint sich alle 80 bis 100 Jahre verdoppelt zu haben, während die Landbevölkerung weithin verstreut lebte. Aber die Bauern kultivierten nun auch die weniger begehrten Berghänge, um ihre Ernteerträge anzukurbeln.

Der Wandel stand vor der Tür. Im Jahr 749 bestieg ein Herrscher namens Smoke Shell den Thron dieser einstmals großen Stadt. Er begann eine rege Bautätigkeit, aber die Zeiten wurden durch interne Spannungen und intensive Parteibildung, zum Teil durch abnehmende Regenfälle ausgelöst, schwierig. Die politische Ordnung schien in Aufruhr, denn auch niedere Adlige gaben Inschriften für ihre Häuser in Auftrag, so als ob sie sich in einer Zeit schwindender politischer Macht selbst Geltung verschaffen wollten. Ein tiefgreifender demokratischer und politischer Wandel setzte ein. Die Smoke-Shell-Dynastie endete 810, als die Städte leerer wurden. Innerhalb von nur vier Jahrzehnten war die Hälfte der Menschen aus dem Stadtkern und der Peripherie verschwunden, während die ländliche Bevölkerung um 20 Prozent anstieg. Kleine regionale Siedlungen traten an die Stelle des großen Zentrums, als die kumulativen Auswirkungen der Übernutzung selbst landwirtschaftlich wenig ergiebiger Böden und die unkontrollierte Bodenerosion zum Tragen kamen. Um 1150 lebten nicht mehr als 5000 bis 8000 Menschen im Tal von Copán.

Die Abwanderung aus Copán war nur die logische Reaktion auf sinkende Ernteerträge und den drastischen Anstieg der Stadtbevölkerung. Aber auch eine traditionelle Reaktion auf schwere Dürren, so wie sie viele historische Gesellschaften erlebten. Insofern war diese Abwanderung kein Einzelfall. Langfristige Studien im Umland großer Zentren wie Tikal und Calakmul haben den Exodus zahlreicher dicht bevölkerter Städte hinreichend belegt. Nach dem 8. Jahrhundert lagen weite Gebiete im südlichen Tiefland brach und wurden nie mehr wieder besiedelt, nicht einmal nach der Invasion durch die Spanier. Die sich ausbreitende Maya-Population war von einem Agrarsystem abhängig, das keinerlei Spielraum für anhaltende Dürren ließ. In ihrer Blütezeit zählte die Maya-Zivilisation im Tiefland vielleicht 11 Millionen Menschen – mehr als heute dort leben. Doch irgendwann konnte das Gesellschaftssystem nicht weiter expandieren oder nicht mehr jene Art von Reichtümern produzieren, die die habgierige Elite forderte. Einst einflussreichen Stadtstaaten blieb nur der Niedergang oder die Auflösung, so wie es in Copán und Tikal der Fall war.

Ein Großteil der Literatur über die Maya erweckt den Eindruck, dass dieser Zerfall ein universelles Phänomen war. Doch dies trifft nicht ganz zu. Einige Stadtstaaten überlebten auf niedrigerem Niveau. Andere blühten weiter auf, insbesondere wenn sie an wichtigen Flüssen und entlang der großen Handelsrouten lagen. Die Küstenzentren überlebten ebenfalls, vor allem jene im nördlichen Yucatán. Hier kamen entscheidende ökonomische und soziale Faktoren ins Spiel, darunter der Zugang zu den Handelsrouten an Küsten oder Flüssen, Kriege und – als vielleicht wichtigster Faktor – die Verlagerung der Handelsaktivitäten vom Binnenland aufs Meer.

Dürreperioden und Missernten verschärften den Wettbewerb um eine ausreichende Nahrungsmittelversorgung und die Kontrolle der Handelsrouten. Im Laufe des 7. und 8. Jahrhunderts flammten vielerorts heftige Kriege auf, die jedoch nicht immer auf die Trockenheit zurückzuführen waren. Die Maya-Fürsten waren auf den Maisanbau angewiesen, um ihre Macht zu erhalten, und sie konnten sich auch auf sichere Ernteerträge verlassen, wenn die Temperatur in Trockenperioden unter 30 °C blieb. Wurde diese Marke überschritten, gingen die Erträge rasch zurück, ebenso wie die Wasserstände in den Reservoirs. Als irgendwann immer häufiger diese 30 °C-Grenze überschritten wurde, schrumpften die Nahrungsvorräte ebenso wie die königliche Macht. Es ist vorstellbar, dass als Reaktion hierauf die ehrgeizigeren Herrscher anderer Staaten eher zu Angriffen bereit waren, weil sie glaubten, durch erfolgreiche Feldzüge ihre anscheinend schwindende Legitimität wiederherstellen zu können. Trockenperioden könnten allerdings auch gewalttätige Auseinandersetzungen reduziert haben, weil sowohl Lebensmittel als auch Wasser knapp waren und die Versorgung des Militärs erschwerten. Fest steht, dass Gewalt in der Geschichte der Maya zeitweise auch unabhängig von klimatischen Bedingungen an der Tagesordnung war und einige Adlige auf der Flucht vor Unruhen Mauern um große landwirtschaftliche Flächen zum Schutz ihrer Ernte errichteten, anstatt ihre Tempel und andere bedeutende Bauwerke zu befestigen.

ZERFALL (AB DEM 8. JAHRHUNDERT N. CHR.)

Kriegerische Auseinandersetzungen mögen beim Zerfall der Maya-Kultur im südlichen Tiefland tatsächlich eine wichtige Rolle gespielt haben. Aber es steht außer Frage, dass die Dürre zunächst für eine innere Destabilisierung gesorgt hat. Historische Trockenperioden, die in den Tropfsteinen der Yok-Balum-Höhle aufgezeichnet sind, fielen mit Missernten, Hunger und Hungersnöten zusammen, ebenso wie mit dem Ausbruch von Krankheiten, die auf eine mangelhafte Ernährung zurückzuführen waren. Es gibt zudem Hinweise darauf, dass die Bevölkerung zurückging und die Menschen in kleinere Siedlungen im Umland abwanderten. Dies war eine klassische Anpassungsstrategie aus früheren Zeiten, die noch einmal zum Tragen kam, als die Trockenheit weitaus länger andauerte und noch gravierender war als zuvor.

Aber was geschah tatsächlich? Der allmähliche Zerfall der klassischen Maya-Reiche war kein dramatisches Ereignis. Vielmehr begannen zwischen 780 und 800 n. Chr. lang etablierte politische und soziale Netzwerke im südlichen Tiefland sich langsam aufzulösen, während sich die Kriegführung intensivierte.[96] Das Ergebnis war, wie Doug Kennett und seine Kollegen feststellten, eine Phase, in der politische Netzwerke dezentraler und kleinräumiger wurden und die Bevölkerung sich zerstreute. Ein Prozess, für den sie den Begriff „Balkanisierung" verwenden.

Was sich hier abspielte, war weniger ein Zusammenbruch als vielmehr die Reorganisation einer Gesellschaft – abzulesen daran, dass die Schrift, der Kalender und andere wertgeschätzte kulturelle Traditionen noch lange nach 900 und sogar bis zur spanischen Invasion überlebten.

Der dramatischste Wandel vollzog sich in den Maya-Königreichen im nördlichen Guatemala, im westlichen Belize, im südlichen Yucatán und in der Copán-Region in Honduras. Sie hinterließen eine Agrarlandschaft, die bis heute ein kaum besiedeltes Waldgebiet ist. Im zentralen Tiefland erholte sich der Wald, aber die Menschen kehrten nie zurück, sodass der Regenwald irgendwann zum Zufluchtsort für jene Maya wurde, die vor der spanischen Herrschaft flohen. Noch heute ist die Bevölkerungsdichte ein- bis zweimal geringer als in der klassischen Maya-Zeit. Warum das so ist, bleibt ein Geheimnis. Die großflächigen Rodungen des Waldes endeten zunächst, bis der Holzeinschlag in der Neuzeit erneut einsetzte. Möglicherweise haben sich kleinere Gruppen von Menschen in die überwucherten Wälder gewagt, um wirtschaftlich wertvolle Bäume, wie den Brotnussbaum mit seinen nahrhaften Früchten und Nüssen abzuernten, die in den für Trockenheit anfälligen Regenwäldern eine wertvolle Nahrungsquelle darstellten. Die menschlichen Kosten der Waldrodung und der Wiederherstellung der Infrastruktur einer intensiven Landwirtschaft waren wohl zu hoch.

WAS IM NORDEN GESCHAH (AB DEM 8. JAHRHUNDERT N. CHR.)

Die Maya-Zivilisation florierte im Norden Yucatáns auch weiterhin.[97] Ein mächtiges Königreich mit Sitz in Chichén Itzá erlebte zwischen dem 8. und 11. Jahrhundert seine Blütezeit, was zum Teil darauf zurückzuführen war, dass viele neue Untertanen aus dem zunehmend trockeneren Landesinnere im Süden nordwärts flohen. Dieser Machtaufstieg ist angesichts der wenigen Wasservorräte durch Oberflächengewässer im Norden der Region nur schwer nachvollziehbar. Die

Machtposition, die Chichén Itzá innehatte, war zum einen auf eine aggressive Expansionspolitik und Bündnisbildung zurückzuführen, zum anderen auf die Kontrolle des Seehandels und weitverzweigte Kontakten in der gesamten Maya-Welt. In diesem Fall war die Reaktion auf die extreme Trockenheit vor allem wirtschaftlicher und politischer Natur, und sie war derart effektiv, dass die Maya-Zivilisation wieder aufblühte – wenn auch mit anderen Vorzeichen, nämlich auf Basis einer geteilten Herrschaft.

Chichén Itzás Vorherrschaft geriet im 11. Jahrhundert angesichts der längsten und schwersten Dürre, die die Region je erlebt hatte und die ihren lang etablierten Status quo untergrub, ins Wanken. Doch um 1220 herum stieg ein neuer Staat empor, dessen Zentrum Mayapán im Inneren des nördlichen Teils des Landes lag.[98] Mayapán war mit seinen rund 15 000 Einwohnern die bedeutendste politische Hauptstadt einer mächtigen regionalen Konföderation. Es war die kosmopolitische Reorganisation der Maya-Zivilisation – geprägt durch eine spektakuläre Architektur, weitverzweigte Außenkontakte und die erneute Betonung des traditionellen Glaubens, die mit prächtigen Kodizes in Erinnerung gebracht wurden. Da Mayapán in der Nähe eines Ringes von Cenoten (natürliche Höhlen), also an einer reichhaltigen unterirdischen Wasserquelle, gelegen war, florierte es bis etwa 1448 prächtig. In der Folgezeit wurde es allerdings 150 Jahre lang von schweren Dürreperioden heimgesucht. Diese hatten verheerende Auswirkungen auf die Nahrungsmittelversorgung, unterbrachen die Marktnetze und führten zu politischer Instabilität, verbunden mit militärischen Auseinandersetzungen.

Doch die Maya-Zivilisation überlebte. Teilweise war dies darauf zurückzuführen, dass die großen Zentren nicht besonders eng miteinander verbunden und dadurch weniger anfällig für jene politischen Turbulenzen waren, die den Süden erschütterten. Bis zur Invasion der Spanier erlebten die beeindruckenden Küstenstädte eine Blütezeit, und die ausgeklügelten Marktsysteme funktionierten über weiträumige Gebiete hinweg. Der Erfolg hing davon ab, wie gut sich ein bestimmtes Gebiet an lokale Umweltherausforderungen, an regionale Dürren und Nahrungsengpässe anpassen konnte. Die Gesellschaft der gebildeten Maya-Welt und ihre jahrhundertealten kulturellen Traditionen waren einem ständigen Wandel ausgesetzt. Die Ankunft der spanischen Eroberer im frühen 16. Jahrhundert veränderte allerdings den Weg der Maya, denn die Menschen passten sich den neuen wirtschaftlichen, politischen und spirituellen Gegebenheiten an.

Der Begriff Maya-Zusammenbruch ist hier unzutreffend, so dramatisch er auch klingen mag. Vielmehr war der Niedergang der Zivilisation ein komplexer Prozess zögerlicher Anpassungen an langwierige Dürreperioden, der viele Generationen andauerte. Letztendlich brach das politische System der klassischen Maya-Zivilisation zusammen, während die Bauern weitermachten: Die alte Maya-Zivilisation hatte nach dem sozial, politisch und ökologisch heiklen Wendepunkt um 800 n. Chr. eine Wandlung vollzogen. Die Umgestaltung, die die Maya ihrer Landschaft angesichts der klimatischen Schwankungen zumuteten, führte zu unterschiedlich schweren Umweltbelastungen, die mit den Dürreperioden zusammenfielen. Es kam ein Punkt, an dem die Maya-Herrscher trotz ihrer ausgefeilten Ideologie und ihrer strengen Kontrolle der Gesellschaft nicht mehr in der Lage waren, neue Anpassungsstrategien für das zunehmend trockenere Tiefland durchsetzen zu können. Die gewaltige Aufgabe, mutige Schritte zu wagen, um der Selbsterhaltungskrise in den von inneren Querelen und Kriegen zerrissenen Stadtstaaten zu begegnen, überforderte die in ihrer arroganten Pracht herrschenden Fürsten. All dies unter den Annahmen, dass die langfristige Krise von den Zeitgenossen bereits als solche erkannt werden konnte und bewusste, ergreifbare Maßnahmen einzelner politischer Akteure ein derart grundlegendes Problem einer Zivilisation hätten beheben können.

Die Menschen verloren das Vertrauen in die Autorität und auch in den Gesellschaftsvertrag zwischen Herrschern und Beherrschten, der sich nicht mehr halten ließ, und die Menschen gingen auseinander.

Und wir heute? In einer Welt, die von engstirnigem Nationalismus geprägt ist, stehen wir zusammen mit Millionen von Menschen der Bedrohung einer menschengemachten globalen Erwärmung und einem sicher katastrophalen Klimawandel gegenüber, der unvorstellbar größer ist, als jener, dem sich die Maya-Herrscher stellen mussten. Deren Untertanen zogen weg, suchten sich neue Höfe im Umland oder anderswo neue Möglichkeiten zum Leben, denn die Auswirkungen der Krise waren von Region zu Region unterschiedlich. Die Lektion, die uns die Maya-Erfahrung lehrt ist glasklar: Was zählt, ist eine starke, entschlossene Führung. Viele Menschen sind heute damit beschäftigt, geeignete

Maßnahmen zu finden, um den Klimawandel der Zukunft mit geeigneten Maßnahmen anzugehen. Doch was uns fehlt, ist eine starke, vorausschauende Führung, die über die Generationen hinausgeht. Es besteht die reale Gefahr, dass uns ein ähnliches Schicksal droht wie den Herrschern von Tikal und anderer großer Maya-Städte. Denn auf der einen Seite gibt es unter uns viele, die die bevorstehende Klimakrise leugnen, auf der anderen fühlen sich die meisten Menschen von der riesigen Herausforderung überfordert. Wir bewegen uns derzeit auf einen ähnlichen ökologischen Kipppunkt zu, wie frühere Gesellschaften – jedoch in einem weit größeren Ausmaß. Die Erfahrung der Maya erinnert uns daran, dass ein großer Teil der Klimaanpassung auf lokaler Ebene stattfinden kann und dass Untätigkeit keine brauchbare Strategie ist.

Aus diesem Grund sind lokale Maßnahmen zur Bewältigung von Klimaveränderungen weitaus wirksamer als grandiose administrative Projekte, die von anonymen Beamten entwickelt werden, denen es hauptsächlich um die Ernteerträge geht. Vielmehr zählt heute das Risikomanagement, und dies hauptsächlich auf lokaler Ebene – eine Tatsache, die wir viel zu oft vernachlässigen.

◆ ◆ ◆

KAPITEL 7

GÖTTER UND EL NIÑOS
(CA. 3OOO V. CHR. BIS ZUM 15. JAHRHUNDERT N. CHR.)

Unter dem blauen Himmel erstreckt sich der weiße Schnee, so weit das Auge reicht. Wir befinden uns an der abgelegenen Quelccaya-Eiskappe, hoch in den Anden im Norden Perus, einem der größten tropischen Eisfelder weltweit. Heute bedeckt die Eiskappe rund 43 Quadratkilometer, ihr höchster Punkt liegt 5680 Meter über dem Meeresspiegel. Aber am Ende der Letzten Eiszeit vor 18 000 Jahren war sie noch bedeutend größer: Die unaufhaltsame, vom Menschen verursachte Erderwärmung lässt die Eiskappe so schnell schrumpfen, dass sie bis 2050 möglicherweise ganz verschwunden sein wird. Östlich dieser Eiskappe fallen die Berge in das Amazonasbecken ab, der tropische Regenwald ist nur 40 Kilometer entfernt. Ungewöhnlich für Gebirgsgletscher, liegt das Eis hier auf einer ebenen Fläche, an manchen Stellen 200 Meter dick. Diese Voraussetzung macht die Eisplatte zu einem idealen Ort für die Bohrung von Eiskernen, denn sie kann deutlich unterscheidbare Schichten – jede repräsentiert ein Jahr – zum Vorschein bringen, getrennt durch Staubschichten aus der Trockenzeit. Mit diesen Kernen kann man etwa 1800 Jahre Klimageschichte des Quelccaya rekonstruieren.

Im Jahr 1983 bohrte der US-amerikanische Paläoklimatologe Lonnie Thompson von der Ohio State University im zentralen Teil des Eisfeldes zwei lange

Eiskerne heraus. Er verwendete dazu einen solarbetriebenen Eisbohrer, da ihm keine andere Energiequelle zur Verfügung stand.[99] Da der Forscher keine Möglichkeit hatte, die gefrorenen Kerne abzutransportieren, schnitt er sie in einzelne Proben, schmolz diese vor Ort und füllte sie in Flaschen ab. Auf diese Weise stellte er bis zu 1500 Jahre alte Eisabschnitte sicher. Im Jahr 2003 hatte sich die Logistik so weit verbessert, dass Thompson zwei Bohrkerne, die bis hinunter zum Grundgestein reichten, noch in gefrorenem Zustand in sein Labor nach Ohio transportieren konnte. Thompson verfügt nun über eine Quelccaya-Klimageschichte, die 1800 Jahre zurückreicht und Aufschluss darüber gibt, inwieweit sowohl das El Niño/Southern Oscillation-Phänomen (ENSO) als auch die Position der Innertropischen Konvergenzzone das Klima der Eiskappe beeinflusst haben.

Die El Niños sorgen für Westwinde, die die Feuchtigkeit reduzieren, bevor sie das Eis erreichen, und die heftigen Niederschläge in die Wüsten entlang der Westküste tragen. Der wärmende El Niño und seine kühlende Schwester La Niña wechseln sich im Laufe der Zeit unregelmäßig ab. Während Ersterer Dürreperioden im Süden Perus sowie in Boliviens hoch gelegenem Grasland, dem „Altiplano" (spanisch für „Hochebene") verursacht, bringt im Gegensatz dazu La Niña Regenfälle ins Hochland. Zusammen sind diese beiden Klimaphänomene starke Antriebskräfte in den Anden und an der Westküste Südamerikas, insbesondere in den trockenen Küstenebenen Perus. Dort bereicherte das abfließende Wasser aus den nahe gelegenen Anden Perus goldreiche vorindustrielle Staaten, wie beispielsweise den der Moche. ENSOs sind sehr komplexe Ereignisse, die eine bedeutende Rolle in der langen Geschichte der Andenregion gespielt haben.

DIE KÜSTE: CARAL, MOCHE, WARI UND SICÁN (3000 V. CHR. BIS 1375 N. CHR.)

Über viele Jahrhunderte hinweg entwickelten sich zwei große Pole der Andenzivilisation: einer im Hochland, mit dem Titicacasee als Zentrum, der andere weit im Nordwesten, in der Küstenebene des Tieflands im Norden Perus, einem der trockensten Orte der Erde. Insgesamt umschließt dieses riesige Gebiet eine Reihe von Ökozonen, die von West nach Ost verlaufen – Küstenwüste und Fluss-

Archäologische Stätten in Kapitel 7.

täler, Gebirge, Hochland, Ebenen und tropischer Regenwald. Jede dieser Zonen brachte unter verschiedenen Bedingungen Ernten hervor, sodass die Selbstversorgung und der Fernhandel dauerhaft gesichert waren.[100]

Die Küstenbewohner waren in hohem Maße auf die küstennahe Sardellenfischerei angewiesen. Diese lieferte ihnen sowohl Nahrung als auch Fischmehl, das zu einem großen Teil im Hochland Abnehmer fand. Der Fischfang war eine der Hauptbeschäftigungen der im Tiefland lebenden Bevölkerung. Gleiches gilt für die Bewässerungslandschaft in den Flusstälern. Das gesamte für die Bewässerung der Nordküste Perus benötigte Wasser fließt praktisch aus dem Gebirge in die Flüsse ab, die die Küstenebenen durchschneiden. Der Küstenraum Perus ist aber eine gefährdete Landschaft, in der immer wieder verheerende Erdbeben auftreten, aber auch große, oft lang anhaltende Dürren, Versteppung und Sanddünenbildung sowie starke El Niños, die heftige Fluten verursachen. Mit diesen harten Umweltbedingungen zu leben, schränkte die Küstengesellschaften erheblich ein. Es sei denn, Veränderungen, wie die allmähliche Wüstenbildung, erlaubten es ihnen, sich über einen solch langen Zeitraum anzupassen.

Um 3000 v. Chr. lebten in einigen lange bewohnten Siedlungen in der Nähe des Pazifiks zwischen 1000 und 3000 Bauern und Fischer. Dabei handelte es sich um eng verbundene Gemeinschaften mit starken verwandtschaftlichen Banden und einer tiefen Verehrung der Vorfahren. Deutlich wird diese in extravaganten, kunstvoll verzierten Textilien, die menschenähnliche Figuren, Krabben, Schlangen und andere Kreaturen darstellten. Es gab aber auch Städte, von denen insbesondere die antike Stätte Caral (ca. 3000–1800 v. Chr.) im Supetal in der nordzentralen Küstenregion Perus hervorzuheben ist.[101] Mit seinen riesigen Lehmpyramiden, Plätzen, Wohnhäusern und Tempelanlagen war Caral ein eindrucksvoller Zeitgenosse der Zivilisationen der Alten Welt im Industal, in Ägypten und Mesopotamien. Ihre Bewohner teilten zwar die Vorliebe der Ägypter für Pyramiden, doch ebenso wie schon im Industal, fanden Archäologen auch in Caral keine Spuren von Kriegsführung – keine verstümmelten Leichen, keine Festungsmauern, keine Waffen. Es scheint eher so, dass Caral eine friedvolle Stadt gewesen ist, eine blühende Metropole, die sich über 150 Hektar erstreckte und in ihrem unmittelbaren Umfeld mindestens 19 von ihr abhängige Siedlungen hervorbrachte. Warum genau das bevölkerungsreiche und gut vernetzte Caral unterging, bleibt ein Rätsel. Fest steht aber, dass in dieser Region – wie in jeder Region der Welt – Zivilisationen kamen und gingen. Einige kulturelle Elemente blieben und andere verschwanden, während die Menschen versuchten, die sozialen, politischen und klimatischen Veränderungen ihrer Zeit zu bewältigen. Dieses Wechselspiel lässt sich wunderbar veranschaulichen, wenn wir in der Zeit vorwärts reisen und unseren Blick auf die Ereignisse rund um das 1. Jahrtausend n. Chr. richten.

Etwa zu der Zeit, als der römische Kaiser Tiberius seine Feinde in den Tiber warf und der Vesuv ausbrach, entstand an der Nordküste Perus eine reiche, neue Kultur: der Moche-Staat (ca. 100–800 n. Chr.), angeführt von einer wohlhabenden Elite, die ihre Toten in aus Lehmziegeln errichteten Pyramiden bestattete und ein Vermächtnis aus Goldschätzen sowie reichen Kunstwerken hinterließ. Sie herrschten über einen schmalen Küstenstreifen von etwa 400 Kilometern Länge und bis zu 50 Kilometern Breite, der sich vom Lambayequetal im Norden bis zum Nepeñatal im Süden erstreckte.[102] Angesichts des großen kulturellen Erbes Perus entstand die Moche-Kultur selbstverständlich nicht aus einem Vakuum heraus. Der Staat wurde vielmehr auf einem mosaikartigen Flickenteppich gut funktionierender lokaler Bewässerungssysteme im Tal geschaffen, in dem die Menschen ein eng verflochtenes Kanal- und Bewässerungssystem vorfanden. Ihr Erfolg hing jedoch hauptsächlich von flexiblen, an ihre individuellen Dorfgemeinschaften angepassten Anbaumethoden ab. Die landwirtschaftliche Basis der Moche-Kultur stützte sich auf kleine Gruppen von Arbeitskräften und einfache Bewässerungsanlagen, die die Menschen selbst leicht reparieren konnten. Wie schon in der Alten Welt, waren die verstreut lebenden lokalen Dorfgemeinschaften auf den Abfluss aus Quellen und auf gelegentliche Niederschläge angewiesen.

Die weit auseinanderliegenden Bewässerungssysteme boten dem Staat eine gewisse Sicherheit, wenn lang anhaltende Dürren und schwere vom El Niño verursachte Regenfälle einzelne Anlagen innerhalb weniger Stunden überschwemmten und verwüsteten. Die Wasserabflüsse aus den Anden im Frühjahr empfanden die Menschen als jährliches Geschenk der übernatürlichen Welt. Den Kunstwerken und Gräbern der Moche-Kultur nach zu urteilen (sie hinterließen keinerlei Schriftstücke), wurde der Staat von Respekt einflößenden und allmächtigen Fürsten regiert.[103] Diese beanspruchten übernatürliche Kräfte für sich und traten als Mittler zwischen dem Volk und den Göttern auf, die die Fischgründe an der Küste und die wertvollen Ernten auf den Feldern nährten. Die Herrscher der Moche traten in all ihrem Gold- und Silberglanz in prachtvollen öffentlichen Zeremonien vor ihr Volk, um den Glauben zu nähren, dass jeder Herrscher für den Fortbestand allen Lebens unerlässlich war. Ohne ihn würde möglicherweise die Sonne nicht mehr aufgehen, die Fische würden sterben. Wie auch die (etwas spätere) Bevölkerung des Hochlandes von Tiwanaku (siehe unten), zahlten die Untertanen diesen „Leben spendenden" Herrschern Steuern in Form von selbst produzierten Nahrungsmitteln und anderen Waren, aber auch in Form von Arbeitskraft. Eine große Zahl einfacher Bürger wurde als Zwangsarbeiter zum Bau monumentaler Plattformen und Tempel eingesetzt.

Uns wird dieses Herrschersystem wie eine ausschließlich der Elite dienliche Erfindung erscheinen, ein Märchen oder ein Schwindel. Aber die Moche nahm die Vorstellung der gottesgleichen Herrscher so ernst wie Leben und Tod. In jener Welt der Ungewissheit, in der es noch keine moderne Wissenschaft gab, standen die Herrscher und ihre Götter stets an erster Stelle. Die Eisbohrkerne von Quelccaya haben uns Belege dafür geliefert, wie hart das Leben der Küstenvölker war: Eine ganze Reihe schwerer Dürren ließ die Niederschlagsmenge um bis zu 30 Prozent unter den Durchschnittswert sinken.[104]

Die gravierendste Dürre, von 563 bis 594 n. Chr., fiel in eine Zeit, in der die Herrscher der Moche (von Archäologen auch Fürsten oder Kriegerpriester genannt) flussabwärts in der Nähe des Pazifiks lebten. Diese strategische Lage gab ihnen die Kontrolle sowohl über das Wasser als auch über den reichen Sardellenfang nahe der Küste, eine lukrative Quelle für stickstoffreiches Fischmehl, das mit Lama-Karawanen ins Hochland transportiert wurde. Doch die Dürreperioden verwandelten alles in öde, unfruchtbare Staubbecken. In diesen Zeiten konnten die Herrscher die vom Staat eingelagerten, sorgsam gehüteten Getreidevorräte nutzen. Trotzdem hatte die Bevölkerung mit Unter- und Mangelernährung zu kämpfen. Anfangs konnten sie sich noch auf den Fischfang verlassen, bis allerdings auf dem Höhepunkt der Trockenperiode die unbändigen El Niños zuschlugen. Wärmeres Wasser aus dem Norden dezimierte die Sardellenbestände, als sintflutartige Regenfälle die Wüstenflüsse in reißende Ströme verwandelten, die alles mit sich rissen. Die ENSOs ließen die Landschaft der Moche-Kultur verwüstet zurück, Dutzende von Dörfern verschwanden unter Schlamm, Lehmhäuser stürzten ein und ihre Bewohner ertranken.

Die Kriegerpriester waren sich der Auswirkungen starker El Niños durchaus bewusst. Sie reagierten darauf, indem sie die Bevölkerung zum Wiederaufbau der Bewässerungssysteme einsetzten und Menschenopfer darbrachten. Während der kanadische Archäologe Steve Bourget einen abgeschiedenen Platz bei der „Huaca de la Luna", der „Mondpyramide", im Mochetal untersuchte, legte er erstaunliche Wanddarstellungen von Seevögeln und anderen Meeresbewohnern frei – sie alle werden mit der warmen ENSO-Strömung nahe der Küste in Verbindung gebracht. Inmitten dieser künstlerischen Explosion fand Bourget ebenfalls die Skelettreste von rund 70 getöteten Kriegern. Der Forscher glaubt, dass die Herrscher der Moche Menschenopfer darboten und aufwendige Rituale zelebrierten, um angesichts des herrschenden Unglücks auf diese Weise ihre Autorität wiederherzustellen. Doch dann brach ein weiterer starker El Niño über das Tal herein. Riesige Dünen aus Flusssedimenten, die an die Küste gespült worden waren, bedeckten Hunderte von Hektar Ackerland und erreichten schließlich auch die Hauptstadt der Moche. Sowohl die Herrscher des Mochetals als auch ihre Zeitgenossen im Lambayequetal zogen weiter flussaufwärts.

Trotz dieser Klimavariabilität unterhielten die Moche weiterhin ausgedehnte Feldwirtschaftssysteme, die mit möglichst geringen Investitionen angelegt wurden. Die Bevölkerung wurde mobiler, und anstelle der großen städtischen Zentren früherer Zeiten entstanden viele kleinere Siedlungen in unterschiedlichen Umgebungen. Schäden wurden von den Bauern umgehend behoben, denn der Wettbewerb um den Zugang zu fruchtbarem Land und Wasser verschärfte sich.

Zwischen 500 und 600 n. Chr. festigten die Moche ihre zunehmend kleineren, verstreuten Siedlungen am Fuße der Anden, dort, wo die Küstenflüsse in die Wüste münden.[105] Zu dieser Zeit waren die Herrschaftsbereiche der Moche zunehmend zersplittert und jede Form regionaler Kontrolle über die Nahrungsmittelproduktion war schwierig geworden. Eine geschwächte Führung rang mit plötzlichen klimatischen Umschwüngen sowie mit Angriffen aus dem Hochland, als ein weiterer schwerer El Niño die zentralen Feldsysteme einfach wegspülte. Die Fürsten verloren ihre göttliche Glaubwürdigkeit und der Moche-Staat zerfiel zusehends. Wie den ägyptischen Pharaonen zuvor, war es ihnen aber gelungen, zumindest ein katastrophales Klimaereignis zu überstehen. Im Gegensatz allerdings zu den Nilufern Ägyptens gestattete ihnen ihre Umwelt wenig Flexibilität. Die künstliche Landschaft, die sie in den Flusstälern geschaffen hatten, erforderte langfristige Planungen, technologischen Einfallsreichtum und die Abkehr von einer starren Ideologie, die diese streng kontrollierte Gesellschaft nicht mehr zusammenhalten konnte. Die Herrscher hatten augenscheinlich den Kontakt zum Leben in den von ihnen regierten Dörfern verloren. Ihnen gingen die Handlungsoptionen aus, und ihre wohlhabende Gesellschaft löste sich nach dem Jahr 650 allmählich in zahlreiche kleinere Königreiche auf.

Zu diesem Flickenteppich von Königreichen gehörte auch das der Wari. Ihr Herrschaftsgebiet erstreckte sich von 500 bis 1000 n. Chr. vom Hochland der

Anden hinunter zur nördlichen (und möglicherweise auch zentralen) Küste Perus. Die Wari waren eine hoch entwickelte Kultur und bestatteten ihre Elite mit extravagantem Schmuck, exquisiten Textilien und Töpferwaren. Sie bewirtschafteten ihr Land mit weiser Voraussicht und entwickelten ein erfolgreiches System der Terrassenlandwirtschaft an Berghängen. Und doch ging auch ihre Kultur, durch Dürreperioden geschwächt, unter. Gut möglich, dass zwischenmenschliche Gewalt ihr Ende noch beschleunigte. Darauf zumindest weisen die zugemauerten Türen in einigen der Regierungsgebäude hin, die in Wari ausgegraben wurden. Vielleicht, so vermuten Archäologen, hatten die Bürger geplant, zurückzukehren, sobald die Niederschläge oder der Friede zurückgekehrt seien – doch daraus wurde nichts.

Eine weitere an der Küste existierende Kultur war jene der Sicán. Ihre Anführer kamen an die Macht, als die Gesellschaft der Moche um 800 n. Chr. zerbrach. Möglicherweise könnten sie Nachfahren der Moche-Elite gewesen sein. Sie investierten viel in reich geschmückte Zeremonialzentren, die von künstlichen, aus Lehmziegeln errichteten Hügeln dominiert wurden. Eine 27 Meter hohe Pyramide, heute unter dem Namen Huaca Loro bekannt, überblickte einen großen Platz und das politische wie auch religiöse Zentrum der Sicán-Kultur in Batán Grande im Tal von Lambayeque, unweit der heutigen Stadt Chiclayo. Während die reich geschmückte Elite, die in Schächten bestattet wurde, auffällige goldene Masken und Ornamente trug, lagen die einfachen Leute in flachen Gräbern mit sehr wenig oder gar keinem Schmuck. Wie ihre Vorgänger aus der Zeit der Moche, waren auch sie von den Verwüstungen der ENSOs bedroht. Batán Grande wurde von einem massiven El Niño zerstört, kurz bevor ein weiteres Königreich, und zwar Chimú, die Sicán im Jahr 1375 eroberte.

CHIMÚ: VARIABLE WASSERWIRTSCHAFT (850 BIS CA. 1470 N. CHR.)

Die Chimú-Kultur entstand um 850 n. Chr. im Mochetal. Wie schon bei den Sicán, waren ihre ersten Herrscher möglicherweise Nachfahren des Adels der Moche; zudem standen sie unter dem starken Einfluss ihrer Zeitgenossen, insbesondere dem der Wari-Kultur. Im Laufe der folgenden vier Jahrhunderte dehnten die Chimú ihre wirtschaftliche und politische Macht über weite Regionen an der nördlichen und der nord-zentralen Küste Perus aus. Sie hatten eine ganze Menge von ihren Vorfahren geerbt, allerdings mit einem großen Unterschied: Von Anfang an wählten die Fürsten der Chimú beim Bau ihrer Hauptstadt Chan Chan eine andere Herangehensweise.[106]

In der Nähe der Mündung des Mochetals gelegen, entwickelte sich Chan Chan zu einer riesigen Stadt, die mit Teotihuacán im mexikanischen Hochland aus früheren Jahrhunderten konkurrierte. Von Anfang an war Chan Chan als „horizontale Metropole" geplant, gemeint ist damit, einen möglichst gleichmäßigen Zugang der Bewohner zu Versorgungsgütern und Infrastruktur sicherzustellen. Ihre Herrscher konzentrierten sich zudem darauf, ausreichend Nahrungsmittel zur Verfügung zu stellen. Niemand weiß genau, wie groß die urbane Bevölkerung wirklich wurde. Um 1200 n. Chr. hatte sich die Stadt auf über 20 Quadratkilometer ausgedehnt. Rund 26 000 Handwerker lebten in Häusern aus Lehm und Schilf entlang der südlichen und westlichen Ränder des zentralen Stadtbezirks. Zu ihnen gehörten Metallarbeiter und Weber. Weitere 3000 lebten in der Nähe der königlichen Anlagen, rund 6000 Adlige und Beamte bewohnten frei stehende Lehmziegelhäuser in der Nachbarschaft. Die Herrscher selbst bleiben für uns anonym, denn sie hinterließen keine schriftlichen Aufzeichnungen. Wir wissen aber, dass sie zurückgezogen in neun mit Mauern umgebenen Anlagen im Herzen der Stadt lebten. Jede dieser Anlagen verfügte über eine eigene Wasserversorgung, üppig dekorierte Wohnquartiere und über eine Bestattungsplattform für den Fall, dass ein Herrscher innerhalb dieses Quartieres begraben werden musste.

Aus mündlichen Überlieferungen und durch spanische Chronisten aus dem 17. Jahrhundert ist bekannt, dass ein Herrscher namens Michancamán Chimor zur Zeit der Inka-Eroberungen zwischen 1462 und 1470 n. Chr. regierte. Offensichtlich hatten seine Höflinge exakt definierte Ränge und Aufgaben, wie beispielsweise der „Wegbereiter". Dabei handelte es sich um einen Beamten, der mit Muschelstaub den Weg bestreute, den der Herrscher beschreiten wollte. Jeder Anführer baute sein Quartier in der Nähe der anderen, erbte aber keinerlei Besitztümer. Dieses Prinzip, allgemein bekannt als „geteilte Vererbung", zwang die Herrscher dazu, sich durch Eroberungen zusätzliches Territorium, Reichtum und steuerpflichtige Untertanen anzueignen. Sie übernahmen auch die Praxis, besiegte Völker gewaltsam in Regionen umzusiedeln, die weit von ihrem Heimatland entfernt lagen – so wie es auch die Inka getan hatten.[107]

Die Chimú-Kultur entwickelte sich zu einer hierarchisch gegliederten, streng organisierten Gesellschaft mit einem sorgsam definierten Klassensystem von Adligen und einfachen Bürgern sowie einem strikten Rechtssystem zur Durchsetzung der sozialen Hierarchie. Vertrauenswürdige Beamte verwalteten die verschiedenen Regionen im Herrschaftsgebiet. Politisch gesehen war der Staat äußerst erfolgreich. In seiner Blütezeit herrschten die Chimú über ein Reich, das über die nördliche Küstenzone des alten Moche-Königreiches hinausging und sich nach Süden entlang einer 1000 Kilometer langen Küstenlinie erstreckte.

Die Fürsten hielten ihren wachsenden Staat durch eine Kombination von Gewalt und Tributabgaben aufrecht. Sehr bald schon erkannten sie die große Bedeutung einer umfassenden und gut funktionierenden Kommunikation, die sich durch ein Straßensystem verwirklichen ließ, das alle Täler miteinander verband. Zwar waren viele der Straßen kaum mehr als Feldwege, doch sie schufen Verknüpfungen in alle Ecken des Landes. Als lebenswichtige Verbindungen brachten sie die Steuereinnahmen und den materiellen Reichtum des Staates direkt ins Zentrum. Wie in anderen historischen Zivilisationen, waren die Fürsten sehr darauf bedacht, Loyalität und Tapferkeit im Kampf mit Auszeichnungen und wertvollen Geschenken zu belohnen. Auch, dass ihr Staat auf Nahrungsmittel angewiesen war, die nicht allein mit Gewalt oder durch Steuern erworben werden konnten, war ihnen bewusst.

Jahrhundertelang hatten Küstenbauern wie die Moche sehr flexible landwirtschaftliche Bewirtschaftungsmethoden entlang der Küstenhänge angewendet, wo sie das Quellwasser und den Abfluss der Niederschläge maximal nutzen konnten. Diese Strategie funktionierte bei einer relativ geringen Bevölkerungsdichte auch optimal. In krassem Gegensatz dazu investierten aber die Chimú, die mit immer größer werdenden städtischen Zentren und einer sprunghaft ansteigenden Bevölkerung fertigwerden mussten, in eine hoch diversifizierte und streng organisierte Wasser- und Landwirtschaft.

Chan Chan selbst war hauptsächlich auf Stufenbrunnen angewiesen, von denen viele vom hohen Grundwasserspiegel in der Nähe des Pazifiks profitierten.

Das niedrig gelegene Gelände östlich der Stadt ermöglichte ein ausgeklügeltes System von tief liegenden Gärten mit einem hohen Grundwasserspiegel, der ein Gebiet von 5 Kilometern flussaufwärts vom Pazifik versorgte. Um 1100 n. Chr. hatten die Arbeiter ein riesiges Kanalnetz gegraben, das das gesamte Flachland nördlich und westlich von Chan Chan bewässerte.

Dieses System füllte auch die Grundwasserspeicher der Stadt wieder auf. Als ein starker El Niño im selben Jahr den Lauf des Moche-Flusses umleitete und schwere Schäden an den Bewässerungssystemen flussaufwärts der Hauptstadt hinterließ, begannen die Herrscher kühn mit dem Bau eines 70 Kilometer langen Kanals, um ihre verwüsteten Felder mit Wasser aus dem benachbarten Chicamatal zu versorgen.[108] Dieses ambitionierte Projekt wurde aber nie fertiggestellt, was zum Teil darauf zurückzuführen war, dass die Stadt sich in flussaufwärts gelegene Gebiete ausdehnte, in denen der Grundwasserspiegel viel tiefer lag. Letztendlich schrumpfte die Stadt in Richtung Pazifikküste, aufgrund des zu niedrigen Wasserspiegels.

All das war nur ein Aspekt des bemerkenswerten Kampfes, den Chimú gegen die Dürre und die ENSOs führte. Die Pläne der Herrscher wurden immer ehrgeiziger und kostspieliger.[109] Sie legten im gesamten Königreich aufwendige Kanäle an, um Wasser in die verschiedenen Teile der potenziell fruchtbaren Flusstäler zu leiten. Einige dieser Kanäle waren bis zu 40 Kilometer lang. Das Jequetepequetal nördlich des Chicama-Flusses verfügt über fruchtbares Ackerland sowohl in den Überschwemmungsgebieten als auch in den angrenzenden, bewässerbaren Wüstenebenen sowie über reiche Meeresressourcen an der Küste. Auf der Nordseite des Tales sind noch immer die Spuren von mindestens 400 Kilometern Kanälen zu sehen, die über viele Jahrhunderte gebaut wurden. Dieses gigantische Kanalsystem wurde zu keiner Zeit in vollem Umfang genutzt, weil gar nicht genügend Wasser zur Verfügung stand, um es in seiner gesamten Länge zu füllen. Die Gemeinschaften, die von diesen Kanälen abhängig waren, müssen sorgfältig durchdachte Zeitpläne entwickelt haben, um eine gerechte Versorgung für alle zu gewährleisten. Wenn man bedenkt, dass die Landwirte von heute ihre Felder etwa alle zehn Tage bewässern, dann bekommt man einen Eindruck von der komplexen Logistik des Versorgungssystems. Trotz dieser Schwierigkeiten bot das Kanalsystem der Chimú aber wenigstens die Chance,

Extremwetterereignisse, wie heftige Regenfälle, abzumildern und auf die durch Wasserknappheit verursachte politische Unsicherheit zu reagieren.

AGRARLANDSCHAFTEN UND ZWÖLF TÄLER

Die Südseite des Jequetepequetals erzählt eine andere Geschichte, denn dort erstrecken sich riesige Sanddünen von der Küste bis zu 25 Kilometer ins Landesinnere. Diese immensen Dünen waren aufgrund einer schweren Dürre zwischen 1245 und 1310 entstanden. Im späten 14. Jahrhundert musste eine große Siedlung in Cañoncillo aufgegeben werden, als die vordringenden Sanddünen die Felder in Besitz nahmen, Bewässerungskanäle blockierten und Häuser unter sich begruben. Diese längerfristige Versteppung hatte weitaus größere Konsequenzen als die durch Dürren oder heftige Niederschläge verursachten Verwüstungen, denn diese Schäden ließen sich irgendwann beheben. Auf hereinbrechende Sanddünen einzuwirken, lag im Gegensatz dazu jenseits aller menschlichen Einwirkungsmöglichkeiten. Als einziger Ausweg blieb, die Gegend zu verlassen.

Trockenheit war die eine Sache, zu viel Niederschlag durch El Niño-Ereignisse die andere. Lokale Herrscher und Wasserexperten in den größeren städtischen Zentren der Chimú, wie Farfán Sur, Cañoncillo und andere, bauten aufwendige Überlaufwehre in das Kanalsystem hinein, insbesondere für die Aquädukte, die tiefe Schluchten überbrückten. Die Wehre konnten den Wasserfluss verlangsamen und Erosion verhindern. Außerdem verfügten die Aquädukte über mit Steinen ausgekleidete Verbindungskanäle, die es dem Wasser ermöglichten, durch die Basis des Bauwerkes zu fließen, ohne es zu beschädigen. Diese Maßnahmen leisteten gute Dienste, aber es gibt Anzeichen dafür, dass viele von ihnen erneuert werden mussten, nachdem sie überflutet worden waren. Es gab auch noch eine andere Strategie: den Bau von halbmondförmigen Hindernissen aus Stein in küstennahen Gebieten. Diese verlangsamten das Vordringen des Dünensandes in die Bewässerungskanäle und auf die Felder – nur wenige dieser Einrichtungen erwiesen sich allerdings als tauglich.

Die Moche hatten sich auf die individuellen Gemeinschaften verlassen und nur wenige Versuche unternommen, die Landwirtschaft zentral zu verwalten.

Bewohner der beschädigten Dörfer zogen einfach weiter und bauten ein neues Kanalsystem. Dies funktionierte sehr gut, solange die Bevölkerungsdichte relativ niedrig blieb, auch wenn die Konkurrenz um die fruchtbarsten Böden heftig war. Die Chimú hingegen lebten in einer viel dichter besiedelten Agrarlandschaft. Sie entwickelten kleine und große Städte und praktizierten Landwirtschaft in regionalem Maßstab. Mithilfe beträchtlicher Investitionen aus Tributeinkünften legten sie große Agrarlandschaften an. Dazu gehörten große Wasserreservoirs und die Terrassierung steiler Berghänge, um den Wasserabfluss zu kontrollieren. Die größten Investitionen gingen in den Bau von langen Kanälen, die das Wasser selbst in schwersten Dürreperioden aus tief eingeschnittenen Flussbetten zu weit entfernten Terrassen und auf die zu bewässernden Flächen leiteten. Dies war eine langfristige Investition, die die Chimoú in die Lage versetzte, Tausende von Hektar neuer Felder anzulegen. Diese konnten sie zwei- oder dreimal im Jahr bepflanzen und abernten. Zuvor war nur eine Ernte möglich gewesen, die mit dem jährlichen Abfluss aus den Bergen zusammenfiel.

Im Laufe der Zeit wurde die Urbarmachung des Landes jedoch selbst mit einem riesigen Heer an Arbeitskräften unwirtschaftlich. Die Alternative für die Fürsten der Chimú-Kultur waren Eroberungen, die sie mit dem Prinzip der „geteilten Vererbung" begründen konnten, nach dem jeder Herrscher sein eigenes Agrarland erwerben musste. Am Ende kontrollierten sie mehr als zwölf Flusstäler mit mindestens 50 500 Hektar Anbaufläche, die von den Arbeitskräften vollständig mit einfachen Hacken oder Grabstöcken bearbeitet wurden. Landwirtschaft in dieser Größenordnung aufrechtzuerhalten, erforderte eine effiziente, entschiedene Verwaltung. Dazu gab es angesichts der enormen Investitionen, die für Bauvorhaben und die Bewirtschaftung erforderlich waren, gar keine Alternative. Die Herrscher schränkten die Bewegungsfreiheit des Einzelnen ein, zwangen viele Bürger, in die Städte umzuziehen und übten von zentraler Stelle die Kontrolle über Nahrungsmittelversorgung und Bevölkerung aus. Diese Zentralverwaltung hatte auch strategische Vorteile, denn die Chimú konnten auf anhaltende Dürren oder größere ENSO-Ereignisse eher regional als lokal reagieren. Sie konnten Ernten von einem Gebiet in ein anderes umleiten, unbeschädigte Bewässerungskanäle wieder in Betrieb nehmen und auf eine große Zahl von Arbeitskräften zur Beseitigung von Überschwemmungsschäden zurückgreifen.

Die Chimú-Kultur setzte auf eine langfristige Planung und vollbrachte in einer Umgebung, in der praktisch nur 10 Prozent des Bodens kultivierbar waren, landwirtschaftliche Wunder. Außerdem konnte sich das Königreich glücklicherweise auf die Sardellenfischerei verlassen. Historischen Quellen zufolge waren die Fischer eine eigenständige Gemeinschaft, die mit den Bauern Nahrungsmittel austauschte. Die Küstenbewohner waren praktisch resistent gegen Dürren, nicht aber gegen die El Niños, die den Auftrieb vor der Küste zum Erliegen brachten und die Sardellenfänge einbrechen ließen.

Während die Maya-Fürsten ihr Volk in ein Umweltchaos stürzten, gelang es der Elite der Chimú, lang anhaltende Dürren und extrem starke ENSO-Ereignisse während der Mittelalterlichen Klimaanomalie in den Griff zu bekommen. Ihre Anführer beaufsichtigten eine gut strukturierte Oase, die enorme menschliche Arbeitskraft und eine zentralisierte Kontrolle mit drakonischen Maßnahmen erforderte. Sie stützten sich außerdem auf eine strenge soziale Ordnung und auf Rituale, welche die natürliche mit der übernatürlichen Welt verbanden. Sowohl Herrscher als auch Bauern waren durch ihre Umgebung auf die raue Wirklichkeit des Lebens in einer der trockensten Gegenden der Erde gewöhnt, eine Umgebung, in der Regen eine Seltenheit war und Wasser aus weiter Entfernung herbeitransportiert werden musste. Wiederkehrende Dürreperioden traten während der Lebenszeit eines jeden auf. Der Staat passte sich an die Trockenheit an, indem er das Nahrungsmittelangebot diversifizierte, jeden Tropfen Wasser sparte und hoffte, mit der Fischerei die Nahrungsgrundlage zu erweitern. Und tatsächlich: Die hart errungene Erfahrung der Vorfahren, sachkundiger Opportunismus und die langfristige Planung zahlten sich aus.

Die Chimú hatten nun die Lebensgrundlage ihres Volkes unter Kontrolle. Nur die Macht über die Wasserscheiden, die ihr Königreich mit dem Wasserabfluss aus den Bergen versorgten, hatten auch die Herrscher nicht. Der Umfang ihrer landwirtschaftlichen Betriebe war nun so groß und komplex, dass es Schwierigkeiten in der Verwaltung gab, insbesondere bei den Wassersystemen flussaufwärts. Um 1470 n. Chr. konnten die Inka als Eroberer aus dem Hochland die strategische Kontrolle über die Wassereinzugsgebiete an sich reißen und den Staat stürzen. Somit wurde dieser Teil von Tawantinsuyu, dem „Land der vier Teile", wie die Inka ihr Reich nannten. Ackerbau und Bewässerung wurden fortgesetzt, aber die neuen Herren der Küstentäler siedelten die erfahrenen Handwerker von Chimú ins Hochland nach Cusco um.

Die Küstenstaaten gediehen auf vielerlei Ebenen, denn sie hatten genaue Kenntnisse über ihre Umwelt und über die Wasserquellen, die ihre Böden nährten. Sowohl Anführer als auch Bauern lebten in Flusstälern, in denen schwere Dürren an der Tagesordnung waren und viele El Niño-Ereignisse ihre Felder verwüsteten. Sie kannten die verräterischen Anzeichen eines bevorstehenden ENSO sehr genau: geringere Sardellenfänge, eine südwärts fließende Küstenströmung, unbekannte tropische Fische, wärmeres Wasser in Küstennähe. Jeder, egal ob Moche, Sicán oder Chimú, konnte hier eine potenzielle Katastrophe voraussagen, ebenso wie eine Dürre im Hochland, verursacht durch ENSOs, die den Niederschlag zur Zeit der Aussaat verringerten. Unter allen Andenstaaten, die jeder für sich unterschiedliche soziale Antworten auf klimatische und ökologische Veränderungen hatten, zeichnete sich Chimú dadurch aus, dass jeder Einzelne erkannte, wie wichtig langfristige Planung war, um Nachhaltigkeit zu sichern. Diese Erkenntnis hatte auch noch in der Zeit der Inka und darüber hinaus Bestand.

Nachhaltigkeit zu sichern, war entlang der peruanischen Küste und in den Andenregionen schon immer eine Herausforderung. Es ist erstaunlich, mit welchen unterschiedlichen Strategien sich die kleinen Gemeinschaften an die lokalen Gegebenheiten und unvorhersehbaren Dürren anpassten, die manchmal eine ganze Generation oder noch länger andauerten. Ohne sorgfältige und langfristige Planung der Bauern in den kleinen Gemeinschaften wäre die Landwirtschaft in den Flusstälern entlang der Küste, wie sie die Moche und Chimú praktizierten, niemals von Erfolg gekrönt gewesen. Die Betonung der „Zukunftssicherung" für Zeiten bitterer Dürren ist besonders in Chimú festzustellen, wo der Staat erheblich in wasserbauliche Maßnahmen wie Kanäle investierte, um alle Täler miteinander zu verbinden.

Sowohl die Moche als auch die Chimú waren hierarchisch gegliederte Gesellschaften, die ihren Herrschern Tribute in Form ihrer Arbeitskraft entrichteten. Offensichtlich funktionierte dieses System auf der Basis eines Gesellschaftsvertrags zwischen Anführern und Untergebenen, indem jeder Einzelne seinen eigenen Vorteil im sorgfältigen Umgang mit den Wasserressourcen und in der Vorausschau auf mögliche Risiken sah. Im Rückblick scheint all dies in der Gesellschaft der Chimú sehr erfolgreich organisiert gewesen zu sein. Nichtsdestotrotz bleibt die Erkenntnis, dass bei jeder noch so effektiven Führung landwirtschaftliches Fachwissen – Kenntnisse über die lokalen Gegebenheiten – und gemeinschaftliche Arbeit stets von ebenso zentraler Bedeutung waren. Gleiches galt für die verwandtschaftlichen Beziehungen, die wichtiges Bindeglied zwischen den Bauerndörfern in der Nähe von Bewässerungsanlagen waren. Gemeinschaftliche kooperative Arbeit blieb weiterhin von unschätzbarem Wert. Zentralisierte autoritäre Verwaltung sorgte für die erforderlichen Arbeitskräfte – aber lokales Wissen und verwandtschaftliche Bindungen hielten das ganze System zusammen. Nimmt man letztlich noch die Sardellenfischerei in Küstennähe hinzu, war die Diversifizierung der Nahrungsgrundlage ausreichend, um die Menschen auch in trockenen Jahren zu ernähren.

Ganz anders hingegen in Tiwanaku im Hochland, wo die Nahrungsmittelüberschüsse von den Niederschlagsmengen und den gemeinschaftlich verwalteten Bewässerungssystemen abhingen. Als eine extreme Dürre die Region heimsuchte, gab es für die zentralisierte Autorität der Herrscher in Tiwanaku keine Rettung mehr: Die Staatsspitze löste sich nach und nach auf, und der Staat zerfiel. Auf dem Land hingegen konnten die Dorfgemeinschaften mit ihren engen verwandtschaftlichen Beziehungen überleben.

DAS ERSTAUNLICHE LEBEN IM HOCHLAND: TIWANAKU (7. BIS 12. JAHRHUNDERT N. CHR.)

Das Altiplano (spanisch für „Hochland") liegt nahe der südlichen Grenze der Quelccaya-Eiskappe, was bedeutet, dass die dort geborgenen Eisbohrkerne ein empfindliches Barometer für klimatische Veränderungen sind. Der Titicacasee liegt gerade einmal 120 Kilometer südlich von Quelccaya. Durch die Sedimentkerne aus dem See steht uns eine zweite Quelle für präzise Informationen über die Niederschlagsmengen zur Verfügung. Deswegen stellt sich genau an dieser Stelle die Frage: Wie haben die Menschen in der Vergangenheit auf die Klimaveränderungen reagiert? Archäologen können sich glücklich schätzen, dass

Tiwanaku, eine der größten präkolumbianischen Stätten Südamerikas, unweit des Titicacasees liegt.

Tiwanaku entwickelte sich zwischen dem 7. und dem frühen 12. Jahrhundert zu einem bedeutenden Stadtstaat.[110] Eisbohrkernen nach zu urteilen, waren diese rund 500 Jahre eine Periode mit allgemein warmen und relativ feuchten Bedingungen. Zwar gab es einige trockenere Intervalle, aber das Gesamtklima war relativ stabil. Zudem enthielten die Eisbohrkerne Schichten aus windverwehten Sedimenten, die von einem großen rund um die Stadt arrangierten Netz erhöht angelegter Felder stammten. Etwa 19 000 Hektar solcher Felder sind bislang allein im Hinterland von Tiwanaku bekannt. In der Blütezeit der Stadt basierte die staatliche Landwirtschaft auf ebendiesen, von den Dorfgemeinschaften angelegten und unterhaltenen Feldsystemen. Die ertragreichsten Felder auf dem Altiplano lagen an strategisch günstigen, von Bewässerungskanälen umgebenen Parzellen. Schlamm aus den umliegenden Kanälen lieferte reichlich Nährstoffe für die fruchtbaren, höher gelegenen Böden – ebenso wie der Dung der Lamas, dem verbreitetsten Nutztier in dieser Gegend. Wenn es viel regnete, wurden die Felder von den hohen Grundwasserspiegeln und Kanälen durchtränkt, wodurch nicht nur ausreichend Wasser zur Verfügung stand, sondern die wachsenden Pflanzen auch hervorragend vor Frostschäden geschützt wurden. Diese Bewässerung war ganz besonders für das erfolgreiche Wachstum der wertvollsten Kulturpflanze wichtig: den Mais. Allerdings kultivierten die Bauern von Tiwanaku auch Kartoffeln – ein Grundnahrungsmittel der einfachen Leute, dessen Ernte jedoch in höheren Lagen leicht durch Frost dezimiert werden konnte – und Ulluco – eine leuchtend farbige, kartoffelähnliche Wurzel mit essbaren, spinatähnlichen Blättern. Der Anbau auf diesen Hochäckern war so produktiv, dass die Dorfbewohner zwischen dem 7. und 12. Jahrhundert ein weitverzweigtes Netz solcher Gartensysteme anlegten. Lokale Feldsysteme wurden nach und nach in die regionalen Systeme integriert und produzierten Nahrungsmittelüberschüsse, die eine politische Elite, eine komplexe Ideologie, religiöse Überzeugungen sowie einen regen Handel im Tiefland und in den Wüstenlandschaften förderten.

Es wird vermutet, dass rund 20 000 Menschen in diesen dörflichen „Vororten" rund um das politisch-religiöse Herz von Tiwanaku lebten. Die Stadt war voller monumentaler Bauwerke. Ein großer abgesenkter Zentralplatz, die Kalasasaya,

Der abgesenkte Zentralhof in Tiwanaku, Bolivien.

dominiert eine mit Steinen verkleidete innere Plattform. Ganz in der Nähe begrenzt eine Reihe aufrecht stehender Steinblöcke eine rechteckige Anlage mit einem Tor, darin eingemeißelt das Bild eines Gottes von menschlicher Gestalt, manchmal Viracocha genannt. Kleinere Gebäude, Einfriedungen und riesige Statuen liegen in der Nähe des zeremoniellen Bauwerks, Teile einer mächtigen Ikonografie, die Kondore und Pumas zusammen mit menschengestalteten Göttern in Begleitung von unbedeutenderen Gottheiten oder Boten zeigt. Das Zentrum von Tiwanaku war ein höchst heiliger Ort, vermutlich von halbgöttlichen Herrschern regiert, deren Namen unbekannt sind. Diese Elite regierte von der Spitze eines sorgfältig organisierten Königreichs aus, das von einer so umfangreichen Viehzucht und selbstversorgenden Landwirtschaft lebte, dass Archäologen noch immer die zerfurchten Überreste der seit Langem verlassenen Hochäcker rund um die Stadt entdecken können.

Hinter der Fassade des Hochlandstaates waren enorme wirtschaftliche und politische Kräfte verborgen. Ein Großteil des Wohlstands beruhte auf der lokalen Kupferverhüttung und dem Handel mit den Gebieten am Südufer des Sees sowie der fernen Küste. Informelle Handelsnetze, bei denen Lamas eingesetzt wurden, verbanden die Stadt im Hochland mit einer Kolonie in Moquegua an der Wasserscheide des Pazifiks rund 325 Kilometer entfernt. Eine solche Besiedlung war kein Zufall, denn die beiden Zentren liegen im Herzen eines fruchtbaren Maisanbaugebiets. Der US-amerikanische Spezialist für Anden-Archäologie Charles Stanish und Kollegen entdeckten im südwestlichen Titicacabecken diese und zwei weitere große Städte im selben südlichen Tal und zeigten deren enge kulturellen Verbindungen zu Tiwanaku auf.[111] Eine große Anzahl Menschen lebte im Laufe der Jahrhunderte dort. Einige von ihnen reisten weit umher. Über 10 000 Personen mit engen Verbindungen zu Tiwanaku im Hochland sind auf einem großen Friedhof in der heutigen Stadt Chan Chan nahe der Küste bestattet.

Der Handel zwischen dem zentralen Tiwanaku und den Stätten an der Peripherie scheint relativ informell gewesen zu sein, sicherte aber den Fluss von Rohstoffen und Waren, die im Herzen des Staates nicht erhältlich waren. Anders als die späteren Inka, unternahmen die Menschen in Tiwanaku keine Anstrengungen, um ein koordiniertes Straßensystem zu unterhalten. Sie stützten sich auf Siedlungen in niedrigeren Höhenlagen, deren Bewohner enge und lange etablierte Beziehungen zu ihren Heimatgemeinschaften im Hochland hatten. Der Großteil des Handels lag in den Händen von Menschen mit Verwandtschafts- und Händlergruppen, also mit engen zwischenmenschlichen Beziehungen entlang der gut ausgebauten Handelswege. Die Zahl der Lama-Kolonnen dürfte in die Hunderte gegangen sein – heutzutage sind sie bedeutend kleiner –, und sie legten, wie man aus heutigen Beobachtungen schließen kann, zwischen 15 und 20 Kilometer pro Tag zurück. Dieser weitreichende Handel verbreitete die auf Tongefäßen und in der Kunst übermittelte Staatsideologie und stärkte dementsprechend Tiwanakus wirtschaftliche und politische Autorität über riesige Gebiete sowohl im Hochland als auch im Tiefland. Der Handel wurde selbst dann noch betrieben, als die politische Struktur von Tiwanaku schon zerfallen war.

SCHWANKEND HEISS UND KALT

In früheren Kapiteln haben wir bereits erwähnt, dass die Jahrhunderte, in denen Tiwanaku entstand, Perioden mit einem relativ warmen und stabilen Klima waren, die mehr Regen zu verzeichnen hatten als frühere Zeiten. Wie schon bei den Maya, expandierte auch hier die Landwirtschaft, die Hochäcker-Flächen wurden ausgeweitet und die Bevölkerungsdichte nahm zu. Bauboom und Expansion bescherten Tiwanaku gute Zeiten, denn die Stadt gewann hohes Ansehen. Zudem dominierte der Einfluss seiner Kultur weite Gebiete des Altiplano ebenso wie an der entfernten, trockenen Küste. Doch die Pracht war nicht von Dauer.

Eisbohrkerne von Quelccaya und die Bohrungen am Titicacasee belegen, dass Tiwanaku und seine Herrschaftsgebiete um 1000 n. Chr. von einer schweren Dürre heimgesucht wurden.[112] Die Niederschlagsmenge ging rapide zurück, der Wasserspiegel des Titicacasees sank nach 1100 um mehr als 12 Meter. Das Seeufer wich kilometerweit zurück, viele Hektar Hochäcker blieben verdorrt zurück. Gleichzeitig fiel der lokale Grundwasserspiegel weit unter das normale Niveau der vorangegangenen Jahrhunderte. Viele hydraulische Systeme, die die umgebenden Kanäle so meisterhaft gespeist hatten, wurden nutzlos, insbesondere jene in Richtung des Landesinneren.

Die radikalen Landschaftsveränderungen fielen in eine Zeit, in der die Bevölkerungsdichte kontinuierlich stieg. Sumpflandschaften, die sich ideal für die intensive Landwirtschaft eigneten, trockneten aus. Trotz der Bemühungen der Bauern, ihre intensive Landwirtschaft herunterzufahren und kurzfristig mehr Wert auf die Diversifizierung ihrer Kulturen zu legen, war es ihnen unmöglich, die reichen Überschüsse früherer Zeiten zu erzielen. Innerhalb weniger Generationen waren die groß angelegten, aufwendig organisierten landwirtschaftlichen Systeme unter staatlicher Verwaltung nicht mehr tragfähig – die Grundfeste Tiwanakus brach zusammen. Nach Generationen wirtschaftlicher, politischer und sozialer Instabilität ließ eine schwere Dürre das gesamte Staatsgebilde in sich zusammenfallen. Daraus entwickelte sich eine zunehmend zersplitterte, konkurrierende Agrar- und Viehwirtschaft, mit unabdingbaren, schwerwiegenden politischen und sozialen Folgen.[113] Erfolgreiche lokale Anführer in besser bewässerten Gebieten sagten sich von einem Staat los, dessen Herrscher sich lange Zeit auf ihre mächtigen göttlichen Vorfahren und Verbindungen berufen hatten. Die Periode 1000 bis 1150 war eine Zeit einschneidender Veränderungen.

Wie schon bei den Maya, war der Zerfall des Staates ein äußerst komplexer und uneinheitlicher Vorgang. Bis ins 12. Jahrhundert hinein lebten die Menschen weiterhin in Teilgebieten Tiwanakus sowie in einem nahe gelegenen großen landwirtschaftlichen Gebiet im Katarital. Ihre rituellen Praktiken führten sie unvermindert fort. Die traditionelle Lebensweise hatte den scheinbar langwierigen und chaotischen Prozess des Zerfalls überlebt.

Eisbohrkerne von Quelccaya vermitteln uns, dass die Region auch weiterhin von Dürren geplagt war, eine ganz besonders lange ereignete sich im 13. und 14. Jahrhundert, dazu eine Periode unregelmäßiger Erwärmung um 1150, die mit der Mittelalterlichen Klimaanomalie zusammenfiel (s. Kapitel 11). Während dieser jahreszeituntypischen Hitzeperiode lösten sich Tiwanaku und ein weiterer großer Andenstaat im Norden – Wari – letztendlich wirtschaftlich und politisch auf. Zu diesem Zeitpunkt hatten sich die Gemeinschaften schon von den Talsohlen und unteren Talhängen in höhere Lagen aufgemacht, wo sie hofften, leichter an Wasser zu gelangen.

Da die Hochäcker nicht mehr kultivierbar waren, besiedelten viele dieser Gemeinschaften unerschlossene und unbewohnte Gebiete, die von den Menschen in Tiwanaku zuvor umgangen worden waren. Mit drastischen Auswirkungen auf die Gesellschaften im Hochland. Im einst blühenden Katarital siedelten sich die Bauern nun in zahlreichen kleineren Dörfern an, die gerade einmal ein Viertel so groß waren wie in Tiwanakus Blütezeit. Vorbei war es mit der aufwendig genährten sozialen Hierarchie früherer Jahrhunderte und der bisweilen scheinbar sklavischen Hingabe an die politischen und rituellen Handlungen, an die großen zeremoniellen Feste, die die Menschen an die blühende Stadt gebunden hatten. Überleben bedeutete von nun an, die einst reichen Agrarlandschaften in der Nähe von Tiwanaku zu verlassen und sich an Orten in höheren Lagen anzusiedeln, die leichter zu verteidigen waren und näher an den Quellen des Gletscherwassers lagen. Um 1300 waren Festungen auf Hügeln ein gewohntes Bild. Von Archäologen ausgegrabene Skelette dokumentieren Gewaltanwendungen und deuten auf örtlich begrenzte bewaffnete Konflikte hin.[114] Nach fünf Jahrhunderten ununterbrochener landwirtschaftlicher Tätigkeit auf Hochäckern, die das Leben in den überfüllten urbanen Zentren erst möglich machten, ließ die schonungslose Trockenperiode rund um den Titicacasee jede Art von Landwirtschaft zugrunde gehen. Auf dem Altiplano und dem angrenzenden Hochland gab es über Jahrhunderte keine dicht besiedelten Städte mehr, bis das Inka-Reich Mitte des 15. Jahrhunderts die Kontrolle über die Region übernahm.

Das Prinzip der Bewirtschaftung von Hochäckern wurde bis in die Neuzeit hinein praktisch vergessen. Zwei Archäologen, dem US-Amerikaner Alan Kolata und dem Bolivianer Oswaldo Rivera, gelang letztlich ihre „Wiederentdeckung". Die beiden Forscher untersuchten aufgegebene Hochäcker rund 10 Kilometer nördlich von Tiwanaku.[115] Ihre Ausgrabungen führten sie durch Hochäcker und deren angrenzende Kanäle sowie durch besiedelte Hügel. Sie konnten deutlich machen, welche Maßnahmen ergriffen wurden, um die Entwässerung zu verbessern und die Felder mit dem Schlamm der Kanäle wieder ertragreich zu machen. Gemeinsam mit dem Archäologen Clark Erickson, einheimischen Bauern, einem Team von Agrarwissenschaftlern und anderen riefen sie ein Projekt ins Leben, um die alten landwirtschaftlichen Methoden wieder aufleben zu lassen. Das Team errichtete die exakte Nachbildung eines Hochackers, wobei es ausschließlich traditionelle Werkzeuge wie beispielsweise den „Fußpflug" verwendete. Das neu angelegte Feld erwies sich als sehr ertragreich und bestätigte die These, dass kleine Familienverbände und miteinander verwandte Gruppen solche Felder problemlos anlegen, bewirtschaften und unterhalten können. Ein anschließendes Unterstützungsprogramm mit regelmäßig kontrollierten Experimenten hat viele Bauern auf dem Altiplano dazu ermutigt, das längst verloren geglaubte Hochäcker-System zu übernehmen – einst hatte eine ganze Zivilisation darauf gegründet.

Erneut zeigt sich hier, dass traditionelles landwirtschaftliches Wissen auch für uns heute noch relevant ist. Leider wird aber ein Großteil dieses Wissens verschwinden, noch bevor wir es in unserer immer wärmer werdenden Welt nutzen können. Wenn wir es nicht schaffen, die Lehren aus der Vergangenheit zu beherzigen, geht das auf unser eigenes Risiko.

‥

◆◆◆

KAPITEL 8

CHACO UND CAHOKIA
(VON CA. 800 BIS 1350 N. CHR.)

Pine Island Sound, Florida, um 1100 n. Chr. Ein Kanu gleitet sanft und geräuschlos durch die enge Schlucht im Mangrovensumpf und erreicht das offene Gewässer. Eine lange Schnur und eine in den Boden gerammte Stange halten das Boot an Ort und Stelle. Das Paar an Bord wirft ein feinmaschiges Netz aus, lässt es sinken und wartet geduldig. Das Netz fühlt sich schwer an und bewegt sich leicht. Sie ziehen die zappelnden Meerbrassen an Bord und gleiten weiter. Aber das Paddel streift den Grund, und so schwenken sie in tieferes Gewässer ab. Da gerade die Wassertiefen bei diesem kühleren Wetter ständigen Schwankungen ausgesetzt sind, konzentrieren sich alle auf den Fang von Wellhornschnecken und andere essbare Mollusken.

   Die Calusa waren amerikanische Ureinwohner. An der Südostküste des heutigen Florida konnten sie in der flachen, küstennahen Region ein gutes Leben führen, denn ihnen stand eine breite Palette von Fisch und Mollusken zur Verfügung. Sie alle benutzten Wasserfahrzeuge für ihren Lebensunterhalt und wohnten in kompakten, dauerhaften Siedlungen. In höheren Lagen fand man kaum eine Bleibe und Mobilität war eine große Herausforderung. Die Nahrungsversorgung war üppig und zuverlässig, der Meeresspiegel allerdings ganz und gar nicht. Schon wenige Zentimeter Anstieg oder Rückgang konnten die Seegrasfischerei verringern oder die Austern- und Wellhornschneckenbänke zerstören. Auch das Lagern von Nahrungsmitteln war nahezu unmöglich, sodass jedes einzelne Dorf auf Kanus angewiesen war, um den Kontakt zu den anderen Gemeinschaften aufrechtzuhalten, damit Handelsbeziehungen und gegenseitige Hilfe jedem Einzelnen in der Gesellschaft zugutekamen. Letztendlich war aber der Kitt, der alles zusammenhielt, ein immaterielles Gut: Erfahrung und der Glaube an das Übernatürliche, was sich in einem komplexen rituellen Leben widerspiegelte.

Dieser Bereich des Immateriellen, des nicht Greifbaren, stand im Mittelpunkt des frühen nordamerikanischen Lebens. Dort passte sich der *Homo sapiens* von Anfang an, über einen Zeitraum von mehr als 15 000 Jahren, erfolgreich an ein vielfältiges Spektrum von Umgebungen an: von der rauen arktischen Tundra, über die gemischten Wälder bis hin zu den trostlosen, trockenen Landschaften

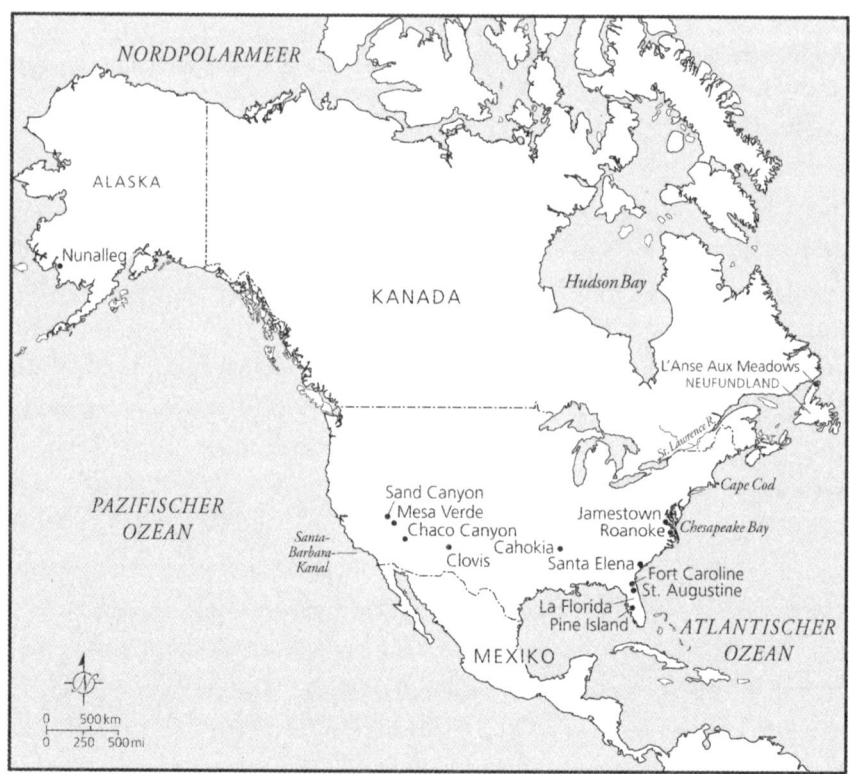

In Kapitel 8 und 13 beschriebene Stätten in Nordamerika.

in weiten Teilen des Westens. Das Geheimnis dieser Anpassungen und der riesige Wissensschatz darüber wurde mündlich über Hunderte von Generationen weitergegeben. Ein Großteil dieses Wissens, das den Menschen half, gegen Klimaveränderungen aller Art zu bestehen, blieb noch bis ins 19. Jahrhundert erhalten. Vieles davon ist noch immer in Gesängen und Liedern bewahrt, oder auch als ungeschriebenes Wissen, das sorgsam gehütet und nur selten mit anderen geteilt wird. Die Unbeständigkeiten globaler Klimaschwankungen – die unentwegten Wechselwirkungen zwischen Atmosphäre und Ozeanen, die El Niños, gravierende Dürreperioden und die Erderwärmung mit ihrem gravierenden Anstieg des Meeresspiegels, um nur einige zu nennen – waren der Hintergrund für unzählige erfolgreiche, aber auch erfolglose, *lokale* Anpassungen, die auf einem traditionellen Erfahrungsschatz und überliefertem Wissen beruhten. Erst jetzt erkennen wir allmählich, dass Nachhaltigkeit und Anpassungsfähigkeit angesichts dieser Schwankungen in der Geschichte der amerikanischen Ureinwohner im heutigen Kanada und in den Vereinigten Staaten eine Hauptrolle spielten.

Wir können hier nur einige wenige Beispiele vorstellen. Doch dieser repräsentative Querschnitt zeigt, aus welchem Potenzial wir für unser eigenes Wissen schöpfen können. Deswegen hat er eine besondere Bedeutung für die aktuellen Debatten über den uns bevorstehenden Klimawandel.

DÜRREN UND FISCHER
(1050 V. CHR. BIS ZUM 13. JAHRHUNDERT N. CHR.)

Das ständige Auf und Ab der Meeresoberflächentemperaturen im tropischen Pazifik bringt Kalifornien sowohl Dürren als auch Regenfälle, deren Auftreten und Häufigkeit aber unvorhersehbar sind. Über Tausende von Jahren passten sich die Jäger und Sammler an der Küste und im Landesinneren mit den ihnen vertrauten Strategien an die Herausforderungen von Dürren oder Überschwemmungen an.[116] Sie trotzten den klimatischen Fausthieben, indem sie in trockenen Jahren auf vorhandene Wasservorräte zurückgriffen und notfalls auch mit weniger schmackhaften Nahrungsmitteln vorliebnahmen.

Viele Gruppen verließen sich auch auf die unterschiedlichen Eichenarten, deren nahrhafte Früchte sie problemlos lagern konnten. Gesellschaften, die von der Fischerei entlang der südkalifornischen Küste lebten, nutzten den natürlichen Auftrieb im Santa-Barbara-Kanal und verließen sich, neben Eicheln, auf den Sardellenfang als Hauptnahrungsquelle.[117] Wie andere Jäger-und-Sammler-Gesellschaften, „bewirtschafteten" die Menschen ihre Umwelt, indem sie trockene Grasflächen abbrannten, um neues Wachstum zu fördern oder um Wild anzulocken.

Andere Gruppen zogen sich in Sümpfe und Feuchtgebiete zurück, wenn Dürren über sie hereinbrachen. Wie zuvor, konnten sie mit erprobten, risikominimierenden Strategien, mit Flexibilität und Opportunismus ihr Überleben in den diversen niederschlagsarmen und halbwüstenartigen Landschaften sicherstellen.

Menschen wie die Küstenfischer der Chumash in der Region von Santa Barbara hatten keine Mühe, mit kurzfristigen klimatischen Schwankungen wie den El Niños fertigzuwerden. Längerfristige Veränderungen waren allerdings eine andere Sache, wie man heute anhand von Tiefsee- und Seebohrkernen sowie Baumringsequenzen nachweisen kann. Glücklicherweise lieferte der Santa-Barbara-Kanal einen 198 Meter langen Tiefseebohrkern, von dem 17 Meter die Klimaveränderungen seit der Letzten Eiszeit abdecken.[118] Darin war die Absetzrate von Plankton und anderen ähnlich einfach gebauten Organismen (Foraminiferen) sehr hoch, was ideal für die Erforschung hochsensibler Umweltbedingungen ist. Mithilfe der Foraminiferen sowie der Radiokarbondatierung gelang es dem Vater-Sohn-Team Douglas und James Kennett, ein hochauflösendes Porträt des maritimen Klimawandels in Teilsegmenten von je 25 Jahren über die vergangenen 3000 Jahre zu erstellen.

Das Kennett-Gespann fand heraus, dass die durchschnittlichen Meeresoberflächentemperaturen normalerweise um bis zu 3 °C schwankten. Doch nach 2000 v. Chr. wurde das Klima instabiler und somit auch das Leben komplizierter, denn der Ertrag aus der Küstenfischerei konnte von einem Jahr zum nächsten dramatisch schwanken. Die Intensität des Auftriebs nahe der Küste war ein wichtiges Barometer, das anzeigte, wann nährstoffreiches, kälteres Wasser an die Oberfläche gelangte. Ein solcher Auftrieb verbesserte die lokalen Fischfangraten enorm. Anhand von Tiefsee- und Flachwasser-Foraminiferen im Bohrkern entdeckten die Kennetts, dass die Wassertemperaturen von 1050 v. Chr. bis 450 n. Chr. relativ warm und stabil waren. Wärmeres Oberflächenwasser verringerte den natürlichen Auftrieb, sodass die Fischbestände zurückgingen. Von 450 bis 1300 sanken die Meerestemperaturen anschließend drastisch, und zwar um etwa 1,5 °C unter den Mittelwert seit der Letzten Eiszeit. Dreieinhalb Jahrhunderte lang – von 950 bis 1300 – war der Meeresauftrieb besonders intensiv, was den Fischern volle Netze bescherte. Nach 1300 stabilisierten sich die Wassertemperaturen und stiegen wieder an. Bis 1550 war der Auftrieb abgeklungen. Interessanterweise fielen die kühleren Meeresoberflächentemperaturen und der verstärkte Auftrieb mit den regionalen Dürreperioden zwischen 500 und 1250 zusammen. (Die Dürreperiode 800 bis 1250 überschneidet sich weitgehend mit der Mittelalterlichen Klimaanomalie.) Ähnliche Dürrezyklen werden durch Untersuchungen von Baumringsequenzen aus den Bergen der Sierra Nevada an vielen Orten im amerikanischen Westen belegt: Zwei lang anhaltende Dürren zeigten in einer Sequenz eine Dauer von mehr als 200 bzw. 140 Jahren. Sie waren also definitiv als Megadürren zu bezeichnen.

Die Chumash des Santa-Barbara-Kanals und deren Vorfahren sind seit Langem für ihre Blütezeit berühmt, die lange Zeit irrtümlicherweise als „Garten Eden" bezeichnet wurde, mit reichen Fischgründen nahe der Küste und einer üppigen Eichelernte an Land. Doch selbst in guten Jahren mit reichlich Niederschlag und gutem Fang lebten viele Gemeinschaften nur vom einen zum anderen Jahr. Die Abkühlung nach 450 n. Chr. verbesserte die Fischausbeute, doch es gab schließlich auch viel mehr Menschen zu ernähren. In den darauffolgenden achteinhalb Jahrhunderten gab es häufige Dürreperioden, die möglicherweise an der Küste weniger große Probleme verursachten, das Landesinnere aber hart trafen. Mit dem Anstieg der Bevölkerung wurden die territorialen Grenzen immer deutlicher abgesteckt. Jeder Häuptling wetteiferte um die Kontrolle über Gebiete und Eichenwälder, und auch der Kampf um beständige Wasservorräte war entbrannt. Skelettfunde von Friedhöfen aus den Jahren 1300 bis 1350 belegen, dass die Menschen in diesen Zeiten teilweise unterernährt waren. Zudem wiesen sie Wunden auf, die aus einer Zeit stammten, in der Pfeil und Bogen erstmals in Erscheinung traten. Ausbrüche lokaler Konflikte, kurz und gewalttätig, waren in den vom Klima gestressten Gruppen unvermeidlich, insbesondere in Gebieten mit unvorhersehbaren Niederschlägen, mit einer lokal begrenzten Nahrungsmittelversorgung sowie intensivem politischem und sozialem Wettbewerb.

Die Chumash erlebten nach 1100 n. Chr. einen tiefgreifenden Wandel, als Gewalt und anhaltender Hunger – vielleicht sogar auch Zusammenstöße innerhalb der lokalen Bevölkerung – an der Tagesordnung waren. Die Siedlungen wurden größer, die Menschen lebten enger zusammen und in großen wie auch in kleineren Siedlungen entwickelten sich Hierarchien aus Abstammungslinien der Elite. Diese wurden von Häuptlingsfamilien angeführt, die Mechanismen entwickelten, um den Handel zu kontrollieren, Streitigkeiten beizulegen und Nahrungsmittel zu verteilen. Schließlich variierten die Nahrungsressourcen von Ort zu Ort dramatisch, obwohl die Dörfer nur wenige Kilometer voneinander entfernt lagen. Tänze und andere Rituale bekräftigten die neue soziale Ordnung unter dem „Antap", einem Bund, der als sozialer Mechanismus diente, um einflussreiche Individuen über beträchtliche Entfernungen hinweg zusammenzuhalten.

Auf diese Weise konnten die Chumash in einem unbeständigen politischen Umfeld und in klimatisch schwierigen Bedingungen durch Kooperation ihr Überleben sichern – bis im 16. Jahrhundert die Spanier kamen.[119] Das Beispiel der Chumash zeigt, dass sorgsam kontrollierte Rituale die Nachhaltigkeit und Anpassungsfähigkeit von Gesellschaften stärken, wenn die Versorgung mit Nahrungsmitteln problematisch ist.

So, wie die Chumash-Fischerei während der Mittelalterlichen Klimaanomalie zwischen dem 9. und 13. Jahrhundert in großem Maße von dem natürlichen Meeresauftrieb profitierte, taten dies auch zwei andere große Kulturen: die Chaco Canyon im Südwesten und die Cahokia im *American Bottom* des Mississippi (Tiefebene und Überschwemmungsfläche des Mississippi) nahe dem heutigen Saint Louis. Obwohl sie etwa 1500 Kilometer voneinander entfernt lagen – es gibt unterschiedliche Theorien darüber, ob sie voneinander wussten – zeigen beide Stätten den gleichen beachtlichen Aufstieg, bevor sie zwischen dem 12. und 13. Jahrhundert wieder zerfielen. Ihre Lebensspanne umfasste die Zeit der Mittelalterlichen Klimaanomalie, als die klimatischen Verhältnisse über weniger als 15 kurzlebige Generationen wärmer und feuchter waren.

CHACO CANYON: EIN KLIMATISCHER STEPPTANZ (CA. 800 BIS 1130 N. CHR.)

Das San-Juan-Becken erstreckt sich über weite Teile des Nordwestens von New Mexico sowie angrenzende Gebiete in Colorado, Utah und Arizona.[120] Die Landschaft ist von weiten Ebenen und Tälern geprägt. Begrenzte Hochebenen, Spitzkuppen und schmale Canyons begrenzen das Becken. Chaco Canyon ist ein spektakuläres Zeremonialzentrum, ein mächtiger Erdwallkomplex, und berühmt für seine neun mehrstöckigen „Großhäuser" oder großen Pueblos. Mehr als 2400 weitere große und kleine archäologische Stätten liegen innerhalb und außerhalb dieses Zentrums. Zwischen 800 und 1130, also länger als 300 Jahre, war dieses Gebiet Heimat einer erstaunlich dicht besiedelten bäuerlichen Gesellschaft, deren tägliches Leben geprägt war vom ständigen Stimmengewirr auf den Terrassen und öffentlichen Plätzen, umgeben von Düften und Gerüchen, darunter der von Salbeisträuchern, menschlichem Schweiß und verrottenden Lebensmitteln. Diese Gesellschaft betrieb ein nachhaltiges Agrarsystem in einer für die Landwirtschaft nur wenig ergiebigen Region, da die Niederschläge unvorhersehbar und schwankend waren und nur etwa 200 Millimetern pro Jahr betrugen. Letztendlich hing wieder einmal alles von einem vorausschauenden Wassermanagement ab.[121]

Das Herzstück des Chaco, heute bekannt als Chaco Canyon National Monument, liegt auf halbem Weg hinunter in den Canyon. Dort säumen die bekanntesten Pueblos einen 17 Kilometer langen Abschnitt entlang des Chaco Wash, der sporadisch durch den Canyon schneidet. Von allen Großhäusern ist das „Pueblo Bonito" am bekanntesten. Dabei handelt es sich um einen Halbkreis von Räumen, die auf einen zentralen Platz mit einst unterirdischen kreisförmigen Zeremonienräumen (*Kivas*) ausgerichtet waren.[122] Jedes dieser Großhäuser war ein äußerst lebendiger Ort, in dem interne Zwistigkeiten und soziale Spannungen zur Tagesordnung gehörten. Die Stätte selbst entstand an einem möglicherweise heiligen Ort, gekennzeichnet durch markante Felsformationen in den nahe gelegenen Canyonwänden. Pueblo Bonito lag gegenüber dem auffälligen South Gap, einem tiefen Einschnitt im Canyonrand, durch den die Sommerstürme direkt ins Herz des Canyons eindrangen.

Ursprünglich, zwischen 860 und 935 n. Chr., bestand Pueblo Bonito aus einem kleinen zusammenhängenden Lehmziegel-Gebäudekomplex. Es war ein bescheidener, bogenförmig ausgerichteter Ort, der starke spirituelle Assoziationen aufwies. Dort weilten die Bewohner in einer mehrschichtigen Welt: im Himmel, auf Erden und in der Unterwelt. Ihr Dorf war das *Sipapu*, jener Ort, an dem die Menschen aus der Unterwelt ans Tageslicht emporstiegen.

Aufwendige Rituale drehten sich rund um die Sommer- und Wintersonnenwende sowie um den Lauf von Sonne und Mond. Die Pueblo-Welt war stets von Harmonie und Ordnung geprägt, und diese Grundwerte wurden in dramatischen Aufführungen nachgespielt. Die Gruppe war wichtiger als der Einzelne, und die Menschen konzentrierten sich darauf, ihre Existenz in der Form zu bewahren, wie sie war und wie sie auch in Zukunft sein würde. Das Leben im Chaco drehte sich um den Maisanbau und um den religiösen Glauben in eine Landschaft, in der die harten Realitäten einer niederschlagsarmen Umgebung die menschliche Existenz bestimmten.

Aber es waren noch andere Faktoren im Spiel, in dieser immer komplexeren, immer stärker politisierten Ära, in der eine ständig wachsende Anzahl aufstrebender Anführer nach größerer Macht und religiöser Autorität gierte. Um 1020 n. Chr. hatte Pueblo Bonito starke spirituelle Traditionen. Die Bautätigkeit wurde nach 1040 wieder aufgenommen, und innerhalb von 30 Jahren war aus Bonito ein labyrinthartiger, schwindelerregender Komplex geworden: keine einfache Wohnsiedlung mehr, sondern ein enormes Bauwerk, ein zeremonielles Gebäude voller mächtiger ritueller und politischer Assoziationen. Es gab viel Lagerraum, aber nur wenige ständige Bewohner. Zu den Sonnenwendfeiern und anderen größeren Ereignissen allerdings war die Stätte von unzähligen Besuchern bevölkert.

Die Bauern im Chaco vertrauten auf eine Vielzahl von Wassermanagement-Systemen zur Bewirtschaftung ihrer Felder. Sie kultivierten die Retentionsflächen der Flüsse sowie die Hangabflüsse der Klippen und verließen sich zur Bewirtschaftung auf die Fluten bei hoffentlich ausreichenden Regenfällen. Mittlerweile gibt es einen ganzen Werkzeugkasten an wissenschaftlichen Methoden, darunter LiDAR-Vermessungen aus der Luft, Ausgrabungen in den schon lang aufgefüllten Kanälen, Sedimentanalysen und die Untersuchung der Was-

Pueblo Bonito, Chaco Canyon, New Mexico.

serquellen mithilfe von Strontium-Isotopen. Diese zeigen uns, dass die Bauern im Chaco eine Vielzahl von Wasserquellen nutzten, die ihnen durch die Kanalisierung des Wasserabflusses zur Verfügung standen.[123] Komplexe Systeme von künstlichen und natürlichen Kanälen (Erdkanälen) waren Teil eines anspruchsvollen, auf die jeweiligen lokalen Bedingungen zugeschnitten Bewässerungssystems. Die sich rasch ändernden Regenmuster und die unvorhersehbaren klimatischen Veränderungen erforderten flexible Reaktionen der Gesellschaft, sodass sowohl plötzlicher Wasserüberfluss als auch Wasserknappheit durch den Einsatz von Arbeitskräften aus den Großhäusern und kleinen Siedlungen gemanagt werden konnten. Mächtige rituelle Vereinigungen der in den Großhäusern lebenden Elite förderten sowohl die Landwirtschaft als auch die Wasserwirtschaft. DNA-Untersuchungen aus Grabstätten in Pueblo Bonito bestätigten, dass die weibliche Abstammungslinie ein entscheidender Faktor für den Erfolg der Landwirtschaft im Chaco war: Frauen hatten eine einflussreiche Stimme im Wassermanagement, denn ihre rituellen Handlungen waren sowohl mit der Fruchtbarkeit als auch mit dem Wasser verbunden.[124] Verwandtschaft, Vererbung und die Bewahrung der kostbaren Wasservorräte spielten in einer Kultur, in der Frauen einflussreiche Mitglieder der Gesellschaft und häufig auch rituelle Führerinnen waren, eine große Rolle. Der Führungsanspruch in Pueblo Bonito war vererbbar, religiös ausgerichtet und machtvoll. Die kulturelle Ordnung drehte sich stets um die Unbeständigkeiten des Daseins, wie beispielsweise die unvorhersehbare Wasserversorgung und den Himmel mit seinen hellen und dunklen Objekten, die sich von der umgebenden Landschaft abhoben.

Eine zentralisierte Führerschaft im Chaco war für ein soziales, ständig mit unvorhersehbaren Umweltereignissen und Klimaveränderungen konfrontiertes Gefüge wahrscheinlich lebensnotwendig. Aber es fügte sich unmerklich in die Umgebung ein. Soziale Kontrollen, die die Überwachung der Böden und der sich verändernden Wasservorräte sowie die kurzfristige Bereitstellung von Arbeitskräften sicherten, waren wesentliche Faktoren eines Risikomanagements, das langfristiges Überleben überhaupt erst möglich machte.

Letztendlich verdankte die Gesellschaft im Chaco ihren Erfolg weniger ihren mächtigen Anführern, sondern eher der Flexibilität und Autonomie der Haushalte, einer Autonomie, die von der Überzeugung geleitet war, dass die meisten Arbeiten letztlich dem Gemeinwohl zugutekamen. Niemand konnte sich in einer niederschlagsarmen Umgebung wie dem San-Juan-Becken autark versorgen, was einer der Hauptgründe dafür ist, dass man an den aufwendigen Zeremonien zum Zusammenhalt der Gesellschaft festhielt. Die Beobachtung der Sonnenwenden und andere zeremonielle Ereignisse, die wichtige Momente im Landwirtschaftsjahr ins Bewusstsein hoben, brachten Menschen zusammen, deren verwandtschaftliche Bindungen und Verpflichtungen weit über die Grenzen des Canyons hinausreichten. In einer Gesellschaft, in der gegenseitige Bindungen, die sich manchmal in der Art der Töpferwaren widerspiegelten, Gruppen von Angehörigen miteinander verbanden, die weit voneinander entfernt lebten, konnte es gar nicht anders sein. Solche Bindungen kamen vor allem dann ins Spiel, wenn Nahrung an einem Ort reichlich vorhanden, an einem anderen aber knapp war. In Zeiten des Mangels zog man zu seinen Verwandten in besser bewässerte Gegenden, in der Erwartung, dass sie dasselbe tun würden, wenn das Schicksal sich umkehrte. Kooperation, Mobilität und Anpassungsfähigkeit gingen Hand in Hand in einer Gesellschaft, in der klimatische Veränderungen an der Tagesordnung waren und von Jahr zu Jahr ihr Tempo änderten. Die Beziehung zwischen den Menschen im Chaco und dem Klima war im gemeinsamen Tanz verwoben, ein Menuett der beiden Partner: auf der einen Seite die Bauern, auf der anderen die ewigen Schwankungen von Niederschlägen, Temperaturen und Wachstumsperioden. Gab das Klima ein schnelles, flexibles Tempo vor, musste der menschliche Partner ebenso wendig, flexibel und schnell auf Hinweise von der Erde oder vom Himmel reagieren, damit der Tanz nicht in einer Katastrophe endete. Die Menschen im Chaco waren sehr geschickt darin, sich diesem Tanz anzupassen.

Vier große Wettermuster sind im San-Juan-Becken und auf dem Coloradoplateau vorherrschend. Die feuchte polare Luftmasse kommt vom Pazifik aus Nordwest und wird von Wirbelstürmen gebracht, die nach Süden und Südosten weiterziehen. Dies kehrt sich im Sommer um, wenn warme und feuchte Tropenluft aus dem Golf von Mexiko Niederschläge bringt, gespickt mit gelegentlichen Einbrüchen warmer Pazifikluft, die noch mehr Regen mitbringt. Durch den Auftrieb aus den Bergen kommt es manchmal zu massiven, aber lokal begrenzten Sommergewittern, vor allem zwischen Juli und Anfang September. Doch im Jahresverlauf fällt nur wenig Regen, der von Jahr zu Jahr zudem beträchtlich schwankt. Alles hängt von der Bewegung der Luftmassen Tausende von Kilometern entfernt und von der lokalen Topografie ab. Niederschlagsmengen können an Orten, die nur wenige Kilometer voneinander entfernt liegen, drastisch variieren.

Die Sommer sind heiß, die Winter kalt, die Vegetationsperiode beträgt im gesamten Becken etwa 150 Tage, ist aber in tiefer gelegenen Gebieten wie dem Chaco Canyon bis zu einem Monat kürzer. Die Menschen, die im Canyon lebten, waren den launischen und häufig unerwarteten Klimakapriolen hoffnungslos ausgeliefert. Kurzfristige globale Ereignisse wie die El Niños hatten von einem Jahr zum nächsten einschneidende Auswirkungen auf die Landwirtschaft.

Die allgemeine Bevölkerung im Chaco war sich wahrscheinlich der langfristigen Klimaveränderungen kaum bewusst, denn jede lebende Generation und ihre Vorfahren vertraute auf dieselben grundlegenden Anpassungsstrategien, lebte also in einer Art „Stabilität". Jeder Bauer im Chaco allerdings war sich der kurzfristigeren, häufigeren Veränderungen nur allzu bewusst: jährliche Niederschlagsschwankungen, jahrzehntelange Dürrezyklen, saisonale Veränderungen, um nur einige zu nennen. Dürren, durch El Niños verursachte Regenfälle und ähnliche Schwankungen erforderten eine vorübergehende und höchst flexible

Anpassung. Hierzu zählt beispielsweise die Bewirtschaftung von zusätzlichem Land, das Vorhalten von Getreidevorräten, mit denen man zwei oder drei Jahre überbrücken konnte, die verstärkte Nutzung von Wildpflanzen wie auch das Umherziehen in der Region.

Über einige Jahrhunderte funktionierten diese Strategien gut, so lange eben, wie die Menschen im Chaco nachhaltig leben konnten. Sie bewirtschafteten Land, das weit mehr Menschen pro Quadratkilometer hätte ernähren können. Als aber die Bevölkerung bis nahe an die Grenzen ihrer Tragfähigkeit anstieg, wurden die Menschen zunehmend anfälliger für El Niño-Ereignisse und insbesondere auch für kurze oder längere Dürreperioden. Schon ein einziges Jahr mit geringen Niederschlägen und schlechter Ernte oder sintflutartigen Regenfällen konnte innerhalb von Wochen oder Monaten die Fähigkeit eines Haushalts, sich selbst zu versorgen, zunichte machen. Längere Trockenperioden waren jedes Mal eine potenzielle Katastrophe.

Die Jahresringdatierung ist im Südwesten des Kontinents ein grundlegender Klima-Proxie. Heute können wir vom Jahr 661 bis 1990 n. Chr. auf einen Jahr-für-Jahr-Baumringdatensatz für Chaco Canyon und auf Daten aus anderen Proxies zurückgreifen, die uns zeigen, dass der Bauboom von Großhäusern mit den Perioden reichlicherer Niederschläge zusammenfiel. Dies ist wiederum ein Indiz dafür, dass in Zeiten mit stabilem Klima die Bevölkerung kontinuierlich wuchs. Zwischen 1025 und 1050 stieg die Bautätigkeit in Pueblo Bonito und anderswo sprunghaft an, wobei drei Perioden mit überdurchschnittlich hohen Niederschlägen durch kurze trockene Einschnitte unterbrochen wurden. Das San-Juan-Becken war selbst in den besten Zeiten ein heikles landwirtschaftliches Terrain. Doch ein höherer Grundwasserspiegel als üblich und mehr Regen machten den Canyon nun zu einem relativ klimasicheren Ort. Zwischen 1080 und 1100 bereiteten zwei Jahrzehnte größerer Trockenheit den Bauern Probleme, die aber glücklicherweise durch den hohen Grundwasserspiegel ausgeglichen werden konnten. Dann kehrten die ergiebigen Regenfälle zurück und die Bautätigkeit nahm wieder Fahrt auf, nicht nur im Chaco, sondern auch im Norden des San-Juan-Beckens, an Orten wie Aztec und Salmon Pueblos.

Um 1130 waren die Bewohner des Chaco so sehr von domestizierten Pflanzen abhängig, dass sie auf die 50-jährige Dürre, die in jenem Jahr – mit nur einer kurzen Atempause – einsetzte, schlecht vorbereitet waren. Die Maisernte fiel katastrophal aus, die Wildpflanzen verkümmerten und auch Kaninchen oder andere wilde Tiere standen nicht ohne Weiteres zur Verfügung. Nach 1100 importierten die Menschen als Ersatz Truthähne aus dem Norden des San-Juan-Beckens. Aber auch diese konnten den Bedarf an fehlenden Nahrungsmitteln nicht decken. Hätte diese Dürre lediglich einige Jahre gedauert, dann hätten die Großhäuser und auch die kleineren Gemeinden sicher überlebt. Doch nach 1130 schien keine Erleichterung von der schweren Dürre in Sicht, und es folgte großer Hunger. Letztendlich griffen die Menschen vom Chaco auf eine uralte Überlebensstrategie zurück: Sie zogen in neue Gefilde.

Mobilität war im Chaco schon immer Teil des Lebens gewesen, Familien zogen in den Canyon hinein und wieder hinaus. Sie kamen oder gingen für eine Saison, entschieden sich, bei weiter entfernt lebenden Verwandten im Hochland zu leben, oder beendeten lang schwelende Streitigkeiten, indem sie woanders hinzogen. Die alteingesessenen Gemeinschaften, zu denen sie gehörten, gediehen weiterhin prächtig, jede mit ihren eigenen Gärten und Wasservorräten und mit dem Recht, die Nahrungsmittel und Ressourcen der anderen teilen zu dürfen. Als die 50 Jahre währende Dürre über sie hereinbrach, blieb eine Massenflucht aus. Es kamen auch nicht Hunderte oder Tausende von Bewohnern im Chaco in einer dramatischen Hungersnot um. Stattdessen zogen die Menschen einfach weg, Familie für Familie oder manchmal auch größere Verwandtschaftsgruppen. Sie zogen in Gebiete mit üppigeren Regenfällen, in Gemeinschaften, zu denen sie seit Jahrhunderten ihre verwandtschaftlichen Bande und ihre Handelsbeziehungen gepflegt hatten.

Die Auswanderung aus dem Chaco im 12. Jahrhundert zeigte sich zunächst als der übliche, permanente, wenn auch unregelmäßige Strom von Familien aus dem Canyon hinaus, aber auch wieder hinein. Mit den sich verschlechternden Umweltbedingungen allerdings scheiterten die Bemühungen, im Canyon selbst mehr Feldfrüchte anzubauen, denn der Grundwasserspiegel sank. Schließlich wurden aus kleinen Rinnsalen immer stärkere Ströme von Haushalten, die in größer werdenden Gemeinschaften an andere Orte zogen. Der Bevölkerungsverlust des Chaco Canyon erreichte einen Punkt, an dem irgendwann selbst die alteingesessenen Gemeinschaften aufgaben und abwanderten. Einige wenige

Weiler hielten sich hartnäckig, doch bald waren auch sie nicht mehr länger lebensfähig. Durch kleine Hinweise können wir nur erahnen, welches Leid die Zurückgebliebenen erfuhren. Beispielsweise zeigen von der US-amerikanischen Archäologin Nancy Akins gemachte Knochenfunde, dass im 11. Jahrhundert 83 Prozent der Kinder im Chaco an schwerer Eisenmangelanämie litten, wodurch sich das Risiko für eine durch Bakterien, Viren oder Parasiten ausgelöste Entzündung des Darms, aber auch für Atemwegserkrankungen um ein Vielfaches erhöhte.

Solange es regnete, konnten neue Gärten angelegt und neue Siedlungen für ihre Besitzer errichtet werden. Nach 1080, als die Regenfälle nachließen, wurde weiterhin eifrig gebaut. Doch irgendwann verloren die Anführer der Großhäuser die Kontrolle über den aufwendigen rituellen Apparat, der kostbare Exotika oder Waren wie Holzbalken an Orte wie Pueblo Bonito brachte. Sie waren nicht mehr in der Lage, die aufwendig gestalteten Zeremonien zu organisieren, obwohl diese seit vielen Generationen den Takt des landwirtschaftlichen Jahres bestimmt hatten. Chaco war nicht länger das spirituelle Zentrum der Welt. Die Menschen verstreuten sich allmählich in andere Regionen. Das pulsierende Herz der Kultur der Anasazi wanderte nach Norden an den San-Juan-Fluss, in den Südwesten Colorados und die Region Mesa Verde. Der Chaco Canyon war nur noch Erinnerung, wenn auch eine sehr mächtige, die sich in die mündlichen Überlieferungen Dutzender späterer Pueblo-Gemeinschaften einprägte.

Die Geschichte des Chaco drehte sich stets um die Beziehungen zu anderen Menschen, zu Verwandten und zu den Gemeinschaften außerhalb der engen Grenzen des Canyons. Es gab so etwas wie eine Chaco-Welt, eine Welt, deren Fundament die Großhäuser waren, die sich zu immer bedeutenderen religiösen Zentren entwickelt hatten. Ihre Anführer übten keinerlei Kontrolle über die Gemeinschaften außerhalb des Zentrums aus, aber diese waren auf unterschiedliche Weise trotzdem eng mit dem Canyon verbunden – auch wenn sie unterschiedliche Ziele verfolgten.

Es ist Unsinn, zu behaupten, der Zusammenbruch im Chaco wäre allein auf die Dürre zurückzuführen, und ebenso irreführend, diese auch auf den Zusammenbruch der Maya-Zivilisation zu übertragen. Die Bevölkerung im Chaco hatte schon immer in einem landwirtschaftlichen Umfeld mit wenig fruchtbaren

Böden gelebt, sodass Nachhaltigkeit stets ein wunder Punkt war. Über viele Generationen hinweg wurden die Anführer im Chaco in ihrer Autorität gestärkt, weil überdurchschnittlich hohe Niederschläge die Landwirtschaft blühen ließen. So blieb den anderen Gemeinschaften nichts anderes übrig, als deren Rolle zu legitimieren. Als es im Chaco zum Stillstand kam, führte eine komplexe Abfolge von Ereignissen dazu, dass die Menschen das Gebiet aufgaben. Somit verlagerte sich das Zentrum der Canyon-Welt nach Norden. Die Tatsache, dass überhaupt etwas davon überlebt hat, ist dem mächtigen Gedächtnis der Vorfahren zu verdanken, dem Glauben, dass die Götter nicht nur den Kosmos, sondern auch die Menschen darin beherrschten. Doch wie die Menschen, hatten auch die Gottheiten Verpflichtungen, wie beispielsweise ihre Gaben mit anderen zu teilen – das uralte Prinzip von Gegenseitigkeit. Das Fundament des Chaco bestand aus drei unausgesprochenen Werten: Harmonie, Flexibilität und Bewegung. Die gleichen Prinzipien bildeten auch das Herzstück historischer Gesellschaften, die sich der besonderen Bedeutung von Anpassungsfähigkeit, Nachhaltigkeit und Risikomanagement bewusst waren. Wir könnten heute viel von diesen grundlegenden Ansätzen für unser eigenes Dasein lernen.

BEWEGUNG DURCH KATASTROPHEN (1130 BIS 1180 N. CHR.)

Die Dürre von 1130 bis 1180 zwang Chacos Großhäuser in die Knie. Mit dem Niedergang im Chaco verlagerte sich die politische Macht Richtung Norden zu den Azteken und nach Salmon Pueblos, einer Siedlung der Chaco-Canyon-Kultur am Nordufer des San Juan River.[125] Zwei bäuerlichen Gemeinschaften wurde nun besondere Aufmerksamkeit zuteil: einer rund um Totah, nördlich von Aztec, die andere rund um Mesa Verde in der Region Four Corners. Über etwa 60 Jahre war dort ein Bauboom von Großhäusern in vollem Gange. Dieser endete jedoch um 1160, wie Balken aus dem zentralen Mesa-Verde-Gebiet zeigen: Der Baumeinschlag verlangsamte sich während der folgenden großen Dürre beträchtlich.

Im Gegensatz zu den Bauern im Chaco, lebten die Gemeinden im Norden von San Juan ausschließlich vom Trockenmaisanbau, vor allem in Regionen über

1829 Metern Höhe. In trockenen Jahren konnten die kargen Böden viel mehr Menschen ernähren, als tatsächlich in der Region lebten, selbst in schwere Dürreperioden. Im 10. Jahrhundert lebten die Einheimischen in kleinen verstreuten Gemeinschaften, in fünf bis zehn Wohneinheiten mit einer *Kiva* und Lagerräumen. Dann wurden die Siedlungen allerdings größer und die landwirtschaftliche Bevölkerung lebte von den späten 1100er- bis zu den 1200er-Jahren nicht mehr so verstreut. Viele der ehemals kleinen Weiler wuchsen zu Dörfern mit mehrräumigen Wohnblocks – wenn auch nicht in dem Ausmaß wie die Großhäuser im Chaco.

Das Bevölkerungswachstum setzte sich bis Mitte der 1200er-Jahre fort. Es war eine Zeit, in der zahlreiche unabhängige Gemeinschaften um Ackerland, die Kontrolle über Handelsrouten und die politische Macht konkurrierten. Raubzüge und kriegerische Auseinandersetzungen waren an der Tagesordnung, sodass sich viele Gruppen im Canyon verschanzten. Dies war die Ära von Cliff Palace und anderen berühmten Mesa-Verde-Pueblos in den tiefen Canyons. Die Pueblos in den nahe gelegenen Mancos- und Montezumatälern florierten aber auch abseits der Entwässerungsanlagen. Hier fanden sich die Menschen in der Nähe des ertragreichsten Landes zusammen, wo sie extreme Dürren überleben konnten, sofern ihre Mobilität nicht eingeschränkt war und sie Zugang zu den besten Böden hatten. Die Bevölkerungsdichte stieg von 13 auf 30 Menschen pro Quadratkilometer und auf bis zu 133 Menschen drei Jahrhunderte später. Die Größe der Dörfer verdoppelte sich. Sobald sich aber die Bevölkerungsdichte der Tragfähigkeit des Landes angenähert hatte und die ertragreichsten Böden schon bewirtschaftet wurden, konnte die Anpassung an lange Dürrezyklen nicht mehr so leicht gelingen.

Das Sand Canyon Pueblo nahe der heutigen Stadt Cortez im Süden Colorados, in unmittelbarer Nähe eines Canyons mit eigener Quelle gelegen und daher mit reichlich Wasser versorgt, wurde zu einer der größten befestigten Siedlungen im nördlichen San Juan. Zwischen 1240 und 1280 lebten bis zu 700 Menschen hinter einer hohen Einfriedung. Zwischen 80 und 90 Haushalte bewohnten die Zimmerblöcke, in einem Dorf, das sie innerhalb einer enorm kurzen Zeitspanne von 40 Jahren erbauten, bewohnten und dann wieder aufgaben. Anders als Pueblo Bonito, war Sand Canyon eher eine Wohnstätte als ein rituelles Zentrum, obwohl auch hier große Feste und Sonnenwendzeremonien zum Jahreskreis gehörten.

Im Jahr 1280, nach 40 erfolgreichen Landwirtschaftsjahren, erlebten die Bewohner von Sand Canyon eine noch nie da gewesene Dürre. Dies war der Moment der Wahrheit. Präzise dendrochronologische Analysen sowie Rekonstruktionen auf Grundlage des Palmer-Dürre-Index haben detaillierte Umweltinformationen geliefert. Der Meteorologe Wayne Palmer entwickelte einen Algorithmus, der anhand von Niederschlags- und Temperaturdaten die Trockenheit misst. Sein Index wird weithin verwendet, um langfristige Trockenperioden sowohl heute als auch in früheren Zeiten zu messen. Ein Raster aus rekonstruierten Klimaveränderungen, Informationen über Böden, Daten über die potenzielle Pflanzenproduktion und verfügbare Wildnahrung zeigt, dass die Dürre im 13. Jahrhundert keineswegs die Tragfähigkeit Sand-Canyon-Landschaft überlastet hat. Dementsprechend hätte eine reduzierte Bevölkerung während der schlimmsten Trockenzeit wohl doch in der Region überleben können.

Die Baumringsequenzforschung, die hier erforderlich wäre, ist äußerst komplex und anspruchsvoll. So verwenden die meisten aktuellen Sequenzen Feuchtigkeitsbedingungen aus der kalten Jahreszeit, die durch Kurven ersetzt werden sollten, deren Grundlage Untersuchungen der Niederschläge im Frühjahr und Sommer sind. Die Tannen aus Mesa Verde halten einige der stärksten Klimasignale bereit, da ihre Ringe Daten über die Klimaverhältnisse des vorangegangenen Herbstes, Winters und Frühjahrs liefern. Mithilfe ausgefeilter Korrelationsanalysen haben die Forscher die Niederschlagsmengen von September bis Juni für die vergangenen 1529 Jahre in einzelnen Dekaden rekonstruiert. Wir wissen jetzt, dass es in der Region Mesa Verde im 12. und 13. Jahrhundert mehrere lang anhaltende Dürren bei kühlen Temperaturen gegeben hat. Der Trockenzyklus von 1130 bis 1180 sorgte sowohl im Winter als auch in den wärmeren Monaten für große Trockenheit. Um dem ganzen klimatisch noch die Krone aufzusetzen, waren Teile dieser Region ein ganzes Jahrhundert lang im Frühsommer von starker Trockenheit geprägt. Das frühe und späte 13. Jahrhundert war die bitterste Zeit. Wie schon ein Jahrhundert zuvor, setzte im Chaco Canyon eine Abwanderung der Bevölkerung ein, langsam aber stetig, über viele Jahrzehnte, bis das Gebiet gegen Ende des 13. Jahrhunderts vollkommen menschenleer war.

Schließlich kam es im nördlichen San Juan zu einem Abwanderungsprozess, wie er zuvor auch in Chaco Canyon stattgefunden hatte. An beiden Orten folgten die Anasazi einer jahrhundertealten Tradition und verließen das von Dürre heimgesuchte Land. Begleitet wurde dieser Prozess von Krieg, Leid und letztendlich auch der allmählichen Abwanderung der Bauern nach Südosten in das Einzugsgebiet des Little-Colorado-Flusses, ins Hochland der Mogollon Mountains und ins Rio Grande-Tal, also in Gebiete, in denen die Niederschläge relativ stabil waren. Die ursprünglichen Eingeborenenstämme, die wir heute als Hopi und Zuñi kennen, sind die Nachfahren jener Anasazi, die sich in dieses Gebiet zurückzogen.

Die Abwanderung war sicherlich eine Lösung, um der Überbevölkerung auf landwirtschaftlich wenig ergiebigem Ackerland Herr zu werden. Der heutige Südwesten hat dadurch jedoch eine wahre Bevölkerungsexplosion erlebt, die Großstädte wie Phoenix, Tucson, Las Vegas und Albuquerque exponentiell anwachsen ließ. Diese riesigen Städte und die großflächige Landwirtschaft stellen eine gewaltige Belastung für das Grundwasser und andere knappe Wasservorräte dar, da die globale Erwärmung zunimmt, lang anhaltende Dürren immer häufiger auftreten und die Abwanderung von Menschen in Gebiete mit zuverlässigeren Wasservorräten keine Option mehr ist. Wieder einmal sind langfristige Planung und zukunftsweisende Überlegungen zum Thema Wasserversorgung für eine Zukunft mit mehr und stärkeren Trockenperioden sowie steigender Bevölkerungsdichte lebensnotwendig. Die klassische Migrationsstrategie, die früheren Zivilisationen einen guten Dienst erwiesen hat, ist in unserer Zeit keine praktikable Option mehr.

MENSCHEN AM MISSISSIPPI (1050 BIS 1350 N. CHR.)

Die Umweltbedingungen im Tal des Mississippi unterschieden sich stark von denen im Südwesten des Landes. Der Mississippi ist in allen Belangen ein großartiger, erstaunlicher Fluss. Sein riesiges dreieckiges Einzugsgebiet, das rund 40 Prozent der Vereinigten Staaten umschließt, wird lediglich vom Amazonas und vom Kongo übertroffen. Der Mississippi ist ein launischer Fluss: Er kann sowohl katastrophale Überschwemmungen als auch – durch lang anhaltende Niedrigwasserstände – schwere Dürren verursachen. Das fruchtbare, feuchte Überschwemmungsgebiet des Flusses in der Nähe von Saint Louis (American Bottom), war schon lange vor Ankunft der Europäer ein beliebter Siedlungsschwerpunkt.

Cahokia, der größte präkolumbianische Staat nördlich von Mexico, herrschte von etwa 1050 an über das American Bottom-Gebiet. Es war ein prächtiges indianisches Zeremonialzentrum und der politische und rituelle Mittelpunkt dessen, was Archäologen „Mississippi-Kultur" nennen.[126] Dieses große Zentrum war sowohl ein ritueller Naturraum als auch ein blühender städtischer und zeremonieller Komplex, der sich an beiden Ufern entlang des Mississippi erstreckte. Die Bevölkerung des dicht besiedelten und befestigten Zentrums von Cahokia, mit seinen imposanten Erdhügeln, wuchs in nur 50 Jahren zwischen 1050 und 1100 rasch von etwa 2000 auf 10 000 und dann weiter auf 15 300 Einwohner an. Viele von ihnen waren Einwanderer, die sich während der Mittelalterlichen Klimaanomalie, einer Periode mit leicht wärmeren klimatischen Bedingungen, in weiten Teilen der Welt zwischen 800 und 1250 den zentralen Gebieten der Vereinigten Staaten auf den Weg gemacht hatten.

Die Häuptlinge, die dieses prachtvolle Zentrum leiteten, waren auf verwandtschaftliche Beziehungen, geschickte politische Manöver, Fernhandelsmonopole und – wie andere zuvor – auf übernatürliche Kräfte angewiesen, die Personen zugeschrieben wurden, von denen man glaubte, dass sie enge Verbindungen zur spirituellen Welt unterhielten. Unsichere Bündnisse hielten Cahokias locker gewebtes Reich zusammen, dessen Grundlage unbeständige Loyalitäten, persönliche und verwandtschaftliche Beziehungen sowie eine uralte Kosmologie waren, die einen aus drei Ebenen gebildeten Kosmos voraussetzte – die obere und die untere Ebene wurden jeweils von mächtigen übernatürlichen Wesen bewohnt. Eines dieser Wesen war der mythische Vogelmann, ein Avatar der Krieger. Die Große Schlange, einflussreicher Bewohner der Unterwelt, war ein konstanter Gegenspieler des Vogelmanns. Der politische Einfluss und die spirituellen Tentakel dieser Kosmologie erstreckten sich von der Küste des Golfs von Mexiko bis zu den Great Lakes in Nordamerika und in zahlreiche Nebenarme des Mississippi hinein.

Cahokia zeugte von der einzigartigen lokalen Anpassung der Ureinwohner an günstige Umweltbedingungen, an eine steigende Bevölkerungsdichte mit immer vielfältigerer Zusammensetzung und an die Notwendigkeit, größere Nahrungsmittelüberschüsse zu produzieren, um ein anspruchsvolles Herrschertum aufrechtzuerhalten. Das American-Bottom-Gebiet besaß fruchtbare, für den Maisanbau ideale Böden und war reich an Fischen wie auch an Wasservögeln. Natürlich war die hohe Bevölkerungsdichte ein besonderer Risikofaktor, vor allem dann, wenn mehrere schlechte Erntejahre aufeinanderfolgten. Die Landwirtschaft war fest in der Hand der Eliten und erstreckte sich auch über das benachbarte Hochland, da viele Bauern in höher gelegene Gebiete zogen, um dem ständig steigenden Grundwasserspiegel und den regelmäßigen Überschwemmungen der Flüsse zu entfliehen. Ohne die Bergbauern hätten die 10 000 oder mehr Bewohner des zentralen Cahokia-Gebiets weitaus größere Probleme mit der Lebensmittelknappheit gehabt. Und auch die Flexibilität, sich an immer gravierendere klimatische Veränderungen anzupassen, hätte gefehlt.

Kalibrierte Baumringsequenzen aus einem Dürre-Messnetz, das ganz Nordamerika abdeckt, zeigen einen aufschlussreichen Teil der Klimageschichte. Wie im Südwesten auch, waren die 50 Jahre zwischen 1050 und 1100 relativ feucht. In diesen Jahren wuchs die Bevölkerung im Hochland dann auch dementsprechend schnell. Es folgte die Dürre, die nach 1150 mit einer 15-jährigen Trockenperiode begann. Die folgenden Jahre wurden von häufigen solcher Trockenzeiten beherrscht, wobei der Zyklus von 1150 mit der oben beschriebenen großen Dürre im Südwesten zusammenfiel.

Es ist nicht leicht, die Bevölkerungszahlen alter Kulturen zu ermitteln, denn Zählungen an Ausgrabungsstätten können irreführend sein. Zwei Bohrkerne aus dem Horseshoe Lake, einem toten Seitenarm des Mississippi nördlich von Cahokia, bestätigen allerdings die oben genannten Bevölkerungsverlagerungen.[127] Diese beiden entscheidenden Seebohrkerne stellen uns eine 1200 Jahre alte Aufzeichnung organischer Moleküle zur Verfügung, die von Menschen ausgeschieden wurden (fäkale Stanole) und zu unserer großen Überraschung über Jahrhunderte und Jahrtausende in Sedimenten überleben können. Daher sind sie ein geeignetes Mittel zur Messung von Veränderungen in der Bevölkerungszahl über längere Zeiträume. Besonderes Augenmerk liegt in diesem Zusammenhang auf einem Abbauprodukt des Cholesterins, Coprostanol genannt, das im Darm entsteht und anschließend im Kot ausgeschieden wird. Dessen Verhältnis zum dahingegen von Mikroben im Boden produzierten 5a-Coprostanol gibt Aufschluss darüber, ob eher viele oder wenige Menschen in der Landschaft lebten, aus der eine entnommene Probe stammt. Während ein hohes Verhältnis zwischen Coprostanol und 5a-Coprostanol auf eine eher große Anzahl Menschen in dem Gebiet hindeutet, spiegelt ein niedriges Verhältnis deutlich kleinere Populationen wider. Demzufolge belegen die sich ändernden Stanol-Verhältnisse in den beiden Seebohrkernen ein rasches Bevölkerungswachstum im 10. Jahrhundert, das seinen Höchststand im 11. Jahrhundert erreichte. Im 12. Jahrhundert ging die Bevölkerung im Einzugsgebiet von Cahokia schon wieder zurück, das Bevölkerungsminimum ist um 1400 belegt.

Mais, der im Frühjahr und Frühsommer wächst, war während der Blütezeit von Cahokia ein bedeutendes Grundnahrungsmittel. Als um 1150 der Bevölkerungsrückgang einsetzte, sanken auch die Temperaturen und der Anteil von fäkalen Stanolen bis zum 13. Jahrhundert gleichzeitig. Im Jahr 1200 kam es zu einem schweren Hochwasser, dem ersten seit 500 Jahren, das auch Anbauflächen, Getreidespeicher und zahlreiche Siedlungen in den Flussniederungen überflutete.[128] Solch große Überflutungen treten typischerweise im Frühjahr und im Frühsommer auf, in der für den Mais entscheidenden Vegetationsperiode. Dementsprechend müssen damals schwere Ernteausfälle und Lebensmittelknappheit die Folge gewesen sein. Die enorme Überschwemmung hat Cahokia wohl außerdem ein neues Erscheinungsbild gegeben. Denn die Anführer konnten nicht auf die große Anzahl von Menschen zurückgreifen, die benötigt worden wären, um das Ackerland von Schutt und trocknenden Sedimentschichten zu befreien oder um Kultstätten und Häuser wiederaufzubauen. Viele Bewohner Cahokias konnten zu ihren Verwandten in höher gelegene Gebiete ziehen, doch der angerichtete Schaden war beträchtlich. Wir wissen, dass zu dieser Zeit die allmähliche Entvölkerung schon im Gange war, Palisaden zur Verteidigung errichtet wurden und sich der Bau aufwendiger öffentlicher Gebäude verlangsamt hatte.

Die Führung von Cahokia, die sich wahrscheinlich aus mehreren Familien der Eliteschicht zusammensetzte, brach letztendlich zusammen, als sich die Bevölkerung des American Bottom in die weitere Umgebung verteilte. Um 1350 war Cahokia bis auf ein paar kleine Dörfer verlassen. Die Bewohner zogen fort, ganze Wohnviertel versanken im Boden, Erdwälle und Hügel wurden vom Wald in Besitz genommen.

Die religiösen Vorstellungen, um die sich das Leben in Cahokia drehte, beinhalteten sehr unterschiedliche Elemente: die Realitäten von Leben und Tod, allgegenwärtige Substanzen wie Wasser und Phänomene wie den Wechsel von Mondlicht und Dunkelheit sowie ihren eigenen 18,6-jährigen Mondzyklus.

Diese Vorstellungen manifestierten sich in spektakulären Monumenten, Hügelbauten, Totenschreinen und aufwendigen öffentlichen Totenritualen, wie beispielsweise dem „Weg zu den Toten", der aus Erde errichtet wurde und durch ein stehendes Gewässer führte. Auf Kultstätten erbaute Schwitzhütten spielten im rituellen Leben Cahokias ebenfalls eine besondere Rolle. Dies waren alles beeindruckende Erlebnisse, sie beruhten aber zum einen allesamt auf dem Glauben der Bewohner, dass Cahokia der Mittelpunkt der Welt war, und zum anderen auf ihrer Loyalität.

Wie schon in Chaco, hinterließen das Reich und seine Infrastruktur nur wenige Spuren in der Landschaft. Als die Führung ins Wanken geriet, vielleicht weil ihre verengte, teils engstirnige Sichtweise sich zu sehr auf den spirituellen Bereich fokussierte, ging ein Riss durch die gesellschaftliche Ordnung, und neue, viel kleinere lokale Zentren gewannen an Bedeutung. Eine umkämpfte Nachfolge, ein wenig charismatischer Anführer, eine geglückte Revolte – all dies hätte die Herrscher von Cahokia stürzen können, und das eine oder andere hat sich sicher auch so zugetragen. Die sozialen Bande, die das Volk mit der Elite verbanden, brachen auseinander.

Die bunt gemischte Bevölkerung aus Einwanderern und Einheimischen verlor alle Illusionen und kehrte dem American Bottom den Rücken. Es fällt auf, dass mündliche Überlieferungen über Cahokia sehr rar sind. Das legt die Annahme nahe, dass diejenigen, die Cahokia verließen, sich innerlich zutiefst davon entfremdet hatten. Cahokia verschwand für sieben Jahrhunderte aus der Geschichte, bis im frühen 19. Jahrhundert Archäologen wieder auf die Kultur aufmerksam wurden. Das American Bottom-Gebiet hatte nicht alle Menschen verloren: Einige halb nomadische Maisbauern und Bisonjäger, die viel mobiler waren als ihre Vorgänger, siedelten sich dort an.[129]

Die Stammesfürstentümer am Mississippi, wie Cahokia, waren gleichermaßen auf den Maisanbau angewiesen wie auf die politische und soziale Führung, die wiederum von den Tributzahlungen an mächtige Häuptlinge abhing. Diese Stammesanführer sicherten sich die Loyalität ihrer Gefolgsleute und der weniger bedeutenden Zentren durch Umverteilung der Tributzahlungen und durch die Festigung gemeinsamer religiöser Überzeugungen und aufwendiger Rituale, wie beispielsweise die Schwitzhüttenzeremonien. Solche Rituale waren eine klassische Strategie, um hierarchisch gegliederte Gesellschaften zu organisieren. Sie offenbarte aber zugleich auch fatale Schwächen: Alles beruhte auf verwandtschaftlichen Bindungen und Loyalität, wobei Letztere vom gesellschaftlichen Standpunkt aus gesehen stets einen Unsicherheitsfaktor darstellte. Interne Konflikte waren an der Tagesordnung, wie in den Pueblos im Südwesten Amerikas zu beobachten war. Die Erfahrung von Chaco Canyon und Pueblo Bonito ist ein Paradebeispiel für die fundamentale Macht von Verwandtschaft und Gemeinschaft in einer Gesellschaft, in der die verwandtschaftlichen Verpflichtungen bis weit über die engen Grenzen des Canyons hinausgingen. Die rituellen Verpflichtungen drehten sich um die Landwirtschaft und den Wechsel der Jahreszeiten, den Spagat zwischen Wasser und Dürre. Selbst die relativ autoritäre Rolle der führenden Frauen und Familien im großen Pueblo hing angesichts der Klimaveränderungen letztlich von den alten verwandtschaftlichen Beziehungen und den Erfahrungen mit Mobilitätsstrategien ab, auch lange nach Aufgabe des Chaco Canyon. Pueblo-Ansiedlungen sind in ihre Umgebung sowie in ihr soziales Beziehungsgeflecht eingebettet, die sie über alle Generationen hinweg bis in die Neuzeit getragen haben.

Zentralisierte Autorität brauchte langfristige Stabilität und zuverlässige Nahrungsmittelüberschüsse. In vielen auf verwandtschaftlichen Beziehungen basierenden Gesellschaften konnte straffe Kontrolle, selbst wenn sie mit Gewalt einherging, lediglich über ein relativ begrenztes Gebiet ausgeübt werden, vielleicht innerhalb von rund 50 Kilometern. Dafür ist Cahokia ein gutes Beispiel, dessen Herrscher Einfluss und Macht durch Handelsbeziehungen und komplexe religiöse Überzeugungen sicherten. Als größere Überschwemmungen und Dürreperioden das American Bottom-Gebiet heimsuchten, forderten auch die niedrigen Temperaturen ihren Tribut und Cahokia zerfiel. Wirtschaftliche und politische Veränderungen erschütterten das ganze Mississippital. Streitigkeiten endeten in

Kriegen. Das mächtige Zentrum wurde, wie auch viele andere Siedlungen, mit Palisaden umgeben, um vor sozialen Unruhen geschützt zu sein. Die großen Bevölkerungszentren zerfielen, als sich ihre Bewohner aufgrund interner Zwiste und Kämpfe mit Nachbarn um Autorität und Macht in umliegende Gebiete zerstreuten. Im Mississippital wurde die politische Macht durch die Kontrolle über Maisüberschüsse und andere exotische Rohstoffe zementiert. Als die spanischen Eroberer durch den Südosten zogen, trafen sie nicht mehr auf ein einheitliches, mächtiges Häuptlingstum, sondern auf Dutzende kleinerer befestigter Dörfer und Städte, oftmals durch aufgegebene Landstriche voneinander getrennt. Die Zahl der Einwohner ging teilweise in die Tausende, und es gibt Hinweise auf beträchtlichen Wohlstand, der die Gier der Spanier weckte. Jedoch verstrickten sie sich in einem Netz aus Feindseligkeiten und Rivalitäten. Überleben und Nachhaltigkeit hing für diese indianischen Gesellschaften von komplexen politischen und sozialen Gegebenheiten ab, weit entfernt vom Leben in jenen hochgradig zentralisierten Staaten wie Angkor, das wir im folgenden Kapitel besuchen.

◆◆◆

KAPITEL 9

DIE VERSCHWUNDENE METROPOLE

(802 BIS 1430 N. CHR.)

Reichtum, Schönheit und Pracht: Angkor Wat in Kambodscha ist ein architektonisches Meisterwerk und gilt als das größte religiöse Bauwerk der Welt, das vor dem 20. Jahrhundert erbaut wurde. Ein machthungriger Herrscher, Suryavarman II., ließ diese Anlage auf dem Zenit des Khmer-Reiches während seiner Regentschaft zwischen 1113 und 1149/1150 n. Chr. bauen. Die Ausmaße dieses Bauwerks sind überwältigend. Allein der Haupttempel mit seinen wie Lotusblüten geformten Türmen ist 215 x 186 Meter groß und erhebt sich mehr als 60 Meter über die umliegende Landschaft. Das befestigte Areal umfasst eine Fläche von 1500 x 1200 Metern. Somit lässt Angkor Wat den Tempel des ägyptischen Sonnengottes Amun in Karnak oder auch die Kathedrale Notre-Dame in Paris wie die Kultstätte eines kleinen Dorfes aussehen.[130]

Angkor Wat liegt nahe am Mekong, der zwischen August und Oktober Hochwasser führt. Sein Überlauf füllt einen nahe gelegenen See, den Tonle Sap, der sich dann auf eine Länge von 160 Kilometern mit einer Tiefe von 16 Metern erstrecken kann. Wenn das Wasser zurückwich, lauerten Tausende von Welsen und anderen Tierarten in den seichten Gewässern und machten den See zu einem der reichsten Fischgründe der Erde. Das sogenannte Groß-Angkor liegt zwischen dem Tonle Sap und den gut bewässerten Kulen-Hügeln. Die umliegenden Ebenen erlaubten es Angkor Wat, sich in alle Richtungen auszudehnen, und boten viel Platz für den Reisanbau. Stauseen und Kanäle verteilten das Wasser über Tausende von Hektar Ackerland und förderten den unglaublichen Wohlstand der Khmer-Zivilisation, die zwischen 802 und 1430 ihre Blütezeit erlebte. Es gab allerdings ein hartnäckiges Problem: Ohne eine sorgfältige Wasserbewirtschaftung war es nahezu unmöglich, die Ernteerträge aufrechtzuerhalten, da auch in dieser Region Wasser nie unbegrenzt vorhanden war. Und selbst bei reichen Erträgen erhöhten die stetig steigenden Bevölkerungszahlen das Risiko einer Nahrungsmittelknappheit. Angkors Machthabern blieb nur eine Wahl: noch mehr Wälder zu roden und noch mehr Felder anzulegen, um die unaufhaltsam wachsende Bevölkerung zu ernähren.

Dicht gedrängte städtische Zentren hatten in Südostasien, insbesondere im Mekongdelta, eine lange Geschichte von über sechs Jahrhunderten. Im 8. und 9. Jahrhundert n. Chr. wichen sie allerdings weiter verstreut liegenden Städten, die ihrerseits im 13. Jahrhundert ihren Höhepunkt erreichten. Eine Reihe aufstrebender Khmer-Könige errichtete ein mächtiges und stabiles Reich. Sie schu-

Angkor Wat, Kambodscha, Luftaufnahme.

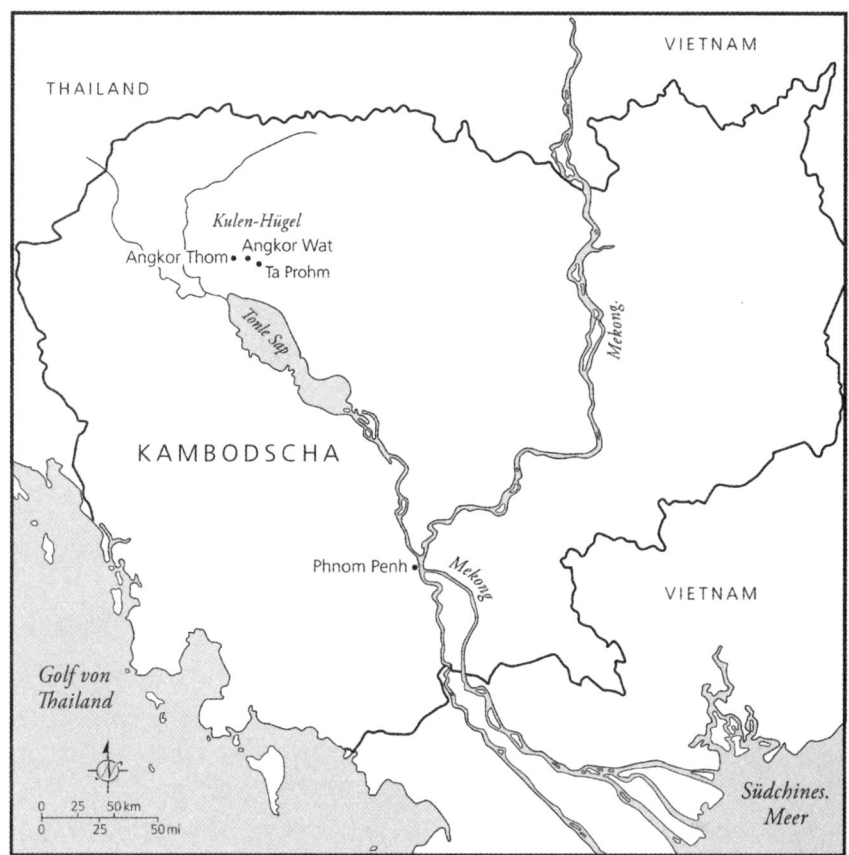

Khmer-Stätten in Südostasien.

fen einen göttlichen Königskult und aufwendige, von extravaganten Schreinen dominierte Zentren, wie Angkor Wat und das nahe gelegene Angkor Thom. Tausende von einfachen Bürgern arbeiteten für einen Staat, in dem absolut alles ins Zentrum floss. Im Jahr 1113 begann König Suryavarman II. mit dem Bau von Angkor Wat und organisierte mit großer Sorgfalt dafür Arbeitskräfte aus seinem ganzen Herrschaftsgebiet, die mit Fisch aus dem Tonle-Sap-See und enormen Reisernten versorgt werden konnten.[131]

Jedes einzelne Detail von Angkor Wat spiegelt ein Element der Khmer-Mythologie wider. Die Kosmologie der Khmer bestand aus Jambudvipa, einem zentralen Kontinent mit dem kosmischen Berg Meru, der sich in dessen Zentrum erhob. Während ein 60 Meter hoher Mittelturm den Meru verkörpert, bilden vier weitere Türme die niedrigeren Gipfel. Die Einfriedungsmauer war dem Bergmassiv nachempfunden, das der Sage nach Jambudvipa einschloss, wobei der umgebende Wassergraben den Milchsee darstellt, in dem die Götter und Dämonen ihr Amrita, das Getränk der Unsterblichkeit, rührten.

Angkor Wat und Angkor Thom waren durchdrungen von kosmischer und religiöser Symbolik, darunter astronomische Observatorien, königliche Grabstätten und Tempel. Generationen von Forschern haben sich mit ihrer Kunst und ihrer Architektur auseinandergesetzt, doch leider erschwerte die dichte Vegetation, die beide Stätten und das gesamte Areal umhüllte, jegliche Versuche einer systematischen Feldforschung. Im Jahr 2007 fand sich ein internationales Team zusammen, um ein Projekt mit großem Instrumentarium hoch spezialisierter Techniken zu starten. Die Wissenschaftler wollten verstehen, was in Angkor Wat und der umliegenden Landschaft wirklich vor sich gegangen war. Diese Arbeit brachte revolutionäre Erkenntnisse hervor: Die umwerfende Tempelanlage von Angkor Wat war noch weitaus größer und verschachtelter als bisher angenommen. Besonders sensationell war bei diesen Nachforschungen der Einsatz der luftgestützten LiDAR-Technologie, einer Methode der Fernerkundung, die Licht in Form eines gepulsten Lasers verwendet, um die variable Entfernung der Drohne (oder eines anderen luftgestützten Fahrzeugs) zur Erde zu messen.

Die entstehenden Bilder ermöglichten es dem Angkor-Team, durch den dichten Dschungel, der den Haupttempelkomplex umgibt, „hindurchzusehen" und Unerwartetes zu enthüllen. Dies war ein Paukenschlag für die Forschung: Eine verloren geglaubte Metropole kam zum Vorschein, mit einem unermesslichen Straßennetz, Teichen, Kanälen, Tausenden – von schmalen Dämmen umgebenen – Reisfeldern, Hügelbauten und über 1000 kleinen Schreinen.[132]

UNGEZÜGELTE PRACHT

Die ländliche und urbane Bevölkerung Groß-Angkors erstreckt sich über ein riesiges Gebiet von mindestens 1000 Quadratkilometern, in dem vielleicht 750 000 bis 1 Million Menschen (diese Zahl ist noch strittig) lebten. In der Tempelanlage

Angkor Wat selbst war die Zahl allerdings nur relativ klein, vielleicht 25 000 Menschen. Die Beziehung zwischen den Siedlungen im Umland und dem religiösen sowie politisch-ökonomischen Zentrum ist in etwa vergleichbar mit der Beziehung zwischen New York City und dem zentralen Stadtgebiet von Manhattan oder zwischen dem Großraum London und der City of London mit der dominanten St. Paul's Cathedral. Groß-Angkor war eine perfekt organisierte Oase, die den gesamten Raum Angkor mit seinen ausgedehnten, effektiv angeordneten Reisfeldern einschloss. Aus archäologischer Perspektive erinnert sie an dicht besiedelte Landschaften wie Tikal und Caracol, die einst die religiösen Zentren der Maya umgaben. Auch diese Stätten wurden kürzlich mit LiDAR vermessen, aber die Ausmaße Angkor Wats bleiben bedeutend größer.

Angkor Wats großes pulsierendes Herz war nicht einzigartig. Erinnern wir uns daran, dass Suryavarman II., der von 1113 bis 1145/1150 regierte, Angkor Wat zwar gründete, die Stadt aber tatsächlich von König Jayavarman VII. (Reg. 1181–1218) fertiggestellt wurde. Und dieser sanft lächelnde König (so wird er zumindest in seinen Skulpturen dargestellt) errichtete mit Angkor Thom – die „Große Stadt", ein treffender Name – auch noch eine weitere Tempelanlage. Dies sollte die letzte und beständigste Hauptstadt des Khmer-Reiches werden. Etwa 1,7 Kilometer nördlich von Angkor Wat gelegen, erstreckte sich Jayavarmans neue Stadt über 9 Quadratkilometer und beherbergte in ihrem Zentrum zwischen 30 000 und 60 000 Menschen. Rund eine halbe Million weitere Menschen lebten in Randbezirken, die teilweise bis zu 15 Kilometer vom Zentrum entfernt lagen. Dies war kein spontanes Projekt. Die LiDAR-Vermessungen deuten vielmehr darauf hin, dass die Khmer Angkor Thom schon lange im Sinn gehabt haben müssen, denn bevor sie mit dem Tempelbau überhaupt begannen, hatten sie ein halbes Jahrhundert zuvor ein umfassendes Straßennetz angelegt. Das gesamte Hinterland des Tempels wurde in ein Kanal- und Straßennetz eingebunden, das bis in die entferntesten Stadtviertel hineinführte – wo auch der Großteil der Menschen lebte.

Alles hing wieder einmal vom geschickten Wassermanagement ab. Lange bevor es Angkor Wat oder Angkor Thom überhaupt gab, hatten die Khmer mit dem Bau von *Barays* begonnen: enorme rechteckige Reservoirs, um einerseits Wasser zu speichern und andererseits überschüssiges Wasser in den riesigen

Tonle-Sap-See abzuleiten. Dieser mündete dann in den Tonle-Sap-Fluss und weiter in den Mekong. Im 9. Jahrhundert war der Bau der Barays in vollem Gange und damit die Grundlage für ein zuverlässiges Wassersystem geschaffen, das ein riesiges künstliches Delta bildete. Am nördlichen Ende befanden sich Einlasskanäle, die dann im Süden in einen Fächer von Kanälen übergingen und an die östlichen und westlichen Barays in der Nähe von Angkor Wat grenzten.[133]

Dieses geniale und flexible Bewässerungssystem ermöglichte es den Beamten, Wasser über die Ebene in fast jede beliebige Richtung zu leiten, sei es zur Speicherung oder auch zum Abfluss in den Tonle-Sap-See. Man sollte dieses System jedoch nicht mit dem zentralisierten Bewässerungsprojekt verwechseln, das die Ägypter oder Mesopotamier entwickelten. Während in diesen Ländern die grundlegende Bewässerungstechnologie nämlich auf einem einfachen Niveau, mit reichlich menschlicher Arbeitskraft funktionierte, musste der Staat Angkor enorme Anstrengungen aufbringen, um den Bau der großen Kanäle und Speicher zu stemmen, die die Lebensader der Angkor-Zivilisation darstellten. Der australische Archäologe Ronald Fletcher hat dieses System sehr treffend als ein Risikomanagement-System beschrieben, das dazu diente, die Unwägbarkeiten der Monsunschwankungen in einer Landschaft auszugleichen, in der die Menschen den Regen für ihre von kleinen Wällen umgebenen Reisfelder dringend benötigten".[134] In den Grundzügen hat er sicherlich recht und ebenso damit, dies als Paradoxon zu bezeichnen. Die Khmer schufen ein komplexes Bewässerungssystem, das unvorhersehbare Monsunschwankungen ausgleichen konnte. Doch sie waren dabei ebenfalls mit einem ernsten, langfristigen Problem konfrontiert: Das enorme Ausmaß dieser Wasseranlagen und ihr ausgeklügeltes Verwaltungssystem machten Modifizierungen und auch die Instandhaltung schwierig, ja nahezu unmöglich, wenn angesichts größerer klimatischer Veränderungen schnelle Anpassungen erforderlich waren.

Angkors Kanal- und Dammanlagen bewässerten die Felder im Norden und sorgten dafür, dass die ausreichend mit Wasser versorgten Felder im Süden Angkors hohe Reiserträge lieferten. Das westliche Baray ganz in der Nähe des Zentrums von Angkor versorgte ein relativ kleines Gebiet der weiträumigen Ebene. Es trug aber trotzdem dazu bei, dass etwa 200 000 Menschen in den trockenen Jahren, in denen der Monsum ausblieb, mit ausreichend Wasser versorgt wurden. Das Bewässerungssystem funktionierte sehr gut, bis sich im späten 12. Jahrhundert die Wassertechnik stärker auf die städtischen Zentren ausrichtete. Neue Kanäle, teilweise extra dafür gebaut, um die wachsende Zahl von Menschen zu versorgen, die für die Verwaltung und Instandhaltung der großen Tempel benötigt wurden, sorgten dafür, dass ausreichend Wasser durch das Zentrum von Angkor floss. König Jayavarman VII. allein verdoppelte im späten 12. und frühen 13. Jahrhundert die Zahl der Tempel im Zentrum.

Die hierfür erforderlichen Ressourcen sind unvorstellbar. Ein einziger Tempelangestellter benötigte die Dienste von etwa fünf Bauern, um die von ihm benötigte Reismenge zu produzieren. Allein der Ta-Prohm-Tempel (fertiggestellt im Jahr 1186) und der Prea-Khan-Tempel (fertiggestellt im Jahr 1191) von Jayavarman VII. waren auf mehr als 150 000 Unterstützer angewiesen, die in der Nähe der Tempel wohnen mussten. Damit verschlangen bereits diese beiden mittelgroßen Tempel die Arbeitskraft von einem Fünftel der Bevölkerung Groß-Angkors. Tatsächlich scheint das Projekt gelungen zu sein. Es gab Wasserbüffel in Hülle und Fülle, an Fischen kein Mangel und auch Gemüse war reichlich vorhanden. Der Staat wahrte seine glänzende Fassade und sorgte mithilfe drakonischer Maßnahmen und religiösem Eifer für den Fortbestand der öffentlichen Ordnung. Wenn der König sich in der Öffentlichkeit zeigte, dann nur mit massiver Machtdemonstration. Damals schien es, als würde diese ungezügelte Pracht niemals enden – bis der Monsun ins Spiel kam.

LAUNISCHE MONSUNE (1347 BIS 2013 N. CHR.)

Angkors Ernten waren schon immer vom asiatischen Monsun abhängig.[135] Westwinde, die der Monsun mit sich bringt, nehmen auf ihrem Weg Richtung Norden nach Südoastasien und zum Südchinesischen Meer Fahrt auf. Die Monsunregen sind im August und September auf ihrem Höhepunkt und bringen intensive tropische Wirbelstürme in den Golf von Bengalen. Die sommerlichen Niederschläge, die auf Angkor niedergehen, sind beständige Monsunregen oder auch sintflutartige Regenfälle, die von den großen atmosphärischen Störungen in den Tropen, insbesondere von den tropischen Wirbelstürmen, an Land gebracht werden. Wenn sie Südostasien erreichen, flauen die starken Winde ab, laden aber als langsam vorüberziehende Sturmsysteme bis zu vier Tage lang große Regenmengen ab. Solche Störungen und weniger starke Wellen vom östlichen Äquator sind für rund die Hälfte der Sommerniederschläge über Südostasien verantwortlich.

Den Herrschern von Angkor, die im 12. Jahrhundert ihr Reich errichteten, war es wahrscheinlich nicht bewusst, aber ihr Reich war weitaus verwundbarer als noch ein Jahrhundert zuvor.[136] Der Staat hatte die Reisproduktion auf hohem Niveau gehalten, indem er einfach die für die Landwirtschaft abzuholzenden Flächen um ein Vielfaches ausweitete. Ein Großteil der Landschaft Angkors bestand nun aus Reisfeldern mit nur vereinzelten Baumgruppen. Wenn die heftigen Monsunregen niedergingen, schwemmten die starken Abflüsse und die daraus resultierende unkontrollierte Erosion die fruchtbaren Bodenschichten weg. Hinzu kam die Abholzung der Hochland-Wälder, sodass ernsthafte ökologische Folgen ihren Lauf nahmen. Luftaufnahmen zeigen Tausende von verlassenen alten Reisfeldern in einer weiten Landschaft, die viel intensiver bewirtschaftet wurde als heute.

Außerdem war Angkors Infrastruktur, die ursprünglich für Risikomanagement gedacht war, über 500 Jahre alt, als das Klima instabiler wurde. Angkors letztes Baray war 100 Jahre zuvor gebaut worden. Das gigantische Fundament des Staates war in die Jahre gekommen, immer schwieriger zu verwalten und schien zunehmend undurchsichtiger. Fletchers Team konnte einen gebrochenen Damm ausgraben, der noch im 10. oder 11. Jahrhundert wiederaufgebaut worden war. Als die Bevölkerung um einiges geringer und das Bewässerungssystem neu war, konnte die Versorgung funktionieren, denn Schäden wurden prompt repariert – doch diese Zeit war vergangen.

Was genau war geschehen?

Eine in Vietnam entdeckte tropische Zypresse, die *Fokienia hodginsii*, hilft uns, einige Antworten zu geben. Der Baum zeichnet in seinen Jahresringen die ENSO-Ereignisse und Monsune der Jahre 1347 bis 2013 auf. Die Dicke der Ringe stimmt mit den kalten La Niñas und warmen El Niños überein.[137] Im 14. Jahrhundert wechselten sich beide Ereignisse in wilden Schwankungen ab: schwere Monsune und bittere Dürren. Exzellente Tropfsteinaufzeichnungen aus der Dandak-Höhle in Indiens Monsunregion sowie aus der Wanxiang-Höhle im

Nordwesten Chinas bestätigen die Ergebnisse der Baumringanalysen aus Südvietnam, insbesondere jene des 13. und 14. Jahrhunderts.[138] Zusammengefasst deuten alle Analysen darauf hin, dass das 13. und 14. Jahrhundert in Südostasien, in China und in der Mongolei eine Periode großer klimatischer Instabilität war, mit unvorhersehbaren Schwankungen zwischen außergewöhnlich starken Monsunniederschlägen und langen Dürreperioden.

Zunächst gelang es den Khmer, wie schon in den Jahrhunderten zuvor, die periodisch auftretenden Dürren zu bewältigen, doch das System wurde zunehmend anfälliger. Die Dämme konnten augenscheinlich den heftigen Überflutungen nicht mehr standhalten. Ausgrabungen in den beiden großen Wasserreservoiren, dem Ost- und dem West-Baray, zeigten, dass irgendwann die Abflusskanäle blockiert waren, einige von ihnen bereits im 12. Jahrhundert. Es gab Zeiten, in denen sich das Ost-Baray nicht genügend füllte, sodass in den trockenen Zeiten des frühen 13. Jahrhunderts ernsthafte Wasserknappheit herrschte. Es folgten heftige Monsunregenfälle, bevor die Klimaschwankungen im 16. Jahrhundert wieder nachließen. Zu dieser Zeit herrschte aber schon Arbeitskräftemangel: Es waren nicht mehr genügend Menschen da, die für die Umleitung des Wassers sorgen konnten.

Folgendes ist vorstellbar: Es herrschte eine 150 Jahre währende Dürre, gefolgt von urplötzlich auftretenden, extremen Monsunregen, die eine robuste, aber jahrhundertealte Infrastruktur in Mitleidenschaft zogen. Der Regen war so massiv, dass das altersschwache Netzwerk brüchig wurde; die Eliten hatten weder die Fähigkeiten noch den Wunsch, die katastrophalen Schäden an den nach dem Gefälle ausgerichteten Kanalnetzen zu beheben. Die Auswirkungen waren verhängnisvoll: Die zerstörten Felder konnten Angkors übervolle Städte nicht mehr ernähren. Das System war nicht mehr tragfähig. Und auch die Bauern, die die Tempelanlagen und das dazugehörige Personal seit Generationen unterstützt und ernährt hatten, konnten ihre Aufgabe nicht mehr erfüllen. Die Elite hatte auf hohem Niveau in großen Haushalten ein überschwängliches Leben geführt, das nun aber nicht mehr tragbar war. Auch fehlten den Herrschern und hohen Beamten des Staates nun die Möglichkeit und Autorität, Arbeitskräfte für die Bauarbeiten an den beschädigten Bewässerungsanlagen zu rekrutieren. Die verheerende Folge waren unzureichende Nahrungsmittelüberschüsse.

Jahrhundertelang hatte das komplexe und absolut stabile Wassersystem noch weitere, an die Reisfelder angeschlossene Systeme wie Straßen und Fischteiche unterstützt. Dann gerieten sowohl die Eiweißversorgung als auch das Grundnahrungsmittel Reis unter Druck. Als das Wassersystem flussaufwärts zusammenbrach, setzte sich der Schaden kaskadenartig flussabwärts fort, sodass beispielsweise das gesamte Straßennetz unterbrochen wurde. Sowohl auf dem Wasser- als auch auf dem Landweg waren aber nicht nur Nahrungsmittel, sondern auch viele andere Waren des täglichen Gebrauchs und Luxusgüter zu den untereinander verbundenen Märkten transportiert worden. So sind beispielsweise nicht weniger als 6 Prozent der in Groß-Angkor gefundenen Haushaltswaren chinesischer Herkunft. Gerüchte, Ängste und Rivalitäten zwischen den Gemeinschaften verursachten nun ein soziales Chaos, das dem ökologischen Chaos in nichts nachstand.

EIN REICH ZERFÄLLT (AB DEM 13. JAHRHUNDERT N. CHR.)

Die schwere Dürre in den 1360er-Jahren muss sich verheerend auf die Nahrungsvorräte ausgewirkt haben. Bis zum späten 14. Jahrhundert waren Teile des Angkor-Reiches unbewohnbar, die Tempelwirtschaft lag in Trümmern. Abgesehen von den Schäden, die die Überschwemmungen verursachten, überzogen die reißenden Fluten die Landschaft mit Schutt und Abfällen, verstopften dadurch lebenswichtige Kanäle und unterbrachen die sorgsam errichteten Versorgungsnetze in der gesamten Landschaft.

Glücklicherweise wurde nicht alles vollständig weggeschwemmt. Ein Schachbrett aus intakten Dämmen und Feldern überlebte zwischen dem durchbrochenen Straßen- und Dammsystem. Die Elite hatte nun die Wahl: entweder bei wohlhabenden Verwandten anderswo im Reich unterzukommen, mit ihren Herrschern in andere große Zentren umzuziehen oder sich auf ihren Gütern im Landesinneren niederzulassen. Damit waren aber die Handwerker, die von den Eliten abhängig gewesen waren, und die Bauern, die ihnen die Nahrungsmittel geliefert hatten, sich selbst überlassen – in einem verwüsteten Hinterland. Das einfache Volk wurde aufgegeben, wurde Hunger und Unterernährung ausgeliefert, während sich das Wasser außerhalb der von den Menschen errichteten Wasserstraßen über die Landschaft ergoss und Kanäle und Dämme zerstörte. Zweifelsohne bemühten sich die Bauern und andere Zurückgebliebene, Angkor Thoms Wassersystem wiederherzustellen, aber Angkor war bis Mitte des 16. Jahrhunderts fast 200 Jahre lang ohne die Autorität königlicher Präsenz.

Auf den ersten Blick scheint der Zusammenbruch Angkors eine direkte Folge von Megamonsunen und extremen Dürren gewesen zu sein, die wie Hammerschläge auf die Khmer niedersausten. Was aber zunächst wie eine direkte Ursache-und-Wirkung-Beziehung aussieht, zeigt sich in der historischen Realität doch um einiges komplexer.

Wie schon immer, spielte die Religion eine tragende (oder in diesem Falle eher eine verdammende) Rolle. Die Mahayana-Tradition – eine der Hauptrichtungen des Buddhismus – war unter Jayavarman VII. (1181–1218), dem Erbauer von Angkor Thom, zur Staatsreligion geworden. Genau in diesen Jahren wurde der Monsun allmählich wieder schwächer und die Nahrungsmittel entsprechend knapper. Sowohl die Elite als auch die Bauern mussten nicht nur mit dieser Krise fertig werden, sondern auch noch nach einer Erklärung für das suchen, was da gerade um sie herum geschah. Die Religion wurde auf den Prüfstand gestellt. Als Reaktion auf den vom König unterstützten Mahayana-Buddhismus wurden zwischen dem späten 12. und dem frühen 13. Jahrhundert die an den Wänden der großen Tempel angebrachten Buddha-Bilder zerstört. Dieser „Bildersturm" war mit ziemlicher Sicherheit eine heftige Reaktion des Volkes auf die Dürre, weil die Menschen annahmen, andere Glaubensrichtungen könnten bessere Antworten auf die anhaltende Trockenheit geben.

Jahrelang waren die Wissenschaftler der einhelligen Meinung, dass Angkor im Jahr 1431 fiel, als es vom rivalisierenden siamesischen Königreich Ayutthaya geplündert wurde. Ayutthaya, heute in Thailand gelegen, war ein großes, international bedeutendes Handelszentrum, das sich während des 16. Jahrhunderts zu einer der größten und wohlhabendsten Städte des Ostens entwickelte. Heute wissen wir allerdings, dass die Geschichte anders verlief als angenommen: Angkor war zu diesem Zeitpunkt nämlich bereits unbewohnbar geworden. Die Elite hatte die Stadt schon verlassen und ihren Reichtum mitgenommen. Für den Staat der Khmer war dies eine Zeit tiefgreifenden politischen, wirtschaftlichen und sozialen Wandels. Er musste sich mit den Wanderbewegungen thailändischer und vietnamesischer Gruppen nach Süden auseinandersetzen, die die seit Langem bestehenden Handelswege zu Land und den Zugang der Khmer zur Küste blockierten. Im 15. und 16. Jahrhundert erlebte der Handel eine starke Globalisierung. Die Küstenstädte gewannen zusehends an Bedeutung, während die Regionen mit ihrer altbewährten und sehr stabilen Reisproduktion im Landesinneren langsam dahinschwanden. Der Seehandel mit den Arabern, Indern, Chinesen und anderen Seefahrernationen gewann immer größere Aufmerksamkeit. Von den klimatisch schwierigen Bedingungen stark unter Druck gesetzt, verlor das Land einen Großteil seiner Bevölkerung, und das Reich geriet zunehmend in die Bedeutungslosigkeit.

Weiterhin setzten sich neue religiöse Überzeugungen gegen die alten Bräuche durch. Die Region hatte schon lange Zeit enge Handelsbeziehungen zu Indien unterhalten, und über diese lang bestehenden Handelsrouten wurden nicht nur Waren, sondern auch Ideen und Glaubensrichtungen transportiert, darunter zum Beispiel der Theravada-Buddhismus. Nach dem 13. Jahrhundert wurde dieser zur Staatsreligion Kambodschas.

Im Zuge der neuen Lehre wurde die zuvor etablierte Praktik, große Tempel und mit diesen eine Vielzahl von Bediensteten zu unterstützen, in den Hintergrund gerückt. Die wirtschaftlichen Folgen, die der Machtverlust der Tempel im 13. Jahrhundert mit sich brachte, wirkten sich direkt auf Angkors Bevölkerung aus. Drei Jahrhunderte später war Angkor Wat kaum mehr als ein Pilgerzentrum, obwohl die Tempelanlage Angkor Thom noch in Betrieb war. Eine bescheidene Bevölkerungsgruppe blieb in der Gegend zurück, während sich das Zentrum der staatlichen Macht nach Süden in die Region Quatre Bras um das heutige Phnom Pen verlagerte.

Der Niedergang Angkors war aber bei Weitem nicht nur auf klimatische Erschütterungen zurückzuführen. Er ging auch nicht mit einer Eroberung einher, sondern war vielmehr eine Art Transformation. Die Khmer-Führung und das Zentrum gaben ihre riesige, hervorragend strukturierte, auf Reisanbau gegründete Oase auf und zogen nach Südosten in ein Gebiet, das von natürlichen, jährlich wiederkehrenden Überschwemmungen genährt wurde. Hier waren die Bauern einer Dürre nicht mehr so hilflos ausgeliefert. Der Mekong führt bei

Hochwasser so viel Wasser, dass dieses nicht von den Uferböschungen zurückgehalten werden kann. Wenn der Mekong nach den Monsunregenfällen den Tonle-Sap-Fluss überflutet, überschwemmen schnell auch die gesamte umliegende Landschaft. Die Fluten füllen den fast 113 000 Quadratkilometer großen Süßwassersee Tonle Sap vollständig auf und bringen sogar diesen manchmal zum Überlaufen.[139]

Was in der Welt der Khmer geschah, passierte ganz genauso mit den Maya und, wie wir später sehen werden, auch in Sri Lanka. Zwischen dem 9. und 10. Jahrhundert n. Chr. lösten sich die in den tropischen Gegenden von Mittelamerika bis Südostasien verstreuten urbanen Zivilisationen auf, weil die Unsicherheiten in der Nahrungsversorgung und die Erosion der traditionellen politischen Mächte ihre Grundfesten erschütterten. Mächtige Dynastien stiegen auf und fielen, kriegerische Auseinandersetzungen waren an der Tagesordnung, ein Teil der Eliten zog weg und gründete neue Zentren. Ein entscheidender Grund dafür, warum diese Zivilisationen zerfielen, ist der, dass die göttlichen Könige, gefangen in ihren starren religiösen Dogmen, nicht in der Lage waren, die von ihnen verwalteten und zentralisierten Staaten nachhaltig in die Zukunft zu führen. So folgte unweigerlich eine Periode des Wandels. Die Bauern, die einst die Dynastien weit entfernt lebender Herrscher unterstützt hatten, hielten an ihren nachhaltigen landwirtschaftlichen Praktiken fest und gestalteten sie entsprechend der neuen ökologischen Gegebenheiten um. Die städtischen Zentren, die häufig an der Peripherie der inzwischen verschwundenen Staaten entstanden, wurden kompakter. Die großen Städte früherer Zeiten, wie Tikal, Tiwanaku und Angkor Wat, wichen den neuen ökonomischen Gegebenheiten und wurden durch politische Bündnisse ersetzt, von denen viele auf internationalen Handelsbeziehungen gründeten. An die Stelle riesiger urbaner Zentren traten kleine, kompakte Siedlungen, die an der Peripherie eines weitläufigen Umlands gediehen.

Überall in den Subtropen und Tropen war die Wasserwirtschaft ein entscheidender Faktor für die Nachhaltigkeit. Die tropischen Gesellschaften sahen sich zahlreichen Herausforderungen gegenüber: fest umrissene Regen- und Trockenzeiten, Monsune, die sintflutartige Regenfälle bringen konnten, ENSO-Ereignisse, Wirbelstürme oder Taifune sowie kurz- und langfristige Dürrezyklen. Insbesondere die unvorhersehbaren Niederschläge, die von Jahr zu Jahr dramatisch schwanken konnten, stellten einen ständigen Unsicherheitsfaktor dar. Dank einer neuen Generation von Klima-Proxies, wissen wir heute mit Sicherheit, dass in weiten Teilen der Monsunwelt Asiens der Klimawandel seinen Teil zur Destabilisierung des sozialen und politischen Systems im Mittelalter beigetragen hat. Die Bauern in Süd- und Südostasien sowie in Nord- und Südchina waren den klimatischen Kräften, obwohl diese weit entfernt von ihrer Heimat wirkten, ausgeliefert – und sind es noch immer. Die ungezähmte Pracht und Herrlichkeit vergangener Zeiten war in der Tat ein Mythos.

NACH SRI LANKA
(377 V. CHR. BIS 1170 N. CHR. UND SPÄTER)

Wie wir in Kapitel 5 gesehen haben, brachte der römische Handel im Indischen Ozean und noch weiter bis zum Golf von Bengalen sogar chinesische Seide in den Mittelmeerraum – wie es vormals die Seidenstraße quer durch Eurasien ermöglicht hatte. Der starke Motor hierfür waren die Monsunwinde, die im 2. Jahrhundert n. Chr. entscheidende Bedeutung erlangten. Sowohl Rom als auch Konstantinopel wuchsen und gediehen im 4. Jahrhundert prächtig. Letzteres wurde zum Zentrum des aufstrebenden Oströmischen Reiches. Zuverlässige Monsunwinde, die saisonal ihre Richtung änderten, verbanden Alexandria und das Rote Meer mit der Westküste Indiens und Sri Lanka. Ein unstillbarer Hunger nach Elfenbein, Gewürzen und Textilien beflügelte den Handel und brachte den ständig komplexer werdenden Gesellschaften in Sri Lanka großen Wohlstand.

Zu dieser Zeit beherrschte das von König Pandukabhaya im Jahr 377 v. Chr. gegründete Königreich Anuradhapura ganz Sri Lanka. Die Hauptstadt des Reiches lag in der sogenannten Trockenzone der Insel, in Anuradhapura, einem sowohl bedeutenden politischen als auch intellektuellen Zentrum und Wallfahrtsort des Theravada-Buddhismus, jenem religiösen Zweig, der später auch Kambodscha beherrschen sollte.[140]

Die Menschen dort mussten herausfinden, wie sie ein Land bewässern konnten, in dem es nur zwischen Dezember und Februar regnete. Um Wasser für die trockenen Monate zu speichern, bauten sie mithilfe einer gewaltigen Anzahl von

Arbeitskräften Stauseen und Dämme von bemerkenswerter Größe. Dazu benutzten die Bauern im Hinterland von Anuradhapura beim Bau der Bewässerungssysteme die Schwerkraft und Kaskaden, also stufenförmig angelegte Becken.[141] Mit dem Anstieg der Zahl der örtlichen Klöster und Pilger erweiterten sich auch die zentralen Bezirke. Die Wasserreservoire wurden immer größer, sodass sich beispielsweise der Nuwarawewasee im 1. Jahrhundert n. Chr. über rund 9 Quadratkilometer erstreckte. Trotzdem stieg die Nachfrage nach Wasser unvermindert an, sodass die Elite des Staates noch gewaltigere, solidere Dämme und große Zuleitungskanäle baute. Der 87 Kilometer lange Yoda Ela-Kanal (auch Jaya Ganga-Kanal) verband die großen Reservoirs in höher gelegenen Gebieten mit zuverlässigeren Wasserquellen. Mit einem Gefälle von nur 10 bis 20 Zentimetern pro Kilometer war dieser Kanal eine technische Meisterleistung.

Anuradhapuras Wasserversorgung hing davon ab, dass die Eliten große hydrologische Projekte in Auftrag gaben, während die lokalen Gemeinden und Klöster ihre eigenen bescheidenen Kaskaden bauten und betrieben. In Jahrhunderten mit relativ stabilen Monsunverläufen und reichlichen Niederschlägen funktionierte dieses System hervorragend. Die Klöster übten eine Art ideologischer Kontrolle über das von ihnen mit Wasser versorgte Hinterland aus und schufen eine theokratische Landschaft, in der die Mönche sowohl die religiöse als auch die weltliche Führung übernahmen.

Dann aber wurde das Klima zwischen dem 9. und 11. Jahrhundert extem instabil, die Temperaturen stiegen und brachten länger anhaltende Dürren mit sich. Unvorhersehbare plötzliche Niederschläge hatten dementsprechend schwerwiegende Folgen, so wie schon in Angkor. Im 14. bis 16. Jahrhundert hingegen sanken die Temperaturen und dramatische Starkregenfällen wechselten mit langen Dürreperioden ab. Im 11. Jahrhundert, so zeigen archäologische Studien, schrumpfte die Zahl der Siedlungen im Umkreis von 15 Kilometern rund um Anuradhapura, bis nur noch elf übrig waren.[142] Der Stadtkern war ausgestorben. Die meisten Klöster im Zentrum und auch an der Peripherie gaben ihren Betrieb auf, die routinemäßige Instandhaltung der Reservoirs und Kanäle wurde eingestellt, viele von ihnen verschlammten. Nur einige wenige kleine Gemeinschaften, die Brandrodungsfeldbau betrieben, überlebten, bis im 19. Jahrhundert die Trockengebiete wieder besiedelt wurden.

Mit dem Anstieg der Temperaturen im 11. und 12. Jahrhundert und dem gleichzeitigen Niedergang Anuradhapuras, gewann das zweitälteste Königreich Sri Lankas an Bedeutung. Dieses vom singhalesischen König Vijayabahu I. im Jahr 1170 n. Chr. gegründete Reich befand sich weiter im Landesinneren und in einer höheren Lage, also dort, wo die Temperaturen weniger extrem waren. Vijayabahus Enkel, Parakramabahu I. (Reg. 1153–1186) ließ Kanäle und Stauseen anlegen, die noch umfangreicher waren als jene in Anuradhapura. Sein *Parakrama Samudraya*, der „See von Parakrama", umschloss seine gesamte Stadt und diente sowohl als Wasserspeicher als auch zur Verteidigung gegen Angriffe von außen. Der See des Königs erstreckte sich über 87 Quadratkilometer und setzte sich praktisch aus drei Reservoirs zusammen, die in Zeiten von Niedrigwasser durch schmale Kanäle miteinander verbunden waren. Tausende Arbeitskräfte legten beim Bau dieses Sees Hand an, ihre Entlohnung allerdings war nur geistiger Natur. Dieser künstliche See – denn genau das war er – versorgte ein ausgefeiltes Reis-Bewässerungssystem von 7300 Hektar, durch das die Bevölkerung der dicht besiedelten Städte ausreichend ernährt werden konnte.

Den Tempeln und Klöstern von Anuradhapura und Polonnaruwa fiel in der Landwirtschaft und Wasserbewirtschaftung eine zentrale Rolle zu. Sie waren Mittelpunkt der jährlich stattfindenden religiösen Feste, bei denen Tausende von Menschen aus der Stadt und dem Umland zusammenkamen. Große öffentliche Zeremonien hatten den Jahreslauf in Angkor bestimmt, und genauso war es auch in Sri Lanka. Und ebenso wie die Feste der Maya dienten sie dazu, jedermann an die komplexen, unausgesprochenen Gesellschaftsverträge zu erinnern, die alle Menschen zusammenhielten, ob Priester, Herrscher oder einfache Bürger. Die gut organisierten Oasen, entstanden an Stauseen, die die großen Stupas umgaben, verstärkten die durch die Schreine verkörperte religiöse Autorität. Die ruhige, nüchterne Landschaft vermittelte den Eindruck von Beständigkeit und Stabilität. Wie allerdings schon in Angkor, machten die steigenden Temperaturen und geschwächten Monsunregenzyklen im 13. und 14. Jahrhundert den Wasserreservoirs schwer zu schaffen. Dies zu einer Zeit, in der die Bevölkerungsdichte stetig zunahm und die Landwirtschaft immer intensiver betrieben werden musste, um die notwendigen Nahrungsmittelüberschüsse zu erzielen. Als Reaktion auf die schwierigeren Klimabedingungen rückten die Herrscher enger an die stark geschrumpften Reservoirs heran und öffneten sich teilweise sogar neuen religiösen Überzeugungen. Ein tiefgreifender sozialer Wandel fand statt, als die Menschen angesichts der anhaltenden Dürre zu ihrer vertrauten Anpassungsstrategie zurückkehrten: Sie verteilten sich im Umland. Der Wandel ließ die urbane Bevölkerung auf ein Minimum sinken, sodass die großen Städte lediglich noch als Pilgerstätten dienten.

ES FOLGT DAS KATASTROPHALE 19. JAHRHUNDERT: DIE GROSSEN HUNGERSNÖTE IN CHINA UND INDIEN (1876 BIS 1879)

Die Kaiser der Han-Dynastie, die China vom Jahr 206 v. Chr. bis 220 n. Chr. regierten, also zur gleichen Zeit wie die Römer in Europa, führten eine Art kaiserliches Bewässerungs- und Wasserkontrollsystem ein, das – wenn auch in stark abgewandelter Form – bis ins 20. Jahrhundert hinein Bestand hatte. Sie sahen sich großen Herausforderungen gegenüber, sowohl was den Huang-He-Fluss im Norden als auch den Jangtse im Süden betraf. Die Han und ihre Nachfolger waren auf Tausende von Arbeitern angewiesen, die Deiche bauten und das Hochwasser kanalisierten. Zwischen der Zentralregierung und der lokalen Bevölkerung herrschten permanente Spannungen, insbesondere beim Bau größerer Wasserwerke. Im 19. Jahrhundert war es China nicht gelungen, die Nachhaltigkeit in einer Zeit ungewöhnlich starker El Niño-Aktivität zu garantieren.[143] Über Tausende von Jahren hatte es gelegentliche Arbeiten an Bewässerungsanlagen ausgeführt, in einer starren Bürokratie und in straffen, reglementierten Arbeitsabläufen gelebt, doch auf die plötzlichen und häufig sehr heftigen Naturkräfte hatte es keine Antwort.

In der langen Geschichte mit lediglich sporadischer und nur teilweise effektiver Hilfe gelang es, die Nahrungsmittelknappheit in Hungerszeiten zeitweilig zu überbrücken, als Überschwemmungen und Dürreperioden über das Land hereinbrachen, doch kann man diese Phasen bestenfalls als landwirtschaftlich wenig ergiebig bezeichnen. Der Höhepunkt des Unglücks ereilte Nordchina in den Jahren 1875 bis 1877, als der Monsunregen zwei Jahre hintereinander ausblieb.

Die nachfolgende Dürre und die Hungersnot wogen hier weitaus schwerer als die Trockenperiode und die Missernten in Indien im selben Jahrzehnt. Die ineffiziente Verwaltung im fernen Peking unternahm zunächst so gut wie nichts, bis im Jahr 1876 Zehntausende von Flüchtlingen in den Straßen der Städte, sogar bis nach Shanghai im Süden, auftauchten. Die hungernden Bauern aßen Getreidespelzen, Grassamen und alles, was sie irgendwie ergattern konnten. Der amerikanische Missionar Samuel Wells Williams sah „Menschen wie Gespenster über die Asche ihrer verbrannten Häuser schweben und auf den Ruinen ihrer Tempel ihre eigenen Scheiterhaufen errichten."[144] Die meisten Bezirksverwalter waren wie gelähmt angesichts des Ausmaßes dieser Katastrophe und unternahmen nichts, oder sperrten die Tausende von Hunger getriebenen Banditen in Käfige, wo sie elendig verhungerten.

Am Ende litten mehr als 90 Millionen Menschen in einem Gebiet größer als Frankreich Hunger. Missionare und ausländische Konsuln waren die einzigen Informationsquellen für das, was in der Außenwelt geschah. Sie berichteten, dass die vielen Toten in großen Gruben lagen. Menschenfleisch wurde in den Straßen der Dörfer und Städte öffentlich zum Verkauf angeboten. Schließlich gründeten Unternehmen, die mit dem Opiumhandel Millionen verdient hatten, den *China Famine Relief Fund* (Hungerhilfe-Fonds für China). Fromme christliche Unterstützer sahen in dieser Hungerhilfe eine „wunderbare Chance" für ihren christlichen Missionsauftrag, doch nur wenige der Bekehrten behielten ihren Glauben nach der Rückkehr des Monsuns im Jahr 1878 bei. Schätzungen der Missionare zufolge erhielten lediglich 20 bis 40 Prozent der Hungernden wirklich Hilfe. Als die Hungersnot zu Ende ging, war in vielen Dörfern nur noch weniger als ein Viertel der Bevölkerung übrig geblieben.

Auch Indien war im 19. Jahrhundert von schweren klimatischen Veränderungen betroffen. Die ersten Jahre der Regierungszeit von Königin Victoria bis in die 1860er-Jahre hinein waren in der Monsunwelt klimatisch gesehen recht stabil, da es immer wieder ausreichenden Regen gab. Wie schon einige Jahrhunderte zuvor in Angkor, brachten reichliche Niederschläge gute Ernten und ließen die Bevölkerung rasch anwachsen. Die indischen Bauern, denen es an landwirtschaftlich kultivierbarem Land mangelte, nahmen viele Hektar des weniger fruchtbaren Landes in Besitz, das ihnen in feuchten Jahren zwar ausreichende

Ernten ermöglichte, die meiste Zeit über für die Landwirtschaft aber bestenfalls wenig geeignet war. Alles schien gut, bis die britische Kolonialherrschaft damit begann, Getreide aus Indien zu exportieren. Dann kam der große El Niño von 1877 bis 1878, gefolgt von einer länger als 30 Jahre andauernden ungewöhnlichen Welle ähnlicher Extremwetterereignisse, insbesondere in den Jahren 1898 und 1917. Der heftigste El Niño im Jahr 1877 setzte 1876 mit einer verheerenden Dürre ein und dauerte drei Jahre lang an. Ein starkes Hochdruckgebiet baute sich über Indonesien auf und hielt den Monsun zurück. Die einsetzende Dürre führte zu weitflächigen Buschfeuern. Im Jahr 1877 bewegte sich das riesige Warmwasserreservoir im Südwestpazifik Richtung Osten und verursachte einen der stärksten El Niños der Geschichte. In weiten Teilen der tropischen Welt kam es zu Massensterben, insbesondere unter der bäuerlichen Bevölkerung, deren Felder nur den Regen hatten und keine Bewässerungssysteme.

In Indien, wo man die schlimmste Dürre seit 1792 erlebte, kam es zu einer Hungersnot. Der erhoffte Regen blieb aus, die Ernte verdorrte auf den Feldern. Die britischen Behörden weigerten sich, Preiskontrollen einzuführen, was eine Welle wilder Spekulationen auslöste. Getreideunruhen brachen aus, als viele Lohnarbeiter selbst in gut bewässerten Gebieten verhungerten. Millionen von Menschen litten und starben – obwohl die Briten weiterhin indischen Reis und Weizen auf dem Weltmarkt verkauften.

Die große Hungersnot war eine menschengemachte Katastrophe. Die Flüchtlinge strömten in die Städte, doch die Polizei warf sie wieder hinaus, davon 25 000 Menschen allein aus Madras. Viele kamen ums Leben, andere streiften auf der Suche nach Nahrung ziellos umher. Unterdessen vertrat die Führung Britisch-Indiens die Ansicht, dass Hilfe bei einer Hungersnot zwar Leben retten könnte, dadurch aber noch mehr Menschen in Leid und Elend hineingeboren würden; daher würden sie nicht um jeden Preis die hungernde Bevölkerung ernähren. Die offizielle Politik hieß „Laissez-faire", mit dem Ergebnis, dass allein in der Region Madras mindestens 1,5 Millionen Menschen verendeten. Tausende andere waren zu schwach, um irgendetwas zu pflanzen, als der Regen zurückkehrte. An Arbeitsstätten, an denen die Arbeiter mit Hungerrationen versorgt worden waren, lagen überall Tote und Sterbende herum, Cholera-Patienten, wälzten sich inmitten von Menschen herum, die noch nicht von der Krankheit befallen waren.

Heftige Proteste in der Presse und seitens einer lautstarken Minderheit in der Regierung konnten nichts ausrichten. Der US-amerikanische Soziologe und Historiker Mike Davis hat überzeugend dargelegt, dass diese Katastrophe den Grundstein für den indischen Nationalismus legte.

Die Katastrophe von 1877 war die erste, in der sich viele Kolonialregierungen tatsächlich mit einem alltäglichen, aber oft verdrängten Problem konfrontiert sahen: einer nahezu globalen Hungersnot, einschließlich der Länder, die sie selbst ausbeuteten, und deren Einwohner damals nur eine einzige Lösung sahen: auszuwandern. Aber niemand war auf die daraus resultierenden massiven Bevölkerungsbewegungen vorbereitet, die die Massenmigrationen des späten 20. Jahrhunderts und diejenige von heute schon andeuteten. Den selbstversorgenden Bauern, die eng mit ihrem angestammten Land verbunden waren, blieb bald keine andere Wahl mehr, als die einzige ihnen noch offenstehende Überlebensstrategie zu wählen: weiterzuziehen, bis sie Nahrung und einen Ort fanden, den sie landwirtschaftlich nutzen konnten.

Die großen Hungersnöte des 19. Jahrhunderts in China und Indien machten die im Grunde gleichgültigen Zentralregierungen praktisch machtlos. Im Falle Indiens war die britische Führung mehr mit der Frage beschäftigt, wie sie von den Weltmarktpreisen für Getreide profitieren konnte, als damit, in welchem Elend ihre eigenen Bauern lebten. Ihre Interventionen verursachten ein Chaos ungeheuren Ausmaßes. Millionen Menschen starben, denn internationale Hilfsorganisationen wie in der Neuzeit gab es noch nicht. Der eigennützige, nach innen ausgerichtete Staat der Khmer expandierte rasch und war mit der Instandhaltung der hydrologischen Systeme, die einen enormen Arbeitsaufwand, eine sorgfältige Organisation und eine effiziente, dezentralisierte Verwaltung erforderten, vollkommen überfordert. Wie schon bei den Maya und den Bauern von Tiwanaku, lag die einzig wahre Lösung darin, die Gesellschaften einem Wandel zu unterziehen: weg von der Abhängigkeit von großen Städten und Heiligtümern und hin zu autarken ländlichen Gemeinschaften.

Genau hier liegt der Anknüpfungspunkt für unsere heutige Welt. Millionen von selbstversorgenden Bauern und Menschen in Armut leiden zur Zeit unter unsicheren Ernährungsbedingungen. Dürren und Hunger sind in der Demokratischen Republik Kongo, im Südsudan, in Simbabwe und in der Sahelzone der

Sahara heute praktisch endemisch, und ein Drittel der Bevölkerung Afghanistans, rund 11 Millionen Menschen, weiß nicht, wovon es sich ernähren soll. Die Geschichte ist sehr komplex und muss nuanciert betrachtet werden. Aber so, wie der Westen in der Kolonialzeit die Welt aufgeteilt hat, wie er um Land und Ressourcen gekämpft und den Menschen ihre Würde genommen hat, so setzten sich Krieg und Ausbeutung auch heute nahtlos fort. Angesichts ineffizienter und oft ebenso korrupter wie auch gefühlloser Bürokratien bleibt dem Volk als einzige Überlebensstrategie die Migration – so wie es auch in der Vergangenheit der Fall war.

Tausende von Hunger bedrohte Dorfbewohner in China und Indien im späten 19. Jahrhundert zogen auf der Suche nach Nahrung und zuverlässigen Wasserquellen verzweifelt umher. Heute gehen die Zahlen der Klimaflüchtlinge in einer sich erwärmenden Welt, in der die Trockenheit schon bald endemisch sein wird, in die Zehntausende oder mehr. Und wir im Westen? Wir bauen Mauern (metaphorische oder reale), um jene Menschen abzuschrecken, die wir ausbeuten. Woher nehmen wir uns dieses Recht? Unser Wirtschaftssystem zwingt uns zu diesem Verhalten, denn der Kapitalismus stützt sich auf Unternehmensgewinne und Ausbeutung. Folglich sind die einzelnen Regierungen gezwungen, ihr Land und ihre Ressourcen zu schützen und andere zu verdrängen. Ist dies der beste Weg für uns als Spezies, den Problemen einer sich erwärmenden Welt Herr zu werden?

Natürlich leben wir heute in einem Zeitalter der Millionenstädte. Leider vergessen wir dabei die Lehren aus der Vergangenheit: Wir vergessen, wie viel die Menschen in den vielen kleinen ländlichen Gemeinden in ihre Autarkie und in die Kooperation mit anderen investiert haben, und wir vergessen auch ihre uralte Erfahrung mit dem Risikomanagement. Wenn wir mit solchen Gemeinschaften zusammenarbeiteten, von ihnen lernten und unser Kapital in ihre Lebensweisen und ihren Umgang mit (Klima-)Problemen investierten, dann wäre dies für die Zukunft der Menschheit eine weitaus zielführendere Investition, als immer größere Summen in die Rüstung und dergleichen zu stecken.

KAPITEL 10

AFRIKAS REICHWEITE
(1. JAHRHUNDERT V. CHR. BIS 1450 N. CHR.)

„Die Eisenbahnlinie war gesäumt von Kadavern." Nachkommen der Opfer bezeichnen sie noch immer als *Yua ya Ngomanisye,* „der Hunger, der überall hinkam."[145]

Die Dürre in Zentralkenia dauerte von 1897 bis 1899 und dezimierte die kleinen, autonomen Gesellschaften der Kamba und Kikuyu auf der Ostseite des Großen Afrikanischen Grabenbruchs. An einigen Orten fielen die Ernten drei Jahre hintereinander aus. In einer früheren Ära hätten die Bauern möglicherweise genügend Reserven zum Überleben gehabt, doch nicht in der gerade herrschenden Kolonialzeit. Die Uganda-Bahn wurde gerade gebaut, wertvolles Getreide den Nachbargemeinschaften entzogen und an die Arbeiter verteilt, die an den Gleisen arbeiteten. Vermutlich durch Wanderarbeiter aus Indien eingeschleppt, wütete die Beulenpest in der Region und forderte Tausende von Menschenleben. Hungernde Einheimische begannen mit Plünderungen. Aus Vergeltung setzte die Bahnpolizei deren Dörfer in Brand und vernichtete damit noch mehr Nahrungsmittel. Löwen und andere Raubtiere pirschten sich bei Tageslicht an die Dörfer heran, Hyänen machten sich über die am Straßenrand zurückgebliebenen Leichen her. Zwar unternahmen die britischen Behörden den einen oder anderen halbherzigen Versuch, die Überlebenden zu versorgen, doch die

Verluste waren mittlerweile gigantisch. Westlich davon, in Uganda, belief sich die Zahl der Hungertoten auf über 140 000.

Die Hungersnot kam in einer Zeit über das Land, als einige Jahre reichlicher Ernten und ergiebiger Regenfälle zu einem starken Bevölkerungswachstum in den dicht besiedelten Gebieten geführt hatten. Wie schon im mittelalterlichen Europa, nahmen die Bauern geringfügig landwirtschaftlich nutzbares Land in Besitz, um ihre Anbauflächen zu vergrößern. Sowohl der lokale als auch der Fernhandel florierten, weil die Niederschläge weiter anhielten. Dann allerdings folgte eine Dürre von wahrhaft biblischem Ausmaß. Sie begann im Jahr 1896 mit einem schweren El Niño-Ereignis, gefolgt vom La Niña 1898 und einem weiteren El Niño 1899. Das Hochland Äthiopiens, einst der üppige Schmelztiegel des Aksumitischen Reiches, war nun so trocken, dass das Nilwasser den niedrigsten Stand seit 1877/1878 aufwies. Im östlichen und südlichen Afrika sowie in der Sahelzone am südlichen Rand der Sahara machte sich eine schwere Dürre breit. Millionen von Bauern vom Mount Kenya südwärts bis ins ferne Swasiland mussten schwere Ernteausfälle hinnehmen. Die Unglücke häuften sich: Unzählige Ausbrüche der Rinderpest dezimierten die Herden, die Pocken wüteten, immer wieder machten sich Heuschreckenschwärme breit, ein Übel jagte angesichts großer klimatischer Veränderungen das nächste. Gleichzeitig nahmen die Übergriffe der imperialistischen Europäer zu. Die Briten machten sich das Leid der Einheimischen zunutze, indem sie ihr neues Protektorat mit Sitz in Nairobi ausdehnten und weite Teile der Kamba- und Kikuyu-Territorien annektierten. Im Süden nahm der britische Unternehmer und Politiker Cecil John Rhodes das Gebiet des späteren Rhodesien in Besitz. Die berühmten Geistermedien der Shona-Gottheit Mwari in Groß-Simbabwe verkündeten: „Die weißen Menschen sind eure Feinde ... die Regenwolken kommen uns nicht länger besuchen."[146]

Die klimatischen Veränderungen und andere Extremwetterereignisse sorgten für eine Transformation der afrikanischen Gesellschaft. Als jeglicher Handel zusammenbrach, die Vielfalt der Anbaukulturen schrumpfte und die Ernteerträge einbrachen, lösten sich die dynamischen Dorfökonomien auf. Die Macht und Führung gingen von den traditionellen Häuptlingen auf die von den Kolonialregierungen ernannten Marionettenherrscher über. Die afrikanischen Gesellschaften rutschten nun auf die unterste Stufe der Machtleiter, untrennbar mit den vom Westen kontrollierten globalen Märkten für Getreide und Rohstoffe verbunden. Soziale Ungleichheit und Unterentwicklung – mit wissenschaftlich absurden rassistischen Ideologien gerechtfertigt – wurden im Zuge des europäischen „Wettlaufs um Afrika" zur Norm.

KONTROLLE ÜBER DEN BASADRA (VOR 118 V. CHR. BIS ZUR NEUZEIT)

Im Jahr 916 n. Chr. schrieb der arabische Geograf Abu Zayd al-Sirafi: „Der *basadra* (Sommermonsun) gibt den Bewohnern des Landes Leben, denn der Regen macht ihr Land fruchtbar. Wenn es nicht regnete, würden sie verhungern."[147] Jahrhunderte später, im Jahr 1854, veröffentlichte der amerikanische Meteorologe Matthew Fontaine Maury seine *Explanations and Sailing Directions to Accompany the Wind and Current Charts* (Erläuterungen und Segelanweisungen zu den Wind- und Strömungskarten).[148] Er wertete Hunderte von Schiffsbeobachtungen aus, um die Zirkulation des indischen Monsuns zu erklären. Im Jahr 1875 wurde der *Indian Meteorological Service* (Indischer Meteorologischer Dienst) ins Leben gerufen, der mithilfe von Beobachtungsnetzen in ganz Indien versuchte, Vorhersagen über den regenreichen Südwestmonsun zu erstellen. Dann erschien im Jahr 1903 der britische Statistiker Gilbert Walker auf der Bühne, der Tausende von Beobachtungen aus der ganzen Welt zusammengetragen hatte, um Beziehungen zwischen der komplexen Atmosphäre und anderen Bedingungen herzustellen, die den Monsunregen möglicherweise beeinflussten. Tatsächlich konnte Walker das El Niño/Southern Oscillation-Phänomen und seine Beziehung zum Monsunregen erforschen – der ausschlaggebende Klimafaktor im Indischen Ozean (s. Prolegomenon).

Seit mindestens 5000 Jahren bereisen Kaufleute die Meeresstraßen des Indischen Ozeans, von der Arabischen Halbinsel über Mesopotamien bis nach Indien. Sie lernten, den Monsun zum Segeln zu nutzen, und waren daher in der Lage, die Seehandelsrouten zu kontrollieren. Das gut gehütete Wissen über die Monsunwinde im Indischen Ozean wurde über Jahrhunderte vom Vater an den Sohn weitergegeben. In die weite Welt gelangte dieses Wissen, als ein schiffbrüchiger

In Kapitel 10 beschriebene archäologische Stätten.

Seefahrer vom Roten Meer aus Alexandria erreichte und einem Griechen namens Eudoxos aus Kyzikos half, zwischen 118 bis 116 v. Chr. zwei Reisen nach Indien zu unternehmen. Bald darauf berechnete Hippalos, ein weiterer griechisch-alexandrinischer Seefahrer, eine noch schnellere Variante. Anstelle des üblichen Weges entlang der Küste, nutzte er den ungestümen Südwestmonsun im August, um innerhalb von zwölf Monaten von der Insel Sokotra an der Mündung zum Roten

Meer bis nach Indien und wieder zurückzusegeln – nonstop! Dieser dramatische Durchbruch in der Hochseeschifffahrt sollte Einfluss auf Dutzende von afrikanischen Gesellschaften bis weit ins Landesinnere haben. Zudem beeinflussten die globalen Wettermuster Millionen selbstversorgender afrikanischer Bauern sowie die Häuptlinge, die sich bemühten, sie zu beherrschen.

Schon lange war die afrikanische Küste des Roten Meeres für die Kaufleute attraktiv gewesen. Zwölf altägyptische Quellen aus der Zeit zwischen 2500 und 1170 v. Chr. beziehen sich auf das wundersame Land „Punt" oder „Gottesland" und preisen es für seine kostbaren Ressourcen, darunter Gold und Weihrauch. Generationen von Archäologen haben versucht, herauszufinden, wo genau Punt zu finden war. Höchst wahrscheinlich erstreckte es sich entlang des Roten Meeres am Horn von Afrika bis hinauf ins Hochland des heutigen Äthiopien und Eritrea. Eine ägyptische Inschrift, datiert auf das Jahr 600 v. Chr., spricht von Regen, der auf den Berg von Punt fällt und dann in den Nil abfließt – höchstwahrscheinlich in den Arm des Blauen Nils, den wir in Kapitel 4 näher beleuchtet haben. Alle ägyptischen Texte weisen außerdem darauf hin, dass Punt sowohl über den Land- als auch den Seeweg zugänglich war. Daraus kann geschlossen werden, dass die Menschen mindestens seit dem 3. Jahrtausend v. Chr. wussten, wie man mithilfe des Monsuns am Roten Meer entlang segeln konnte.

Dennoch wurde diese Route offensichtlich nicht intensiv genutzt. Punt und seine Lage waren voller Geheimnisse und wurden als derart bedeutend angesehen, dass (um 1471–1472 v. Chr.) die erhabene altägyptische Königin Hatschepsut die Wände ihres Tempels in Deir el-Bahari in Oberägypten mit unzähligen Gütern aus Punt schmückte, darunter Bilder ihrer Sklaven, wie sie Weihrauchbäume, Paviane, Giraffen, Rinder, Hunde, Esel, Doumpalmen und Damen mit dickem Hintern tragen. Die Wände zeigen ebenfalls Punts hochgeschätzte Ressourcen, wie Myrrhe, Ebenholz, Elfenbein und Gold. Angesichts der großen Aufmerksamkeit, die Hatschepsut Punt schenkte, können wir annehmen, dass dies möglicherweise eine zukunftsweisende staatliche Mission war, die die Königin als ihr Vermächtnis hinterlassen wollte.

Gegen Ende des 1. Jahrtausends v. Chr. hatten sich die Dinge enorm weiterentwickelt. Die Kaufleute nutzten das Rote Meer immer häufiger, obwohl bei klassischen Autoren wie Strabon und Agatharchides zu lesen ist, dass auf dieser

Reise stets diverse Schwierigkeiten zu meistern waren: gefährliche Felsen, fehlende Ankermöglichkeiten und eine stürmische Brandung. In seinen Schriften aus dem 2. Jahrhundert v. Chr. ging die Fantasie mit Agartharchides manchmal etwas durch. So berichtet er zum Beispiel darüber, dass ein Fluss durch das Land reichlich Goldstaub mit sich führte oder dass es weiter im Süden Minen mit Goldklumpen gäbe. Die Route war wohl zu jener Zeit noch immer ein eher wohlbehütetes Geheimnis. Einhundert Jahre später war sie schon weitaus bekannter, selbst für Außenstehende, die sich auf recht weitverbreitete Segelanweisungen verlassen konnten. Das *Periplus Maris Erythraei* (Küstenbefahrung des Roten Meeres) aus dem 1. Jahrhundert n. Chr. ist wohl am bekanntesten. Darin beschrieb ein anonymer Verfasser, sicher ein Seefahrer, der die Gegend gut kannte, in schlichtem Griechisch die südlichere Küste Afrikas, die zu jener Zeit Azania hieß und sich weit nach Süden erstreckte.[149]

Im *Periplus Maris Erythraei* ist die Rede von einer Vielzahl geschützter Ankerplätze und Orten wie Rhapta weit im Süden (ein noch unentdeckter Ort), wo es Elfenbein und Schildkrötenpanzer in Hülle und Fülle gäbe. Dank der vorhersehbaren Monsunwinde konnten Segelschiffe innerhalb von zwölf Monaten über das Rote Meer und zurück oder von Ostafrika bis zur Westindischen Küste und zurück segeln. Die Ankünfte und Abfahrten der Passatwind-Schiffe waren an den geschützten Ankerplätzen wie Lamu in Nordkenia die wichtigsten Ereignisse des Jahres. Hier luden sie ihre Fracht auf kleinere Schiffe um, die mit abgelegenen Küstengemeinden fernab vom Rampenlicht der Geschichte Handel trieben. An diesen Orten konnten wertvolle Waren für den Arabien- und Indienhandel erstanden werden: weiches, leicht zu bearbeitendes Elfenbein von afrikanischen Elefanten, Gold und Kupfer zur Schmuckherstellung sowie einfach weiterzuverarbeitendes Eisenerz. Es gab aber auch weniger spektakuläre Waren wie beispielsweise Hüttenpfähle aus den afrikanischen Mangrovensümpfen, die im baumlosen Arabien als Baumaterial außerordentlich geschätzt wurden.

Azania war jahrhundertelang eine abgeschiedene kleine Welt für sich, mit winzigen Dörfern, die nur gelegentlich von Händlern vom Roten Meer aufgesucht wurden. Doch im 10. Jahrhundert änderte sich alles, als die Nachfrage der Mittelmeerländer nach Gold, Elfenbein und Bergkristall in die Höhe schnellte. Dies war auch die Zeit, in der der Islam Fuß fasste und in der Nähe der geschützten

Buchten Handelsgemeinschaften entstanden. Einige Küstenenklaven zählten einige Tausend Bewohner, die in „Steinstädten" lebten. Mächtige Kaufmannsfamilien florierten weit südlich bis Kilwa im heutigen Tansania.

Uns ist dieses Gebiet als der Swahili-Korridor bekannt, ein schmaler Küstenstreifen, in dem sich einheimische Handelsstädte in der Nähe von sicheren Ankerplätzen entwickelten.[150] Im späten 1. Jahrtausend n. Chr. brachte der Islam politische und wirtschaftliche Beziehungen mit einer viel größeren Welt und förderte ideologische Verbindungen mit weiter entfernten Ländern. Die Gemeinschaften und mächtigen Kaufmannsfamilien in den Steinstädten dieses Teils von Afrika jedoch versuchten, die lokalen Bindungen zu stärken. Sie pflegten ihre sorgsam aufgebauten politischen und sozialen Verbindungen mit Handelsnetzen, die sich Hunderte von Kilometern ins Landesinnere erstreckten. Kleine Gruppen transportierten Getreide, Häute und Muscheln sowie das von den Bauern hochgeschätzte Salz, weit ins Landesinnere hinein. Und sie hatten häufig auch noch andere, exotischere Waren dabei: chinesisches Porzellan, indische Textilien und Glasperlen. Bei den Muscheln und Schmuckstücken handelte es sich im Wesentlichen um billigen Plunder, der nur einen Bruchteil des Wertes von Gold und Elfenbein hatte, das die Küste erreichte. Weit im Landesinneren waren Muscheln prestigeträchtige Objekte. Nicht jene gewöhnlichen Kaurimuscheln, die man als Haarschmuck trug, sondern die selteneren Mollusken. Die Kegelschneckengehäuse aus dem Indischen Ozean wurde zu einem wichtigen Prestigesymbol. Für fünf solcher Muscheln konnte man noch im Jahr 1856 in Zentralafrika einen Elefantenstoßzahn erwerben. Gold war am schwierigsten zu beschaffen, denn die Goldquellen lagen weit im Süden auf der Hochebene von Simbabwe. Einer Schätzung zufolge gelangten im Laufe von acht Jahrhunderten aber trotzdem mindestens 567 Tonnen Gold an die Küste: Afrikanisches Gold war damals ein wichtiger Faktor in der Weltwirtschaft.[151]

Der informelle Handel wurde über Jahrhunderte hinweg auf diese Weise betrieben. Exotische Gegenstände wie chinesische Porzellangefäße, feine und gröbere Baumwolltextilien, aber auch Zehntausende von Glasperlen tauchen an archäologischen Stätten auf, die Hunderte von Kilometern entfernt von jenen Häfen liegen, an denen sie die afrikanische Küste erreichten. Archäologen können von Glück sagen, dass sich viele der Fundstücke anhand ihres Designs genau

datieren lassen, und zudem die spektrografische Bestimmung der Spurenelemente häufig Aufschluss über ihre Herkunftsorte gibt.

Die Monsunwinde verknüpften die ostafrikanischen Steinstädte mit fernen
Ländern und banden sie in die globale Welt des Fernhandels ein. Die Windstär-
ken mögen geschwankt haben und die Niederschlagsmengen stiegen oder fielen
von Jahr zu Jahr. Aber der Handel im Indischen Ozean hielt all dem über viele
Jahrhunderte stand, selbst als die Europäer sich in der Region niederließen. Man
kann nun zu Recht argumentieren, dass das globale Klima der vergangenen
2000 Jahre in der Geschichte des östlichen und südlichen Afrikas eine besondere Rolle gespielt hat. Aber welche Auswirkungen hatten die Kapriolen des Monsuns auf die Bevölkerung, die weit entfernt von der Küste im Landesinneren
lebte? Antworten darauf gibt die komplexe Geschichte der von Rinderherden
lebenden Königreiche und der Bauerndörfer auf dem Simbabweplateau zwischen
den beiden Flüssen Sambesi und Limpopo.

ERKUNDUNG DES LANDESINNEREN
(1. JAHRHUNDERT BIS CA. 1250 N. CHR.)

Auf unserer Reise ins Landesinnere, betreten wir eine Welt, die den Europäern
praktisch unbekannt war, bis der schottische Missionar und Forscher David
Livingstone Mitte des 19. Jahrhunderts weite Teile Zentralafrikas bereiste. Lü-
ckenhafte Chroniken aus Portugal und die Schriften viktorianischer Entdecker
erzählen von Ereignissen aus dem 16. bis 19. Jahrhundert. Doch bis zum Beginn
ernsthafter Forschungen in den 1960er-Jahren war über die frühere afrikanische
Geschichte so gut wie nichts bekannt – abgesehen von der unzutreffenden Behauptung, dass Groß-Zimbabwe, eine Ruinenstadt aus dem 11. Jahrhundert, ein
Palast der Phönizier gewesen sein soll. Im Gegensatz zu vielen anderen Regionen
der Welt, betreten wir hier ein historisch wenig erforschtes Gebiet, das obendrein
eine komplexe Klimadynamik aufweist.

Unsere alte Freundin, die Innertropische Konvergenzzone (ITC) bewegt sich
zwischen der nördlichen und südlichen Hemisphäre im Indischen Ozean hin
und her. Sie bleibt immer in der Nähe des Äquators und erreicht bei etwa 15 Grad

Nord ihre nördliche Grenze. Im Januar liegt sie bei etwa 5 Grad südlicher Breite. Die ITC ist eine Zone mit intensiver Regenwolkenentwicklung. Diese Bewegungen bringen im Winter, von November bis Februar, Regen ins südliche Afrika. Längerfristige Veränderungen in der Position der ITC können zu anhaltenden Dürreperioden führen. Dies ist aber nur ein Teil des komplexen meteorologischen Szenarios, bei dem die El Niños und La Niñas eine entscheidende Rolle für Klimaereignisse wie Dürren und Überschwemmungen spielen. Bei der Untersuchung der Rolle der Klimaveränderungen im östlichen und südlichen Afrika, fällt auf, dass man es hier mit einem komplizierten, unberechenbaren Jo-Jo zu tun hat.

Vor rund 2000 Jahren erreichten kleine Gruppen von Bauern und Viehhirten das Sambesital und zogen von dort aus ins südliche Afrika. Sie ließen sich weit verstreut in kleinen Dörfern in der offenen Savanne nieder, wobei sie Orte bevorzugten, an denen es keine – für ihr Vieh tödliche – Tsetsefliegen gab. Die Savanne bot ihnen Böden, die relativ leicht und mit einfachen Hacken mit Eisenklingen zu bearbeiten waren.[152]

Die Neuankömmlinge siedelten sich in Landschaften an, in denen seit Tausenden von Jahren nur wenige Jäger und Sammler der San gelebt hatten. Im Laufe der Jahrhunderte wuchs die landwirtschaftliche Bevölkerung und die San hatten zwei Optionen: die neuen Wirtschaftsformen anzunehmen oder auf landwirtschaftlich wenig ergiebiges Land auszuweichen. Während die Vorfahren der San nur dünn gesät waren und zudem sehr mobil, waren die Bauern fest an ihr Land gebunden. Sie bauten Sorghum und zwei Hirsesorten an, und zwar lange bevor der Anbau von Mais aus Amerika im Land populär wurde.

Ein schroffer Steilhang trennt das Landesinnere des südlichen Afrikas zwischen dem Sambesi und dem Limpopo von der Ebene am Indischen Ozean im Osten. Warme, tiefer gelegene Flusstäler durchschneiden die höheren Lagen des Simbabweplateaus, das im Durchschnitt mehr als 1000 Meter über dem Meeresspiegel liegt. Savannenwälder bedeckten die hügeligen Ebenen, in denen es einige fruchtbare Böden zum Anbau von Hirse und Sorghum in einem relativ kühlen und vergleichsweise gut bewässerten Umfeld gab.[153] Diese Feldfrüchte wuchsen im südlichen Sommer sehr gut, wenn sie etwa 350 Millimeter Niederschlag, also mindestens 3 Millimeter Wasser täglich, bekamen. Dies bedeutete, dass die Felder eine jährliche Niederschlagsmenge von etwa 500 Millimetern benötigten und dass die Temperatur nicht unter 15° C sinken durfte. Die Bedingungen variierten von Landschaft zu Landschaft, aber dies waren anspruchsvolle Kulturen, die sich in einer Umgebung mit ausgedehnten Trockenzeiten und unvorhersehbaren Niederschlägen zurechtfinden mussten. Die weitläufigen Graslandschaften boten hervorragende Weideflächen für Rinder, Schafe und Ziegen, allerdings ebenfalls vor dem Hintergrund anhaltender Trockenheit und unvorhersehbarer Niederschläge. Es herrschten keine außergewöhnlichen geeigneten Bedingungen für die Landwirtschaft: Dürren, unsichere Niederschläge, lange Trockenperioden und dann wieder übermäßige Regenfälle und Überschwemmungen schwankten beträchtlich von Jahr zu Jahr.

Die Niederschläge im südlichen Afrika zeigen ein ausgeprägtes Ost-West-Gefälle, wobei der südöstliche Teil im südlichen Winter etwa 66 Prozent seiner jährlichen Niederschlagsmenge erhält. Die ITC wandert im Indischen Ozean nach Süden, und eine östliche Strömung aus dem Meer bringt häufig unvorhersehbare Niederschläge über weite Teile der Region. Diese relativ feuchten klimatischen Bedingungen spielten eine Schlüsselrolle bei der Ausbreitung von Ackerbau und Viehzucht in den vergangenen 1000 Jahren. Die Landwirtschaft beschränkte sich größtenteils auf die Savannenwälder, die offene Savanne und die Graslandgebiete zwischen dem Sambesi im Norden und dem Great-Kei-Fluss im Süden.

Eine Vielzahl von Seebohrkernen, Tropfstein- und Baumringsequenzen offenbart erhebliche Schwankungen sowohl in der Niederschlagsmenge als auch in den Temperaturen während des vergangenen Jahrtausends.[154] Allgemein gesprochen: In weiten Teilen des südlichen Afrikas waren von vor 1000 n. Chr. bis kurz nach 1300 n. Chr. große Unterschiede in der mittelalterlichen Erwärmung zu beobachten. Ein signifikanter Höhepunkt wurde um das Jahr 1250 erreicht, eine der wärmsten Zeiten der letzten 6000 Jahre, mit Temperaturen um bis zu 3° C bis 4° C über den jährlichen Höchsttemperaturen der Jahre zwischen 1961 und 1990. Danach kühlten die Temperaturen wieder ab, wie Tiefseebohrkerne und die wechselnden Wasserpegel des Malawisees im Landesinneren belegen. Die kälteste Periode herrschte zwischen 1650 und 1850, die absolut tiefsten Temperaturen traten um 1700 auf, mit einem weiteren Kälteeinbruch Hundert Jahre zuvor. Interessanterweise belegen Isotopen-Signaturen von Mollusken aus archäologischen Fundstellen an der Küste der westlichen Kap-Provinz und anderswo einen Rückgang der Meeresoberflächentemperaturen zur selben Zeit. Temperaturminima- und Sauerstoffisotopen-Aufzeichnungen aus den Höhlen von Makapansgat im Norden Südafrikas entsprechen dem Maunder-Minimum zwischen 1645 und 1715, das extreme Kälte nach Europa brachte. Zudem gibt es Anzeichen für das kalte Spörerminimum von 1460 bis 1550. Beachtet werden muss allerdings, dass es sich hier um Verallgemeinerungen handelt, denn die Tropfsteine weisen zahlreiche regionale Unterschiede auf. Nach 1760 kehrte langsam die Wärme zurück. Doch unabhängig aller regionalen und zeitlichen Details blieben die Niederschlags- und Temperaturschwankungen eine konstante und große Herausforderung, sowohl für die Bauern als auch für die Staaten, die während der Kleinen Eiszeit erblühten und dann wieder vergingen.

DIE REALITÄTEN DER BEDARFSWIRTSCHAFT

Nach dem bisherigen Blick auf den weiteren klimatischen Zeitrahmen, richten wir unser Augenmerk nun auf die vergangenen 2000 Jahre, jene Jahrhunderte also, in denen sich die selbstversorgenden Bauern erstmals im südlichen Zentralafrika ansiedelten. Fast alle landwirtschaftlichen Aktivitäten fanden rund um das Dorf statt und basierten auf Brandrodung (Schwendbau). Im September, wenn die Trockenperiode dem Ende zuging, rodeten die Dorfbewohner den bis dahin unberührten Wald und setzten ihre Parzellen in Brand. Daraufhin verteilten sie die Asche auf ihren Feldern und hackten sie in den Boden. Damit war alles bereit für die erhofften bevorstehenden Regenfälle. Nun begann das Warten, während die Temperaturen Tag für Tag stetig anstiegen. Manchmal fielen einige Regenschauer in verschiedenen Teilen der Landschaft, möglicherweise sogar auf das Land des einen Dorfes und auf das des Nachbarn nicht. Jeder stellte sich die Frage: pflanzen oder nicht pflanzen? Wenn man pflanzte, dann suchte man den Himmel nach Regenwolken ab. Manchmal gab es auch reichliche Niederschläge und die Pflanzen gediehen prächtig. Doch allzu oft verdorrten sie auf den Feldern. Dann herrschte innerhalb weniger Wochen Hunger und im Frühling lauerte der Hungertod. Ein Großteil der Bauerndörfer konnte ein Jahr Dürre mithilfe des eingelagerten Getreides überstehen, aber keinesfalls mehrere trockene Jahre hintereinander. Die Menschen griffen dann auf Wildpflanzen, Wild und ihre Herden zurück – sofern sie einen Viehbestand hatten. Eine erfolgreiche Landwirtschaft beruhte auf den über Generationen hinweg schwer erkämpften Erfahrungen.[155]

Auch ein erfolgreiches Risikomanagement erforderte vertraute und erprobte Strategien, die aber von Dorfgemeinschaft zu Dorfgemeinschaft unterschiedlich aussahen, ebenso wie die Vielfalt der Pflanzen, die angebaut wurden. Sowohl in den Haushalten als auch in den Dörfern wurden passende Bewältigungsmechanismen als Antwort auf klimatische Veränderungen entwickelt. Dazu gehörten die sorgfältige, langfristige Lagerung von Getreide, das Teilen von Lebensmitteln unter den Verwandten, aber auch anderen Hilfsbedürftigen, die sicherstellten, dass in der Gemeinschaft so wenig Menschen wie möglich hungern mussten. Kooperative Arbeit bei der Rodung der Felder und bei anderen lebenswichtigen Aufgaben war Routine.

Diese Gesellschaften stützten sich in hohem Maße auf verwandtschaftliche Beziehungen und betonten ihre starken rituellen Bindungen zu den Ahnen – den Hütern des Landes seit Anbeginn der Zeit. Regenmacher- und Regenrituale waren mächtige Katalysatoren in der Stammesgesellschaft, ebenso wie starke Bindungen zu Verwandten, die in benachbarten oder in fernen Gemeinschaften lebten. Lang etablierte Bindungen der Gegenseitigkeit, der gegenseitigen Verpflichtung, Hilfe zu leisten, Nahrungsmittel bereitzustellen oder auch Saatgut zum Pflanzen, waren in Zeiten abrupter klimatischer Veränderungen und anhaltender Dürre eine wertvolle Waffe, um die Anpassungsfähigkeit zu erhöhen.

Weit verstreute Bauerndörfer mit kleinen Herden konnten auf diese Weise die Jahrhunderte überleben, insbesondere in Zeiten, in denen die Dorfbewohner sporadisch auf den Fernhandel zurückgreifen konnten, um Elfenbein und andere Waren gegen Getreide einzutauschen. Besonders wichtig waren die alten Rituale und engen Ahnenbeziehungen, die ursprünglich die Verbindungen zwischen nahen und fernen Dörfern gestärkt hatten. Nach vielen Generationen hatten diese Ahnenverbindungen und die unschätzbaren übernatürlichen Kräfte, die die Kommunikation mit den Ahnen ermöglichten, aus den einstmals kleinteiligen dörflichen Gesellschaften eine sich ständig verändernde politische Landschaft von kleinen Stammesfürstentümern gemacht.

Unterschiede im sozialen Status hingen von den wahrgenommenen übernatürlichen Gaben, von den Abstammungslinien und vom persönlichen Charisma ab. Denn hier wie auch anderswo in der Alten Welt hing die Macht häufig von der Fähigkeit der Herrschenden ab, die Loyalität ihrer Anhänger – oft Verwandte – zu gewinnen und zu erhalten. Zeremonielle Ämter, gut getimte Geschenke und gegenseitige Gesten waren die Währung dieser Loyalität, ebenso wie der Reichtum. Dieser Reichtum war hauptsächlich lebendig, und zwar insbesondere in Form von Rindern.

Rinder bedeuteten viel mehr als nur Fleisch- und Milchquelle. Diese wertvollen Tiere waren deutliche Gradmesser für Wohlstand und sozialen Rang, ebenso wie für einen lukrativen Brautschatz. Überzählige männliche Tiere stellten ein wertvolles Zahlungsmittel dar, große Herden ein Symbol politischer Macht. Auf der anderen Seite waren große und selbst kleine Herden aber auch anfällig für unsichere Regenfälle und Dürren. Schließlich benötigte jedes einzelne Tier zumindest alle 24 Stunden neben gutem Weidegras auch genügend Wasser. Die Stammesfürsten der Hochebene und der Flusstäler steckten viel Energie in den Zuwachs an Getreide und Vieh, um ihre politische Macht zu festigen.

Im 10. Jahrhundert veränderte sich die Gesellschaft auf der Hochebene, war aber letztendlich noch immer auf die altbewährten Anpassungsstrategien an unberechenbare Klimabedingungen angewiesen. Der Erfolg dieser Anpassung hing in der Hochebene im Grunde von der Viehzucht und der Bedarfswirtschaft ab – so wie schon immer. Doch das Plateau hatte noch weit mehr zu bieten als fruchtbare Böden und Weideflächen. Gold, das im Schwemmland und in Goldquarzgängen gewonnen wurde, ebenso wie Kupfer, Eisen und Zinn waren schon bald die wichtigsten Handelsgüter im Fernhandel. Auf der Hochebene gediehen nicht nur Rinder, sondern auch Elefanten mit wertvollen Stoßzähnen. Die Schona-Häuptlinge, die über das Hochland herrschten, kamen in Kontakt mit Besuchern von der fernen Küste des Indischen Ozeans, die auf der Suche nach Gold und Elfenbein waren. Anfangs war der Handel mit den Küstenregionen nur sporadisch. Doch nach dem 10. Jahrhundert, als die klimatischen Bedingungen wärmer und feuchter wurden, weitete er sich sehr rasch aus. Zwangsläufig erlangte der eine oder andere Stammesfürst im Hochland eine ökonomische oder politische Vormachtstellung, wenn es ihm gelang, die Handelsrouten zu kontrollieren und von weniger bedeutenden Herrschern Tribut zu fordern. Diese ökonomische und politische Macht war allerdings unbeständig und konnte sich im Falle von länger anhaltender Dürre oder Veränderungen im Handel mit dem Indischen Ozean auch schnell in Luft auflösen.

MAPUNGUBWE UND GROSS-SIMBABWE (1220 BIS CA. 1450 N. CHR.)

Im heißen, tief gelegenen Tal des Limpopo wuchs ein mächtiges Königreich heran.[156] Zwischen etwa 1000 und 1300 n. Chr., in den Jahrhunderten der Mittelalterlichen Klimaanomalie, führten verstärkte Regenfälle zu regelmäßigen Überschwemmungen und verwandelten das normalerweise trockene Tal in eine Landschaft, in der nicht nur die angepflanzten Kulturen, sondern auch die Rinder gut gediehen. Das nahrhafte Weidegras am Limpopo zog zudem große Elefantenherden an. Alle Voraussetzungen für ein alles beherrschendes Königreich waren gegeben, insbesondere in Gesellschaften, in denen die Viehbestände Symbol für Reichtum und sozialen Rang waren. Zunächst lebten die aufstrebenden Häuptlinge in größeren Dörfern im Tal. Um 1220 n. Chr. zog aber eine kleine Gruppe spirituell mächtiger Individuen hoch auf einen weithin sichtbaren Hügel namens Mapungubwe, der das gesamte Tal überblickte. Dieser markante Hügel war schon lange als Zentrum für Regenrituale bekannt, eines der wichtigsten Elemente der lokalen Schona-Gesellschaft. Die in jener Zeit reichlich vorhandenen Niederschläge scheinen den Mapungubwe-Anführern eine starke spirituelle Geltung verschafft zu haben.

Mapungubwe mit seinem großen Reichtum an Rindern, Gold und Elfenbein war nicht das einzige Machtzentrum in der Region. Rundherum entstanden weitere Zentren, viele von ihnen auf flachen Hügeln mit durch Steinmauern gesicherten Viehkoppeln, vorausschauend in weitläufigen Flusseinzugsgebieten angelegt, um eine zuverlässige Wasserversorgung zu gewährleisten. Häuptlinge und Dorfbewohner wählten gezielte Strategien, um sich an die jahreszeitlichen Veränderungen und klimatischen Schwankungen anzupassen. Sie suchten die Ackerböden mit Bedacht aus, pflanzten dürreresistente Feldfrüchte wie Sorghum und legten größtes Augenmerk auf die Lagerung von Getreide für trockene Jahre. Ihre Anbaustrategien waren flächendeckend geplant, und sie versuchten sogar durch das Entzünden von Rauchfeuern die durch Tsetsefliegenstiche ausgelöste Rindersterblichkeit zu vermindern.

Mit dem Rückgang der Niederschläge im 13. Jahrhundert bekam die Fähigkeit der Mapungubwe-Häuptlinge, Fürsprache bei den übernatürlichen Kräften, die den Regen kontrollierten, einzulegen, immer größere Bedeutung. Regenrituale rückten in den Fokus und stärkten die Legitimität und Macht der Häuptlinge. Gleichzeitig wurde solch ein Häuptling aber auch verwundbarer, wenn eine Trockenperiode auf die nächste folgte und seine Macht als Regenmacher deutlich dahinschwand. Zwischen etwa 1290 und 1310 n. Chr. untergruben kühlere Temperaturen und die zunehmende Trockenheit, gepaart mit stark schwankenden Niederschlägen, langsam die Glaubwürdigkeit des Stammeshäuptlings und ließen Zweifel an seiner Fähigkeit aufkommen, die Fruchtbarkeit des Limpopo-Überschwemmungsgebietes zu gewährleisten. Mapungubwes Einfluss nahm im Laufe der immer längeren Dürreperioden im 13. Jahrhundert stetig ab.

Damit war es aber nicht allein. Die reiche biologische Vielfalt der gesamten Region trug zahlreiche Gemeinschaften, die auf lokaler Ebene und auch über weite Entfernungen mit Gebrauchsgegenständen, Metallen und Importen wie Perlen, Muscheln und Textilien aus dem Indischen Ozean handelten. Um sich langfristig gegen Klimaschwankungen abzusichern, stützten sie sich zum großen Teil auf die Zusammenarbeit mit nahen und fernen Nachbarn. Vieles hing auch davon ab, dass man sich die besonderen Fähigkeiten anderer zunutze machte. Dazu gehörten die Kupfer- und Eisenverarbeitung, der Abbau von Roherzen und auch die Herstellung von Eisenspeeren für die Elefantenjagd. Einige dieser Gesellschaften erreichten eine beträchtliche soziale Komplexität. Vor allem aber waren sie in der Lage, Risiken durch ihr landwirtschaftliches Fachwissen und handwerkliche Erfahrung zu minimieren und Wissen sowie Erfahrungen mit anderen Gemeinschaften und Verwandtschaftsgruppen auszutauschen. Noch immer wissen wir so gut wie nichts über diese zahlreichen Gemeinschaften in der Mapungubwe-Region, und vor allem nichts über ihre Schwachstellen.

Zweifellos gab es einen engen Zusammenhang zwischen der Häufigkeit von Dürren und dem schwindenden Einfluss der Häuptlinge, als Mapungubwe

Luftaufnahme von Groß-Simbabwe mit der Einfriedung im Vordergrund und der imposanten Hügelruine im HIntergrund.

seine Fähigkeit verlor, sich an die trockeneren Bedingungen anzupassen. Im frühen 14. Jahrhundert verlagerte sich die politische Macht vom Limpopotal nach Norden auf die Hochebene von Simbabwe. Groß-Simbabwe mit seinen ikonischen Steinbauten und dem imposanten, alles überragenden Hügel, ist weltberühmt.[157] Weniger bekannt ist die Tatsache, dass die Stätte als bedeutendes Zentrum für Rituale zur Regenerzeugung diente und auch weiterhin dient. Simbabwe liegt am Rande eines Goldabbaugebiets, doch noch entscheidender ist für das Land, dass es das ganze Jahr über recht grün bleibt, weil Nebel und Regenfälle aus dem nahe gelegenen Mtelikwetal direkt vom Indischen Ozean nach Norden ziehen. Diese isolierte – scheinbare – Oase mitten auf dem ansonsten trockenen Plateau, wurde als Regenzentrum verehrt. Der eindrucksvolle Hügel mit seinen mächtigen Felsblöcken und Höhlen wurde zum Zentrum von Regen- und Ahnenritualen, Teil des Kultes des Himmelsgottes Mwari, der in der Schona-Gesellschaft eine wichtige Rolle spielte. Das Hauptmedium Mwaris, eines monotheistischen Glaubes, übte einen besonderen Einfluss auf die Gesellschaft Simbabwes aus.

Der Zugang zu den Hügeln muss eingeschränkt gewesen sein. Aber Simbabwes Häuptlinge herrschten über ein riesiges, von Bedarfswirtschaft und Viehzucht gestütztes Reich, das in Mapungubwe eine Quelle des Reichtums und eine Grundlage für die soziale Rangordnung in großen und kleinen Gemeinschaften war. Rinder sind allerdings als Quelle des Reichtums eine große Herausforderung, und zwar nicht nur wegen möglicher Krankheiten, sondern auch weil sie ausgiebige Weideflächen und vor allem reichlich Wasser benötigen. Die zunehmende Bevölkerungsdichte, die Übernutzung der Wälder für Brennholz und andere Zwecke und vor allem die kühleren und trockeneren klimatischen Bedingungen unterminierten die Anpassungsfähigkeit eines Königreichs in einem Gebiet mit unvorhersehbaren Regenfällen und häufig nur mäßig fruchtbaren Böden. Trotz all ihrer Bemühungen, Getreidevorräte anzulegen und die Nahrungsmittelversorgung zentral zu verwalten, hatten die Häuptlinge Groß-Simbabwes kaum Möglichkeiten, sich langfristig gegen klimatische Belastungen zu schützen – mit einer Ausnahme: durch das Prestige, den Reichtum und die Macht, die ihnen durch den Handel mit dem Indischen Ozean zuteilwurden.

Die politische Situation, in der sich das Königreich Simbabwe und seine Nachfolger befanden, war äußerst kompliziert. Die Thronfolge war eine sehr komplexe Angelegenheit, da die königlichen Viehherden zu groß waren, um sie in die Hauptstadt zu verlegen. Das bedeutete, dass diese von zahlreichen anderen kleinen politischen Zentren umgeben waren – viele von ihnen mit ihren eigenen spirituellen Medien –, die zu alternativen Machtzentren heranwuchsen. Vornehmlich Hauptstädte zogen häufig um, viele von ihnen sind heute durch kleinere Steinbauten gekennzeichnet. Kriegerische Auseinandersetzungen waren offenbar an der Tagesordnung, wenn auch in begrenztem Umfang, da die Menschen ja ihr Land zu bestellen und zu ernten hatten.

Auf Viehzucht basierende Königreiche wie Groß-Simbabwe wurden zwar von mächtigen Häuptlingen regiert, die durch den Gold- und Elfenbeinhandel ihre Macht festigten, doch ihre Vorherrschaft beruhte nicht allein auf dem hohen Ansehen, das ihnen der Handel mit dem Indischen Ozean sicherte, sondern war zu einem bedeutenden Teil von der Größe ihrer Viehherden abhängig – und der dafür benötigten großen Weideflächen. Zwar hatten die bedeutenden Zentren den Fernhandel fest in ihrer Hand, doch sie waren weit anfälliger für klimatische Schwankungen als die in ihrem Herrschaftsgebiet verstreut liegenden Dörfer. Die Bevölkerungsdichte im Umland der großen Zentren war um ein Vielfaches höher, und damit auch die Notwendigkeit einer zuverlässigen Nahrungsmittelversorgung. Dahingegen konnten die kleineren Dörfer noch immer aufs Jagen und Sammeln zurückgreifen und waren in trockenen Jahren besser in der Lage, auf alternative, dürreresistente Kulturen umzustellen. Die größte Belastung war nicht die Häufigkeit der Trockenzeiten, sondern ihre Dauer, also lang anhaltende Dürren, durch die sowohl die Weideflächen als auch die sicheren Wasserquellen dezimiert wurden. Zudem stellten Viehseuchen wie die Rinderpest, Heuschreckenplagen und gelegentliche Überflutungen die Menschen vor große Herausforderungen. Unter diesen Umständen boten große, weit verstreute Herden einen gewissen Schutz gegen Hunger, ebenso wie Wildpflanzen und eine gut organisierte Jagd.

Was genau zum Niedergang des Königreichs Simbabwe führte, bleibt ein Rätsel, doch höchstwahrscheinlich spielte die Verkettung unterschiedlicher Ereignisse hier eine entscheidende Rolle. Eines davon könnte die endgültige Erschöpfung der Goldvorkommen in der Nähe von Groß-Simbabwe gewesen sein, was die Händler veranlasste, sich anderswo umzusehen. Im frühen 15. Jahrhundert kehrten kühlere und trockenere Wetterbedingungen zurück, die die Landwirtschaft und mit ihr die Versorgung der ständig wachsenden Bevölkerung geschwächt haben könnten. Auch der Wettbewerb mit benachbarten Königreichen mag seinen Teil dazu beigetragen haben. In den 1560er-Jahren waren größere Königreiche wie Simbabwe weitaus zerbrechlicher als weitverstreute Stammesverbände. Das politische Machtzentrum hatte sich nun nach Norden in die Region des Sambesi verlagert. Zu dieser Zeit waren portugiesische Händler und Siedler auf der Suche nach Gold tief in die Hochebene eingedrungen. Zwischen 1625 und 1684 entrissen die Portugiesen den einheimischen Häuptlingen die Kontrolle über die Minen und untergruben damit den wirtschaftlichen Wohlstand der einst mächtigen Königreiche. Dennoch hielten die traditionellen Nahrungsmittelsysteme und die Regenrituale der politischen Instabilität stand und viele größere Gemeinschaften überlebten.[158]

Keinem Königreich im südlichen Afrika, nicht einmal Simbabwe, war eine längere Lebensdauer beschieden und keines erreichte eine bemerkenswerte Größe. Es existierte keine weiträumig angelegte Infrastruktur, so wie sie einmal das zentralisierte Khmer-Reich zusammenhielt. Die Welt des südlichen Afrikas bestand zum einen aus verstreuten Dörfern, deren Anpassungsfähigkeit von sorgfältigem Risikomanagement abhing, und zum anderen aus unbeständigen Königreichen, die selten länger als 200 Jahre Bestand hatten und von Häuptlingen regiert wurden, deren Loyalität sich auf Großzügigkeit und Polygamie stützte. Wer ein Königreich auf der Hochebene von Simbabwe anführte, musste sowohl Unternehmer als auch Politiker sein. Die Sicherheit und Dominanz der Herrscher hing zum großen Teil von ihrem Geschick im Umgang mit ihren Untergebenen ab und von ihrer Fähigkeit, ihre Rinderherden zu vergrößern. In diesen Punkten ist unser Wissen noch immer lückenhaft. Wir können nur mit Sicherheit sagen, dass jedes einzelne Königreich in seinem Innersten äußerst fragil war. Überleben konnten die verstreuten Dörfer letztendlich durch ihren bedeutsamen Wissensschatz an Strategien zur Bewältigung der herausfordernden Umweltbedingungen, mit denen sie stets konfrontiert waren. Dies gilt auch heute noch im modernen Afrika, wo die Bedarfswirtschaft und die Dorfgemeinschaften trotz rasch voranschreitender Urbanisierung noch immer Millionen von Menschen ernährten. Die Bewältigung des Klimawandels gelang und gelingt am effektivsten auf der lokalen Ebene – dort, wo die Menschen ihre Umwelt und ihre Landschaft am genauesten kennen.

Dieses Kapitel stellt eine Verbindung zwischen dem globalen Fernhandel und der Welt der Dorfbauern her, also jenen Menschen, die einen vollkommen anderen Blickwinkel haben als ein Reisbauer der Khmer oder ein Bauer in der europäischen Feudalgesellschaft. Die mit der Mittelalterlichen Klimaanomalie verbundene jahrhundertelange Erwärmung hatte für weite Teile des tropischen Afrikas erhebliche Konsequenzen. In den folgenden Kapiteln werden wir nun sowohl die Mittelalterliche Klimaanomalie als auch die Kleine Eiszeit in Europa und in Nordamerika unter die Lupe nehmen.

♦♦♦

KAPITEL 11

EIN WÄRMEEINBRUCH
(536 BIS 1216 N. CHR.)

Tatsächlich war 536 n. Chr. für den gesamten östlichen Mittelmeerraum ein furchtbares Jahr (s. Kapitel 5). Der byzantinische Historiker Procopius von Cäsarea schrieb: „Die Sonne, ohne Strahlkraft, leuchtete das ganze Jahr hindurch nur wie der Mond und machte den Eindruck, als ob sie fast ganz verfinstert sei. Außerdem war ihr Licht nicht rein und so wie gewöhnlich."[159] 18 Monate, in denen eine Art Nebel Europa, den Nahen Osten und Teile Asiens in Dunkelheit hüllte. Schuld daran war ein gewaltiger Vulkanausbruch in Island, der riesige Aschemengen über der Nördlichen Hemisphäre ausschüttete. Zwei weitere mächtige Eruptionen folgten in den Jahren 540 und 547. Eine Kombination aus diesen vulkanischen Ereignissen und der Justinianischen Pest stürzte Europa für mehr als 100 Jahre, bis 640, in eine tiefe wirtschaftliche Stagnation.

VULKANISCHE TURBULENZEN (750 BIS 950 N. CHR.)

Durch Vulkanausbrüche werden Schwefel, Wismut und andere Substanzen hoch in die Atmosphäre geschleudert. Dabei entsteht ein Aerosol-Schleier, der das Sonnenlicht zurück ins All reflektiert und die Erde abkühlt. Erstmals identifizierten Forscher die Eruptionen von 536 n. Chr. als Ausschläge in Eisbohrkernen aus Grönland und der Antarktis. In weiteren Untersuchungen lieferte ein 72 Meter langer Bohrkern aus dem Colle Gnifetti-Gletscher in den Schweizer Alpen im Jahr 2013 Aufzeichnungen von Vulkanausbrüchen, Staubstürmen in der Sahara sowie von menschlichen Aktivitäten. Lasergeschnittene Eissplitter zeigten in jener Zeit Schneefall über einige Tage oder Wochen.[160] Etwa 50 000 Proben pro Meter Eis ermöglichten es dem US-amerikanischen Glaziologen Paul Mayewski und seinen Kollegen, Ereignisse wie Vulkanausbrüche und sogar Bleiverschmutzung auf den Monat genau zu bestimmen, und zwar über eine Zeitspanne von 2000 Jahren. Im Falle des Ausbruchs von 536 konnten sie anhand der Eispartikel Island als Quelle identifizieren.

Auf globaler Ebene waren keine kontinuierlichen Vulkanaktivitäten festzustellen. Trotz der Ausbrüche im Jahr 536 gibt es nur wenige andere Anzeichen für vulkanische Ereignisse in der ersten Hälfte des 1. Jahrtausends n. Chr. Eine Ausnahme bilden hier die beiden Jahrhunderte zwischen 750 und 950. In dieser Zeit erlebte die Welt mindestens acht massive Vulkanausbrüche. All dies wissen wir dank der Datensammlung aus dem *Greenland Ice Sheet Project 2 (GISP 2)*. Der Eisbohrkern aus diesem Forschungsprojekt stellt höchst aufschlussreiche Daten über die chemische Zusammensetzung der Atmosphäre zur Verfügung und gibt damit Aufschluss über Wetterereignisse in Sibirien, Stürme in Zentralasien und über dem Ozean. Beweise für Vulkanausbrüche tauchen in den grönländischen Eiskernen als plötzlich ansteigende Hintergrundlevel von Sulfatpartikeln auf. Wie diese Ausbrüche entstehen, ist größtenteils noch immer unbekannt. Bemerkenswerterweise ist die aus dem GISP-2-Kern gewonnene Chronologie für die Periode von 750 bis 950 n. Chr. auf zweieinhalb Jahre genau und liefert für die acht größten Eruptionen dieses Zeitraums noch präzisere Daten.

Doch wie steht es um den Vergleich zwischen der Wissenschaft und zeitgenössischen schriftlichen Dokumenten? Dazu haben die beiden US-amerikanischen Historiker Michael McCormick und Paul Dutton mit dem Glaziologen Paul Mayewski zusammengearbeitet und die wichtigsten vulkanischen Ereignisse zwischen 750 und 950 mit den überlieferten historischen Darstellungen verglichen. Sie zogen ausschließlich Aufzeichnungen über außergewöhnlich strenge

Winter in mehreren Regionen heran – nicht nur lokale Beobachtungen. Eine Kombination aus Gletscherbohrkernen und Berichten aus erster Hand von Menschen, die zu dieser Zeit lebten, ergab spannende Erkenntnisse und dramatische Geschichten von strengen Wintern und gelegentlichen nassen Sommern mit Missernten und Hungersnöten. Acht der neun härtesten Winter in Westeuropa zwischen 750 und 950 zeigen Zusammenhänge zwischen den Spitzen der Sulfatablagerungen im GISP-2-Eiskern und historischen Aufzeichnungen, in denen Menschen über ungewöhnliche Kälte klagen. Der Winter von 763/764 brachte großes Leid über ein Gebiet, das sich von Irland bis zum Schwarzen Meer erstreckte. Irischen Berichten zufolge fiel nahezu drei Monate lang ununterbrochen Schnee. Die bittere Kälte breitete sich über Mitteleuropa aus, und Konstantinopel erlebte einen solchen Kälteeinbruch, dass sich das Eis von der nördlichen Schwarzmeerküste aus sage und schreibe 157 Kilometer ausdehnte. Als das Eis dann im Februar schmolz, blockierten Eisschollen den Bosporus.

In den Jahren 821/822 und 823/824 kehrten sehr strenge Winter zurück. Sie folgten auf zwei nasse Sommer mit schlechten Weinernten im Fränkischen Reich, das zu jener Zeit einen Großteil Westeuropas umfasste. Der Rhein, die Donau, die Elbe und die Seine froren so stark zu, dass Fuhrwerke diese großen Flüsse 30 Tage lang und länger ungehindert überqueren konnten. In den Wintern 855/856 und 859/860 schlug die Kälte erneut zu. Der Winter 859/860 war in ganz Westeuropa außergewöhnlich lang und kalt. In Rouen begann der Frost am 30. November und dauerte bis zum 5. April. Der Spätsommer 873 brachte eine Heuschreckenplage über weite Teile Europas, die unter anderem Gebiete des heutigen Spaniens, Frankreichs und Deutschlands umfassen, und dieser wiederum folgte ein bitterer Winter. Die anschließende Hungersnot und die damit verbundenen Krankheiten töteten rund ein Drittel der Bevölkerung Westeuropas. Die Jahre von 913 bis 939/940 waren ebenfalls sehr kalt, wobei die letzte Kälteperiode auf die Aktivitäten des Vulkans Eldgjá in Island zurückzuführen ist.

Vulkanausbrüche können erhebliche Auswirkungen auf das Klima haben. Massive Eruptionen schleudern enorme Mengen an vulkanischen Gasen, Asche und anderen Substanzen in die Stratosphäre. Vulkangase wie Schwefeldioxid können dann zur globalen Abkühlung beitragen. Wenn sich Schwefeldioxid in Schwefelsäure umwandelt, kondensiert Letztere rasch in der Stratosphäre und bildet Sulfataerosole. Diese verstärken die Reflexion der Sonnenstrahlung ins All, wodurch die untere Schicht der Erdatmosphäre abkühlt. Die gewaltige Eruption des Pinatubo auf den Philippinen im Juni 1991 schleuderte etwa 20 Millionen Tonnen Schwefeldioxid 32 Kilometer hoch in die Atmosphäre. Dieses Ereignis kühlte die Erdoberfläche in ihrer höchsten Phase um mehr als 1° C ab. Noch gewaltigere Eruptionen in der Vergangenheit, wie jene des Tambora und des Krakatoa im 19. Jahrhundert, ließen die Temperaturen mehrere Jahre lang sinken. Sicher hat die scheinbare Anhäufung von Vulkanausbrüchen im späten 1. Jahrtausend n. Chr. keine Königreiche zum Einsturz gebracht. Doch hatten diese Eruptionen definitiv einen starken Einfluss auf das Klima dieser 200 Jahre – mit Auswirkungen auf die Ernteerträge sowie auf Mensch und Tier. Die demografischen Einbußen waren in diesen klimatisch harten Jahren ebenso gravierend wie die wirtschaftlichen Einbrüche bei der Nahrungsmittelversorgung. Auf globaler Bühne hatte der Frankenkönig Karl der Große (742–814) relativ viel Glück mit den raschen Klimaveränderungen, denn sein Volk überlebte den schrecklichen Winter von 763/764 und auch die Hungersnot von 792/793. Sein besorgter Sohn Ludwig der Fromme (778–840) hingegen war derart besessen von dem scheinbaren Zusammenhang zwischen einem weiteren grauenhaften Winter 821/822 und dem Zorn Gottes, dass er im August 822 öffentlich Buße tat für seine eigenen und die Sünden seines Vaters. Aber vergeblich: Ein Jahr später ließ der nächste grausame Winter sein Reich erstarren.

DIE MITTELALTERLICHE KLIMAANOMALIE (CA. 900 BIS 1200 N. CHR.)

Etwas mehr als vier Jahrhunderte später, im Jahr 1244 n. Chr., erklärte der Franziskanermönch *Bartholomäus der Engländer*, dass Europa ein Drittel der bekannten Welt umfasse: vom „Nordmeer" bis nach Südspanien.[161] Die Gelehrten jener Zeiten blickten auf eine unermessliche Landmasse. Die östlichen Ausläufer endeten in der scheinbar endlosen europäischen Ebene, die am fernen Horizont mit der asiatischen Steppe verschmolz. Dort lebten nur wenige Menschen, meist Nomadengruppen, ständig unterwegs und geleitet von unregelmäßigen Dürrezyklen und ergiebigen Niederschlägen. Das halbtrockene Grasland atmete wie eine gewaltige Lunge: Es saugte die Tiere und Menschen ein, wenn es regnete, und spie sie in trockeneren Zeiten an den Grenzen besser bewässerter Landschaften wieder aus. So überrascht es nicht, dass die Europäer des Mittelalters sich von einer gefährlichen menschlichen und natürlichen Welt umzingelt sahen. Der Islam drängte von Osten her, der Atlantik bildete eine Barriere im Westen, nomadische Stämme aus den östlichen Ebenen trieben sich an den äußeren Rändern Eurasiens herum.

Die östlichen Steppen waren das Land von Dschingis Khan, der sich selbst einmal nach der Eroberung einer Stadt als „die Geißel Gottes" bezeichnete. Die Bedrohung war real. 14 Jahre nach Dschingis Khans Tod im Jahr 1227 schlug ein mongolisches Heer die mitteleuropäischen Fürsten bei Liegnitz (Legnica), im heutigen Polen. Neun Säcke mit den rechten Ohren der erschlagenen Polen trafen am mongolischen Hof ein. Die Invasoren zogen dann 1242 urplötzlich Richtung Osten ab – warum, wird wohl immer ein Geheimnis bleiben. Es war aber wohl kein Zufall, dass heftige Regenfälle und kühlere Temperaturen die mongolische Kavallerie in ihren Aktivitäten ausbremsten und das Futter für ihre Pferde knapp werden ließen.[162]

Man kann es den Mongolen nicht verübeln, dass die besser bewässerten, fruchtbaren Länder im Westen bei ihnen Begehrlichkeiten weckten. Die Europäer lebten auf einer Halbinsel, die von eher trockenen Gebieten umgeben war. Zwischen etwa 1000 und 1300 n. Chr. waren die klimatischen Bedingungen etwas wärmer, mit leicht höheren Temperaturen als in früheren Jahren. Diese drei Jahrhunderte werden gemeinhin als Mittelalterliche Klimaanomalie bezeichnet, und sie waren es, die Europa für kurze Zeit in eine blühende Kornkammer verwandelten.

Den Begriff dieser ungewöhnlich warmen Periode im Mittelalter verdanken wir dem weitsichtigen englischen Klimaforscher Hubert Lamb, der 1965 den Namen *Medieval Warm Epoch* prägte – später in *Medieval Warm Period* umbenannt und heute als *Medieval Climate Anomaly* (MCA, Mittelalterliche Klimaanomalie) bekannt.[163] Im Gegensatz zu modernen Klimaforschern standen Lamb nur wenige Klima-Proxies zur Verfügung, und er war hauptsächlich auf ein Sammelsurium historischer Quellen angewiesen. Er war einer der ersten Wissenschaftler, die darauf hinwiesen, dass sich das Klima auch innerhalb einzelner Generationen ändern kann und widersprach damit der damaligen orthodoxen Ansicht, dass das Klima eine langfristige Konstante sei. Lamb stellte fest, dass sich die Winter-Zirkulation über dem Nordatlantik und in Europa im Mittelalter zwar geringfügig, aber beständig veränderte. Seine Beobachtung war: „insbesondere in England scheint die Frostanfälligkeit im Mai zwischen 1100 und 1300 n. Chr. geringer gewesen zu sein", was gute Ernten versprach.

Die klimatische Zäsur trat während des Hochmittelalters (1000–1299 n. Chr.) ein. Lamb schlug eine Verbindung zu einem Begriff des Kunsthistorikers Kenneth Clark, der vom „ersten großen Erwachen der europäischen Zivilisation" sprach und in seiner erstmals 1969 ausgestrahlten BBC-Fernsehserie *Civilization* verewigt wurde. Auch wenn die Mittelalterliche Klimaanomalie vor allem außerhalb Europas und Nordamerikas noch immer wenig bekannt ist, so gehört sie dennoch heute in vielen Klimakreisen zum festen Kanon. Aber lässt sich diese Periode tatsächlich als eine klar definierte Einheit innerhalb eng umrissener Grenzen beschreiben?

Die moderne, detailgenaue archäologische Forschung zeigt uns immer wieder, dass viele starre Klassifizierungen historischer Gesellschaften doch nur wenig mit den wahren kulturellen Gegebenheiten der Vergangenheit gemein haben. Diese Vergangenheit war äußerst dynamisch, in ständiger Bewegung und bestand nur selten aus klar definierten Linien. Auf dieser Grundlage betrachten Archäologen in ihrer aktuellen Forschungsarbeit die künstlichen Unterteilungen menschlicher Erfahrungen lediglich als nützlichen Bezugsrahmen – als hilfreiches Werkzeug. Gleiches gilt für die Mittelalterliche Klimaanomalie. Wenn sich die meisten Klimaforscher auch einig sind, dass diese außergewöhnliche Periode von etwa 950/1000 bis 1250/1300 dauerte, so gibt es doch zahlreiche Abweichungen bezüglich der Grenzwerte, von denen viele von Ort zu Ort schwanken.[164]

Ein breites Spektrum historischer Gesellschaften, die während der Jahrhunderte der Mittelalterlichen Klimaanomalie außerhalb Europas entstanden sind und wieder zerfielen, haben wir bereits beschrieben. Doch das europäische Klimamuster ist anderweitig noch nicht gut definiert. In den 1970er-Jahren hat der Klimatologe V. C. LaMarche anhand von Baumringsequenzen und anderen Daten aus den White Mountains in Kalifornien gezeigt, dass die klimatischen

Bedingungen zwischen 1000 und 1300 meist wärmer und trockener waren, zwischen 1400 und 1800 kühler und feuchter. Diese Verschiebungen resultierten aus einer Nord-Süd-Verlagerung der Sturmbahn über der Region. LaMarches Entdeckung legt eine weltweite Verschiebung in den Zirkulationsmustern nahe, sodass ein Gebiet betroffen war, das weit über die europäischen Grenzen hinausging.

Und damit nicht genug: Studien über die Intensität der Sonnenfleckenaktivität dokumentieren fünf Tiefpunkte innerhalb der vergangenen 1200 Jahre. Diese fallen normalerweise mit kühleren Temperaturen zusammen. Der erste Tiefpunkt dauerte von 1040 bis 1080 n. Chr. und stimmt mit der Mittelalterlichen Klimaanomalie überein. Danach folgt eine Häufung von vier weiteren Tiefpunkten in der Sonnenfleckenaktivität nach 1280 (wie in Kapitel 12 beschrieben), die mit der Kleinen Eiszeit des späten 16. bis frühen 17. Jahrhunderts zusammenfallen.

Die klimatischen Störungen, die in diesen Jahrhunderten auftraten, waren überwiegend lokaler Natur, auch wenn ihr Ursprung in den größeren Wechselwirkungen zwischen der Atmosphäre und dem Ozean lag. Europa konnte längere Wärmeperioden genießen, mit Temperaturen, die nur wenig kühler waren als heute. Im östlichen Pazifik herrschten kühle und trockene La Niña-Bedingungen, die zu Megadürren im Südwesten Nordamerikas führten (s. Kapitel 8), der Westpazifik und der Indische Ozean waren wärmer. Die Nordatlantische Oszillation tendierte in eine positive Richtung, mit wärmeren Temperaturen und mehr Stürmen im Schlepptau, und in der Arktis gab es viel weniger Sommereis. Es gibt vage Hinweise darauf, dass die Temperaturen von Tibet bis zu den Anden und im tropischen Afrika etwas stiegen. Kurz gesagt: Auf allen sechs Kontinenten waren die Temperaturen zwischen 1000 und 1349 wärmer als jene zwischen 1350 und 1899. Allerdings stiegen sie ab 1900 überall auf der Welt wieder an. Mit Ausnahme der Antarktis, wo die umgebenden Ozeane möglicherweise eher träge auf Klimaveränderungen reagieren könnten, tun sie dies bis heute. Doch die langfristige Entwicklung kennt bislang noch niemand.

Umfangreiche Proxie-Archive erzählen die Klimageschichte Europas im späten Mittelalter. Sie zeigen eine Periode konstanter, manchmal recht dramatischer Temperaturschwankungen. So haben zum Beispiel die Klimaforscher Ulf Büntgen und Lena Hellmann Klimadaten aus Gletscherkernen mit Baumringsequenzen aus den europäischen Alpen verglichen.[165] Sie zeigen relativ warme Temperaturen im Mittelalter und in der jüngeren Vergangenheit, unterbrochen von einem kälteren Intervall. Für die Datierung der Jahresringe wurden Schnitte von Lärchen aus den hohen Lagen der westlichen Schweizer Alpen verwendet, die sowohl von den Bäumen selbst stammen als auch vom Holz historischer Gebäude jener Zeit. Es stellte sich heraus, dass die hohen Temperaturen im 10. und 13. Jahrhundert denen der Neuzeit entsprachen. Allerdings gab es auch beträchtliche natürliche Schwankungen im Laufe des vergangenen Jahrtausends, mit relativ warmen Bedingungen vor 1250 und nach 1850. Sechs der wärmsten Jahrzehnte zwischen 755 und 2004 fielen in das 20. Jahrhundert. Das kälteste Jahr war 1816, das wärmste 2003, wobei die Abweichung zwischen der wärmsten Dekade in den 1940er-Jahren und der kältesten in den 1810er-Jahren 3,1 °C betrug. Klimahinweise kommen manchmal aus unerwarteten Quellen. Selbst winzige Mücken, die aus einem Gletschersee in den Schweizer Alpen geborgen wurden, können als Klima-Proxies nützlich sein: Mit ihnen kann man die Juli-Temperaturen etwa bis ins Jahr 1032 zurückverfolgen. Die Mücken verraten uns, dass die Temperaturen im Mittelalter um etwa 1 °C wärmer waren als die Temperaturen zwischen 1961 und 1990.

Eine weitere beeindruckende Studie stützte sich auf Baumringe von Eichen aus Mitteleuropa und konzentrierte sich auf die Verschiebung der Niederschläge von April bis Juni. Es wurden Tausende von niederschlagssensiblen Baumringreihen aus einem riesigen Gebiet herangezogen, die Aufschluss über die vergangenen 2500 Jahre geben.[166] Diese Untersuchung umfasst weit mehr als nur Baumringe: Sie zieht Vergleiche zwischen Aufzeichnungen von Messinstrumenten aus dieser Zeit und historischen Aufzeichnungen. Eine bemerkenswerte Korrelation ist, dass nicht weniger als 88 Augenzeugenberichte über Niederschlagsbedingungen mit 30 von 32 Extremwetterereignissen in den Baumringsequenzen übereinstimmten. Wenn man die Eichenaufzeichnungen mit denen anderer Bäume zusammenführt, beispielsweise mit denen von Lärchen aus den hohen Lagen der österreichischen Alpen, dann erhalten die Forscher eine Gesamtdarstellung, die erstaunlich exakt mit den Temperaturschwankungen von Juni bis August übereinstimmt, die von heutigen Meteorologen zwischen 1864 und 2003 nachgewiesen wurden.

Zu Beginn des 9. Jahrhunderts beruhigten sich die von heftigen Vulkanereignissen verursachten extremen Klimabedingungen und glichen eher denen der Römerzeit, auch wenn es noch immer stärkere Vulkanaktivitäten und einige sehr strenge Winter gab. In dieser Zeit nahmen die neuen europäischen Königreiche des Hochmittelalters Gestalt an. Zwischen etwa 800 und 1000 brachten diese Reiche ihren imposanten kulturellen und politischen Aufstieg ins Rollen.

LEBENSUNTERHALT UND HARTE ARBEIT (1000 N. CHR.)

Im Jahr 1000 n. Chr. lebten die Europäer fast ausschließlich von der Bedarfswirtschaft. In dieser Hinsicht glichen sie den Menschen von Angkor, den Maya oder den Anasazi. Die landwirtschaftlichen Praktiken waren noch immer erstaunlich einfach und außerordentlich anfällig für plötzliche Klimaschwankungen oder für die häufig schwerwiegenden Umweltfolgen vulkanischer Aktivitäten.

Der ländliche Raum in Europa bestand aus Wäldern, Flusstälern und Feuchtgebieten, eine Landschaft, deren Gesicht im Laufe der Jahrtausende durch Ackerbau und Viehzucht stark verändert worden war.[167] Um das Jahr 1000 lebte ein Großteil der ländlichen Bevölkerung entweder in verstreuten Weilern oder, was häufiger der Fall war, in größeren Dörfern, umgeben von offenen, in lange Streifen von jeweils etwa 0,2 Hektar Größe unterteilten Feldern. Es war nie einfach gewesen, den europäischen Böden seinen Lebensunterhalt abzuringen. Aber es war zu schaffen, insbesondere während der warmen, relativ trockenen Sommer, in denen die Temperaturen im Mai schon warm genug für die Aussaat waren.

Die selbstversorgenden Bauern in England und Frankreich bauten hauptsächlich Weizen, Gerste und Hafer an. Rund ein Drittel der Ackerfläche bestand aus Weizen, ca. die Hälfte aus Gerste und die restlichen Felder aus unterschiedlichen Feldfrüchten, darunter beispielsweise Erbsen. Nach modernen Maßstäben waren die Erträge winzig: etwa ein Viertel der heutigen. Von den vier Hektolitern pro 0,4 Hektar Ernteertrag, gingen 20 Prozent als Saatgut für die nächste Ernte direkt wieder in den Boden zurück. Zieht man den Kirchenzehnt und die Getreidesteuer ab, die selbst in schlechten Erntejahren an den Grundherrn gezahlt werden musste, so blieb kaum etwas übrig, um eine Familie zu ernähren. Eine

Im Text erwähnte Orte in Kapitel 11 und 14.

Bauernfamilie mit zwei Kindern konnte nur schwer von den Erträgen von 2 Hektar Ackerland leben, und es blieb kaum Reserve für unerwartete Fröste, Dürren oder Stürme. Jedes Familienmitglied, auch die Kinder, baute Gemüse an und ging auf die Suche nach Pilzen, Nüssen sowie anderen essbaren Wildpflanzen.

Die meisten Familien besaßen etwas Vieh, mal einige Milchkühe, mal Schweine, Schafe, Ziegen oder Hühner. Wenn sie Glück hatten, besaßen sie auch ein Pferd oder konnten zumindest eines zum Pflügen ausleihen. Der Besitz von Vieh bedeutete Fleisch und Milch, dazu Häute und Wolle. Jedes einzelne Teil des Tieres wurde genutzt. Die meiste Zeit des Jahres streiften die Tiere frei herum, doch im Winter war es ein ständiger Kampf, das Zuchtvieh am Leben erhalten und ausreichend füttern zu können. Jeden Herbst schlachteten die Dorfbewohner überzählige männliche Tiere und alte Kühe, damit ihre kostbaren Heubestände länger vorhielten. Jedes Jahr im Juni und Juli mähten die Menschen ihr Heu und beteten um gutes Wetter, damit die Ernte trocken gelagert werden konnte und nicht verfaulte oder etwa durch Selbstentzündung in Flammen aufging – mit spontan aufflammenden Bränden haben viele Landwirte auch heute noch zu kämpfen, wenn sie große Mengen, nassen Ernteguts schnell lagern müssen. Ein nasses Jahr zog jedes Mal schwerwiegende Folgen nach sich und konnte zu katastrophalen Bestandsverlusten führen.

Der endlose Kreislauf von Winter, Frühling, Sommer und Herbst bestimmte das Leben der selbstversorgenden Bauern und spiegelte die Essenz der menschlichen Existenz wider: Pflanzung, Wachstum und Ernte, und dann die ruhigen Monate – Zyklen, die der menschlichen Existenz gleichen, eine Frage von Geburt, Leben und Tod. Das Leben war unerbittlich. Hunger war eine Selbstverständlichkeit. Jedes Mitglied eines mittelalterlichen Bauerndorfes war irgendwann persönlich von Unterernährung betroffen, erlebte möglicherweise eine Hungersnot, verhungerte tatsächlich oder litt an einer mit dem Hunger verbundenen Krankheit. Die Kindersterblichkeit war astronomisch hoch, weshalb die durchschnittliche Lebenserwartung der meisten Bauern in den Zwanzigern lag.

Wie die Völker der antiken Zivilisationen vor ihnen, kannten auch die Bauern im Mittelalter ihre Umgebung wie ihre Westentasche. Sie waren mit den Eigenschaften der verschiedenen Gräser vertraut, sie wussten, dass ausgelaugte Böden wieder kultiviert werden konnten und dass Ackerland von Tieren beweidet und gedüngt werden musste, um danach in Ruhe seine Fruchtbarkeit zurückzugewinnen und die Gefahr von Pflanzenkrankheiten zu minimieren. Jeder im Dorf kannte die Jahreszeiten, in denen Früchte und Pflanzen essbar oder medizinisch wertvoll waren.

Der Weizenanbau war ineffizient, da er mit sehr einfachen Werkzeugen extrem harte Arbeit erforderte. Das Überleben hing vom Wissen ab, das durch die Erfahrung auf den Feldern erworben und über Generationen weitergegeben wurde. Ein Beispiel: Streute man zu wenig Saatgut aus, konnte in den Zwischenräumen Unkraut gedeihen. Streute man aber zu viel aus, bekamen die Setzlinge nicht genügend Luft. Es gab keine geeichten Formeln, nur Volksglauben und praktische Erfahrung. Wie die selbstversorgenden Bauern überall auf der Welt, waren auch die mittelalterlichen Ackerbauern Experten im Risikomanagement

Pieter Breughel, Die Erntearbeiter, 1565, vermittelt einen etwas irreführenden Eindruck von der mittelalterlichen europäischen Landwirtschaft an einem heißen Sommertag. Die Realität war bedeutend härter.

und im Anbau einer größtmöglichen Vielfalt an Kulturpflanzen. Die Niederschläge im Mittelalter waren in Europa häufig ergiebiger als in den Tropen, aber es war genauso schwierig wie im Tiefland der Maya oder in Angkor Wat, wenn nicht sogar noch schwieriger, den Boden zu bewirtschaften – geschweige denn Überschüsse zu erwirtschaften.

Historisch bewanderte Skeptiker des Klimawandels greifen auf die Mittelalterliche Klimaanomalie zurück, um die beständigen, milden Sommer als etwas Positives und als Symbol der natürlichen Erwärmung darzustellen – behaupten gar, sie sei mit der heutigen Erderwärmung gleichzusetzen. Diese Argumentation beruht auf der Vorstellung, dass der Temperaturanstieg, den wir gerade erleben, in der Vergangenheit schon einmal zu beobachten war und daher auf Instabilität oder Krise hindeutet. Diese Auffassung ist reiner Unsinn. Es ist nicht nur so, dass wir Menschen die derzeitige Erderwärmung verursacht haben, die zunehmende Anzahl an Beweisen spricht schlichtweg gegen die Vision von vergangenen schönen, langen Sommertagen und einem Leben im Überfluss.

ES WIRD WÄRMER (800 BIS 1300 N. CHR.)

Sicherlich gab es auch einmal Jahre, in denen die Bauern den Sommer genießen konnten und die Feldfrüchte im strahlenden Sonnenschein prächtig gediehen. Aber das Klima ist keine statische Komponente, sondern ständig in Bewegung, häufig sogar unmerklich. Die europäischen Bauern erfreuten sich leicht wärmerer und trockenerer Bedingungen, doch Baumringe jener Zeit dokumentieren konstante, wenn auch nur geringfügige Klimaveränderungen, die unter anderem auf noch weniger bekannte Fakten hinsichtlich der Neigung der Erdachse, der Zyklen von Sonnenfleckenaktivität und Vulkanausbrüche zurückzuführen sind. Zwischen 800 und 1300 n. Chr. verlangsamte sich der schier endlose Tanz zwischen Atmosphäre und Ozeanen ein wenig und ging in eine gemächlichere Routine über, in der Europa einen tiefgreifenden Wandel durchlief. Doch noch immer lebten die Menschen von der einen zur nächsten Jahreszeit: mit langen Tagen und warmen Temperaturen im Sommer und der dunklen Zeit im Winter, bestenfalls von flackernden Kerzen und rauchigen Feuern erhellt, wenn sich die Menschen auf der Suche nach Wärme zusammenkuschelten. Ein dicker Mantel oder ein warmes Bett waren großer Luxus.

Trotz alledem war diese Warmzeit, wie die Klimaskeptiker richtig anmerken, eine herrliche Zeit zum Leben und Europa gedieh in diesen drei Jahrhunderten (ungefähr 1000–1250 n. Chr.) des Hochmittelalters prächtig. William von Malmesbury, ein englischer Mönch und Gelehrter, reiste um 1120 durch das Tal von Gloucester in England und bewunderte die sommerliche Landschaft. „Hier", so schrieb er, „kann man an den Straßen und Wegen die Obstbäume betrachten, die nicht gepflanzt wurden, sondern ganz natürlich wachsen."[168] Er bewunderte auch die englischen Weine, die „den französischen an Süße kaum nachstehen". Sehr zum Verdruss der dortigen Winzer strömte der Wein von jenseits des Ärmelkanals auf den französischen Markt. Dies ist aber kaum verwunderlich, denn zu jener Zeit gediehen die Weinberge bis nach Südnorwegen.

Vor allem aber war die Vegetationsperiode für Getreide in wärmeren Jahren bis zu drei Wochen länger. Zwischen 1100 und 1300 n. Chr. waren die Mai-Fröste, die die Bauern in früheren Zeiten so arg geplagt hatten, praktisch unbekannt, ein willkommener Auftakt für langes, beständiges Sommerwetter während der

Wachstums- und Erntezeit. Die Landbevölkerung wuchs stetig, da sich der Getreideanbau enorm ausweitete, häufig sogar auf Flächen, die in früheren Zeiten als landwirtschaftlich wenig ergiebig galten. Die *Kelso Abbey* in Südschottland verfügte über mehr als 100 Hektar Getreidefläche, und zwar 300 Meter über dem Meeresspiegel, also weit über der heutigen Grenze. Die Mönche besaßen außerdem 1400 Schafe und ernährten 16 Hirtenfamilien auf ihrem Land. In Norwegen bauten die Bauern bis hoch nach Trondheim Weizen an, und in den tieferen Lagen im Süden stiegen die Getreideerträge dank der längeren Vegetationsperiode um ein Vielfaches. Mit diesen Nahrungsmittelüberschüssen konnten die wachsenden Dörfer und Städte ausreichend versorgt werden. Gleichzeitig stieg allerdings auch die Nachfrage nach Ackerland sprunghaft an, mit dem Ergebnis, dass die ursprünglichen Eichenwälder der Axt zum Opfer fielen. Für die meisten Menschen war das Leben nicht gerade einfach. Eine einzige, bescheiden lebende Familie in der Stadt kaufte fünfeinhalb Tonnen Getreide pro Jahr, aus dem sie hauptsächlich Mehl zum Brotbacken mahlte. Die meisten Familien, die über der Armutsgrenze lebten, verbrauchten täglich einen 1,8 Kilogramm schweren Laib Brot. Die ärmere Bevölkerung aß häufig *frumenty*, eine Art Porridge aus Weizenschrot oder anderen Körnern, der mit Milch oder Brühe gekocht wurde. Die wichtigsten Grundnahrungsmittel waren jedoch Brot und Bier, die einem Menschen täglich rund 1500 bzw. 2000 Kalorien zuführten.[169]

Es gab aber noch immer einige sehr frostige Winter, wie den von 1010/1011, der sogar den östlichen Mittelmeerraum mit seiner bitteren Kälte fest im Griff hatte. Trotz dieser gelegentlichen Temperatureinbrüche ließ die konstante Warmzeit die Eiskappen schmelzen, hob die Baumgrenze in den Bergen an und ließ den Meeresspiegel der Nordsee um bis zu 80 Zentimeter ansteigen. Um das Jahr 1100 reichte der Tidenhub aus der Nordsee über den Fluss Waveney bis zur Stadt Beccles in Norfolk, die zu einem florierenden Heringshafen wurde. An anderen Orten führte der steigende Meeresspiegel zu gewaltigen Sturmfluten aus Westen, die tiefer liegende Küstenstreifen überschwemmten, wie dies insbesondere in den Niederlanden der Fall war. Schwere Stürme in den Jahren 1251 und 1287 fegten über die Küste hinweg und schufen eine riesige Binnenwasserstraße: die Zuiderzee (Südersee). In Europa herrschte trotz des Sonnenscheins der Mittelalterlichen Klimaanomalie kein Frieden. Gewalt war allgegenwärtig, immer neue Bündnisse und grausame Feldzüge beschäftigten die Elite und die privilegierte Bevölkerung.

Ritterliche Zurschaustellung von Mut und Macht diente dazu, die Grenzen der politischen Autorität auszuloten und herauszufinden, wer sie ausnutzen konnte. Kriege gab es zuhauf, ermöglicht durch Nahrungsmittelüberschüsse, mit deren Hilfe ehrgeizige Herren Festungen und Burgen errichteten, um ihre stetig wachsende Bevölkerung zu schützen.

Als Folge des raschen Bevölkerungswachstums und des rasant zunehmenden Fernhandels veränderte sich die politische Landschaft: Mehr und mehr dauerhafte Königreiche entstanden. Am fernen Horizont deuteten sich die Anfänge eines modernen Europas ab. Nördlich der Alpen führte die zunehmende Besiedlung des Landes zur massiven Rodung von Wäldern und Eingriffen in die Sumpflandschaft, auch in jenen Regionen, die nach Ende der Römerzeit wieder Wildnis geworden waren. Die Menschen zogen in Randgebiete mit mageren Böden. Tausende von Bauern zogen über die Elbe in Richtung Osten. In diesen Jahrhunderten stand die katholische Kirche auf dem Höhepunkt ihrer politischen Macht, was in den Kreuzzügen gegen die Seldschuken in der Türkei und die Fatimiden in Ägypten, der Gründung der Kreuzritterstaaten in der Levante und im Umsturz des islamischen Al-Andalus in Spanien seinen Ausdruck fand.

Im Hochmittelalter erlebte Europa eine Explosion der Kunst und des intellektuellen Diskurses, die die Ideen von Denkern wie Aristoteles und Thomas von Aquin mit Konzepten der islamischen und jüdischen Philosophie verknüpfte. Um nur einige wenige Errungenschaften dieser Zeit zu nennen: Die Monarchen trieben den Bau gotischer Kathedralen voran, und es war die Epoche der Bilderhandschriften und sakralen Holzschnitzkunst. All diese Innovationen, egal, ob intellektueller, materieller, spiritueller oder soziopolitischer Art, hingen von reichlichen Nahrungsmittelüberschüssen ab, die Wohlstand und Geld einbrachten, um einerseits die Handwerker und eine wachsende Zahl von Nichtbauern zu versorgen, und andererseits Gott zu huldigen. Wenn die Ernten reichlich ausfielen und Lebensmittel im Überfluss vorhanden waren, so dankten die Menschen – seien es Herrscher, Adlige oder einfache Bürger – Gott dafür mit großzügigen Gaben. Jedermann fürchtete den Zorn Gottes, der in Hungersnöten, Seuchen und Kriegen Gestalt annahm. Wenn die Ernten schlechter ausfielen, schwanden auch die Gaben und der Bau der Kathedralen kam ins Stocken. Gaben hin oder her, die prächtige Ausstattung Europas hing letztlich von der Arbeit anonymer selbstversorgender Bauern auf dem Lande ab, die rund um die wachsenden Dörfer und Städte siedelten.

Monarchen, Adlige, Ordensleute und Stadtbewohner waren auf das Getreide angewiesen, das fast ausschließlich von den lokalen Bauern geliefert wurde. Die Ernährung eines Großteils der Menschen war einfach: Brot, trockenes Gebäck, Brei und Suppen. Diesen eintönigen Mahlzeiten fügten sie manchmal frisches oder konserviertes Obst und gelegentlich auch einmal Fleisch bei. Fleisch war für die meisten Menschen viel zu teuer, um es häufiger auf den Tisch zu bringen; Fisch war – außer eingelegtem oder gesalzenem Kabeljau oder Hering – an der Küste, bei Seen oder an Flussufern ein Grundnahrungsmittel. Selbst kleinere Missernten führten zu einem Anstieg der Getreidepreise und dementsprechend zu Hungersnot auf dem Land, die die Bewohner anfälliger für Krankheiten machte. In den wachsenden Städten gingen soziale Unzufriedenheit und Hunger in Form von Brotunruhen Hand in Hand.

Fast 1000 Jahre lang hatte sich die Bedarfswirtschaft in Europa so dahingeschleppt. Das wirtschaftliche und soziale System Europas basierte auf feudalem Grundbesitz, der sich in Händen der lokalen Herrscher und der Kirche befand. Die Bauernschaft, die das feudale Land bewirtschaftete, lebte von Saison zu Saison und musste mit Gerätschaften auskommen, die seit Jahrhunderten praktisch unverändert waren. Metallgeräte für die Bodenbearbeitung waren Mangelware, sodass sich noch immer viele Bauern mit schweren Holzwerkzeugen herumschlagen mussten, die kaum die Oberfläche des Bodens ankratzten. Nur wenige konnten sich Pferde oder Ochsen für den Pflug leisten und verließen sich stattdessen auf Familienmitglieder. Im Grunde praktizierten sie eine einfache Form der Monokultur, die den Böden wichtige Nährstoffe entzog und die Ernteerträge auch nach der Brache reduzierte. Angesichts der gewohnheitsmäßigen Habgier von Kirche und Feudalherren, die Naturalabgaben selbst in guten Erntejahren zu erhöhen, während der Anteil der Bauern gleich blieb, gab es keine Anreize für die Bauern zur Produktionssteigerung. Gelegentliche Engpässe konnten überbrückt werden, und so überlebte das System. Wenn sich aber die Niederschlagsmengen oder die Temperaturen stark veränderten, dann wurden die Grundfesten des täglichen Lebens und der Landwirtschaft erschüttert, so geschehen ab 1314.

DUNKLE TAGE UND GROSSE HUNGERSNOT (1309 BIS 1312 N. CHR.)

Zwischen 1309 und 1312 erlebte Europa sehr kalte Winter. Das Packeis erstreckte sich von Grönland bis Island und war so dick, dass die Eisbären darüber spazieren konnten. Die Nordatlantische Oszillation (NAO) befand sich in einer Hochphase, mit einem Tiefdruckgebiet über Island, das die Kälte brachte. Dann schwenkte die NAO abrupt in ein instabiles Tief um und schwappte nach Europa. Niemand weiß genau, warum, aber eine Art atmosphärischer Ruck ließ eine riesige Luftmasse über Nordeuropa aufsteigen, zu Wasser kondensieren und über einem weiten Gebiet sintflutartige Regenfälle ablassen.[170]

Um es ganz deutlich zu sagen: Dies waren wahrlich epische Regenfälle, die Mitte April oder Mai 1314, also um Pfingsten herum, einsetzten. Der Abt von Saint Vincent, in der Nähe von Laon in Nordfrankreich, schrieb, dass es „gar wundersam regnete und über so lange Zeit".[171] In einem anderen Bericht heißt es, es habe ein einem weiten Gebiet von den Pyrenäen bis zum Ural weit im Osten und bis zum Baltikum im Norden 155 Tage lang ununterbrochen geregnet. Ein Chronist aus Salzburg bemerkte: „Im darauffolgenden Jahr regnete es so heftig weiter, dass man in Erinnerung an die biblischen Katasstrophen von einer „Sindfluth" sprach." Die verheerenden Fluten rissen allein in Sachsen mehr als 450 Dörfer mit sich. Brücken stürzten ein, Deiche wurden überflutet. Selbst Gebäude mit stabilem Fundament fielen in sich zusammen.

Die größte Verwüstung fand auf den Feldern statt. Der über Generationen andauernde Bevölkerungsanstieg und die mit Feuereifer betriebene Abholzung hatten verdichtete, dünne Böden freigelegt, insbesondere auf den weniger produktiven, landwirtschaftlich kaum ergiebigen Flächen an Berghängen und in höheren Lagen. Die heftigen Regenfälle verwandelten Felder in Morast, schwemmten den freigelegten, verdichteten Boden weg und gruben tiefe Erosionsrinnen, die das gesamte Ackerland mit Kratern überzogen. Im 14. Jahrhundert hatten

Pflüge tiefe Furchen in die Mutterböden gegraben. Unter normalen Bedingungen hätten solche beackerten Felder die durchschnittliche jährliche Niederschlagsmenge von 760 Milliliter problemlos aufnehmen können. Die Wolkenbrüche aus dem Jahr 1314 brachten allerdings die fünffache Menge an Niederschlägen: mindestens 2540 Milliliter. Der von langen Furchen durchzogene Mutterboden wurde einfach weggespült, und es blieb nichts als eine feste Lehmschicht zurück. Die leichteren Böden der landwirtschaftlich wenig ergiebigen Felder schwanden innerhalb von Tagen dahin. Ein Territorium von Schottland über England, quer durch Nordfrankreich und ostwärts bis nach Polen verlor die Hälfte seines Agrarlandes – zurück blieb blanker Fels.

Hunger breitete sich aus, begleitet von einem extrem kalten Winter. Im Frühjahr 1315 regnete es nonstop. Wie gewohnt, wurde überall gepflanzt, aber nach vier Monaten unaufhaltsamen Regens war an eine Ernte in England oder Nordfrankreich nicht mehr zu denken. Wie in allen Zeiten und Zivilisationen üblich, verließen viele europäische Familien ihr Land, wanderten ziellos umher oder suchten bei ihren Verwandten Unterschlupf. Ende 1316 waren Tausende von Arbeitern und Bauern verarmt. Gesellschaften lösten sich auf oder schrumpften erheblich, insbesondere diejenigen, die auf landwirtschaftlich wenig ergiebigem Ackerland lebten. Die Bauern verließen ihre Dörfer und Felder, weil es an Saatgut oder an Ochsen zum Pflügen fehlte. Häufig waren gar nicht mehr genügend Menschen da, um die Felder zu bestellen oder zu pflügen.

In jener Zeit war auch der Betrieb von Wassermühlen ein einträgliches Geschäft gewesen, und die Mühlen wurden von den Besitzern, die für die Benutzung Naturalabgaben kassierten, streng kontrolliert. Durch die Wassermassen von 1315 und 1316 wurden Hunderte dieser Wassermühlen zerstört, viele andere überflutet, die meisten waren nicht mehr einsatzfähig. Ebendiese Mühlen waren von den Menschen benutzt worden, um ein wichtiges Grundnahrungsmittel, den Weizen, zu mahlen – doch nun war Getreide ja sowieso sehr knapp. Die massiven Regenfälle verringerten die Produktivität des Bodens drastisch, und zwar nicht nur, weil sie das Pflanzen und Ernten erschwerten und die Pflanzen häufig wegspülten, sondern auch, weil die Überschwemmungen Nitrate aus dem Boden auswuschen. Die feuchte Witterung brachte zudem Pflanzenkrankheiten auf die ausgelaugten Böden, insbesondere Schimmelpilze und Mehltau. Im Jahr 1316 betrugen die Erträge der Weizen- und Gerstenkulturen rund um Winchester in Südengland nur noch 60 Prozent des üblichen Durchschnittswertes, die niedrigsten Erträge zwischen 1271 und 1410. Mindestens weitere fünf Jahre lang blieben sie um 25 Prozent geringer als der Durchschnitt.[172]

Das britische Könighaus gewährte den spanischen Händlern auf den Handelsrouten sicheres Geleit, in der Hoffnung, die Getreidelieferungen dadurch zu erhöhen. Doch nur ein Jahr später, 1316, trat das gleiche Wettermuster erneut auf. Die kumulativen Auswirkungen der jahrelangen übermäßigen Regenfälle und ständigen Überschwemmungen waren mittlerweile verheerend. Wie wir bereits gesehen haben, können Dürren in den Tropen die Pflanzen verdorren lassen und Agrarland in eine trockene Wildnis verwandeln. Wenn der Regen aber zurückkehrt, können dort in kurzer Zeit wieder Feldfrüchte angebaut werden – die Dürre ist vergessen. Extreme Niederschläge mit schweren Überschwemmungen allerdings, wie sie in den Jahren 1315 bis 1317 auftraten, verursachten nachhaltige Schäden, deren Beseitigung Jahre dauerte. Deutsche Chronisten berichteten von einst fruchtbarem, nun aber ödem Ackerland. Der anonyme Biograf des englischen Königs Edward II. schrieb im Jahr 1326, als die Erinnerungen noch frisch waren: „Die Regenfluten haben nahezu die gesamte Saat verfaulen lassen, und zwar in einem solchen Ausmaß, dass sich die Prophezeiung Jesajas nun zu erfüllen scheint ... [V]ielerorts stand das Heu so lange unter Wasser, dass es weder gemäht noch eingeholt werden konnte."[173] Es folgte der Winter 1317/1318 mit grausamer Kälte, die auf einen Anstieg des Temperaturgradienten zwischen dem nördlichsten Ausläufer des Golfstroms (Nordatlantikstrom) und dem Nordpolarmeer zurückzuführen war.

Die verheerenden Niederschläge hatten die Ernährung der Menschen im Mittelalter vollkommen verändert. In jener Zeit lagerte niemand Wein für den Jahrgang. Alles wurde innerhalb von wenigen Monaten verbraucht. Im Jahr 1316 wurde in Frankreich praktisch kein Wein mehr produziert, da die Weinlese ausfiel. Salz, das hauptsächlich mithilfe von Sonneneinstrahlung und Verbrennung in den Salinen an der Küste gewonnen wurde, wurde knapp und teuer, denn das Brennholz war zum Brennen zu nass. Die Preise für gesalzenen Kabeljau und Hering schossen in die Höhe und erreichten bald den höchsten Stand seit einem Jahrhundert.

Die Nahrungsmittelknappheit führte verständlicherweise zu weitverbreiteter Unterernährung. Die ununterbrochenen Feldzüge und die brutalen Plünderungen der Ernten und anderer Nahrungsmittel durch Armeen führten dazu, dass die Unterernährung in den Hungertod mündete. Dieser war allgegenwärtig, Millionen von Menschen in ganz Europa verhungerten. Im Jahr 1319 wurden in Winchester die Leichen der Verhungerten einfach in den Straßen liegen gelassen – es stank zum Himmel. In ihrer großen Verzweiflung wurden manche Menschen zu Kannibalen, einige töteten sogar ihre Kinder. Und wie so oft, litten die Armen und die Landbevölkerung am meisten. Die Reichen und die Angehörigen religiöser Gemeinschaften konnten ihre ausreichende und abwechslungsreiche Ernährung aufrechterhalten. Dies war jedoch nicht immer der Fall. Im wohlhabenden Flandern jenseits der Nordsee fanden im selben Jahr innerhalb von 30 Wochen fast 3000 Menschen den Tod – 3000 bei einer Bevölkerung von 25 000.

Aber das war noch nicht alles. Im Jahr 1319 suchte eine Rinderpest das europäische Vieh heim.[174] Diese für den Menschen harmlose, für Tiere aber tödliche Seuche, tötete 65 Prozent der Rinder, Schafe und Ziegen in England. Die Bauern stellten sich auf die schnellere Schweinezucht um, doch die rasant steigende Nachfrage führte rasch zu einem Engpass. Die Vieh- und Schafherden waren so schlecht ernährt, dass sich die Bestände erst im Jahr 1327 erholten. Die Milchproduktion brach dramatisch ein, auf nur noch 170 Liter pro Kuh. Der Milchmangel verschlimmerte die Geißel der Unterernährung dramatisch. Allein dies war schon schlimm genug, doch die Rinderpest dezimierte zudem die für den Ackerbau wichtigen Zugochsen. Einige Bauern besaßen Pferde, doch deren Fütterung war um einiges teurer. Angesichts der Tatsache, dass eine erfolgreiche Landwirtschaft davon abhing, mehr Land unter den Pflug zu bringen, waren die Auswirkungen katastrophal.

Die große Hungersnot zwang die europäischen Bauern in die Knie. Aber die bäuerliche Gesellschaft war doch robust genug, um zu überleben – trotz der schweren Nahrungsmittelknappheit. Mit ihrem traditionellen Wissen und Können gelang es ihnen, mehrere Missernten zu überstehen. Zwischen 1314 und 1321 führten sechs Jahre Regen und Hunger zu politischen und sozialen Unruhen und sogar Aufständen. Es war eine Zeit ständiger Gewalt und Kriege. Diese Konstellation nicht abbrechender Unglücke, zu einer Zeit, in der die warmen

Jahrhunderte ein Ende hatten, führte zu einer Ernährungskrise, die im Hochmittelalter eigentlich unvorstellbar war. Die Katastrophe hatte Auswirkungen auf die Kirche, den Staat und die gesamte Zukunft der europäischen Gesellschaft, die als Folge – verglichen mit früheren Jahrhunderten – härter und gewalttätiger wurde, erinnert sei an die Schrecken des Hundertjährigen Krieges (1337–1453).

Die Ernteerträge im mittelalterlichen Europa waren stets gering gewesen, selbst unter normalen Wetterbedingungen, zu denen auch einmal unzeitgemäße Fröste oder herbstliche Hagelstürme gehören konnten. Ganz zu schweigen von den Schäden, die Vögel und Nagetiere anrichteten, oder den Belastungen, die die Ernährung einer im Mittelalter boomenden Bevölkerung mit sich brachte. Die Bevölkerungszahlen sprechen hier für sich: Im Jahr 1066 fiel Wilhelm der Eroberer in England ein, zu einer Zeit, in der 2,6 bis 3,4 Millionen Hektar des Landes Getreideflächen waren. Davon konnten rund 1,5 Millionen Menschen relativ leicht ernährt werden. In den letzten Jahrzehnten des 13. Jahrhunderts musste eine englische Bevölkerung von 5 Millionen Menschen von nur 4,6 Millionen Hektar Getreidefläche leben, von denen auch noch ein großer Teil nur landwirtschaftlich wenig ergiebiges Ackerland waren.

Die Mittelalterliche Klimaanomalie bestand beileibe nicht aus vier Jahrhunderten mit warmem, gleichbleibendem Klima, wie viele Leute annehmen. Natürlich gab es Jahrzehnte mit hervorragendem Wetter und wochenlangem strahlendem Sonnenschein, reichlich Niederschlägen für eine gute Ernte und milderen Wintern als sonst üblich. Die Anomalie dieser Jahrhunderte fiel nicht so sehr durch die wärmeren Temperaturen auf als vielmehr durch ihre klimatische Variabilität, das heißt dem häufigen Wechsel zwischen extremer Kälte und extremer Wärme. Man kann auch sicherlich nicht behaupten, so wie es die Klimaleugner tun, dass die Mittelalterliche Klimaanomalie wärmer war als heute. Die meiste Zeit scheinen die Durchschnittstemperaturen in etwa denen des 21. Jahrhunderts entsprochen zu haben, wobei es gelegentlich Jahre und Jahrzehnte gab, in denen sie leicht höher waren. Die Folgen waren allerdings nuanciert, und die 400 Jahre MCA waren Zeiten konstanter klimatischer Schwankungen, ebenso wie die Jahrhunderte davor und danach.

Ursprünglich wurde die Mittelalterliche Klimaanomalie als ein europäisches Phänomen betrachtet. Heute wissen wir, dass ihre Auswirkungen, wenn auch recht subtil, doch global waren. Teilweise nahmen sie katastrophale Ausmaße an, insbesondere dann, wenn anhaltende Dürreperioden halbwüstenartige Regionen wie den amerikanischen Südwesten oder Südostasien heimsuchten. In Europa förderte die Anomalie mit ihren häufig üppigen Ernteerträgen das, was gemeinhin als Hochmittelalter bekannt ist, eine Zeit, die geprägt war von prächtigen Kathedralen und allgegenwärtigen Kriegen, in denen die Menschen um die Kontrolle über die wertvollen Ressourcen kämpften. Wie wir in den folgenden Kapiteln sehen werden, kam es in den darauffolgenden Jahrhunderten vor allem zu einer dramatischen Zunahme der Anfälligkeit gegenüber klimatischernSchwankungen, da die Bevölkerung unaufhaltsam weiterwuchs und immer mehr Bauern gezwungen waren, die bestenfalls wenig fruchtbaren Böden für eine nachhaltige Landwirtschaft zu nutzen. Die Mittelalterliche Warmzeit erinnert uns einmal mehr daran, dass Nachhaltigkeit und Anpassungsfähigkeit von vorausschauendem Denken, detaillierten Kenntnissen über die Umwelt und langfristiger Planung im Hinblick auf kurz- und langfristige Klimaveränderungen abhängen.

Im Frühjahr 1316 waren die Folgen der über Generationen zunehmenden Anfälligkeit offensichtlich: Der nicht enden wollende Frühlingsregen schwemmte die Saat von den Feldern und trug zur Erosion der gefährdeten Berghänge bei. Unterernährung und mit Hunger verbundene Krankheiten schlugen über fünf Jahre lang eine breite Schneise in weite Teile Europas. Die große Hungersnot erinnerte an die Ankunft des biblischen dritten Reiters der Apokalypse auf seinem schwarzen Pferd, in der Hand die schicksalsträchtige Waage, die den Preis und den Überfluss von Nahrungsmitteln symbolisierte.

In die Fußstapfen des Reiters traten die Pest und jahrhundertelange Kälte, als die Kleine Eiszeit mit ihren unaufhörlichen, häufig bitterkalten Klimaschwankungen den Menschen in Europa und Amerika zusetzte.

◆◆◆

KAPITEL 12

„NEU-ANDALUSIEN"
UND DARÜBER HINAUS
(1513 N. CHR. BIS HEUTE)

Alles begann mit den Nordmännern, und zwar lange bevor Christoph Columbus auf den Bahamas landete. Die ersten Kontakte zwischen Europäern und den amerikanischen Ureinwohnern fanden während der Mittelalterlichen Klimaanomalie statt, als das Packeis in den nördlichen Meeren zwischen Island und Labrador in Kanada zurückwich. Um 874 n. Chr. nutzten nordische Siedler die günstigen Eisbedingungen in den nördlichen Meeren zu ihren Gunsten und ließen sich dauerhaft auf Island, an der Schwelle zur Antarktis, nieder. Die Blütezeit ihrer Entdeckungsreisen erstreckte sich über etwa drei Jahrhunderte, als im östlichen Nordatlantik wärmere und stabilere klimatische Bedingungen herrschten (s. Karte, S. 196).

Erik der Rote, wegen „einiger Morde" aus Island verbannt, kolonisierte Grönland im Jahr 986. Schon bald waren dann die Siedler bis nach Baffinland vorgedrungen, das heute zu Nordkanada gehört. Leif Erikson, Eriks Sohn, segelte nach Süden bis zur Mündung des Sankt-Lorenz-Stroms und überwinterte im Norden Neufundlands. Möglicherweise geschah dies an der Stätte L'Anse aux Meadows im äußersten Norden der Insel, wo Archäologen die bislang einzige bekannte

Wikingersiedlung in Nordamerika entdeckten.[175] Zahlreiche Seereisen nach Labrador folgten, die von unregelmäßigen Kontakten mit den Inuit und Fahrten zur Holzgewinnung geprägt waren, da Holz in Grönland Mangelware war. Über Generationen hinweg zahlten die auf Grönland Siedelnden einen Teil ihrer Zehntabgaben an ihr Heimatland in Form von Elfenbein von Walrosszähnen, die sie von diesen Fahrten mitbrachten. Im Jahr 1075 verschiffte ein Kaufmann namens Audun sogar einen lebenden Eisbären aus Grönland als Geschenk für König Ulfsson – was in den kälteren Jahrhunderten nach 1200 unmöglich gewesen wäre.

Die Nordmänner wurden niemals in Nordamerika sesshaft, was zum Teil auf kriegerische Auseinandersetzungen mit den amerikanischen Ureinwohnern zurückzuführen ist. Sie blieben aber weitere 300 Jahre in Grönland, als es im westlichen Nordatlantik immer kälter wurde und eisige Bedingungen herrschten. Die alpinen Gletscher in Baffinland gegenüber von Grönland erreichten ihre maximale Ausdehnung zwischen etwa 1000 und 1250. Außerdem belegen die Temperaturdaten der Eisbohrkerne aus dem *Greenland Ice Sheet Project 2* Abkühlungsphasen zwischen 1000 und 1075 und erneut zwischen 1140 und 1220.[176] Die nordische Bevölkerung ging allmählich zurück und um 1450 hatte sie ihre Siedlungen vollständig aufgegeben. Warum genau die Nordmänner Grönland verließen, ist nach wie vor umstritten. Die zunehmende Isolation, der Rückgang des Elfenbeinhandels mit Walrosszähnen und vielleicht auch die Feindseligkeit der Inuit könnten zur Aufgabe der Siedlungen beigetragen haben. Lediglich die nordischen Sagen und Legenden bewahren die Erinnerung an jene Epoche, in der sich die Ureinwohner Amerikas und die Europäer zum ersten Mal begegneten.

DAS MYTHISCHE „NEU-ANDALUSIEN" (1513 BIS 1606 N. CHR.)

Im späten 15. und frühen 16. Jahrhundert dehnten sich die Grenzen der bekannten europäischen Welt erheblich aus. Christoph Columbus und seine Nachfolger kolonisierten die Tropen in der Karibik. Azteken wurden dem spanischen Hof vorgeführt. Die spanischen Eroberer erkundeten Florida und New Mexico unter katastrophalen Bedingungen, denn sie erlebten eine Zeit eisiger Kälte. Englische Kolonisten gründeten Jamestown in Virginia, als dort Dürre und niedrige Temperaturen herrschten. John Cabots Seereise nach Neufundland im Jahr 1497 und spätere Unternehmungen machten sehr deutlich, dass die Nordwestpassage nach Asien durch eisbedeckte, frostige Landschaften führen würde.

Zwischen 1605 und 1607 sandte der dänische König Christian IV. drei Expeditionen auf die Suche nach den verschwundenen Kolonien der nordischen Siedler. Alle drei scheiterten aufgrund der extremen Kälte, als sich selbst im Sommer das Eis bis weit vor die grönländische Küste erstreckte. In der Folgezeit wurde der Walfang in arktischen Gewässern zur Hauptbeschäftigung der Niederländer. Das wahre Gold des Nordens lag allerdings in der Kabeljaufischerei vor Neufundland. Doch der Versuch des englischen Abenteurers Humphrey Gilbert, die Insel zu kolonisieren, endete 1583 in einem Desaster.[177] Diese extrem kalten Wetterperioden der Kleinen Eiszeit sprachen eindeutig gegen eine dauerhafte Kolonisierung Neufundlands und das Hauptaugenmerk der Kolonisten verlagerte sich anschließend nach Süden auf Cape Cod im heutigen Massachusetts.

Wie in Europa, war auch hier die Kleine Eiszeit nicht mit der nordischen Tiefkühltruhe zu vergleichen, und es gab auch keine jahrhundertelange Kälteperiode. Die sich ständig ändernden klimatischen Bedingungen dieser Jahrhunderte haben die amerikanische Kolonialgeschichte stark beeinflusst.[178] Frostige Winter, lang anhaltende Dürren, Hurrikans und heftige Stürme waren die Hindernisse, die Schiffe vom Kurs abkommen und stranden ließen. Nordamerika war für die europäischen Bauern besonders rätselhaft, denn sie hatten in dieser fremden Umgebung eher vertraute, klar abgegrenzte Jahreszeiten erwartet. Nun aber waren sie mit dramatischen Klimaextremen von heißen, nassen Sommern und Wintern unter 0 °C konfrontiert. Zudem trafen sie beim Jagen und Fischen ihnen unbekannte Arten.

Die damaligen Europäer dachten, das Klima – und somit auch das Wetter in Nordamerika – sei auf allen Breitengraden der Welt konstant.[179] Antike Autoren hatten die ihnen bekannte Welt in Breitengürtel eingeteilt, die sie als *klimata* bezeichneten, daher der Begriff „Klima".[180] *Klimata* bezogen sich in der Regel auf die Lufttemperaturen, die in relativ vorhersehbarer Weise mit jedem Breitengrad variieren. In Europa herrscht ein feuchtes, ozeanisches Klima, mit ausreichenden Niederschlägen über das ganze Jahr verteilt, relativ geringen täglichen Temperaturschwankungen und normalerweise auch nur geringfügigen Schwankungen beim Übergang von einer Jahreszeit zur nächsten. Folglich waren die Befürworter der Kolonisierung Nordamerikas davon ausgegangen, dass die sich dort niederlassenden Menschen das ihnen vertraute, gemäßigte Klima Westeuropas vorfinden würden. Aber das war weit gefehlt und so entpuppte sich diese scheinbar vernünftige Annahme als riesiger Irrtum.

Der Osten Nordamerikas mit seinen extrem heißen Sommern und kalten Wintern erfreut sich eines kontinentalen Klimas, das von Luftmassen bestimmt wird, die sich vom Land und nicht über den Atlantik nähern, der das europäische Klima stark beeinflusst. Hinzu kommt, dass die in Europa vorherrschenden Temperaturen zwischen 40 und 60 Grad nördlicher Breite liegen, in Nordamerika aber zwischen 35 und 50 Grad nördlicher Breite. London liegt auf 51 Grad also auf demselben Breitengrad wie Nordneufundland. Die Chesapeake Bay in Virginia auf 37 Grad Nord, dem Breitengrad von Sevilla. In Virginia regnet es hauptsächlich im Sommer, doch der Regen ist nicht sehr zuverlässig, und es treten immer wieder unregelmäßige Dürreperioden auf. Die klimatischen Bedingungen waren für die europäischen Siedler eine harte Realität, ganz anders als das gemäßigte, warme mediterrane Paradies, das sie erwartet hatten – das „Neu-Andalusien", wie es einige Autoren zur Ermutigung der potenziellen Siedler tauften.[181]

Die ersten Berichte über Länder im Norden, die die spanische Kolonie in Puerto Rico erreichten, sprachen von einer Insel namens Bimini. Der spanische Entdecker Juan Ponce de León segelte 1513 die Küsten ab und nannte das geheimnisvolle neue Land Florida. Nach zwei erfolglosen Expeditionen gab er seine ehrgeizigen Kolonisierungspläne jedoch auf. Er klagte über unzumutbare Klimabedingungen und „sehr wilde und kriegerische" Menschen. Auch in den folgenden 50 Jahren kamen immer wieder Menschen an, die bitter desillusioniert zurückkehrten. La Florida war kein „Neu-Andalusien", das die Heimat mit Olivenöl und anderen typisch mediterranen Produkten versorgen würde. Der meiste Regen fiel in den Sommermonaten, brachte aber nur wenig oder gar keine Feuchtigkeit für die Keimung der Winterkulturen. Es gab auch keine Trockenzeit, die sie reifen ließ. Jahr für Jahr verfaulte die Ernte auf den von den Spaniern angelegten Feldern. Zudem litt Florida unter heftigen Wirbelstürmen und bitterkalten Nordwinden im Winter. Große und kleine Expeditionen wagten sich nach Westen bis zum Mississippi und dem heutigen Texas vor. Eine davon war jene katastrophale Invasion von Hernando de Soto, die zwischen 1538 und 1543 für ihr Leid und ihre Gewalttätigkeit Berühmtheit erlangte. Die gescheiterten Expeditionen der Spanier waren einerseits auf Inkompetenz und Führungsschwäche zurückzuführen, andererseits auf unrealistische Ambitionen. Es handelte sich nicht um ein sorgfältig geplantes imperiales Unterfangen mit kontinuierlicher finanzieller Unterstützung. Die gesamte Expedition war ein privates Unternehmen, das sich auf den Reichtum der spanischen Aristokratie stützte. Die königliche Schatzkammer konnte sich solche Abenteuer nicht leisten.

Doch auch die rauen klimatischen Verhältnisse trugen ihren Teil zum Scheitern bei. Der Südosten der Vereinigten Staaten kühlte sich während der Kleinen Eiszeit erheblich ab, die Temperaturen sanken je nach Ort um 1 °C bis 4 °C. Diese Abkühlung war teilweise auf die kalte, trockene Luft und den Schnee aus Nordwest im Winter zurückzuführen, insbesondere im 16. und 17. Jahrhundert. Die Verschiebung der atmosphärischen Zirkulation mit ihren eisigen Winden fand in den Aufzeichnungen der Kolonisten ebenso Niederschlag wie ihre Erfahrungen mit schweren Dürren.[182] Durch die ungewohnte Kälte, heftige Regenfälle und Schnee waren die Spanier überall der Gefahr von Hunger und Krankheit ausgesetzt. Hinzu kamen die Überfälle feindseliger Einheimischer. Im Jahr 1528 war die Kälte an der Küste von Texas so unerbittlich, dass selbst die Fische im Meer einfroren, während es am selben Tag noch schneite und hagelte. Drei Jahrzehnte später schlug die Expedition unter Leitung von Hernando de Soto im Jahr 1541 ihr Lager in der Nähe des Volkes der Chickasaw im heutigen Mississippi auf. Es war derart kalt, dass sie „die ganze Nacht damit verbrachten, sich von einer Seite auf die andere zu drehen, ohne Schlaf zu finden, denn wenn die eine Seite warm war, froren sie auf der anderen."[183] Aufgrund all dieser Erfahrungen mit der ungeheuren Kälte der Kleinen Eiszeit – uns heute praktisch unbekannt – verflüchtigte sich der Traum von „Neu-Andalusien". Und auch die Dürreperioden, wie sie durch die Baumringsequenzen weiter unten belegt werden, waren die schlimmsten seit Jahrhunderten.

Die Bemühungen, sich dauerhaft an der Küste Amerikas anzusiedeln, gingen weiter. Der spanische Generalkapitän Pedro Menédez de Avilés erreichte Florida im September 1565. Er vertrieb die französischen Siedler aus Fort Caroline am Saint Johns River und gründete Siedlungen in Santa Elena und St. Augustine. Doch auch in den 1560er-Jahren suchte eine schwere Dürre die Kolonien heim, ebenso wie ein mächtiger Hurrikan. Innerhalb von nur sechs Jahren war die Hälfte der Soldaten an Hunger und Krankheit gestorben, sodass die Einheimischen die Spanier aus Santa Elena vertreiben konnten. Eine weitere schwere Dürre in den frühen 1580er-Jahren fiel mit dem grausamen Krieg gegen die Guale zusammen. Diese ergaben sich, und Santa Elena wurde wiederaufgebaut. Auch La Florida erholte sich kurzzeitig, bis im Jahr 1586 der englische Entdecker Francis Drake St. Augustine überfiel, die 250 Häuser bis auf die Grundmauern niederbrannte und alles mitnahm. Doch die Stadt, unterstützt von den Behörden in Neu-Spanien, überlebte und wurde für mehr als 200 Jahre zur Hauptstadt des spanischen Floridas.

Von diesem Zeitpunkt an genoss das spanische Amerika einen legendären Ruf für seinen Reichtum, der auf den Gold- und Silberexporten aus Mexiko und Peru beruhte, welcher Scharen von Piraten und Freibeutern anlockte. Gierige Blicke richteten sich auf die spanischen Besitztümer und den praktisch unbekannten Küstenstreifen nördlich von Florida. So sandte beispielsweise der elisabethanische Abenteurer Walter Raleigh im Mai 1584 zwei Schiffe auf Erkundungstour. Sie landeten zunächst in Hatteras Sound und segelten dann weiter nach Norden zur Insel Roanoke, wo sie von den Secotan willkommen geheißen wurden. Die Besucher kehrten mit begeisterten Berichten über fruchtbare Böden, ausgiebige Holzvorräte und sogar wilde Weintrauben nach Hause zurück. Die Einheimischen hatten sie als freundlich und keineswegs feindselig erlebt. Es hieß, sie lebten „wie im Goldenen Zeitalter".

Eine weitere Expedition nach Roanoke unter Leitung der beiden englischen Entdecker Richard Grenville (oder Greenville) und Ralph Lane stach im Jahr 1585 in See.[184] Aufgrund des stürmischen Wetters, Schiffbrüchen und gelegentlicher Kaperfahrten mit dem Auflaufen des Flaggschiffes auf der Inselgruppe Outer Banks vor der Küste North Carolinas sowie auch dem Verlust des gesamten Proviants kamen die Kolonisten völlig aufgelöst in Roanoke an. Während

Grenville zurück nach England segelte, um neue Vorräte zu holen, blieb Lane mit etwa 100 Siedlern zurück. Doch die Siedlung taumelte. Anders als es frühere Berichte glauben machen wollten, waren die Böden äußerst dünn und alles andere als fruchtbar. Die Pflanzen starben noch auf den Feldern ab. Jahresringe der Sumpfzypressen belegen, dass zur Zeit der Besiedlung von 1587 bis 1589 die schwerste Dürre seit 800 Jahren herrschte.[185] Da alle Nahrungsmittel knapp waren, weigerten sich die Einheimischen natürlich, ihr Getreide einzutauschen, und auch die erwarteten Hilfsschiffe aus England ließen auf sich warten. Die verzweifelten

Der Künstler John White (1539–1593) segelte 1585 mit Richard Grenville nach Roanoke und zeichnete diese Ansicht von Secotan, einem Dorf der Algonkin.

Kolonisten, die sich zudem vor Hinterhalten fürchteten, mussten sich ihre Vorräte selbst beschaffen. Lane verbündete sich daraufhin mit den Feinden des örtlichen Häuptlings und tötete ihn. Weniger als eine Woche später traf Sir Francis Drake mit einer Flotte voller geplünderter Waren ein, wenn auch seine Mannschaft durch Krankheiten erheblich dezimiert war. Er bot seine Hilfe bei der Umsiedlung der Kolonie an, doch ein schwerer Sturm, der vier Tage andauerte, drohte Drakes Schiff an die Küste zu werfen. Die Siedler entschieden sofort, den Außenposten zu verlassen und nach England zurückzusegeln. 15 Männer ließen sie in Roanoke zurück, die spurlos verschwanden. Eine hartnäckige Legende umgibt diese verschwundenen Siedler, deren Schicksal wohl immer ein Geheimnis bleiben wird. Vielleicht schlossen sie sich einem lokalen Stamm an, oder sie wurden massakriert. Wir werden es wohl nie erfahren.

Trotz der Katastrophe von Roanoke übten Nordamerika und seine Urein-wohner auf die Menschen in England eine große Faszination aus. So planten enthusiastische Befürworter weitere Kolonien. Unter ihnen war auch der opti-mistische englische Minister und Amateurgeograf Richard Hakluyt, der von dem gewaltigen Potenzial der überseeischen Erschließung und des Handels in engli-scher Hand vollkommen überzeugt war.[186]

Er schwärmte, wenn auch nicht den Tatsachen entsprechend, in höchsten Tönen vom Reichtum an Gold und Silber, an Perlen und reichen tropischen Nahrungsmitteln in Nordamerika. Gerüchte über das expandierende spanische Reich in Amerika erreichten Europa nur sporadisch, denn die Spanier betrach-teten ihre Entdeckungen als Staatsgeheimnis, das nur einer kleinen Elite zugäng-lich war. Niemand in England hatte die in den 1570er- und 1580er-Jahren ver-fassten *Relaciones geográficas de Indias* (Geografische Beziehungen der Indischen Inseln) gelesen, denn diese fanden keine weite Verbreitung. Dieser umfangreiche Bericht enthielt detaillierte Auskünfte über die Wetterbedingungen und unschätz-bar wertvolle Informationen für jeden, der eine Entdeckungsreise in die Karibik, Richtung Norden bis nach Florida und entlang der weiter nördlich gelegenen Küsten in Erwägung gezogen hatte. Abgesehen von seinen geografischen Irrtü-mern, bekräftigte Hakluyt das Gerücht, dass die gesamte Ostküste von South und North Carolina bis Maine mit einem mediterranen Klima gesegnet sei. Er schrieb von gemäßigten klimatischen Bedingungen, fruchtbarem Land, warmen Tem-peraturen und einem Ort, an dem die Bauern Oliven, Trauben, Zitrusfrüchte und eine Fülle anderer Feldfrüchte anbauen konnten, die mit großem Aufwand aus dem Mittelmeerraum nach England importiert wurden. Dies war ein Land mit „dem Klima und dem Boden Italiens, Spaniens und der Inseln, von denen wir unsere Weine und Öle beziehen."[187]

Wahrlich verlockende Aussichten, die einen zentralen Teil der *Instructions by Way of Advice* der Virginia Company bildeten, als sie im Jahr 1606 drei Schif-fe Richtung Ostküste sandte. Die Verantwortlichen hatten aus den Fehlern der Vergangenheit in anderen Ländern allerdings wenig gelernt. Und somit gingen sie davon aus, dass das Klima an ihrem Zielort dem ihrer Heimat sehr ähnlich wäre, obwohl die Kälte im späten 16. Jahrhundert gravierend zugenommen hatte.

UNRUHEN IN JAMESTOWN (1606 BIS 1610 N. CHR.)

Drei Segelschiffe mit etwa 144 Siedlern machten sich von London aus auf den Weg und landeten im Dezember 1606 an der Ostküste Amerikas. Am 6. Mai 1607 erreichten sie die Mündung des James River im heutigen US-Bundesstaat Virginia, wo sie zunächst von einheimischen „Indianern" angegriffen wurden. Doch sie setzten ihre Erkundungsfahrt unvermindert fort. Schließlich errichteten sie eine dreieckige Festung auf einer sumpfigen Halbinsel etwa 8 Kilometer flussaufwärts. Dieses tief liegende Gebiet war als Standort strategisch gut gewählt und der Boden war „fruchtbarer, als man es sich vorstellen" konnte. Allerdings lag die Festung direkt am Meer und besaß keinerlei Frischwasserzugang außer über den Fluss. Eine weitere Schwierigkeit stellte der Wald dar, der sich von den Seiten an die Siedlung herandrängte, sodass die Siedler in ständiger Gefahr vor einem Hinterhalt lebten. Die Kolonisten waren in keinster Weise auf den Schrecken und das Leid vorbereitet, das ihnen bevorstand.[188]

Hakluyts Pläne stützten sich auf die besten verfügbaren Informationen, aber diese waren auf lange Sicht angelegt. Er richtete seinen Blick weit nach vorn, auf die zukünftige Kolonisierung. Doch zunächst sah er sich einem viel drängenderen Problem gegenüber: die ersten Winter in Jamestown zu überstehen, in denen die Menschen ausschließlich durch die Bedarfswirtschaft am Leben gehalten werden konnten. Von Anfang an waren die Lebensmittel knapp, da die Einheimischen nicht wie erwartet großzügig Vorräte bereitstellten. Sehr bald griffen unter den Kolonisten Krankheit und Tod um sich. Bis August waren schon 50 Todesfälle zu verzeichnen. Niemand weiß, warum diese Menschen starben, doch durch den Hunger verursachte Krankheiten waren sicher nicht unschuldig daran. Aber es sollte noch schlimmer kommen – das Klima setzte den Kolonisten massiv zu. Baumringsequenzen aus jenen Zeiten geben einen ernüchternden Überblick über die Temperaturentwicklung. Der Zufall wollte es, dass die Kolonisten just mit Beginn der langen Dürre von 1606 bis 1612 in Jamestown eintrafen. Klimaforscher untersuchten außerdem Sedimentkerne aus der Chesapeake Bay, aus denen hervorgeht, dass es sich damals um einige der kältesten Jahre des ganzen Jahrtausends handelte: bis zu 2 °C kälter als die kältesten Jahre des 20. Jahrhunderts.[189] Sowohl die Baumringsequenzen als auch die Höhlenablagerungen aus West Virginia belegen einen beträchtlichen Wandel der saisonalen Bedingungen zu Beginn des 17. Jahrhunderts, bestätigt durch die Berichte der Siedler: Die Winter waren kälter und die Sommer trockener.

Der extreme klimatische Umschwung richtete in den ersten und unsichersten Jahren der Kolonie Jamestown verheerende Schäden an. Die heißen und trockenen Sommermonate zerstörten die Pflanzen in ihrer Wachstumsphase. Der Wasserspiegel des James River sank so dramatisch, dass das Wasser immer salziger und extrem ungesund wurde. Offenbar hatte niemand daran gedacht, mit Steinen ausgekleidete Brunnen anzulegen, durch die die Versorgung mit Süßwasser hätte sichergestellt werden können, da nur so der Schutz vor dem salzigen Brackwasser gewährleistet gewesen wäre. Die schlechten Ernten, denen ungewöhnlich kalte Winter folgten, verschärften sowohl die Nahrungsknappheit als auch die persönlichen Beziehungen zwischen den Kolonisten. Die Menschen lebten von höchstens einem Pfund Weizen- oder Gerstenmehl pro Tag, außer dem, was sie irgendwo plündern oder ergattern konnten. Sie besaßen sowohl Schusswaffen als auch Fischereigeräte, machten aber offenbar wenig Gebrauch davon. Die Lebensbedingungen waren bestenfalls karg zu nennen, viele Menschen schliefen auf dem kalten Boden. Es ist sehr wahrscheinlich, so die US-amerikanische Historikerin Karen Kupperman, dass die Siedler sich in einem ständigen Hunger- und Schockzustand befanden, einem Zustand also, den man mit jenem misshandelter Kriegsgefangener vergleichen kann.[190]

Abgesehen davon, dass die Menschen mit dem schmutzigen und recht salzigen Wasser des Flusses auskommen mussten – sie brauchten zwei Jahre, um einen Brunnen für „süßes Wasser" zu graben – hatten sie wahrscheinlich aufgrund der unhygienischen Bedingungen an Bord der Schiffe auch Typhus an Land gebracht. In Anbetracht der ständigen Bedrohung durch Angriffe einheimischer Stämme, schöpften die Kolonisten ihr Trinkwasser möglicherweise auch in gefährlich geringer Entfernung von dem Ort, an dem sie ihre Abfälle entsorgten. Es ist anzunehmen, dass viele von ihnen eher durch den Genuss von Wasser als durch den Genuss von Bier zu Tode kamen. Der Großteil der in England geernteten Gerste ging in die Bierverarbeitung. Viele Menschen tranken etwa sechs Pints pro Tag – ein wichtiger Teil ihrer Kalorienzufuhr. Das Malz des Bieres war Teil der täglichen Ernährung. Derart unvorbereitet auf solch harte Lebensbedingungen und die schlechte Ernährung, hatten die Menschen zusätzlich mit gravierenden psychischen Folgen zu kämpfen.

Die Gemeinschaften der amerikanischen Ureinwohner unterstanden der Powhatan-Konföderation, einem mächtigen Häuptlingstum, das zahlreiche Dorfgemeinschaften kontrollierte, von denen etwa 15 000 Menschen flussaufwärts von Jamestown lebten.

Im Gegensatz zu den Neuankömmlingen verfügten sie über jahrhundertelange Erfahrung mit dem lokalen Klima. Wie alle Stämme in Virginia, hatten die Powhatan ihre landwirtschaftliche Tätigkeit mit Jagen, Fischen und dem Sammeln von pflanzlichen Nahrungsmitteln kombiniert.[191] Ihre Nahrungsversorgung war vielfältig. Im Frühjahr fingen sie Fische mit Reusen und kleine Tiere wie Eichhörnchen im Wald. Ihre Pflanzzeit war Mai und Juni, eine Zeit, in der sie hauptsächlich von Eicheln, Walnüssen und Fisch lebten. Andere Stämme verteilten sich in kleinere Lager und ernährten sich von einer breiten Nahrungspalette: von Fischen und Krebsen, von der Jagd und einer Vielzahl pflanzlicher Nahrungsmittel. Die Monate Juni, Juli und August waren geprägt von relativem Überfluss, in denen sie sich von Tocknough (Tuckahoe)-Wurzeln, Beeren, Fisch und Grünmais ernährten. Spätsommer und Frühherbst waren die Zeit der reichen Ernte, bevor die Menschen im Winter auf die Jagd nach Hirschen und anderem Wild gingen. Einige Häuptlinge und Angehörige der Elite waren in der Lage, Mais für den ganzjährigen Gebrauch einzulagern. Aber die meisten Powhatan pflanzten gerade genug Getreide für ein paar Monate und lebten dann den Rest des Jahres von Nahrungsmitteln aus der Wildnis.

Anhand der in den Skeletten der Ureinwohner jener Zeit gefundenen Kohlenstoff- und Stickstoffisotope zu urteilen, ernährten sich die meisten Einheimischen des 17. Jahrhunderts hauptsächlich von Mais.[192] Obwohl sie genaue Kenntnisse über ihre Umweltressourcen besaßen, zeigen ihre Knochen Anzeichen akuter Unterernährung. Ihr Leben ist niemals einfach gewesen, auch wenn sie durch die tiefgreifenden Kenntnisse über ihre Umwelt und das Klima mehr Möglichkeiten hatten als die europäischen Einwanderer. Sie wussten beispielsweise, dass sie ihre Gärten an den wärmeren, nach Süden ausgerichteten Hängen anlegen und Pflanzen anbauen mussten, die kälteresistenter waren als Mais. Unter extremen Lebensbedingungen zogen die Einheimischen entweder woandershin oder spezialisierten sich ganz aufs Jagen und Sammeln. Die US-amerikanische Anthropologin Helen Rountree wies diesbezüglich darauf hin, dass die Frauen ungern größere Maisvorräte anlegten, weil sie befürchteten, dass die Häuptlinge und die Elite diese als Steuern einfordern würden.[193] Zu jener Zeit lebten die Powhatan in immer größeren, viel konzentrierteren und stärker befestigten Dörfern, in denen mächtige Häuptlinge um Macht und Ansehen konkurrierten. Aus Sicht der einheimischen Stämme war die Frage, wie man sich den Neuankömmlingen gegenüber verhalten sollte, eine einfache: Wie maximiert man die Präsenz der Europäer, ohne unnötige Risiken einzugehen?

Die Powhatan waren bestrebt, exotische Metallwerkzeuge aus Europa gegen Mais und andere Nahrungsmittel einzutauschen. Aufgrund der oft heiklen Fragen von Status und Diplomatie war der Austausch recht lebendig. Im Herbst 1607 war noch kaum Land gerodet worden, sodass die Neuankömmlinge in primitiven Erdbauten lebten. Viele von ihnen waren deshalb so deprimiert, dass sie völlig tatenlos herumsaßen. Als im Januar 1608 endlich die erwarteten Versorgungsschiffe eintrafen, kam es zu einem verheerenden Feuer, das nahezu alle Vorräte sowie das Fort zerstörte. Der Winter war so streng, dass der James River fast bis zum anderen Ufer zufror. Eine im Grunde katastrophale Hilfsexpedition brachte 1608 weitere Siedler, aber die zusätzlichen Lebensmittelvorräte waren minimal.

Etwa 400 Menschen drängten sich angesichts der zunehmend feindseligen Einheimischen im Fort zusammen, hatten aber fast keine Möglichkeit, Nahrungsmittel anzubauen. Unweigerlich kam es zur Hungersnot. Ende des Jahres 1609 lebten rund 240 Menschen in Jamestown, im darauffolgenden Sommer waren davon nur noch 60 am Leben. Die Toten wurden auf einem nahe gelegenen Friedhof begraben. Ihre Skelette zeigten deutliche Anzeichen eines Hungertods. Mitten im Winter war es auch zu kalt, um in den seichten Gewässern nach Austern zu suchen. Schließlich war die Verzweiflung so groß, dass einige Europäer die Leichname ausgruben und davon aßen. Das in einem Keller des Forts gefundene Skelett eines Mädchens im Teenageralter wies deutliche Spuren von Kannibalismus auf. Selbst ihr Schädel war aufgeschnitten worden, um das Gehirn herauszuholen.[194] Ein weiteres Unheil ereignete sich im Jahr 1610, als der Stör, ein wichtiges Nahrungsmittel, nicht den Weg in die Flüsse des Chesapeake-Gebietes fand. Grund dafür war wohl, dass die anhaltende Trockenheit das Flusswasser zu salzig gemacht hatte. Die Siedler beluden ihre Schiffe, um aufzubrechen, und trafen an der Mündung des James River auf eine neue Flotte aus England, die reichlich Vorräte an Bord hatte. Ohne diese Hilfe hätte Jamestown die Kleine Eiszeit wohl nicht überlebt.

NUNALLEQS ERFOLG (AB DEM 17. JAHRHUNDERT N. CHR.)

Die Ernährungskrise in Jamestown brach aus, als die Kleine Eiszeit einige ihrer kältesten Jahre erlebte. Doch auch in wärmeren Jahren war die Siedlung von Missernten bedroht und hatte immer wieder mit unsicheren Lebensmittellieferungen aus dem Handel mit den Powhatan zu kämpfen. Die amerikanischen Ureinwohner hatten die jahrhundertelange Klimavariabilität überlebt und sich auch mit den Wetterextremen arrangiert, indem sie in ihrer vielfältigen Umgebung ihre Nahrungspalette variierten: mit Fisch, wilden Pflanzen und Kleinwild. Auch das Prinzip des gegenseitigen Helfens war in ihrer Kultur weitverbreitet. Im Vergleich mit den Kolonisten waren die Einheimischen weit flexibler in ihrer Nahrungsbeschaffung. Außer den Powhatan hatten sich noch weitere Stämme mit der Diversifizierung ihrer Nahrung beschäftigt, um die Klimaschwankungen der Kleinen Eiszeit zu bewältigen.

Das Thule-Dorf Nunalleq liegt in der Nähe des Dorfes Quinhagak in der Kuskokwim-Bucht an der Beringseeküste Alaskas.[195] Zwischen dem 14. und 19. Jahrhundert war das Klima dort erheblich kälter, die Sommertemperaturen waren um etwa 1,3 °C kühler als heute, es gab mehr Schnee und deutlich mehr Meereis. Nunalleq war etwa 300 Jahre lang von Ureinwohnern bewohnt. Seine dichteste Besiedlung erlebte der Ort im frühen und mittleren 17. Jahrhundert – zur gleichen Zeit wie Jamestown – auf dem Höhepunkt des Maunder-Minimums, also der eisigsten Periode der Kleinen Eiszeit. Die Siedlung lag in der Nähe von Flüssen, in denen sich – jahreszeitlich bedingt – Wanderfische und einige der weltgrößten Kolonien von wandernden Wasservögeln tummelten. Kleinsäuger gab es ebenfalls in Hülle und Fülle, Wale suchten sich ihr Futter in Küstennähe und andere Meeressäuger waren reichlich vorhanden. Fleisch wurde von den Karibus bereitgestellt, die im Winter nahe der Küste auf Nahrungssuche waren.

Heute herrscht in dieser Region ein arktisches Klima mit Schnee und kühlen, feuchten Sommern. Nunalleqs reiche Nahrungspyramide versorgte die Menschen zudem mit ausreichenden Rohstoffen für alles, was sie zum Leben brauchten, von Kleidung bis hin zu Jagdwaffen. Und das Beste: Die Menschen fanden alle Nahrungsmittel in nächster Nähe ihres Dorfes, die Lagerung von Lebensmitteln war durch die natürliche Permafrostkühlung kein Problem und ernährungsbedingter Stress somit praktisch kein Thema. Folglich war dieser Ort über viele Generationen hinweg dauerhaft besiedelt.

Die strategisch günstige Lage des Dorfes ermöglichte es den Menschen, sehr flexibel auf eine reichhaltige Nahrungsmittelpalette zurückzugreifen. Die Vielfalt direkt vor der Haustür und die Möglichkeit, Nahrung effizient lagern zu können, bedeutete, dass man bei Klimaveränderungen den Fokus auf unterschiedliche Beutetiere legen konnte, da die klimatischen Schwankungen wahrscheinlich nicht auf alle Tiere in der Landschaft die gleichen Auswirkungen hatten. Sogar abrupte Veränderungen waren kein größeres Problem, zumal einige Nahrungsangebote, wie beispielsweise Lachs, relativ vorhersehbar waren. Strategien des Risikomanagements traten bei der Nahrungsbeschaffung eher in den Hintergrund, doch diese waren hier auch deutlich weniger wichtig als dort, wo der Wechsel der Jahreszeiten, Dürreperioden und extrem niedrige Temperaturen direkte Auswirkungen auf die Nahrungsmittelversorgung hatten. Gegenwärtig wird dieser Ort durch das schmelzende Eis, den steigenden Meeresspiegel und die höheren Temperaturen, die den Permafrostboden unaufhaltsam auftauen lassen, praktisch weggespült.

Nunalleq florierte in einem Gebiet, das man als „Ressourcen-Schatz" bezeichnen kann. Die Einheimischen entwickelten eine flexible, vielseitige Selbstversorgungsstrategie, die auf ihrer detaillierten Kenntnis der lokalen Umwelt fußte. Ihre ausgefeilten Techniken waren perfekt an die Nahrungsbeschaffung und ein Leben bei Minusgraden angepasst. Auf diese Weise konnten sie die schwierigen Jahrzehnte überstehen, ohne ihr Dorf zu verlassen, selbst wenn sich die Wetterbedingungen abrupt und ohne Vorwarnung sowie die Nahrungsquellen von Jahr zu Jahr änderten. Wie bei den Powhatan, ermöglichten es, wirkungsvolle und flexible Puffer- und Bewältigungsmechanismen der Gemeinschaft, den schlimmsten Klimaextremen standzuhalten und sich gegen die um die Nahrungsressourcen rivalisierenden Gruppen durchzusetzen. Nunalleq war ein bevorzugter Lebensraum, was wohl der Grund dafür ist, dass der Ort schließlich angegriffen und im späten 17. Jahrhundert aufgegeben wurde.

AUS DÜRRE WIRD MEGADÜRRE (ENDE 1500 BIS 1600 N. CHR.)

Wenden wir uns nun dem Südwesten zu, wo es – wie oben schon beschrieben – den amerikanischen Indigenen durch ihre Mobilität und die Aufrechterhaltung von Beziehungen über kurze und lange Distanzen gelang, sich anhaltenden Dürren anzupassen. Diese Dürren waren auf natürliche Klimaschwankungen zurückzuführen. Ebenso wie jene, die die Siedler aus Neu-Spanien heimsuchten, als sie Richtung Norden in die Wüstenlandschaften von New Mexico vordrangen und extreme klimatische Bedingungen vorfanden. Sie erreichten New Mexico im späten 16. Jahrhundert, in einer der trockensten und kältesten Perioden der Kleinen Eiszeit im Westen. Über viele Jahrhunderte hinweg hatten sich die Anasazi hervorragend an Landschaften angepasst, in denen Ernteausfälle nichts Außergewöhnliches waren und das Überleben von der cleveren Nutzung von Wasserquellen und Niederschlägen abhing. Ihre Skelette zeigen häufig Phasen der Unterernährung, chronischer Anämie sowie eine niedrigere Lebenserwartung, da in diesen Gesellschaften Gewalt an der Tagesordnung war.[196] Die frühesten Erfahrungen, die europäische Siedler in New Mexico machten, waren nahezu identisch mit denen im Osten Nordamerikas. Falsche Erwartungen, ungenaue Vorhersagen und ungewohnte klimatische Bedingungen spielten hier ebenso eine Rolle wie unglückliche Ereignisse – schwere Dürren und andere Klimaanomalien, die teilweise durch den Ausbruch des Huaynaputina-Vulkans im Jahr 1600 verursacht wurden.

Hier wie anderswo waren die Beziehungen zwischen den amerikanischen Ureinwohnern und den Neuankömmlingen durch tiefes Misstrauen, Unverständnis und Konflikte belastet. Es ist erstaunlich, wie wenig Wissen über die lokale Umgebung und Nahrungsmittel oder über Jagd- und Fischereistrategien die Europäer von ihren amerikanischen Nachbarn übernahmen. Sie lernten vielmehr aus eigener, schmerzhafter Erfahrung und nutzten die Technologien, die sie aus ihrer Heimat mitgebracht hatten. Doch wie viel Leid wäre ihnen erspart geblieben, wenn sie sich die Techniken der einheimischen Bevölkerung angeeignet hätten: Techniken, die die einheimische Bevölkerung im Laufe von Jahrtausenden in ihrer Auseinandersetzung mit dem Land und seinem Klima entwickelt hatte: zum Beispiel die Herstellung von angemessener Kleidung gegen die Kälte, wasserdichte Ausrüstung für den Fischfang und Schuhe, die Erfrierungen verhindern.

EIN BLICK IN DIE ZUKUNFT

Wie kaum ein anderer Ort in Nordamerika, gibt uns der Südwesten Hinweise auf eine Zukunft, die durch die vom Menschen verursachte globale Erwärmung verändert wird. Auch wenn eine geringe El Niño-Aktivität ein entscheidender Faktor für die Megadürre auf dem amerikanischen Kontinent gewesen sein könnte, kombinieren neueste Forschungen die 1200 Jahre alten Baumringsequenzen der sommerlichen Bodenfeuchtigkeit mit hydrologischen Modellen und statistischen Auswertungen, um uns deutlich zu machen, dass die 19 Jahre zwischen 2000 und 2018 die zweittrockenste Periode seit dem Jahr 800 waren. Darüber hinaus sind nicht weniger als 47 Prozent der aktuellen schweren Megadürre das Resultat menschengemachter Klimaerwärmung. Menschliche Aktivitäten haben die Temperaturen erhöht, die relative Luftfeuchtigkeit gesenkt und im Westen zum Absterben von Millionen von Bäumen geführt. Was also ursprünglich einmal ein regelmäßiger Dürrezyklus war, hatte sich nun in eine Megadürre verwandelt, und zwar die zweitschwerste und zweitlängste seit 1200 Jahren. Die Symptome einer schweren Dürre sind allgegenwärtig: eine stark verringerte Schneedecke, eine geringere Flussströmung, weniger Grundwasser und vermehrte Waldbrände.[197] Klimaforscher schreiben die Dürren den kühleren Meeresoberflächentemperaturen im Ostpazifik zu: La Niña-ähnlichen Bedingungen während einer Zeit niedriger El Niño-Aktivität. Diese begünstigten eine atmosphärische Wellenbewegung im westlichen Nordpazifik, der Stürme daran hinderte, den Südwesten zu erreichen. Die zweitschwerste Megadürre des vergangenen Jahrtausends begann im Jahr 2000 und dauert noch immer an. Sie hat mittlerweile die große Dust-Bowl-Dürre der 1930er-Jahre in den Schatten gestellt, ebenso wie eine schwere Dürreperiode in den südlichen Great Plains in den 1950er-Jahren. Wir können natürlich nicht voraussagen, ob diese Dürre bald durch einen neuen Zyklus mit üppigeren Niederschlägen unterbrochen wird. Aber die Vorstellung, dass die vom Menschen verursachte Erwärmung immer stärker wird, ist beängstigend, denn sie zeigt uns, welch mächtigen Zugriff wir auf das globale Klima haben.

Wie sieht die Zukunft aus? In dem Moment, in dem diese Zeilen geschrieben werden (2020), gibt es keinerlei Anzeichen für eine Abkühlung oder ergiebigere Niederschläge. Klimamodelle sagen voraus, dass sich die Trockenheit bis Mitte des 21. Jahrhunderts noch verschlimmern könnte. Heute verfügbare Daten zum Klimawandel zeichnen ein weitaus umfassenderes Bild vergangener Dürren, die durch Anomalien in der Atmosphäre und im Ozean verursacht wurden – wie gesagt: durch natürliche Klimaschwankungen. Diejenigen, die behaupten, dass sich das Klima permanent in Zyklen verändert, stimmen immer dieselbe Leier an: die natürliche Erwärmung im 21. Jahrhundert. Wissenschaftliche Studien über die Vergangenheit des amerikanischen Südwestens zeigen allerdings, dass die Austrocknung der Böden im Zeitraum von 2000 bis 2018 eine gewöhnliche Trockenperiode in eine Megadürre verwandelt hat. Die Gründe liegen auf der Hand: eine verstärkte Verdunstung und das frühzeitige Schmelzen der Schneedecke sowie die durch menschliche Entscheidungen und Aktivitäten verstärkte Trockenheit der betroffenen Gebiete. Dabei hat die Austrocknung vielleicht gerade erst begonnen. Selbst wenn die Naturkräfte die derzeitige Dürre beenden, so werden die vom Menschen verursachten weltweiten Treibhausgasemissionen das Ausmaß künftiger Trockenperioden erheblich beeinflussen. Dies ist eine weitere eindringliche Erinnerung an die Relevanz von Nachhaltigkeit. Das Gedächtnis ist kurz, aber wir haben gesehen, wie Grundwasservorräte in der Vergangenheit in kurzer Zeit katastrophal eingebrochen sind. In Ländern wie beispielsweise Indien ist dies bereits Realität. Sollen wir mehr Stauseen bauen, um mehr Wasser zu speichern? Als kurzfristige Lösung hat sich dies zwar in einigen Fällen als probates Mittel erwiesen, aber es ist illusorisch, anzunehmen, dass dies eine Lösung für die – wie vorausgesagt wird – immer stärker sinkenden Niederschläge in der Zukunft sein wird, vor allem, wenn unser heutiges Handeln diesen Negativtrend weiter beschleunigt.

◆◆◆

KAPITEL 13

DAS EIS KEHRT ZURÜCK

(CA. 1321 BIS 1800 N. CHR.)

Sie nannten es die „Grote Mandränke" oder auch das „Große Ertrinken der Menschen". Nordeuropa war im späten 13. und einem Großteil des frühen 14. Jahrhunderts ein überaus windiger Ort auf der Welt. Nicht weniger als zwölf große Stürme tobten an den Küsten der Niederlande und rissen alles mit sich. Dann kam am 16. Januar 1362 die Große Mandränke, ein schwerer Sturm aus Südwest im Nordatlantik, der über Irland und England hinwegfegte und den Holzturm der Kathedrale von Norwich in das darunterliegende Kirchenschiff einstürzen ließ. Doch das war erst der Anfang. Brachiale Winde und steil aufragende Wellen rasten über die Nordsee und brachen dann über Norddeutschland und die Niederlande herein – sie rissen alles mit sich, was ihnen im Weg war. Der Megasturm zerstörte über 60 dänische Kirchengemeinden, das Vieh auf den Wiesen fiel um wie Kegel. Ein zeitgenössischer Beobachter schrieb: „Der Wind riss die Anker aus dem Boden und beraubte die Häfen ihrer Flotten, ertränkte eine Vielzahl von Menschen, vernichtete Schaf- und Rinderherden ... [U]nzählige Menschen kamen um."[198] Da es praktisch keine Gewässerschutzanlagen und nur kurze Vorwarnzeiten gab, waren Tausende von Menschen, die nahe am Meer lebten, dem – so wie es schien – zur Bestrafung der Sünder entfesselten Zorn Gottes hoffnungslos ausgeliefert.

Die Mittelalterliche Klimaanomalie ging mit ihren sintflutartigen Regenfällen und ständigen Klimaschwankungen während der Großen Hungersnot von 1316 bis 1321 rasch dem Ende zu. Eisige Winter ließen große Flüsse zufrieren und legten den Schiffsverkehr auf der Ostsee lahm. Sehr warme Sommer waren keine Unbekannten, ebenso wenig wie schwere Dürreperioden, die ein Jahrzehnt oder auch nur ein, zwei Jahreszeiten andauern konnten. Die großen Stürme, die ohne jede Vorwarnung das Land heimsuchten, waren ein fester Bestandteil der jahrzehntelangen, plötzlichen Klimaumschwünge, die häufig mit extremer Kälte und extremer Wärme einhergingen und die Kleine Eiszeit einläuteten.

In klimatischer Hinsicht hätte ein Reisender, der während der Kleinen Eiszeit durch Europa streifte, nur wenig Unterschiede zu heute erlebt, abgesehen von gelegentlichen sehr strengen Wintern und Perioden intensiver Sommerhitze. Heute leben viele von uns mit zugefrorenen Autobahnen, einigen Wochen Schnee oder Sommertemperaturen von über 20 °C. Europäische Bauern im 14. Jahrhundert hatten vielleicht ihre Kulturen auf frost- oder dürreresistente Pflanzen umgestellt, um sie vor Kälte oder Trockenheit zu schützen. Aber im Grunde genommen waren sie machtlos gegenüber den Launen des Klimas. Zudem waren sie sich auch bewusst, wie schutzlos sie Missernten und Hunger, aber auch mit Mangelernährung verbundenen Krankheiten ausgeliefert waren. Die drohende göttliche Vergeltung und die Angst vor dem Jüngsten Gericht schwebten unsichtbar über Stadt und Land. Dann kam die Pest.

DER SCHWARZE TOD (1346 BIS 1353 N. CHR.)

Der berüchtigte Schwarze Tod brach zwischen 1346 und 1353 über Europa herein.[199] Etwa 25 Millionen Opfer kamen in Westeuropa ums Leben – die genaue Zahl ist nicht bekannt. Nachdem die Justinianische Pest von 541/542 gewütet hatte (s. Kapitel 5), war diese furchtbare Pandemie schon die zweite Woge der Beulenpest. Als Hauptverursacher wurde *Yersinia pestis* ausgemacht. Ein Bakterium, das Flöhe infiziert, die auf Bodennagern hausen, darunter das Zentralasiatische Murmeltier und verschiedene Rattenarten. Wann genau *Yersinia pestis* zum ersten Mal in Europa auftrat, ist unbekannt. Auf jeden Fall gab es die

Krankheit bereits um 3000 v. Chr., wenn auch diese erste Episode noch keine echte Pandemie auslöste.[200]

Der Schwarze Tod des Mittelalters hatte seinen Ursprung in Zentralasien, möglicherweise in Kirgisistan – einem Binnenland an der Seidenstraße, das an Kasachstan, China, Tadschikistan und Usbekistan grenzt. Von dort aus verbreitete sich die Seuche nach China und Indien. Möglicherweise reiste die Krankheit entlang der kosmopolitischen Seidenstraßen oder per Schiff bis zum Schwarzen Meer. Ende des Jahres 1346 erreichten Berichte die Häfen Europas, dass Indien praktisch entvölkert und Tatarstan, Mesopotamien, Syrien wie auch Armenien mit Leichen übersät waren. 30 genuesische Kaufleute, die auf Galeeren aus Kaffa im östlichen Teil der Krim lossegelten, sollen die Pest 1347 nach Sizilien eingeschleppt haben. Von Italien aus verbreitete sie sich dann Richtung Nordwesten über ganz Europa. Die auffälligsten Symptome waren Beulen (unter den Achseln oder in der Leistengegend), Fieber und Erbrechen von Blut. Jüngste DNA-Analysen von Opfern des Schwarzen Todes in London und auf dem europäischen Festland haben eindeutig gezeigt, dass *Yersinia pestis* der Schuldige war.

Warum aber breitete sich der Schwarze Tod in Zentralasien aus? Spielte der Klimawandel eine besondere Rolle bei seiner Ausbreitung? Eine Möglichkeit, diese Frage zu prüfen, besteht darin, nicht Ratten, sondern Rennmäuse zu untersuchen. Die Populationsdichte von Wüstenrennmäusen in Kirgisistan hängt von den vorherrschenden klimatischen Bedingungen ab. Warme und feuchte Umgebungen erhöhen die Populationsdichte dieser großen Wüstenrennmäuse – und ihrer Flöhe. Wenn sich in einer weiten Region das gleiche Wetter entwickelt, dann breitet sich die Pest schnell aus. Denn die Dichte der Flöhe pro Rennmaus nimmt zu, die Pest tritt häufiger auf und, was noch entscheidender ist, die Flöhe suchen sich andere Wirte, einschließlich Menschen und deren Nutztierherden. Wenn die Temperaturen sinken und es trockener wird, brechen die Rennmauspopulationen zusammen und die Zahl der Flöhe schrumpft.

Um diesen Ansatz zu überprüfen, verglich ein Forscherteam Regen- und Temperaturchroniken der Baumringsequenzen von Wacholderbäumen aus dem Karakorumgebirge mit historischen Aufzeichnungen über Pestausbrüche.[201] Sie fanden heraus, dass es rund 15 Jahre dauerte, bis ein Ausbruch in Asien die europäischen Häfen erreichte. Die Ausbreitungsgeschwindigkeit im dichter besiedelten Europa war deutlich höher als in Zentralasien: etwa 1300 Kilometer pro Jahr. Epidemiologen und Historiker sind lange Zeit davon ausgegangen, dass der Schwarze Tod ein einziges Vorkommnis war. Die heutigen klimatologischen Erkenntnisse sprechen aber dafür, dass es klimabedingte, periodisch auftretende Schübe neuer Erregerstämme gab, die aus Gebieten mit wild lebenden Nagern in Asien kamen, denn die Rennmauspopulationen und die damit einhergehenden Flohpopulationen schwankten mit den Klimaveränderungen. In Europa selbst gab es keine solchen Nager-Reservoirs.

Die Folgen der Pest waren verheerend. In Schottland „wurde den Erkrankten das Leben innerhalb von zwei Tagen aus dem Körper herausgezerrt". Unterdessen sank die Bevölkerung in und um Paris um zwei Drittel. Einer Schätzung zufolge ging die Bevölkerung Frankreichs um erschreckende 42 Prozent zurück. Viele der Toten waren außergewöhnlich anfällig für Infektionen, da sie während der Großen Hungersnot schon an Unterernährung gelitten hatten. Zu Beginn des 15. Jahrhunderts blieben rund 3000 französische Dörfer verlassen zurück. Schlechte Ernten und nasses Wetter verschärften die Nahrungsmittelknappheit. Hinzu kamen die ständigen Kämpfe des Hundertjährigen Krieges zwischen England und Frankreich. Die Verzweiflung der Menschen erreichte zwischen 1420 und 1439 einen kollektiven Tiefpunkt, als ein hoher NAO-Index ungewöhnlich starke Regenfälle brachte. Obwohl es viel weniger Mäuler zu stopfen gab, waren Nahrungsmittel noch immer knapp und Hungersnöte an der Tagesordnung – viele davon durch die andauernden kriegerischen Auseinandersetzungen verursacht.

Die wiederkehrenden Seuchen und unregelmäßigen Hungersnöte hielten die Bevölkerungszahlen jahrzehntelang in Schach. Viele Nahrungskrisen fielen mit außergewöhnlich kalten Wintern zusammen, die von einem Hochdruckgebiet über Skandinavien ausgelöst wurden. Insbesondere in den 1430er-Jahren traten Frost und schwere Stürme, vor allem im Golf von Biskaya und an der Nordsee, auf, die sieben Jahre lang andauerten.

Nach dem Ende des Schwarzen Todes im Jahr 1451 stieg die Getreideproduktion sprunghaft an, als die Bauern auf ihr durch die Pest verwüstetes Land zurückkehrten. Mit dem Ende des Hundertjährigen Krieges 1453 kehrte endlich eine Phase der Erholung ein. Die Temperaturen stiegen, die Niederschläge waren reichlich. 70 Jahre später erlebte England in den 1520er-Jahre fünf außergewöhnlich gute Ernten, bis ein erneuter Kälteeinbruch 1527 zu Weizenengpässen in der Weihnachtszeit und zu drohenden Hungerrevolten führte. Trotzdem hielten die Menschen an den bewährten Methoden der Bedarfswirtschaft fest, die sich auf Selbstversorgung und Diversifizierung der Kulturen stützte. Die Atempause war allerdings nur von kurzer Dauer. Am Horizont braute sich wieder etwas zusammen.

DIE KLEINE EISZEIT
(CA. 1321 BIS ZUM ENDE DES 19. JAHRHUNDERTS N. CHR.)

Die sogenannte Kleine Eiszeit war ein kurzer, heftiger Kälteeinbruch, der der Mittelalterlichen Klimaanomalie folgte, aber nicht als echte, langwierige Eiszeit gilt. François Matthes, ein angesehener Gletscherforscher, der dem *Committee on Glaciers of the American Geophysical Union* (Gletscherausschuss der Amerikanischen Geophysikalischen Vereinigung) angehörte, verwendete diesen Begriff 1939 zum ersten Mal: „Wir leben in einer Epoche erneuter, aber moderater Gletscherbildung – einer ‚kleinen Eiszeit‘".[202] Matthes benutzte diesen Begriff informell – er schrieb ihn auch nicht mit Großbuchstaben – doch heute ist er ein fest etablierter klimatologischer Fachausdruck.

Im Jahr 1939 war die Kleine Eiszeit kaum mehr als eine Idee. Heute aber haben Forscher sowohl Proxies als auch historische Aufzeichnungen über die Kleine Eiszeit aus der ganzen Welt zusammengetragen, nicht nur aus Europa und Nordamerika, sondern auch aus weit entfernten Ländern wie Australien, Ozeanien und Japan. Gut dokumentierte Studien über die Blütezeit der japanischen Kirschblüte reichen beispielsweise 600 Jahre zurück und sind deutliche Belege für eine Abkühlung. Eine kürzlich erstellte Rekonstruktion der globalen Temperaturen stützt sich auf sage und schreibe 73 verschiedene Proxies aus der ganzen Welt, die diese Abkühlung, insbesondere zwischen 1500 und 1800, bestätigen. Heute stellt die Kleine Eiszeit die am meisten ausgeprägte Klimaanomalie seit 6000 v. Chr. dar – die heutige, vom Menschen verursachte globale Erwärmung außer Acht gelassen.[203]

Was aber ist genau geschehen? Etwa zwischen 1250 und 1300 n. Chr. sowie zwischen 1850 und 1900 wurde die Welt aus Gründen, die sich noch immer unserer Kenntnis entziehen, geringfügig kälter. Tiefseebohrkerne aus Grönland, Island und Labrador liefern uns das gut dokumentierte Porträt eines arktischen Eisschubes, der sich mit dem abrupten Temperatursturz südwärts bewegte. So dokumentieren zum Beispiel präzise datierte Tiefseebohrkerne aus dem östlichen Islandschelf eine abrupte Abkühlung über einen Zeitraum von etwa 60 bis 80 Jahren nach 1300 – das Ergebnis des nach Süden wandernden Eises. Mitte des 14. Jahrhunderts kam es zu einer kurzfristigen Erwärmung, gefolgt von einer erneuten abrupten Abkühlung in den späten 1300er-Jahren. Nach einer weiteren Periode geringerer Vereisung, stieg diese von 1500 bis in die frühen 1900er-Jahre erneut an. Ob diese auf vulkanische Aktivitäten zurückzuführen sind, auf Veränderungen der Sonneneinstrahlung oder aber auf ganz andere Faktoren, weiß heute niemand.

Der Ausdruck „etwas kühler" ist allerdings ein viel zu allgemeiner Begriff, denn die Abkühlungstendenz variierte sowohl zeitlich als auch räumlich. Eine ernsthafte globale Abkühlung begann um 1400 und endete erst etwa 1850, als die von der Industrie verursachten Treibhausgase den langfristigen orbitalen Antrieb außer Kraft setzten (die Folgen langsamer Veränderungen in der Neigung der Erdachse und der Form der Erdbahn um die Sonne, die eine Umverteilung der Sonnenenergie in Bezug auf die Breitengrade und auch die Jahreszeiten mit sich bringen können).

Das Klima der Kleinen Eiszeit war nie statisch. Kürzere kraftvolle Episoden wie Vulkanausbrüche oder Schwankungen der Sonnenaktivität hatten zwar nur vorübergehende Auswirkungen, bewirkten aber Ausschläge in den Klimaaufzeichnungen. Weitere Extreme waren Katastrophen wie die Große Hungersnot oder Megadürren, außergewöhnlich strenge Winter, große Sturmzyklen und ähnliche Episoden mit tiefgreifenden Folgen für die menschliche Gesellschaft. Dazu gehören auch die Pestepidemien, Ernteausfälle und die regelmäßig wiederkehrende Dezimierung der Schaf- und Rinderherden. Solche Ereignisse verschärften die kurzfristige Anfälligkeit und schwächten die menschliche Anpassungsfähigkeit.

Augenzeugenberichte über die frühen Jahre der Abkühlung sind rar. Wouter Jacobszoon, ein katholischer Abt aus Gouda in den Niederlanden, zog im Jahr

1572 nach Amsterdam. In seinem Tagebuch hielt er die alltägliche Gewalt und die Verfolgung der Katholiken fest, und er klagte auch über die Kälte. Selbst Grundnahrungsmittel wie Getreide und Hering wurden für die Menschen in Amsterdam unerschwinglich. Der Schnee hielt bis in den April hinein an. Ebenfalls die Kälte hielt weiter an – als ob es noch immer Winter wäre. Im November 1574 ließ ein Starkwind eine Flutwelle entstehen, die Deiche durchbrach und überflutete Felder in Eiswüsten verwandelte. In Preußen überlegte der protestantische Pfarrer Daniel Schaller, ob wohl das Ende der Welt bevorstünde: „… / und ist nicht allein großer Brotmangel / und sehr teuer Einkaufen des Lieben Getreides und Korns / … Das Holz im Wald wächset auch nicht mehr / wie in Vorzeiten. … darum muss Ruina mundi [der Ruin der Welt] vor der Tür sein."[204]

Jacobszoon und seinesgleichen flehten den Herrn um Hilfe an, immer und immer wieder, aber vergeblich. Baumringanalysen aus diesen Jahren zeigen in der Tat, dass sich das Wachstum der Bäume verlangsamt hatte. Zehn Erdstöße hatten Preußen seit 1510 erschüttert. Der gläubige Schaller hielt sie für Vorboten des bevorstehenden Jüngsten Gerichts und des letzten Erdbebens, in dem alle Toten erwachen und vor dem Gericht Christi aus ihren Gräbern steigen.

Doch das Jüngste Gericht kam nie. Stattdessen setzten sich die klimatischen Veränderungen fort, und mit der Abkühlung des Ozeans tauchten zur großen Freude der Fischer auch schon bald Heringe in großer Zahl in der Nordsee auf. Nur die eisige Kälte hielt noch immer an. Die Themse in London war zwischen 1408 und 1437 fünfmal und zwischen 1565 und 1695 zwölfmal vollständig zugefroren. (Das letzte Mal, dass die Themse zufror, war 1963, im kältesten Januar seit 1814.) In diesen Jahren erfreuten sich die Menschen an den Frostjahrmärkten auf der Themse. Einige geschäftstüchtige Händler boten gar gebratene Ochsen auf der Eisfläche an. Die Wintertemperaturen fielen nicht nur, sie fielen unvorhersehbar extrem. Anhand von Proxies rekonstruierte Temperaturen bestätigen, dass die Rhône im 14. und vom späten 16. bis zum 19. Jahrhundert viel häufiger zugefroren war als in früheren Jahrhunderten.

Die Kleine Eiszeit im Europa des späten 16. Jahrhunderts war keine sehr glückliche Zeit: Soziale Unruhen, häufig durch steigende Getreidepreise verursacht, waren weitverbreitet. Allein in Britannien kam es zwischen 1565, dem Jahr

Hendrick Avercamp (1585–1634), Eisvergnügen, um 1610. Avercamp malte für einen lebhaften, an Winterszenen interessierten Markt.

nach William Shakespeares Geburt, und 1660 zu mehr als 70 Hungerrevolten. In früheren Jahrhunderten hatten englische Winzer Wein nach Frankreich exportieren können, doch in der Kälte verkümmerten ihre Ernten. Kriege, sporadische Hungersnöte und bittere Kälte hatten Auswirkungen auf das Leben von Millionen von Europäern. Frankreich litt ganz besonders, sowohl unter den ständigen Kriegen als auch unter den kältebedingten Missernten. Mindestens 4 Millionen Menschen starben im späten 16. Jahrhunderts, durch militärische Gewalt, Hunger und Epidemien. Im Jahr 1590 belagerte der protestantische Monarch König Heinrich IV. das katholische Paris. Da er nicht genügend Artillerie auf die Beine stellen konnte, beschloss er, die Stadt einfach auszuhungern. Ein grausamer Winter hatte die Nahrungsmittelvorräte erheblich reduziert. Der wütende Mob verlangte nach Nahrung, aber die Verteidiger hielten stand. Die Toten, aber auch die verzweifelten, hungernden Menschen, die zu schwach waren, um sich fortzubewegen, säumten die Straßen. Als die katholischen Soldaten die Belagerung im August 1590 beendeten, waren 45 000 Menschen, also ein Fünftel der Stadtbevölkerung, verhungert oder einer Krankheit zum Opfer gefallen.[205] Es war kein Zufall, dass die Auswanderung aus Britannien und Europa in dieser Zeit Fahrt aufnahm.

GETREIDE AUS DEM BALTIKUM UND DIE NIEDERLÄNDISCHE INFRASTRUKTUR (16. JAHRHUNDERT N. CHR. UND SPÄTER)

Der Wandel war in vollem Gange. Die ersten klimatisch bedingten Innovationen fanden in Flandern und den Niederlanden schon im 14. und 15. Jahrhundert statt.[206] Die baltischen Staaten und die Ukraine waren seit Langem Kornkammern für weite Teile Europas gewesen. Das Getreide wurde über Amsterdam und dann weiter südwärts bis nach Italien exportiert. Zu Beginn des 17. Jahrhunderts kamen 75 Prozent des aus den baltischen Staaten importierten Getreides in Amsterdam an und wurden in riesigen Lagerhäusern aufbewahrt. Die einheimische Getreideproduktion war unwirtschaftlich geworden.

Im Gegenzug experimentierten niederländische und flämische Bauern mit dem Anbau von Futtermitteln und kultivierten Gras für ihr Vieh. Sie pflanzten Erbsen, Bohnen und stickstoffreichen Klee auf zuvor brachliegendem Land an. Mit der vermehrten landwirtschaftlichen Nutzung von Brachflächen bekam die Tierhaltung einen immer größeren Stellenwert. Dung, Fleisch, Wolle und Leder eroberten den Markt, da die neuen landwirtschaftlichen Produkte die sklavische Abhängigkeit vom Getreide durchbrachen und einen neuen Binnenhandel eröffneten. Die Bauern pflanzten Klee auf früheren Getreideflächen und ihre Herden weideten auf den Wiesen, die ihre Besitzer anschließend wieder für den Getreideanbau nutzten. Dieser sich selbst erhaltende Kreislauf machte das Land wesentlich produktiver, insbesondere dann, wenn neben den reinen Industriepflanzen wie Flachs und Senf auch Rüben oder Hopfen zum Bierbrauen angebaut wurden.

Das heißt aber nicht, dass der Ostseehandel einfach gewesen wäre. Im Gegenteil: Das Eis war eine ständige Bedrohung, vor allem in den kalten Wintern. Am 12. Februar 1586, mitten in einem eisigen Winter, hielten starke Winde und eisige Temperaturen 18 Schiffe vor dem Hafen von Hoorn im Eis fest. Die Bürger brachen mit Äxten durch das Eis und schafften es, wenn auch nur unter enormer Anstrengung, die Schiffe in den Hafen zu bringen. Eine noch gefährlichere Bedrohung waren die Winterstürme. Am 9. September 1695 zerstörte eine Reihe von Starkwinden Dutzende von Schiffen auf der Nordsee. Rund 1000 Seeleute kamen dabei ums Leben. Die niederländische Küste war den im Sommer vorherrschenden Westwinden schutzlos ausgesetzt. Vor dieser gefährlichen Leeküste liefen bei starkem Wind viele Handelsschiffe auf Grund.

Die Amsterdamer Kaufleute mit ihren komfortablen Wohn- und Lagerhäusern kamen mit den Herausforderungen der Kleinen Eiszeit im Winter ganz gut zurecht. Doch die Seeleute, die ihre Fracht sicher ans Ziel bringen wollten, mussten große Entbehrungen auf sich nehmen, unzählige von ihnen verloren ihr Leben. Der Historiker Dagomar Degroot bemerkt dazu: „Viele Niederländer passten sich an eine im Wandel begriffene Umwelt an und nutzten sie auch. Es war ihnen vielleicht nicht wirklich klar, dass sich das Klima wandelte, aber sie reagierten bewusst oder unbewusst auf eine Art und Weise, die ihren Interessen und damit auch denen ihrer Gesellschaft zugutekam."[207] All dies geschah vor dem Hintergrund ständiger Bedrohungen und Kriegswirren und der immer komplexeren diplomatischen Taktiken, die die Handelsbeziehungen über die Ostsee erschwerten. Wenn beispielsweise Weizen knapp war, wurde in großem Umfang auf den billigeren Roggen zurückgegriffen, der aber weniger begehrtes Brot lieferte. Infolgedessen schwankten die Preise sowohl für Roggen als auch für Weizen. Doch die niederländischen Kaufleute ließen sich davon keineswegs einschüchtern und bauten in Zeiten der Knappheit die riesigen Getreidevorräte in Amsterdam ab. Sie verlangten dementsprechend hohe Preise für ihr Getreide, insbesondere für Roggen, der in die von Hunger bedrohten und von Missernten geplagten Gebiete im Süden exportiert wurde.

Doch damit war die Anpassungsfähigkeit der Unternehmer noch nicht zu Ende: Holland bestand aus einem Netz von großen und kleinen Wasserwegen, von Kanälen, Flüssen, Seen und Verbindungswegen zur Küste – zusätzlich zu den Wegen an Land. Die vielfältigen und eng verzahnten Verkehrsnetze machten die Fortbewegung in den Niederlanden viel einfacher als anderswo in Europa – außer vielleicht während der heftigsten Stürme der Grindelwald-Fluktuation (1560–1630) mit ihrer extremen Kälte und dem Maunder-Minimum.[208]

Amsterdam und Hoorn entwickelten gemeinsam einen Fährdienst von kleinen Schiffen, die zu bestimmten Zeiten abfuhren und an unterschiedlichen Orten ankamen, mal leer, mal voll. Dieses System der Wendefähre war so erfolgreich, dass es im 16. Jahrhundert in den Küstenprovinzen weite Verbreitung fand. Zwei Jahrhunderte später verließen nicht weniger als 800 Wendefähren jede

Woche Amsterdam, um 121 Zielorte in der gesamten Republik der Vereinigten Niederlande anzusteuern. Gegenwind und Stürme konnten zwar für chaotische Zustände sorgen, aber das System funktionierte erstaunlich gut. Im Jahr 1595 reiste der wohlhabende Engländer Fynes Moryson auf der ersten Etappe auf seinem weiten Weg nach Jerusalem bei „ungestümem" Wind von Leewarden nach Groningen. Seine Reisegruppe hatte eine private Fähre genommen. Angetrieben von einem furchterregenden, aber günstigen Westwind, entgingen die Passagiere nur knapp einem Schiffbruch, als sie in „einem gewaltigen Windstoß" ihr Steuerruder verloren.

Die Behörden der Städte entwickelten zusammen mit den Händlern neue Kanäle mit Treidelpfaden, auf denen die Pferde liefen, die die Lastkähne zogen. Gegenwind war hier folglich kein Problem, und man konnte in rund zwei Stunden mit einer gemächlichen Geschwindigkeit von 7 Kilometern pro Stunde von Amsterdam nach Hoorn reisen. Mehr als 300 000 Passagiere nutzten diese „Schlepp-Fähren" bis Mitte des 17. Jahrhunderts, wobei sie zwischen einer Fahrt in der ersten oder der zweiten Klasse wählen konnten. Kinder reisten zum halben Preis.

Menschen, darunter auch Sklaven, plus Gegenstände des täglichen Bedarfs, sogar Heu und Fisch, wie auch Briefe wurden in kleinen Booten transportiert, die sowohl Bauern als auch Unternehmern gehörten. Diese „Schuiten", die zum Teil unter Segel standen, waren bis zu 10 Meter lang und befuhren nicht nur die großen Wasserstraßen, sondern auch alle kleineren Kanäle und Fahrrinnen, um alle kleinen Gemeinden zu erreichen. Bei wärmerem Wetter funktionierten die Fähren in der Regel reibungslos. Doch Eis und anhaltender Frost konnten den Fährverkehr in strengen Wintern für bis zu drei Monate zum Erliegen bringen, was verheerende Auswirkungen auf den Transport von Molkereiprodukten wie Milch, die hauptsächlich per Fähre transportiert wurden, hatte. Doch auch in dieser schwierigen Situation konnte die Republik dank des Erfindungsgeistes lokaler kluger Köpfe den Transport von Gütern und Menschen gewährleisten. Dies verschaffte ihr einen entscheidenden Vorteil gegenüber Ländern wie Britannien und Frankreich, wo die Infrastruktur abseits von Süß- und Salzwasser eine viel größere Herausforderung darstellte.

Die holländischen Binnenverkehrsnetze boten Reisenden die Möglichkeit, sich flexibel an die raschen klimatischen Veränderungen in der Kleinen Eiszeit anzupassen und sich weiterhin fortbewegen zu können. Stürme und Eis waren die Haupthindernisse beim Ostsee- und Nordseehandel. Glücklicherweise sorgte die breite Ernährungspalette der Niederländer dafür, dass Lebensmittelmangel praktisch unbekannt war, trotz der ständig schwankenden Getreidepreise.

Die diversifizierte Agrarökonomie machte es leichter, die Landwirtschaft an kurzfristige, plötzliche klimatische Schwankungen anzupassen, insbesondere durch den einfachen Zugang zu Getreide aus dem Ostseehandel. Die Binnenwasserstraßen erleichterten den Transport von Lebensmitteln an nahezu jeden beliebigen Ort. Diese Verbesserungen der Infrastruktur gingen mit der massiven Landrückgewinnung einher, durch die sich die landwirtschaftliche Nutzfläche in den Niederlanden zwischen dem 16. und frühen 19. Jahrhundert um etwa 100 000 Hektar vergrößerte – der größte Teil davon war zwischen 1600 und 1650 urbar gemacht worden. Glücklicherweise erfreuten sich die Niederländer zudem einer flexiblen sozialen Organisation, die zu einer Zeit, als die Einkommen in der Landwirtschaft stiegen, die Kleinbetriebe förderte. Zur gleichen Zeit strebten jüngere Familien nach mehr als nur der Befriedigung ihrer Grundbedürfnisse. Die Wohnverhältnisse verbesserten sich enorm, als sich die Ziegelbauweise verbreitete und Konsumgüter wie Kleidung und Möbel leichter erhältlich waren.

Die kompetenten und wettbewerbsfähigen niederländischen und flämischen Bauern waren einzigartig in einem Europa, das noch immer von Bedarfswirtschaft geprägt war, und sich seit frühen Jahrhunderten kaum verändert hatte. Neuerungen verbreiteten sich nur schrittweise. Um 1600 wurde in den englischen Gärtnereien nahe London Gemüse für den städtischen Markt angebaut. 60 Jahre später führten holländische Einwanderer die kälteresistente Rübe nach Ostengland ein, wo die Böden leichter waren. Das Grün der Rüben war ein nützlicher Ersatz für Heu. Die tief liegenden ostenglischen Moore waren lange Zeit ein Zufluchtsort für Hirten, Fischer und Vogelfänger gewesen. Im Laufe des 17. Jahrhunderts machte der in den Niederlanden geborene Wasserbau-Ingenieur Cornelius Vermuyden mehr als 155 000 Hektar Moorland urbar und verwandelte sie in eine der ertragreichsten Ackerflächen Großbritanniens.[209]

Das Experimentieren mit neuen Kulturpflanzen wurde zu einer weiteren Strategie, um die Bedarfswirtschaft zu diversifizieren. Mais und Kartoffeln, vom amerikanischen Kontinent importiert, wurden ein alltägliches Nahrungsmittel. Ein Spanier, der um 1570 aus Südamerika zurückkehrte, hatte die Kartoffel im Gepäck. Zunächst war sie in Europa lediglich eine botanische Kuriosität, die sogar als Aphrosidiakum galt. So zumindest belegt es die anonyme Quelle, die bemerkte, dass der Verzehr einer Kartoffel „zur Venus anregt". Die exotischen Knollen waren viel ertragreicher als Hafer und andere Feldfrüchte und zudem reich an Mineralien. Zunächst als Tierfutter verwendet, wurden sie im 18. und 19. Jahrhundert in Irland und in ganz Europa zu einem Grundnahrungsmittel. Neue Kulturpflanzen, innovative Anbaumethoden, wie extensive Düngung und verbesserte Entwässerung, ebenso wie die *policy of enclosure* (Einfriedung) befreiten England Schritt für Schritt von der Tyrannei der Getreidewirtschaft. Frankreich konnte dieses Joch erst zwei Jahrhunderte später abschütteln. Unterdessen wurden verführerische, süchtig machende Produkte wie Tabak und Schokolade Teil des sozialen Gefüges.

Auch der Fleischkonsum schoss in die Höhe. Im 18. Jahrhundert hatten die Engländer einen unstillbaren Appetit auf Rind-, Hammel- und Schweinefleisch entwickelt. Allein im Jahr 1750 schlachteten die Londoner Metzger mindestens 74 000 Mastrinder und 570 000 Schafe. Als sich die Produktivität auf den Feldern verbesserte und mehr Tierfutter zur Verfügung stand, wurden die Herden erheblich größer und wegen ihres Fleisches, ihrer Häute und anderer Nebenprodukte hochgeschätzt. Im 18. Jahrhundert entwickelte sich die Viehzucht zu einer wahren Kunst, angeführt von Robert Bakewell, einem Bauern aus Mittelengland, der Kaltblüter zum Ziehen schwerer Lasten und Rinder wegen der Qualität ihres Fleisches züchtete. Seinen größten Erfolg allerdings hatte er mit Schafen, insbesondere mit dem „New Leicester", einer neuen Rasse, die so schnell ausreifte, dass er sie innerhalb von zwei Jahren auf den Markt bringen konnte.[210]

SONNENFLECKEN, VULKANE UND SÜNDE (AB 1450 N. CHR.)

Während Bauern und Prediger noch immer Furcht einflößende Bilder des uralten Alptraums, heraufbeschworen, die Klimakatastrophe mit göttlichem Zorn in Verbindung brachten, machte die Wissenschaft im 17. und frühen 18. Jahrhundert bedeutende Fortschritte, viele davon in der Astronomie. Astronomen zeichneten den Transit von Venus und den Merkur auf und bestimmten die Lichtgeschwindigkeit, indem sie die Umlaufbahnen der Jupitersatelliten beobachteten. Einige ihrer Studien helfen uns, zu verstehen, welche Auswirkungen der Kosmos auf das Erdklima hat. Sie analysierten die Sonnenfinsternis und veröffentlichten die ersten detaillierten Studien über die Sonne selbst sowie eine Untersuchung der Sonnenflecken.

Im Jahr 1711 bemerkte der englische Naturwissenschaftler William Derham, dass die Sonnenfleckenaktivität zwischen 1660 und 1684 auffällig gering war. Dies veranlasste ihn zu der Aussage: „Sonnenflecken können den Blicken so vieler Sonnenbeobachter kaum entgehen, die damals unablässig mit ihren Teleskopen die Sonne im Visier hatten."[211] Bis 1774 ging man davon aus, dass es sich bei Sonnenflecken um Wolken handelte, die die Sonne verdeckten, sodass es bis zum 19. Jahrhundert kaum neue Beobachtungen gab. Heute wissen wir, dass Sonnenflecken dunkle Stellen sind, an denen das Magnetfeld das Aufsteigen heißer Materie aus dem Sonneninneren unterbindet. Die Sonnenfleckenaktivität nimmt in einem Elfjahreszyklus zu und ab, hat aber keine direkte Auswirkung auf uns. Es können Tage oder sogar Wochen ohne jegliche Art von Sonnenfleckenaktivität vergehen. In den vergangenen zwei Jahrhunderten war dies aber lediglich im Jahr 1810 der Fall. Die geringe Sonnenfleckenaktivität während der Kleinen Eiszeit war in jeder Hinsicht ungewöhnlich. Ob dies Grund für die tieferen Temperaturen jener Zeit war oder nicht, weiß niemand. Doch die Flaute fällt zu einem beträchtlichen Teil mit den kältesten Jahren der Eiszeit zusammen.

Es gab drei Tiefpunkte: Die erste längere Kältephase der Kleinen Eiszeit fand zwischen 1450 und 1530 statt und fiel mit geringerer Sonnenfleckenaktivität zusammen. Diese Periode wird nach dem deutschen Astronomen Gustav Spörer als Spörer-Minimum bezeichnet.[212] Die Spörer-Jahre waren kalt, doch bei Weitem nicht so kalt wie die Jahre des zweiten Minimums, das nach einer Stadt in den Alpen Grindelwald-Fluktuation genannt wird und von den frühen 1560er-Jahren bis 1620 andauerte. In den kältesten Grindelwald-Jahren verkürzte sich die Vegetationsperiode in Nordeuropa um bis zu sechs Wochen. Viele Bauern stellten ihren Anbau von Weizen auf die kälteresistenteren Sorten Gerste, Hafer und Roggen um. Dennoch kam es immer wieder zu Ernteausfällen, vor allem auf landwirtschaftlich wenig ergiebigen Böden. Das Maunder-Minimum (1645–1715) war ebenfalls eine Periode mit sehr geringer Sonnenfleckenaktivität, die eine Periode unterdurchschnittlicher Temperaturen nach Europa und Nordamerika brachte. Die Themse in London und die Kanäle in den Niederlanden froren zu. Während des Maunder-Minimums strahlte die Sonne schwächeres ultraviolettes Licht ab, was zu einem Absinken des Ozons in der Stratosphäre führte. Dieser Rückgang verursachte planetarische Wellen, sogenannte Rossby-Wellen, die zu einem negativen NAO-Index führten. Winterstürme waren unter solchen Bedingungen tendenziell kälter und Temperaturen niedriger, eine Beobachtung, die durch die begrenzten historischen Aufzeichnungen bestätigt wird.

Geringere Sonnenfleckenaktivität lässt sich nicht als Verursacher der Kleinen Eiszeit festhalten. Viel wahrscheinlicher ist es, dass vulkanische Aktivität einer der Hauptakteure ist, denn die Kälte nahm mit verstärkter vulkanischer Aktivität zu. Der Mount Huaynaputina im Süden Perus brach am 19. Februar 1600 aus. Es war die größte Eruption der vergangenen 2500 Jahre, die sowohl Pompeji als auch die Ausbrüche des Tambora und des Krakatoa im 19. Jahrhundert in den Schatten stellte (s. Kapitel 14).[213] Der Huaynaputina schleuderte 30 Kubikkilometer Asche und Gestein 35 Kilometer hoch in die Atmosphäre. Die Asche fiel anschließend über Hunderte von Quadratkilometern wie Regen vom Himmel. Die vom Vulkan umgebene Stadt Arequipa wurde vollkommen von Vulkanasche überdeckt. Der einheimische Gelehrte Felipe Guáman Poma de Ayala merkte an, dass man einen ganzen Monat lang dort weder Sonne noch Mond noch Sterne sehen konnte. Der Sommer von 1601 war in der gesamten nördlichen Hemisphäre der kälteste seit 1400. Das Sonnenlicht hatte in Island so wenig Kraft, dass es keine Schatten warf. Sowohl die Sonne als auch der Mond waren kaum mehr als „schwache, rötliche" Erscheinungen. Mindestens vier weitere Vulkanausbrüche im 17. Jahrhundert verursachten in den Aufzeichnungen erhebliche Kälteausschläge. Doch kein Kälteeinbruch war so schwerwiegend wie der des Huaynaputina.

Chamonix, heute ein mondäner Skiort, war damals ein verarmtes Dorf, in dem das Eis permanent die Ernten bedrohte. Die Gemeinde verlor durch Lawinen, Überschwemmungen und vorrückendes Eis zwischen 1628 und 1630 ein Drittel ihres Landes. Auf den Feldern, die die meiste Zeit des Jahres unter einer

Schneedecke lagen, wurde nur jede dritte Ernte reif. In ihrer Verzweiflung überredeten die Dorfbewohner ihren Anführer, er solle den Bischof von Genua über ihre Notlage informieren. Sie erzählten ihm von der Bedrohung durch das Eis und von ihrer Angst, dass sie damit für ihre Sünden bestraft würden. Der Bischof führte eine Prozession von 300 Menschen zu den vier Dörfern, die von vier Gletschern bedroht wurden. Er betete am Gletscher und segnete die Eisschilde. Erstaunlicherweise schien der Segen tatsächlich zu wirken, denn das Eis wich langsam zurück. Leider war das neu gewonnene Land aber zu karg für eine landwirtschaftliche Nutzung. Der Rückzug des Eises war leider auch nicht von Dauer. Immer, wenn das Eis wieder vorrückte, stiegen andächtige Gebete aus Chamonix und anderswo zum Himmel auf. Die Alpengletscher waren bedeutend mächtiger als heute, bis etwa 1850 ihr endgültiger Rückzug begann.

Unterdessen stiegen angesichts der ständigen Missernten die Lebensmittelpreise, umso teurer wurde auch der Wein. Missernten, Hungersnöte und die daraus resultierenden Krankheiten führten zu Brotaufständen und sozialen Unruhen. Wie schon seit Jahrhunderten, erklärten die Priester das andauernde schlechte Wetter mit Gottes Zorn über die sündige Menschheit. In den kalten Jahren 1587 und 1588 brach eine Welle hysterischer Anschuldigungen los. Ein Nachbar beschuldigte den anderen der Hexerei. Die Behörden in der deutschen Stadt Wiesensteig verbrannten im Jahr 1563 gar 63 Frauen, denen sie Hexerei zur Last legten, auf dem Scheiterhaufen.[214] Die Hexerei trat erst in den Hintergrund, als Wissenschaftler natürliche Ursachen für klimatische Ereignisse benannten. Bis dahin aber waren Gott und die übernatürlichen Mächte die geeigneten Bösewichte.

JENSEITS DER OZEANE (AB DEM 17. JAHRHUNDERT N. CHR.)

Neben all den revolutionären Veränderungen in der Landwirtschaft und an den Höfen als Reaktion auf die herausfordernden klimatischen Bedingungen, fanden einige der radikalsten Veränderungen im Überseehandel statt. Während die Portugiesen und Spanier in der Vergangenheit eine Vorreiterrolle eingenommen hatten, sprangen nun die Niederländer in die Bresche, und zwar überraschenderweise in einer Zeit, in der die Stürme erheblich zunahmen.[215] In Flandern traten schwere Stürme während der Grindelwald-Fluktuation viermal häufiger auf als zuvor. Vor allem aber veränderten sich die Windrichtungen und -geschwindigkeiten erheblich, was interessante Folgen hatte.

Die eisige Kälte der Grindelwald-Fluktuation hatte Europa fest im Griff und durchkreuzte die ehrgeizigen Pläne niederländischer Seefahrer und Kaufleute, eine arktische Passage durch den Norden Europas zu öffnen. Die Eisverhältnisse waren extrem problematisch und die Route zu teuer, um für den Fernhandel infrage zu kommen. Stattdessen richteten sie nun ihr Augenmerk auf kleine Unternehmen, die in eine südliche Route über das Kap der Guten Hoffnung nach Asien investierten. Die Passage nach Südostasien war aber gewagt und langwierig, die Risiken inakzeptabel. Folglich schlossen die Generalstaaten der Niederlande, also die Versammlung von Vertretern der sieben niederländischen Provinzen, die Gesellschaften 1602 zur Niederländischen Ostindien-Kompanie zusammen. Das Unternehmen, das im Grunde also ein Konglomerat aus vielen Gesellschaften war, florierte enorm durch den lukrativen Handel, indem es Edelmetalle gegen Gewürze und Textilien aus Indien und Südostasien eintauschte. Geleitet wurde die Niederländische Ostindien-Kompanie von 17 Delegierten, deren oberstes Ziel es war, den konkurrierenden Handel Spaniens zu untergraben. Im Jahr 1619 eroberte der Generalgouverneur der Niederländischen Ostindien-Kompanie in Asien, Jan Pieterszoon Coen, Batavia, das heutige Jakarta in Indonesien, das sich daraufhin zum Zentrum der niederländischen Wirtschaft in der Region entwickelte. Die Niederländische Ostindien-Kompanie wuchs zu einem riesigen Unternehmen mit mehr als 30 000 Beschäftigten heran, das zusätzlich eine gewaltige Zahl an Arbeitskräften aus Afrika als Sklaven ausbeutete. Schon bald beherrschten die Niederländer den gesamten Handel zwischen Europa und Asien sowie zwischen den asiatischen Häfen untereinander über viele Generationen hinweg.

Die Niederländische Ostindien-Kompanie war auf lange Seepassagen mit Flotten angewiesen, um ein möglichst geringes Risiko einzugehen. Viel hing von den Erfahrungen des Unternehmens mit den Bedingungen auf See ab, insbesondere mit den vorherrschenden Strömungen und Passatwinden. Diese wehen auf der Nordhalbkugel gewöhnlich aus Nordost und auf der Südhalbkugel aus Südost. Anfänglich experimentierten die Kapitäne der Gesellschaft noch mit unterschiedlichen Routen, doch die 17 Delegierten legten standardisierte Passagen fest: durch den Ärmelkanal, dann Richtung Süden zum Kap der Guten Hoffnung, von dort nach Osten bis zur australischen Küste und schließlich Richtung Norden nach Südostasien. Jedes Jahr brachen zwei Flotten auf: eine Weihnachtsflotte im Winter und eine Osterflotte im Frühjahr. Die Rückfahrt von Batavia wurde zwischen November und Januar angetreten und erreichte die Republik im November des darauffolgenden Jahres.

Die Überfahrten der Niederländischen Ostindien-Kompanie waren in jeder Hinsicht ein gefährliches Unterfangen, vor allem in den kältesten Dekaden der Kleinen Eiszeit mit ihren häufigen und gewaltigen Stürmen. Schiffe, die verloren gingen, waren eine Katastrophe, denn jedes einzelne von ihnen hatte eine Vielzahl von Menschen und wertvolle Handelsware an Bord. Mehr als die Hälfte der wetterbedingten Schiffsunglücke in der Nordsee ereigneten sich während dieser bitterkalten Jahrzehnte.

Eine Fundgrube alter Logbücher der Niederländischen Ostindien-Kompanie hat uns Einblick und neue Erkenntnisse über die Auswirkungen klimatischer Veränderungen auf die Seefahrt verschafft. Ein niedriger NAO-Index und das Sibirische Hoch (anhaltender Hochdruck im Osten) verstärkten die Ostwinde im nordöstlichen Atlantik während des Maunder-Minimums, normalerweise einer der gemächlichsten Abschnitte der Reise. Da sich auch die Innertropische Konvergenzzone (ITC) nach Süden verschoben hatte, war es unwirtschaftlich, die Zwischenhäfen anzulaufen. Gleichzeitig erhöhten die zunehmenden Passatwinde, die durch den Tiefwasser-Auftrieb in der südlichen Karibik nach 1640 an Stärke gewannen, die Geschwindigkeit der Schiffe der Niederländischen Ostindien-Kompanie über den Atlantik. Die Kleine Eiszeit verkürzte die Hinfahrt und steigerte die Gewinne, während der Sommermonsun zwar schwächer wurde, es den Schiffen aber ermöglichte, ihren Handel in Südostasien auszuweiten, wenn sie rechtzeitig ihr Ziel erreichten.

Die niederländischen Kaufleute und ihre Seemannschaften konnten die kalten Jahrzehnte der Kleinen Eiszeit möglicherweise besser meistern, weil die Küstenprovinzen des Landes in hohem Maße vom Handel auf den Weltmeeren profitierten. Der Einfluss der Niederländischen Ostindien-Kompanie schwand aber im späten 17. Jahrhundert, als die kleineren Schiffe skandinavischer, französischer und englischer Eigner schneller wurden und sie außerdem andere Waren wie Kaffee und Tee an Bord hatten, die für die Eliten bestimmt und erheblich teurer waren. Der Rückgang des Maunder-Minimums verstärkte außerdem die Westwinde über dem nordöstlichen Atlantik, was die ausfahrenden Schiffe verlangsamte.

Die Republik der Vereinigten Niederlande verfügte über eine einzigartige politische Struktur mit Räten städtischer Kaufleute an der Spitze. Diese setzten sich zusammen aus ehrgeizigen Unternehmern, Pionieren und – wie die Niederländer und auch die meisten westlichen Kolonialmächte zugaben – Sklavenhändlern, die die afrikanischen Ureinwohner massiv ausbeuteten. Sie nutzten den aus dem Überseehandel entstehenden Reichtum, um die Landgewinnungstechnologie, den Schiffbau und sogar die Brandbekämpfung zu verbessern. Das rasch aufblühende Amsterdam wurde zum kommerziellen und finanziellen Herzen Europas sowie zu einem kosmopolitischen Import- und Export-Zentrum, berühmt für seine Geschäftstüchtigkeit und Effizienz. Vor allem aber verfügten die Niederländer über erfolgreiche Anpassungsstrategien, um den Herausforderungen einer außergewöhnlichen Kälteperiode zu trotzen, und verstanden es, jede sich ihnen bietenden Gelegenheit zu ihrem Vorteil zu nutzen.

Schließlich gewöhnten sich die Niederländer, ob Ingenieure, Bauern, Seeleute oder Landarbeiter, nicht nur an die ständigen Klimaschwankungen, sondern fanden auch raffinierte Wege, um angesichts der häufig barbarischen Kälte und der unvorhersehbaren Naturkräfte über Jahrzehnte ihren Kurs selbst zu bestimmen – mithilfe unsäglicher menschlicher Sklavenarbeit. Man könnte behaupten, dieser unternehmerische Kapitalismus habe dazu beigetragen, den Umweltherausforderungen standzuhalten. Doch am Ende machte, wie wir in Kapitel 14 sehen werden, ein gigantischer Vulkanausbruch im Jahr 1815 allem einen Strich durch die Rechnung.

Dies alles geschah zu einer Zeit, als die christliche Lehre das Denken über die Natur, die Umwelt und die Entstehungsgeschichte des Menschen fest im Griff hatte. Das abrahamitische religiöse Dogma verkündete, dass die Schöpfungsgeschichte – die Erschaffung der Welt und der Menschheit durch Gott – historische

Wahrheit sei. Der Erzbischof Ussher von Armagh, Primas von ganz Irland, errechnete anhand der biblischen Genealogie, dass Gott die Erde und den Menschen am 22. Oktober 4004 v. Chr. erschuf. Ussher war ein hoch angesehener Gelehrter und veröffentlichte seine Erkenntnisse in einer Zeit, als die Wissenschaft in allen Bereichen gewaltige Fortschritte machte, von der Astronomie, Biologie, Mathematik und Medizin bis hin zur Klassifizierung von Pflanzen – um nur einige zu nennen. Die Wissenschaft erlebte ihre Blütezeit draußen auf dem Feld, drinnen im Labor und in den Arbeitszimmern. Die Diversifizierung in der Landwirtschaft und die selektive Tierzucht setzten sich durch; rationale Argumente und Diskurse konkurrierten mit religiösen Ideologien.

Im Laufe der Kleinen Eiszeit verblasste die seit Langem vertretene Annahme, dass der Klimawandel auf Gottes Zorn über die Sünde der Menschen zurückzuführen sei, zu einer Zeit, als der rationale Diskurs und sorgfältige Beobachtungen den wissenschaftlichen Fortschritt in allen Bereichen stärkten. Dies war ein bedeutsamer und folgenreicher Wendepunkt in der Erforschung der historischen und zeitgenössischen Klimageschichte: Die Wissenschaft rückte mit ihren Studien zur Vorhersage der klimatischen Bedingungen allmählich in den Mittelpunkt. Sieht man einmal von einer Minderheit von Verschwörungstheoretikern und religiösen Anhängern ab, so ist die Debatte, die die Wissenschaft gegen andere Erklärungen ausspielt, längst vorbei. Paläoklimatologie ist eine Wissenschaft des 20. und 21. Jahrhunderts, und sie hat unser Wissen über das Weltklima grundlegend verändert. Der Vorrang der Wissenschaft gegenüber weltlichen und religiösen Spekulationen rückte allerdings schon während der kältesten Periode der Kleinen Eiszeit langsam ins Rampenlicht – mit fundamentaler Bedeutung für die Welt von heute und morgen.

◆◆◆

KAPITEL 14

GEWALTIGE ERUPTIONEN
(1808 BIS 1988 N. CHR.)

Der kolumbianische Astronom Francisco José de Caldas stand vor einem abso-
luten Rätsel. Am 11. Dezember 1808 beobachtete er eine beharrliche Stratosphä-
renwolke, eine „transparente Wolke, die den Glanz der Sonne behindert". Doch
seine Beobachtungen gingen noch weiter: „Die natürliche feurige Farbe [der
Sonne] hat sich in eine silberne verwandelt, und zwar so deutlich, dass viele sie
mit dem Mond verwechseln."[216] Ein Arzt in Perus Hauptstadt Lima bemerkte
ein ungewöhnliches Nachleuchten bei Sonnenuntergängen. Diese beiden Augenzeugenberichte sind die einzigen aus erster Hand stammenden Aufzeichnungen
über eine größere Eruption, wahrscheinlich in Südostasien, die die Temperaturen
in einem großen Teil der Welt beeinflusste. Ein weiterer Beleg ist die Aufzeichnung
einer Sulfat-Spitze in Eisbohrkernen aus der Antarktis fünf Jahre vor dem gewaltigen Ausbruch des Tambora, ebenfalls in Südostasien, im Jahr 1815.

   Die mysteriöse Eruption war nicht die einzige. Zwischen 1808 und 1835 gab
es mindestens fünf große Vulkanausbrüche in den Tropen, in denen sich die
Temperaturen verglichen mit jenen der vorangegangenen 30 Jahre von April bis
September um 0,65 °C abkühlten.[217] Ebenfalls ein erheblicher Temperaturrückgang im Zusammenhang mit intensiver Vulkantätigkeit. Dadurch weiteten sich
auf der einen Seite die Alpengletscher aus, auf der anderen verringerten die von

den Vulkanen verursachten Temperaturänderungen die Monsunaktivität in Indien, Australien und Afrika. Dies zog wiederum Dürren nach sich und spiegelte sich in geringem Nilhochwasser und in den Pegelständen ostafrikanischer Seen wider. Die Zugbahn der atlantisch-europäischen Wirbelstürme verlagerte sich nach den Eruptionen südwärts, was mit den weniger intensiven afrikanischen Monsunen zusammenhing.

Vulkanische Aktivität war ein Grund dafür, dass die letzte Phase der Kleinen Eiszeit bemerkenswert große Klimaschwankungen aufwies, die ein oder mehrere Jahrzehnte andauerten. Der rasche Temperaturanstieg, der auf das Abklingen der vulkanischen Tätigkeit folgte, spiegelt zum einen die Erholung des globalen Klimasystems wider, vielleicht aber auch schon eine begrenzte menschengemachte Erwärmung in Verbindung mit den Anfängen der Industriellen Revolution. Ab dem späten 18. und frühen 19. Jahrhundert dominierte ohne Zweifel der vom Menschen verursachte Anstieg der Treibhausgase die langfristigen Klimatrends – die Kleine Eiszeit wich einer allmählichen, anhaltenden Erwärmung.

Allerdings waren die von Vulkanausbrüchen geprägten Jahre auch eine Zeit sozialer und politischer Unruhen. Mit ihren urgewaltigen Lavaströmen und verheerenden Explosionen wurden die Vulkane zu einem populären Spektakel. Der explosive Krater des Vesuvs in Italien war eine beliebte Touristenattraktion und Höhepunkt der obligatorischen Reise junger Söhne des Adels und Bürgertums (Grand Tour bzw. Kavalierstour), die sie insbesondere durch Mitteleuropa führte.

Weniger betuchte Vergnügungshungrige waren in den Lustgärten und Theatern Londons Zeugen einiger spektakulärer Vulkanausbrüche. „Der Ausbruch des Vesuvs: Er spuckt Feuerströme aus" versprach eine Zeitungsannonce, als die Vulkanaktivitäten sich zu einem wahren Wettbewerb entwickelten.

DER FRANKENSTEIN AUSBRUCH (1815 N. CHR.)

Verglichen mit den gewaltigen Eruptionen, die sich im „Pazifischen Feuerring" in Südostasien ereigneten, war und ist der Vesuv ein kleines Vulkanereignis. Eisbohrkerne aus der Arktis und der Antarktis belegen eine große Eruption im südwestlichen Pazifik im Laufe des Jahres 1808 (noch nicht endgültig datiert).

Dabei handelt es sich um den seit Anfang der 1400er-Jahre drittgrößten Ausbruch – nach dem Tambora (unten beschrieben) und dem Mount Kuwae auf Vanuatu im südwestlichen Pazifik im Jahr 1458. Der Vulkanausbruch von 1808 führte zu einer Abkühlung, die sogar das ferne England erfasste, wo auf den Hügeln in den schottischen Lowlands den ganzen Frühling hindurch Schnee lag. Im südlich gelegenen Manchester lagen die Temperaturen im Mai morgens unter dem Gefrierpunkt. Im Sommer 1810 war der Himmel über viele Wochen hinweg voller dicker Wolken.

Anders als es bei Serien kleinerer Ausbrüche der Fall ist, beeinflusst ein großer Vulkanausbruch wie jener von 1808 die globalen Temperaturen über ein oder zwei Jahre. Folglich hatte sich die Welt bereits nach dem Ausbruch von 1808 um einiges abgekühlt, als 1815 der Tambora auf der Insel Sumbawa in Südostasien explodierte: Es war das gewaltigste Vulkanereignis der Neuzeit. Der Tambora war lange schlafend gewesen, doch heute wissen wir, dass er bereits vor 77 000 Jahren einmal explodiert war, mit spürbaren Auswirkungen auf Länder weit über Asien hinaus. Ebenso wie der seiner weit entfernten Vorgänger, war auch der Ausbruch des Tambora ein wahrhaft globales Ereignis.

Nach wochenlangem Grollen geschah es am Abend des 5. April 1815: Drei Stunden lang waren riesige Flammen und Aschewolken aus dem Berg herausgequollen, fünf Tage später brach der Vulkan aus, grelle, heiß glühende Lavaströme flossen seine Hänge hinunter. Sage und schreibe 10 000 Menschen verloren in einem Sturm aus Flammen, Asche und geschmolzener Lava ihr Leben. Zwei oder drei Tage später stürzte der Tambora in sich zusammen, und ein 6 Kilometer breiter Kessel ersetzte seine ehemalige Kuppe. Der Berg verlor durch die Explosionen, die noch in Hunderten von Kilometern Entfernung zu hören waren, 1,5 Kilometer seiner Höhe. Asche hüllte die Schiffe auf dem Ozean mit einer Schicht ein, die über 1 Meter dick sein konnte. Mit Schlacke gefüllte Wolken verwandelten das Tageslicht in Dunkelheit. Ein durch die Explosion ausgelöster Tsunami verwüstete die Küsten und forderte zahlreiche Menschenleben. Inseln aus Bimsstein trieben ostwärts bis tief in den Indischen Ozean hinein. Im Umkreis von 600 Kilometern herrschte zwei Tage lang Finsternis. Felder waren ruiniert, die Landschaft nicht mehr wiederzuerkennen, sodass durch die Folgen der Katastrophe weitere Tausende von Menschen verhungerten. Die Insel Sumbawa in

Indonesien verlor alle ihre Bäume. Bis heute hat sie sich nicht wieder vollständig erholt und auch die Erinnerungen der Menschen an den Ausbruch sind noch immer lebendig. Aus gutem Grund nennen die Einheimischen den Ausbruch des Tambora vom April 1815 die „Zeit des Ascheregens".[218] Global gesehen haben sich die ökologischen und sozialen Folgen der Tambora-Eruption weit in die Zukunft hinein ausgewirkt. Der Ascheausstoß war 100 Mal so groß wie jener des Mount St. Helens im US-amerikanischen Bundesstaat Washington im Jahr 1980. Der Ausbruch des ebenfalls in Südostasien gelegenen Krakatoa 1883, der erste große Vulkanausbruch, dessen Auswirkungen systematisch aufgearbeitet wurden, führte zu einer Reduzierung der direkten Sonneneinstrahlung auf die Erde um 15 bis 20 Prozent.

Unmittelbar nach dem Ausbruch trieb die Asche ungehindert in der Stratosphäre. Die gewaltige Vulkanwolke mit ihren Sulfatgasen bildete Aerosole, die dicht genug waren, um die Sonnenenergie zurück in den Weltraum zu reflektieren. Dadurch erwärmte sich die Stratosphäre, die Oberflächentemperaturen kühlten sich jedoch ab. Das thermische Gleichgewicht zwischen Land, Ozean und Atmosphäre war gestört. Der Monsun mit seinen dreimonatigen Regenfällen schwächte sich ab. Statt sintflutartiger Monsunregen brachte das Jahr 1816 für weite Teile Südasiens große Dürre. Die Temperaturen schwankten stark, Trinkwasservorräte in den Tanks versiegten, niemand bewirtschaftete seine Felder, denn jeder wusste, sie würden verdorren. Feuchtigkeitsmangel hemmte in großem Ausmaß das Wachstum der Bäume. Als sich die Atmosphäre im September 1816 erholte, setzte der Monsun mit einer für die Jahreszeit untypischen Heftigkeit ein und verursachte großflächige Überschwemmungen.

Obwohl er auf der anderen Seite der Erdkugel liegt, war der Tambora für Europas düsteres Wetter im Jahr 1816 verantwortlich. Der Winter war geprägt von Kälte und heftigen Stürmen, und auch der Jahreslauf brachte keinerlei Besserung. So kam es, dass 1816 als das „Jahr ohne Sommer" in die Geschichte einging, eine treffende Bezeichnung, die jedoch verschleiert, dass dies kein einzelnes isoliertes Ereignis war, sondern eine mächtige globale Klimaanomalie hervorrief.

Der britische Dichter Percy Bysshe Shelley und seine zweite Frau Mary machten in Begleitung des Dichters Lord Byron in jenem ungewöhnlichen Sommer

Urlaub in der Schweiz und erlebten bei einer Klettertour in den Alpen „ein heftiges Unwetter mit Regen und Sturm". Sowohl die drei Urlauber als auch die Einheimischen beklagten sich über die Kälte und den fast ununterbrochenen Regen, dazu heftige Stürme und Gewitter, die sie auf ihr Haus beschränkten. Es war der kälteste Winter in Genf seit Beginn der Wetteraufzeichnungen im Jahr 1753, mit 130 Regentagen zwischen April und September; im Juli schneite es sogar. Die durch diese Wetterbedingungen im Haus festgehaltene Mary schrieb in dieser Zeit ihre Kult-Horrorgeschichte über einen jungen Wissenschaftler namens Frankenstein, der für immer zu einer unsterblichen literarischen Figur geworden ist.[219] Byron schrieb an einem Tag, der so kalt war, dass die Vögel sich schon zur Mittagszeit zum Schlafen bereit machten, ein Gedicht mit dem Titel *Darkness*. In jenem ungeheuerlichen Jahr wurde selbst das Tierfutter unerschwinglich. Die Pferde starben oder wurden verspeist. Jenseits der badischen Grenze ließ sich der deutsche Erfinder Karl Freiherr von Drais von dieser verheerenden Situation dazu inspirieren, seine „Laufmaschine" zu entwickeln, später Veloziped genannt, die als Ersatz für das Pferd diente. Doch die fußbetriebene Maschine, der Vorläufer des Fahrrads, gefährdete zunächst einmal die Fußgänger und wurde deshalb selbst im überfüllten Kalkutta in Indien verboten.[220]

Die ungewöhnlich niedrigen Temperaturen während der gesamten Vegetationsperiode beeinträchtigten nicht nur die Futtermittel, sondern die gesamte Ernte. So waren die Weizenerträge Englands die niedrigsten zwischen 1816 und 1857, in einer Zeit, in der die Ausgaben für Lebensmittel zwei Drittel des Familienbudgets auffraßen.[221] Die Ernten in Frankreich waren nur noch halb so ertragreich wie in normalen Zeiten, was zum Teil auf die weitflächigen Überflutungen und die Hagelstürme zurückzuführen war. Die Weinlese begann am 19. Oktober, so spät wie seit vielen Jahren nicht mehr. Getreidepreise stiegen, doch glücklicherweise hielten die großen Getreidereserven aus früheren Ernten alles eine Zeit lang im Rahmen. Dank der leicht verbesserten Transportmöglichkeiten und der Getreideeinfuhren musste nur eine begrenzte Durststrecke mit knappen Lebensmitteln überwunden werden, keine allgemeine Hungersnot. Trotzdem wurde der deutschsprachige Raum von einer regelrechten Nahrungsmittelkrise erschüttert, während es in den Straßen Zürichs von Bettlern wimmelte. Soziale Konflikte, Lebensmittelunruhen und Gewalttätigkeiten explodierten überall in Europa, das sich doch gerade erst von den Verwüstungen der Napoleonischen Kriege erholte.

Stagnation in Industrie und Handel, die weitverbreitete Arbeitslosigkeit und die Belastung durch eine rasche Industrialisierung der britischen Wirtschaft führten zu ausgedehnten Unruhen, die von der Miliz niedergeschlagen wurden. Irland, das sich seit kurzer Zeit auf ein frost- und feuchtigkeitsresistentes Grundnahrungsmittel aus Südamerika, die Kartoffel, stützte, litt angesichts unzureichender Hilfsmaßnahmen großen Hunger.[222] Die weitverbreitete Existenzkrise löste in ganz Europa eine massive Auswanderung aus. Tausende von hungernden, wie auch verarmten Menschen fuhren den Rhein hinunter nach Holland, um zu versuchen, von dort aus nach Amerika zu gelangen. Mehr als 20 000 verarmte Rheinländer, aber auch Engländer und Iren, wanderten nach Nordamerika aus, um dem Elend der selbstversorgenden Landwirtschaft auf ihren stark zersplitterten Ländereien zu entkommen, auf denen das Risiko von Ernteausfällen immer größer wurde.

PANDEMONIUM (1815 BIS 1832 N. CHR.)

Das stürmische Wetter hielt auch im folgenden Jahr an. Bis 1817 hatte das feuchte Milieu des Golfs von Bengalen genetische Mutationen im Cholerabakterium hervorgebracht, das nun in den von Dürre geplagten Gewässern lauerte. Die vom Ausbruch des Tambora verursachten ungewöhnlichen Dürren und Überschwemmungen lösten eine weltweite Cholerapandemie aus, welche die Bevölkerung Indiens und Europas gleichermaßen dezimierte. Allein auf Java starben schätzungsweise 125 000 Menschen, also mehr als beim Ausbruch selbst. Die Cholera breitete sich unaufhaltsam und ohne Rücksicht auf nationale Grenzen aus. Im Jahr 1822 erreichte sie Persien, 1829 Moskau, 1830 Paris, ein Jahr später London und 1832 schließlich Nordamerika. Die langfristigen Auswirkungen auf die Geschichte waren gewaltig. Sie zeigte der nun eng vernetzten Welt, wie anfällig sie gegenüber den Gefahren einer Pandemie war und wie riesig die sozialen Ungleichheiten in den überfüllten, von Armut geprägten Slums waren, in denen die Krankheit rasch um sich griff.[223] Die klimatischen Konsequenzen des Ausbruchs des Tambora legten den Grundstein für eine Pandemie, die in ihrer Zerstörungskraft dem Schwarzen Tod in nichts nachstand.

Der Himmel über China zeigte sich nach der Eruption im Sommer 1816 in leuchtenden Farben. Ein Beobachter beschrieb „rosa glühende Streifen ..., die in gleichmäßigen Abständen zur Sonnenscheibe vom Horizont nach oben auseinanderliefen". Und der australische Umweltexperte Gillen D'Arcy Wood bemerkte treffend: „So viel steht fest: Die Eruptionswolke des Tambora war ein attraktiver Killer. Eine Völkertragödie getarnt als spektakulärer Sonnenuntergang".[224] Die Folgen waren direkt zu spüren: rekordverdächtig niedrige Temperaturen im Osten Chinas mit starken Ernteausfällen. In Shaanxi im Nordwesten waren diese so gravierend, dass Tausende von Menschen die Provinz verließen – dieselbe Reaktion, die auch in Europa zu beobachten war. Das größte Leid traf jedoch Yunnan im Südosten, eine Gebirgsregion mit engen Verbindungen zu den Handelsnetzen in Südostasien. Mit seinen fruchtbaren Tälern zwischen den Bergen war Yunnan lange Zeit eine Kornkammer für den Reis- und Weizenanbau gewesen. Dank ihres gemäßigten, angenehmen Klimas blieb die Provinz von den heftigen indischen und asiatischen Monsunen verschont. Durch die Intensivierung der Landwirtschaft im späten 18. und frühen 19. Jahrhundert hatte sich die Bevölkerung von 3 Millionen im Jahr 1750 auf 20 Millionen 1820 verdreifacht.

Yunnan erlebte 1815 weder einen Frühling noch einen Sommer, denn nur einen Monat nach dem Ausbruch des Tambora setzte in der Provinz die große Kälte ein. Die wolkigen und regnerischen Bedingungen dezimierten die Winterernte, der Frost ließ im August die Reisfelder zufrieren und zerstörte die Reisernte. Eine fürchterliche Hungersnot suchte das Land zwischen 1815 und 1818 heim, als kalte Nordwinde die Ernteerträge um mindestens zwei Drittel reduzierten. Die Temperaturen lagen etwa 3 °C unter den normalen Durchschnittswerten. Dies scheint auf den ersten Blick ein nur geringer Unterschied zu sein. Doch man muss bedenken, dass jeder Temperaturrückgang um 1 °C die Wachstumsperiode um bis zu drei Wochen verkürzt. Zu allem Unglück waren Yunnans Getreidereserven bereits durch eine Dürre im Jahr 1814 erschöpft, und Hunger breitete sich aus. Im Jahr 1816 fiel Schnee, Kälte und eisiger Nebel verursachten eine weitere Reismisere, wie es sie so noch nie gegeben hatte. Die Hungersnot ließ erst 1818 nach, als sich die Witterungsverhältnisse langsam normalisierten.

Anfang 1817 war die Zentralregierung durch die Notlage so alarmiert, dass ihre Beamten kostenlos Getreide aus den offiziellen Kornspeichern ausgaben. Dies war aber nichts Neues, denn der chinesische Beamtenapparat hatten schon seit Jahrhunderten genau die Getreidepreise überwacht und die Verteilung kontrolliert. Sie brachten das Getreide in den Erntemonaten ein und verteilten es im Winter und Frühjahr, wenn die lokalen Vorräte schwanden und die Preise stiegen. Nach Angaben der örtlichen Behörden lagerte in Yunnan genug Getreide, um jeden erwachsenen Mann in der Provinz einen Monat lang zu ernähren. Die jahrelange Vernachlässigung der Kornkammern führte jedoch dazu, dass das System schnell in sich zusammenbrach und die Menschen wieder hungerten. Die Chinesen hatten sich dem Anbau von Export- bzw. Marktfrüchten zugewandt. Dies sind landwirtschaftliche Kulturen, die für die Gewinnerzielung bestimmt sind und somit Profit einbringen. In Yunnan nahm beispielsweise der Mohnanbau explosionsartig zu, was zu einem einträglichen Handel mit Opium führte. Ein Jahrhundert später importierte Yunnan all sein Getreide aus Südostasien, während gleichzeitig Chinas Export von Rauschgift bereits über 80 Prozent des Welthandels ausmachte. Der Handel hatte schon im 18. und 19. Jahrhundert begonnen, als die westlichen Länder, allen voran Großbritannien, in Indien angebautes Opium nach China exportierten, wo es dann ebenfalls angebaut wurde. Mit den Gewinnen aus dem Opiumhandel kauften die Briten chinesische Luxusgüter wie Porzellan, Seide und Tee, für die es im Westen eine enorme Nachfrage gab.

AMERIKANISCHE DEGENERATION? (1816 BIS 1820 N. CHR.)

In der westlichen Hemisphäre hat das „Jahr ohne Sommer" Eingang in die historische Volkserzählung gefunden und war über Generationen hinweg das Klimaereignis in der Geschichte Nordamerikas, über das am häufigsten geschrieben wurde. Viele Zeitgenossen nannten es das Elendsjahr „Achtzehnhundertunderfroren". Anfang Mai 1816 tauchten am Himmel über Washington D. C., Staubwolken auf. Ein intensives Hochdruckgebiet über Ostgrönland trieb arktische Luft nach Süden, so wie es im Hochwinter normalerweise der Fall wäre. Die

Temperaturen fielen, als kalte Luft nach New England strömte und sich ein massives Tiefdruckgebiet über den Great Lakes festsetzte. Ein strenger Frost dezimierte Mitte Mai die frisch gepflanzten Kulturen, und eine erneute Kältewelle brach herein, die im Nordosten knapp einen halben Meter Schnee ablud. Im Osten und südlich bis nach Richmond in Virginia sowie nach Westen bis Cincinnati in Ohio herrschten frostige Temperaturen. Im Juni, Ende Juli und August gab es weitere Fröste – ein einzigartiger Vorfall in der Geschichte der Vereinigten Staaten. Die Vegetationsperiode in New Haven im Bundesstaat Connecticut schrumpfte auf magere 70 Tage; Heu für das hungrige Vieh war äußerst knapp.[225]

Die Kombination aus trockenem Wetter und ungewöhnlicher Kälte hielt noch bis ins Jahr 1817 an, als der ausgeschiedene Präsident Thomas Jefferson berichtete, ein Großteil seiner Ernte fiele aus. Drei Jahre später stand er vor dem Ruin, denn die Missernten stürzten ihn in immer tiefere Schulden. Jefferson hatte sich die Vereinigten Staaten immer als Agrarnation vorgestellt, doch nun schien diese in höchster Gefahr. Kein Geringerer als der berühmte französische Naturforscher Georges-Louis Leclerc, Comte de Buffon, der vom Klerus für seine vagen Hinweise auf die Rolle Gottes in Klima- und Naturereignissen kritisiert worden war, erklärte, dass die unbarmherzige Kälte in Nordamerika weder Feldfrüchte noch Tiere – außer den winzigsten Arten – ernähren könne.

Dieses alte Argument, dass der Breitengrad das Klima bestimme, unterstrich, dass die europäischen Siedler in einem Land „degenerierten", das er als „perfekte Wüste" bezeichnete.

Buffons Theorien waren selbstverständlich Unsinn, erfreuten sich aber beim breiten Publikum großer Beliebtheit. Sogar Mary Shelley bezog sich auf das „degenerierte" Amerika, als Frankensteins Monster der zivilisierten Welt entfliehen wollte. Das Wetter wurde für Amerikaner, die Europa besuchten, zu einem heiklen Thema. Jefferson war in den frühen 1780er-Jahren während seiner Tätigkeit als amerikanischer Botschafter in Paris ein energischer Fürsprecher seines Heimatlandes. Sein Buch *Notes on the State of Virginia* war ein frontaler Angriff auf Buffons Hypothese. Er verteidigte sowohl die Menschen als auch die Tiere, betonte die enorme Größe des ausgestorbenen Mammuts und verwies auf die amerikanischen Ureinwohner, deren „Lebendigkeit und geistige Aktivität der unseren gleichkommt". Der amerikanische Westen war in seiner Beobachtung

Zeugnis für Gesundheit und Glück.[226] Jefferson hatte einen leidenschaftlichen und imperialen Blick auf die Vereinigten Staaten. Er traf sich schließlich mit Buffon zum Abendessen. Sie einigten sich darauf, dass sie in zivilisierter Art und Weise unterschiedlicher Meinung waren.

Wie schon im 17. Jahrhundert, hielt der Optimismus, der Anfang des 19. Jahrhunderts in der Literatur über die Vereinigten Staaten zum Ausdruck kam, der Rekordkälte nicht lange stand. Die große Kälte hatte mit dem Vulkanausbruch von 1808 begonnen, der die Temperaturen in New Haven weit unter den Durchschnitt fallen ließ. Dann kam das Tambora-Ereignis, das vor allem die Ostküste in Mitleidenschaft zog, in den westlichen Gebieten wie Ohio aber Rekordernten einbrachte. Schließlich fuhr die bittere Kälte des Ausbruchs des Tambora durch die gesamte amerikanische Wirtschaft hindurch und endete in der Depression 1819 bis 1822. Die vielen Menschen, die nach Westen zogen, um der Depression zu entfliehen, stellten somit die erste klimabedingte Massenmigration dar und waren in ihrer neuen Heimat schließlich Bodenspekulanten ausgeliefert. Hinzu kamen Tausende von Einwanderern, die vor den schwierigen Lebensbedingungen in Europa flohen, was unweigerlich zu einer Spekulationsblase und Kreditkrise führte. Als die Ernteerträge in Europa nach 1820 wieder drastisch anstiegen, stürzten die Preise für amerikanische Baumwolle und Weizen ab. Bis dahin hatte die Finanzpanik schon über 300 Banken über Nacht zusammenbrechen lassen. Letztendlich kann man sagen, dass der Ausbruch des Tambora nicht nur die europäischen Märkte für amerikanische Rohstoffe zusammenbrechen ließ, sondern außerdem das Bankensystem und alle Bereiche der amerikanischen Wirtschaft in Mitleidenschaft zog. Die Folge war die vielleicht verheerendste Wirtschaftskrise des 19. Jahrhunderts, zu einer Zeit, als in den Vereinigten Staaten nur 10 Millionen Menschen lebten.

KOHLE TÖTET KÄLTE (AB 1850 N. CHR.)

Wann ging die Kleine Eiszeit zu Ende? Lange Zeit galt ca. 1850 als Datum, der Anfangspunkt einer konstanten Erwärmung durch die sich intensivierenden industriellen Aktivitäten. Zieht man allerdings die Eisbohrkerne aus den Schweizer Alpen zu Rate, dann ging diese kalte Episode nicht so gradlinig zu Ende, wie bislang angenommen.

Als die etwa 4000 großen und kleinen Alpengletscher Mitte des 19. Jahrhunderts ihr Maximum erreichten, erstreckten sie sich etwa doppelte so weit wie heute. Dann begann um 1865 ihr Rückzug. Wissenschaftler haben lange vermutet, dass steigende Temperaturen und geringere Regenfälle diesen raschen Rückzug verursacht hatten und damit das Ende der Kleinen Eiszeit signalisierten. Diese Annahme erwies sich allerdings als falsch, denn die lokalen Temperaturen waren niedriger als im späten 18. und frühen 19. Jahrhundert. Auch die Regenfälle schienen unverändert. Es musste irgendeine andere Triebkraft am Werke sein, die den mysteriösen Rückzug der Gletscher vorantrieb.

Eisbohrkerne aus höheren Lagen, rund 4000 Meter über dem Meeresspiegel, zeigten einen dramatischen Anstieg in den Rußemissionen und kohlenstoffhaltigen Aerosolen, die zum Teil auf die unvollständige Verbrennung von fossilen Brennstoffen und auf andere menschliche Aktivitäten zurückzuführen waren.[227] Ursache dafür ist das auf die Industrielle Revolution, die Mitte des 18. Jahrhunderts in Großbritannien ihren Anfang nahm und dann in den folgenden 100 Jahren nach Frankreich, Deutschland und in die meisten anderen westeuropäischen Ländern schwappte. Nach 1850 stieg die Kurve jäh an. Als Gletscherforscher die energetischen Effekte des Gletscherrußes jener Zeit umrechneten, fanden sie heraus, dass es der Schmelzeffekt des Rußes gewesen sein musste, der die Gletscher zum Rückzug bewegte, und keinesfalls eine dramatische Temperaturänderung. Die rund um die Alpen intensivierte Industrialisierung führte dazu, dass die Rußmengen zwischen 1850 und 1870 sehr rasch anstiegen und bis weit ins 20. Jahrhundert gleichmäßig weiterkletterten.

Ein Hauptgrund für die ansteigende Verschmutzung waren die Kohleverbrennung zu Heizzwecken, ebenso wie der zunehmende Touristenverkehr in der Alpenregion. Die Luft in den Alpentälern war im 19. Jahrhundert so voller Rußpartikel, dass die Frauen ihre Wäsche niemals draußen an der Luft trockneten.

Wir wissen heute mehr über die Gletscher in den Alpen als anderswo in der Welt. Deshalb wäre es jedoch ein Fehler, anzunehmen, das Ende der Kleinen Eiszeit in den Alpen sei zu übertragen auf den Rückzug der Gletscher in anderen Teilen der Welt. Es war ganz und gar nicht so, dass alle Gletscher in den 1860er-

Jahren zurückwichen. In den bolivianischen Anden zum Beispiel setzte der Rückzug der Gletscher bereits etwa 1740 ein, im Himalaja Mitte des 19. Jahrhunderts und in Argentinien oder auch Norwegen im frühen 20. Jahrhundert. Wie so viele andere mit dem Klima verbundene Themen, waren die Temperaturveränderungen und andere Klimaverschiebungen sowohl lokal als auch global begründet.

Auch die Erwärmung in Europa nach 1850 war keineswegs gradlinig. Die 1870er-Jahre waren generell wärmer, wenn man von gelegentlichen sehr kalten Februarmonaten und nassen Sommern nach 1875 absieht, und ein Kälteeinbruch 1878/1879 brachte Bedingungen, die jenen der 1690er-Jahre in nichts nachstanden. Die Bauern in Ostengland waren nach Weihnachten noch immer mit dem Einholen der Ernte beschäftigt, als billiger amerikanischer Weizen aus den Prärien den britischen Getreidemarkt überschwemmte. Eine landwirtschaftliche Depression war die Folge. Zur gleichen Zeit fiel der Monsun in Indien und China aus. Zwischen 14 und 18 Millionen Menschen mussten aufgrund von Kälte, Dürre und Monsunausfällen verhungern. Noch in den 1880er-Jahren starben Hunderte von verarmten Menschen in London in dem nicht enden wollenden Kälteeinbruch an Unterkühlung. In den Jahren 1894/1895 bildeten sich mitten im Winter auf der Themse große Eisschollen. Doch dann begann die Zeit der anhaltenden Erwärmung. Zwischen 1895 und 1940 erfreute sich Europa fast ein halbes Jahrhundert an relativ milden Wintern. Nur die Jahre 1916/1917 und 1928/1929 waren ungewöhnlich kalt, wenn auch bei Weitem nicht mit der anhaltenden Kälte der Kleinen Eiszeit zu vergleichen.

Die Wirtschaftsflaute der 1880er-Jahre führte zu einer Flut von Auswanderern in neue, unbekannte Länder. Tausende von arbeitslosen Landarbeitern zogen in die Städte oder siedelten nach Australien, Neuseeland und andere Länder über, in denen sie sich neue Möglichkeiten erhofften. Die Einwanderungswelle des 19. Jahrhunderts in Australien, Nordamerika, Neuseeland, Südafrika und anderswo setzte sich aus landhungrigen europäischen Bauern zusammen, die fruchtbares, ungerodetes Land suchten. Sie fielen wie Heuschrecken ein, fällten Millionen von Bäumen zur Landnutzung, für Brennholz und als Bauholz für die rasant wachsenden Städte.[228] Der extensive Holzeinschlag hob den Ausstoß von CO_2 in die Atmosphäre auf ein neues Niveau und trug erheblich zur Erwärmung bei. Ein intakter Wald kann bis zu 30 000 Kubiktonnen CO_2 pro Quadratkilometer aufnehmen und noch einiges dazu in seinem Unterholz. Wenn die Bäume gefällt werden, absorbieren sie kein CO_2 mehr. Dementsprechend viel davon steigt daher in die Atmosphäre auf. Einer Schätzung zufolge erhöhte sich der CO_2-Gehalt in der Atmosphäre durch die über 20 Jahre boomende Landwirtschaft und die Umgestaltung der Landschaft zwischen 1850 und 1870 um etwa 10 Prozent, selbst wenn man das vom Ozean absorbierte CO_2 einbezieht. In diesen Jahren, zu einer Zeit, als fossiler Brennstoff im Umweltbewusstsein noch keine Rolle spielte, stiegen die Isotopenwerte in den alten kalifornischen Borstenkiefern. Hier sei an die katastrophalen Auswirkungen erinnert, die die von Bauern und Holzfällern im brasilianischen Regenwald gelegten 76 000 Buschfeuer im Jahr 2020 gehabt haben. Allein im Juli 2020 schrumpfte der Wald um etwa 1345 Quadratkilometer.

Die Kohleverbrennung ist ein bedeutsamer Faktor bei der Rußanhäufung. Schon am 14. August 1912 schrieb die *Rodney and Otamatea Times, Waitemata and Kaipara Gazette* auf der Nordinsel Neuseelands: „Die Öfen der Welt verbrennen heute rund 2 000 000 000 Tonnen Kohle pro Jahr. Wenn diese Menge verbrannt und mit Sauerstoff verbunden ist, dann bedeutet das ein Plus von etwa 7 000 000 Tonnen Kohlendioxid jährlich in der Atmosphäre … Die Auswirkungen werden in ein paar Jahrhunderten beträchtlich sein."[229] Es war nicht das erste Mal, dass solch eine unbekannte Zeitung auf die Gefahren der Erderwärmung aufmerksam machte. Am 17. Juli 1912 hatte die australische *Braidwood Dispatch* dieselbe Geschichte einen Monat früher publiziert, und zwar einfach kopiert von der britischen Zeitung *Popular Mechanics,* die einen ähnlichen Artikel im März desselben Jahres veröffentlicht hatte. Die düsteren Warnungen waren also nichts Neues. Sie waren in der einen oder anderen Form schon lange bekannt.

BRENNENDE THEMEN (SPÄTES 19. JAHRHUNDERT N. CHR.)

Schon im 17. Jahrhundert klagten die Bewohner Londons über den umweltverschmutzenden Rauch, der durch das Verbrennen von Seekohle (Bitumenkohle, gefunden in Höhe oder unterhalb des Meeresspiegels). Der scharfsichtige John Evelyn beklagte sich über „rußigen Dampf", der von den Kohlefeuern aufstieg.

König Charles II. sann über Wege nach, wie man das wachsende Smog-Problem in den Griff bekäme, aber vergebens. Im Jahr 1843 gab es mindestens 500 Industrieschornsteine in Manchester, die die Stadt in eine „dichte Wolke" hüllten, durch die die Sonne „wie eine Scheibe ohne Strahlen" schien".[230] Um die 1850er-Jahre war London die wohlhabendste und mächtigste Stadt der Welt und dementsprechend auch die überfüllteste und die mit der größten Verschmutzung. 1900 leben 6,5 Millionen Menschen in London – in einer mit Kohle geheizten Stadt. Zur gleichen Zeit hatte London fürchterliche Hygieneprobleme, die die Themse in einen abstoßenden Abwasserkanal verwandelt hatten. Der „Erbsensuppen"-Nebel der Stadt, so wie ihn Sir Arthur Conan Doyle in seinen *Sherlock Homes* Geschichten verewigte, war in ganz Europa bis in die Mitte des 20. Jahrhunderts hinein ein Begriff. Die industriellen Aktivitäten schufen in Verbindung mit den natürlichen Umweltbedingungen eine toxische Atmosphäre.

Einen Eindruck von der zunehmenden Luftverschmutzung vermittelt auch ein eher abseitiges Forschungsgebiet: die Landschaftsmalerei des 19. Jahrhunderts.[231] J. M. W. Turner (1775–1851) war einer dieser Landschaftsmaler, dessen expressionistische Studien von Licht und Atmosphäre lebendig und erhaben wirkten. Er war auch einer jener Künstler, die in den drei Jahren nach dem Ausbruch des Tambora fantastische Sonnenuntergänge malten. Turner selbst hat dazu einmal bemerkt, er habe Landschaften gemalt, um zu zeigen, wie ein bestimmter Schauplatz aussehe. Rötlichere Sonnenuntergänge spiegeln also möglicherweise vulkanische Ereignisse wider. In den 1970er-Jahren analysierte der Meteorologe Hans Neuberger zwischen 1400 und 1967 entstandene Gemälde aus Kunstmuseen in Europa und den Vereinigten Staaten. Seine statistische Analyse ergab eine langsam zunehmende Bewölkung im Laufe der Jahrhunderte. Nach 1850 ist der Himmel weniger blau und die Luft trüber, was Neuberger, abgesehen von den künstlerischen Konventionen jener Zeit, auf die zunehmende Luftverschmutzung zurückführt: Sie lässt den Himmel über Europa weniger blau erscheinen. Ein Team am Nationalen Observatorium in Athen untersucht derzeit die Sonnenuntergänge, die von zahlreichen alten Meistern gemalt wurden. Wie Umwelthistoriker jedoch zu Recht betonen, müssen wir viele weitere Faktoren berücksichtigen, bevor wir diese Werke als verlässliches Barometer für die klimatischen Bedingungen nutzen können, und man darf auch die Modeerscheinungen des Kunstmarktes nicht außer Acht lassen. Es ist jedoch erstaunlich, wie viele weniger bekannte, alltägliche Gemälde, die die Schifffahrt im späten 19. Jahrhundert auf der Themse thematisieren, den Dunst am verschmutzten Londoner Himmel abbilden.

Die Kohleverbrennung und industrielle Verschmutzung stehen als Faktoren der permanenten Erderwärmung fest. Aber ab wann genau die menschlichen Aktivitäten Einfluss auf die heutige langfristige Erderwärmung genommen haben, ist nicht so leicht zu ermitteln. Bis zu einem gewissen Grad ist es eine Frage der Definition. Der 1988 gegründete „Weltklimarat", der Zwischenstaatliche Ausschuss für Klimaänderungen IPCC *(Intergovernmental Panel on Climate Change)* beispielsweise legt das Datum 1750 n. Chr. als den Zeitpunkt fest, an dem die industriellen Aktivitäten sich stark ausweiteten und zu einer rasch steigenden Nutzung fossiler Brennstoffe und entsprechend höheren Treibhausgasemissionen führten. Eine differenziertere Einschätzung ergibt sich aus einer Zusammenfassung paläoklimatischer Meeresdaten, die zeigt, dass die kühlsten Meeresoberflächentemperaturen der vergangenen 2000 Jahre zwischen 1400 und 1800 auftraten, was zu einem beträchtlichen Teil auf die verstärkte vulkanische Aktivität im vergangenen Jahrtausend zurückzuführen ist. In vielen Teilen der Welt kehrte sich der langfristige Trend einer abkühlenden Meeresoberflächentemperatur während des Industriezeitalters um und entsprach den analogen Temperaturtendenzen an Land. Somit wäre eine Erwärmung an Land und im Meer belegt, die sich nach 1800 verstärkte.

Hinter diesen Durchschnittstemperaturen verbergen sich allerdings erhebliche regionale Temperaturunterschiede. Die anhaltende Erwärmung in den tropischen Meeren begann in den 1830er-Jahren und spiegelte sich in der Erwärmung an Land in der nördlichen Hemisphäre wider. Auf der Südhalbkugel lässt sich eine beginnende Erwärmung, insbesondere über Australasien und Südamerika, erst 50 Jahre später nachweisen. Die zentrale Frage ist, wann Auswirkungen des Klimawandels den Bereich der normalen Klimavariabilität verlassen haben, an den sich die natürliche Umwelt anpassen kann. Die jüngsten Ergebnisse legen nahe, dass die allgemeine Klimaerwärmung, die das 20. Jahrhundert prägte und heute weiterwirkt, im stetigen Temperaturanstieg in den tropischen Meeren und in Teilen der nördlichen Hemisphäre verwurzelt ist, und zwar in einem anhal-

tenden Trend, der zum Teil bereits in den 1830er-Jahren begann. Haben Vulkanaktivitäten dabei eine Rolle gespielt? Die durch den Ausbruch des Tambora
verursachte Abkühlung war nicht von Dauer, sondern wich einer Periode be-
schleunigter globaler Erwärmung, als sich das Klima erholt hatte. Höchstwahrscheinlich begann die Erwärmung durch den Treibhauseffekt im industriellen
Zeitalter Mitte des 19. Jahrhunderts und schreitet heute unvermindert fort.

VOM MENSCHEN VERURSACHTE ERDERWÄRMUNG (1900 BIS 1988 N. CHR.)

In den Jahren zwischen 1900 und 1939 herrschten häufig Westwinde und milde
Winter, die für einen positiven NAO-Index charakteristisch sind. Der Luftdruck-
gradient zwischen dem Azorenhoch und dem Islandtief war ausgeprägt genug,
um die vorherrschenden Winde aufrechtzuerhalten. Die Lufttemperaturen erreichten Anfang der 1940er-Jahre weltweit einen Höchststand, wobei sich Regionen in der Nähe der Arktis wie Island und Spitzbergen besonders stark erwärm-
ten. Das Packeis im Norden schrumpfte um etwa 10 Prozent; die Schneegrenzen
in den Bergen stiegen an und Schiffe konnten Spitzbergen nun fünf Monate im
Jahr ansteuern, in Gegensatz zu drei in den 1920er-Jahren. Die Regenfälle nahmen
in Nord- und Westeuropa zu und machten die Westfront im Ersten Weltkrieg zu
einer Schlammwüste. Mit der anhaltenden Erwärmung setzten sich die ergiebigen Niederschläge bis in die 1920er- und 30er-Jahren fort. Nach 1925 verschwanden die Alpengletscher aus den Talsohlen und zogen sich in die Berge zurück.
Die *Oklahoma Dust Bowl* (Staubschüssel) genannte Dürre in den amerikanischen
Great Plains entstand in den 1930er-Jahren durch stärkere Westwinde vom Pazifik, die den trockenen Windschatten der Rocky Mountains weit im Osten
vergrößerten. Diese Veränderungen in der atmosphärischen Zirkulation führten
zu einem zuverlässigeren indischen Monsun, der zwischen 1925 und 1960 nur
zwei Mal teilweise ausblieb.

Ausblieb. In den 1940er-Jahren begannen Wissenschaftler, über die anhaltende Erwärmung zu diskutieren, die über die normalen klimatischen Schwankungen früherer Zeiten hinausging. Sie spekulierten über den Rückzug des arktischen Eises

und das Verschwinden des nördlichen Packeises. Allerdings zogen sie noch keine menschlichen Handlungen wie die Abholzung der Wälder oder die Nutzung fossiler Brennstoffe in Betracht, sodass die vom Menschen verursachten Veränderungen außen vor blieben und die Verursacher praktisch freigesprochen wurden. Die Klimaforschung steckte in einer Zeit ohne Computermodelle, Satelliten oder globale Wetterbeobachtung noch in den Kinderschuhen. Abgesehen davon, dass es an geeigneten Instrumenten fehlte, versperrten die ständigen Niederschlags- und Temperaturschwankungen den Blick auf die viel wichtigeren langfristigen Entwicklungen. Sorgfältig durchgeführte meteorologische Datenerhebungen, die sich über Jahrtausende oder zumindest Jahrhunderte erstreckten, waren ebenfalls Mangelware.

Die Nordatlantische Oszillation ging in den 1960er-Jahren in eine schwache Phase über, in der sich die Westwinde abschwächten und der Winter in Westeuropa kälter und allgemein trockener wurde. Die Ostsee war zwischen 1965 und 1966 vollständig von Eis bedeckt. Im außergewöhnlich kalten Winter des Jahres 1968 war Island zum ersten Mal seit 1888 von arktischem Meereis umgeben. In diesem Jahr erlebten Osteuropa und die Türkei den kältesten Winter seit 200 Jahren. Rekord-Tiefsttemperaturen über dem Mittleren Westen und dem Osten der Vereinigten Staaten ließen viele Menschen glauben, dass eine neue Eiszeit unmittelbar bevorstünde.

Zwischen 1971 und 1972 schlug die Nordatlantische Oszillation um. Die Erwärmung setzte sich fort und schien sich sogar zu beschleunigen. Die Ostsee war 1973/1974 komplett eisfrei, England erlebte den wärmsten Sommer seit 1834, und Rekordhitzewellen ließen 1975/1976 weite Teile Westeuropas schmoren. Weitere Wetterextreme, verstärkte Hurrikanaktivitäten und zahlreiche Dürren zeichneten ein globales Klimabild, das sich vollkommen anders darstellte als zu Beginn des Jahrhunderts. Ein Moment der politischen Wahrheit kam 1988, als eine zweimonatige sengende Hitze den Mittleren Westen und den Osten der Vereinigten Staaten heimsuchte. Lange Flussabschnitte des Mississippi trockneten praktisch aus, Frachtkähne lagen wochenlang auf dem Trockenen. Rund die Hälfte der Ernte in den Great Plains fiel aus, und über 10 Millionen Hektar des amerikanischen Westens fielen Flächenbränden zum Opfer, die sich in dem von Dürre geplagten Land extrem leicht entzünden konnten.

Eine einzige Anhörung vor dem Senat in Washington DC, am 23. Juni 1988 machte den Klimawandel und die globale Erwärmung von einem wissenschaftlich obskuren Anliegen zu einem viel diskutierten Thema der öffentlichen Politik. An jenem Tag, als der Klimaforscher James Hanson vor dem Senatsausschuss für Energie und natürliche Ressourcen stand, zeigte das Thermometer 38 °C bzw. 100 °F.[232] Hanson stützte sich auf Daten von 2000 Wetterstationen in der ganzen Welt, um nicht nur eine stetige globale Erwärmung im vergangenen Jahrhundert zu belegen, sondern auch den dramatischen Wiederanstieg der Temperaturen nach den frühen 1970er-Jahren aufzuzeigen. Er sprach klar und deutlich und nahm kein Blatt vor den Mund: Die Erde werde sich aufgrund des verschwenderischen und gedankenlosen Umgangs der Menschheit mit fossilen Brennstoffen dauerhaft erwärmen. Das Klima unserer Zukunft würde viele weitere Hitzewellen, Dürren und andere Extremwetterereignisse für uns bereithalten. Diese Ansprache brachte das Thema der vom Menschen verursachten globalen Erwärmung über Nacht ins öffentliche Bewusstsein. Nichts, was klimatisch seither geschehen ist, widerlegt Hansons Aussage, er hatte in allem recht.

Doch die Wahrnehmung des Klimawandels geriet nach und nach wieder in den Hintergrund des öffentlichen Bewusstseins. Die industrielle Entwicklung hatte sowohl zur Umgestaltung des amerikanischen Wirtschaftssystems geführt als auch zur Entwicklung eines fortgeschrittenen, komplexen Finanzsystems, das dazu beitrug, die meisten Amerikaner vor den harten Realitäten der Ernteausfälle und plötzlichen Klimaveränderungen zu bewahren. Seit den 1990er-Jahren ist der Klimawandel nun wieder in den Vordergrund öffentlichen Interesses gerückt – insbesondere aufgrund der Verwüstungen durch die schweren El Niños, den anhaltenden Temperaturanstieg und lange Dürreperioden. Die Tatsache, dass menschliche Aktivitäten zu einer unaufhaltsamen globalen Erwärmung führen, ist inzwischen wissenschaftlich bewiesen. Erst jetzt, in einer Welt, deren Erwärmung wir selbst verursachen, wird der Klimawandel trotz aller Beschimpfungen und Beleidigungen seitens anachronistischer Ideologen zusehends zu einem bedeutsamen Thema der Weltpolitik.

◆ ◆ ◆

KAPITEL 15

ZURÜCK IN DIE ZUKUNFT
(HEUTE UND MORGEN)

Amerika, das Römische Reich, China, Indien; Überschwemmungen, Vulkane, Dürren, milde Jahre; Hungersnot, Krieg, Ausbeutung, Anpassung, Zusammenarbeit. In diesem Buch haben wir auf vielfache Weise davon berichtet, wie unsere Vorfahren mit dem Klimawandel umgegangen sind – manchmal erfolgreich, andere Male erfolglos. Aber spielt die Vergangenheit im Zusammenhang mit dem Klimawandel heute überhaupt eine Rolle? Nun, die Mehrheit der Menschen – abgesehen von einigen Klimaleugnern – ist sich darüber einig, dass wir selbst bzw. unser Verhalten im Industriezeitalter Klimaveränderungen bewirken, während sich diese Veränderungen vor 1800 auf natürliche Weise vollzogen haben. Eine Gruppe von Klimaforschern betonte kürzlich, dass sich ein Großteil der klimatischen Veränderungen in der Vorzeit auf lokaler und regionaler Ebene abspielten, wohingegen die vom Menschen verursachte Erderwärmung und der Klimawandel heute kontinuierlich voranschreiten und die ganze Welt betreffen – wir können Informationen über den Klimawandel jetzt global und blitzschnell austauschen.[233] Diese unmittelbaren Verbindungen verleihen jedem einzelnen Menschen neue Macht. Unabhängig davon, wer man ist, kann direkt Einfluss auf künftige Klimaveränderungen genommen werden; eine Vorstellung, die manchmal als „Greta-Thunberg-Effekt" bezeichnet wird. Warum sollten wir uns also mit dem Verhalten und den Strategien befassen, mit denen sich verschiedene, oft nicht miteinander in Kontakt stehende vorindustrielle Gesellschaften an den Klimawandel angepasst haben? Welche Bedeutung könnten die Erfahrungen unserer längst verstorbenen Vorfahren für die klimatischen Veränderungen noch haben, mit denen wir heute konfrontiert sind und mit denen wir in Zukunft noch unmittelbarer konfrontiert sein werden? Der britische Schriftsteller Leslie P. Hartley 1954 schrieb: „Die Vergangenheit ist ein fremdes Land, man macht die Dinge anders dort."[234]

Während sich die Welt in jenen 30 000 Jahren, die dieses Buch beschreibt, immens verändert hat, ebenso wie unsere Volkswirtschaften, so besitzen wir und die Menschen, die in diesen Jahrtausenden gelebt haben – unabhängig von Hautfarbe oder Herkunftsland – doch ein weites und flaches evolutionäres Wurzelgeflecht. Wir *Homo sapiens* sind im Grunde alle gleich: ob Hormone, Körper, Blut oder Gehirnpotenzial. Und weil wir ja alle eine Spezies sind, sind auch unsere Reaktionen auf unerwartete Ereignisse über Zeit und Raum hinweg oft bemerkenswert ähnlich. Augenzeugenberichte, die beschreiben, wie die Römer auf den Ausbruch des Vesuvs reagierten, klingen jenen der Menschen, die auf den Ausbruch des Tambora im Jahr 1815 oder auf die Explosion des Mount St. Helens im pazifischen Nordwesten der USA im Jahr 1980 reagierten, unheimlich ähnlich. Auch während des Hurrikans Katrina, der im August 2005 eine Flutwelle über New Orleans zusammenschlagen ließ, oder beim Supersturm Sandy, der Kuba und den Osten der Vereinigten Staaten im Jahr 2012 heimsuchte, waren die gleichen Verhaltensweisen zu beobachten.

Aus diesen Naturkatastrophen haben wir gelernt, dass die wirkungsvollsten Waffen, die unsere Anpassungsfähigkeit stärken und unser Überleben sichern, weit in die Vergangenheit zurückreichen: unsere Fähigkeit, auf lokaler Ebene zusammenzuarbeiten, um Anpassungsstrategien und Erholungsprozesse zu teilen – unter den Gemeinschaften, den Verwandtschaftsgruppen oder auch größeren Vereinigungen, selbst wenn sie sonst politisch, spirituell oder kulturell in Opposition zueinander stehen. Blicken wir in die Vergangenheit, sehen wir die ganze Bandbreite möglicher Verhaltensweisen der Spezies Mensch – manches davon mutet entsetzlich und ausbeuterisch an. Aber auch aus diesen Handlungen können wir unsere Lehren ziehen.

Neue wissenschaftliche Erkenntnisse revolutionieren unsere Sichtweise auf die globalen und lokalen Klimaveränderungen der Vergangenheit. Vor 50 Jahren wussten wir noch sehr wenig über das europäische und amerikanische Klima der letzten 2000 Jahre. Heute aber können wir saisonale Klimaveränderungen über zwei Jahrtausende und noch länger entschlüsseln. Untersuchungen in China und Indien, in Australien und Neuseeland sowie auf den pazifischen Inseln zeigen uns, dass der Klimawandel in der gesamten Menschheitsgeschichte eine mächtige, aber häufig auch unmerkliche Triebkraft war. Wir wissen nun sehr viel über die Gegenwart, über die ökologischen Schäden, die wir Menschen den Ökosystemen der Welt zugefügt haben und weiterhin zufügen. Viele Forscher, die sich mit dem Klimawandel befassen, prognostizieren eine gefährliche Zukunft: Unsere Welt ist von einer boomenden Bevölkerung geprägt, die auf immer engerem Raum lebt, und von einem Klimawandel, der fast ausschließlich durch menschliche Aktivitäten verursacht wird. Zu Recht fordern sie, Lösungen zu suchen, die die vom Menschen verursachte Erderwärmung verlangsamen. Es handelt sich nach wie vor um ein globales Problem, das nicht durch kleinlichen Nationalismus und Parteipolitik umnebelt werden darf.[235] Wir sagen es immer und immer wieder. Wir müssen uns daran erinnern, dass wir eine Spezies mit einem engen evolutionären Wurzelgeflecht sind, mit direkten Verbindungen über den gesamten Globus hinweg, und dass wir alle nicht nur direkt an dem beteiligt sind, was vor uns war – sondern auch mit dem, was vor uns liegt.

MENSCH SEIN

Wir sprechen hier von unseren gemeinsamen Wurzeln, da unsere moderne industrielle Welt auf dem Rücken von Sklaverei und Kolonialismus errichtet ist. Um den Einsatz von Sklaven und die Ausbeutung anderer Länder zu rechtfertigen, betonten die westlichen Kolonialisten anablässig, dass es eine Kluft gäbe zwischen Menschen aus verschiedenen Teilen der Welt (oder „Rassen" – ein verfehlter Begriff, der sich jeder Kategorisierung entzieht und weitgehend auf oberflächlichen und leicht veränderbaren Äußerlichkeiten beruht). Diese Gehirnwäsche ist tief verwurzelt. Bis in die 1990er-Jahre vertraten viele

Evolutionstheoretiker die Ansicht, dass der moderne *Homo sapiens* auf den verschiedenen Kontinenten evolutionär nur entfernte Verbindungen zu den jeweils anderen hatte (um die 2 Millionen Jahre) und dass sich in verschiedenen Regionen spontan verschiedene „Rassen" entwickelt hätten – eine in China, eine in Europa, Afrika und so weiter. Heute wissen wir aber, dass unsere Spezies vor etwa 300 000 Jahren erstmals in Afrika die Weltbühne betrat und erst vor 150 000 Jahren zu dem anatomisch modernen (körperlich und vermutlich auch geistigen) Menschen von heute wurde und dass alle Menschen, die heute außerhalb Afrikas leben, den afrikanischen Kontinent erst vor etwa 50 000 Jahren verlassen haben.

Ja, es gab später einige Durchmischungen mit Neandertalern und anderen Gruppen. Aber die vererbte DNA ist nicht auf eine Hautfarbe, einen Haartyp oder eine Kopfform beschränkt und führt ganz sicher nicht zu den großen Unterschieden, wie sie in rassistischen Theorien auftauchen. Als Spezies sind wir uns biologisch gleich. Unser äußeres Erscheinungsbild ist nur die Oberfläche, und das Aussehen innerhalb einer Generation kann sich schnell verändern. Was jedoch universell ist, was uns zu einem „anatomisch modernen Menschen" macht, das ist unser Innerstes: Wir alle haben große Gehirne, die es uns ermöglichen, zu sprechen, vorauszuplanen und kreativ zu denken. Diese Fähigkeiten machen unsere unverwechselbare Identität als *Homo sapiens* aus. Und das zentrale Wesensmerkmal, das den modernen Menschen vom Rest der Tierwelt abhebt, ist die Kultur. Kultur ist ein einzigartiges menschliches Attribut. Sie hat uns primär dabei geholfen, uns an die sich ständig verändernde Umwelt anzupassen. Aber Kultur hat eine lange Vorgeschichte, die länger existiert als unsere Spezies selbst.

Zum großen Entsetzen eingefleischter Viktorianer sind wir doch nichts weiter als nackte Affen. Unsere gesamte evolutionäre Abstammung reicht 6 Millionen Jahre oder mehr zurück, bis in eine Zeit, in der sich frühe menschliche Formen von den Vorfahren des modernen Schimpansen trennten. Hinweise auf die Entstehung einer menschlichen Kultur tauchen erst mehrere Millionen Jahre später in archäologischen Aufzeichnungen auf, und zwar an der 3,3 Millionen Jahre alten Fundstelle Lomekwi 3 in Kenia, wo man grob behauene Steinwerkzeuge entdeckte. Diese Sammlung zeigt, dass eine archaische menschliche Spezies bereits damit begonnen hatte, Naturstein für ihre Zwecke zu bearbeiten. Es stimmt zwar, dass auch einige andere intelligente Tiere Werkzeuge benutzen – man denke nur an den Kraken und den Schimpansen –, aber nicht in dem Maße, wie wir Menschen es tun und getan haben.

Einzig der Mensch bedient sich einer großen Vielfalt an „materieller Kultur" (Dinge, die wir herstellen), statt nur auf seinen Körper als Puffer zwischen sich selbst und seiner Umwelt zu achten. Und genau dies unterscheidet uns von anderen Tieren, die sich auf ihr Fell, ihre scharfen Zähne, ihr Netz, ihr Gift, ihre Hörner oder vieles andere mehr verlassen. Kultur ist ein faszinierendes, vielfältiges Feld: Die heutigen Inuit im hohen Norden stellen dicke Kleidungsschichten her, bauen Iglus und gehen mit Werkzeugen aus Stein, Geweih und Horn auf die Jagd, während die meisten Londoner in Backsteinhäusern leben, Kleidung aus fabrikgefertigtem Stoff tragen, Lebensmittel im Supermarkt kaufen und Computer benutzen. Diese Verschiedenartigkeit darf uns aber nicht blind machen für die uns innewohnenden Gemeinsamkeiten.

Trotz ihrer Vielfalt haben alle menschlichen Kulturen ein wichtiges gemeinsames Wesensmerkmal: Sie passen sich ständig an immer neue Gegebenheiten an. Jägergesellschaften richten sich nach den Karibu-Herden, die ohne Vorwarnung ihre Frühjahrswanderung ändern; Verwandte in benachbarten Gruppen (oder Straßen) können in unversöhnlichen Streit geraten; einige wenige können durch ihre Hinweise auf reife Früchte (in einem bestimmten Wäldchen) eine Gruppe dazu veranlassen, 20 Kilometer weit weg zu ziehen. Selbstversorgende Bauern können sich um vererbtes Land streiten und sind in Hungerjahren auf weit entfernt lebende Verwandte angewiesen, von denen sie mit Lebensmitteln versorgt werden. Stadtoberhäupter können kleinliches Gezänk um Handelsrouten führen oder sogar Kriege beginnen, um Rohstoffe wie Eisenerz, Reis oder Öl zu kontrollieren. Alle Gesellschaften finden sich von Zeit zu Zeit in instabilen Situationen wieder, in denen Entscheidungen getroffen oder diskutiert werden.

Es ist bemerkenswert, dass sich die Menschen häufig auf dieselbe Art und Weise an Veränderungen in ihrer Lebensumwelt angepasst haben. Und der Faktor Mobilität war ein starker Katalysator für ebendiese Anpassungsstrategie. Mobilität ist seit Tausenden von Jahren eine folgerichtige Anpassungsstrategie.

Wenn wir versuchen, tief in die Vergangenheit zu blicken, ist es aufgrund der sehr seltenen schriftlichen Aufzeichnungen oft schwierig, wirtschaftliche, ökologische, politische oder soziale Veränderungen nachzuverfolgen. Anpassungsprozesse sind äußerst komplex. Aber Archäologen haben inzwischen geschickte Techniken entwickelt, mit denen sich einschneidende wirtschaftliche und technologische Veränderungen nachvollziehen lassen, wie etwa den Übergang vom Jagen und Sammeln zu Ackerbau und Viehzucht. Auch wenn viele menschliche Verhaltensweisen im Bereich des Ungreifbaren liegen – wir können zum Beispiel keine verlorene Sprache oder längst vergessene mündliche Überlieferungen ausgraben –, so können wir uns doch an den verschiedenen technologischen Innovationen orientieren, die es den Menschen ermöglichten, sich an große klimatische Veränderungen anzupassen.

Mehrlagige Kleidung, durch Nadeln mit Nadelöhr genäht, schützte die Menschen in den eurasischen Steppen gegen die bittere Kälte der Letzten Eiszeit. Das bedeutet jedoch nicht, dass diese Eiszeitmenschen die Ersten waren, die die Nadel in Gebrauch hatten – ganz und gar nicht. Schon vor 61 000 Jahren beispielsweise benutzten die Bewohner der Sibudu-Höhle in Südafrika solche Nadeln. Tontöpfe wurden vor etwa 15 000 Jahren zum Kochen und Aufbewahren von Lebensmitteln verwendet. Aber auch Ton – der in Form von dekorativen Figuren überlebte – war schon früh in Gebrauch. Der Mensch ist sehr innovativ, aber die intelligenten Menschen lernen auch aus der Vergangenheit und von anderen. Die Bronze, die für Axtköpfe und Schwerter verwendet wurde, revolutionierte sowohl die Landwirtschaft als auch die Kriegsführung. Es folgte Eisen, ein noch stärkerer Rohstoff. Die metallurgischen Methoden zur Verarbeitung wurde bald von Gemeinschaften in aller Welt übernommen. Bewässerungstechnologien und urbane Kanalisation, Streitwagen und Auslegerkanus, allesamt bemerkenswerte Erfindungen unserer „weisen" Spezies. Manchmal entstanden diese Innovationen unabhängig in weit voneinander entfernten Gebieten (zum Beispiel die Domestizierung von Nutzpflanzen in Amerika und gleichzeitig im Nahen Osten). Andere Male verblassten und verschwanden bemerkenswerte Erfindungen (darunter die Kanalisation der Indus-Kultur, welche für die nachfolgenden 2000 Jahre verschwunden blieb). Manchmal wurden kluge Ideen allerdings auch über erhebliche Entfernungen hinweg von

Gemeinschaft zu Gemeinschaft weitergegeben – eine positive Infizierung, wenn man so will. Wir Menschen aus dem Industriezeitalter des 21. Jahrhunderts sind nicht mit Supercomputern und Atomenergie ausgestattet auf die Bühne der Geschichte gesprungen. Mindestens 3 Millionen Jahre technologischer Experimente und Innovationen liegen hinter uns, ebenso wie Millionen von Jahren, in denen sich der Mensch dem Klimawandel angepasst hat.

Warum setzt sich dieses Erbe fort? Ganz einfach: Weil wir unser Wissen und unsere Erfahrungen stets an die nächste Generation weitergegeben haben. Bis die Erderwärmung nach der Letzten Eiszeit einsetzte, lebten fast alle Gesellschaften in kleinen Gruppen von Jägern und Sammlern, in denen Erfahrung das A und O war. Die gesammelten Erfahrungen der Älteren wurden mündlich von einer Generation zur nächsten weitergegeben, wie dies auch bei allen vorindustriellen, von Ackerbau und Viehzucht lebenden Gesellschaften der Fall war – nicht nur durch mündliche Überlieferung, sondern auch durch Musik, Gesänge und Erzählungen oder natürlich auch durch Vorbilder. Vieles beruhte auf einer genauen Kenntnis der lokalen Umwelt und ihrer Tiere und Pflanzen, die nicht nur Nahrung, sondern auch Medizin, Kleidung und das Rohmaterial für Jagdwaffen, Grabstöcke und andere Werkzeuge lieferten. Die umfangreichen Kenntnisse über die Umwelt waren Ergebnis einer genauen Beobachtung der Naturphänomene und ihrer Veränderungen im Laufe der Jahreszeiten. Auch das Wild und drohende Wetterumschwünge wurden beobachtet, wie beispielsweise Schneestürme, Orkane oder verräterische Anzeichen eines trockenen ablandigen Windes, der die Ernten dezimieren würde. Das Wissen dieser Menschen war unglaublich umfassend, und wir können ihre Geschichten anhand der Dinge nacherzählen, die sie hinterlassen haben: anhand der Feinheiten in den Rentierfellen, die wir in den Höhlenmalereien der Eiszeit finden, anhand der Federn, aus denen die Umhänge der hawaiianischen Häuptlinge gefertigt wurden, oder der Wildgräser, die das Vieh zu verschiedenen Jahreszeiten fraß. Die Inuit hatten und haben noch immer zahlreiche Wörter, um unterschiedliche Schnee- und Eisbedingungen zu beschreiben. Oder auch die Aleuten, die mit ihren Kanus durch die Wellen der Beringstraße paddelten: Sie beschrieben diese Wellen in vielerlei Art und Weise. All dies war geerbtes, enzyklopädisches Wissen, weitergegeben von einer Generation zur nächsten – von den Vorfahren an ihre Nachkommen.

ÜBERLIEFERTES WISSEN

Über Generationen hinweg wurde uns ein Reichtum an Umweltwissen überliefert, von dem nur wenig auf Papier oder Pergament festgehalten ist. Der größte Teil dieser Erkenntnisse wurde in mündlichen Überlieferungen weitergegeben, nur leider verschwindet davon mehr und mehr über die Jahre. Dieser über Tausende von Jahren erworbene Wissensschatz über die natürliche Umwelt hätte im Grunde unser beständigstes Vermächtnis der Vergangenheit sein können. Mit dem Aufkommen der Industrialisierung im 18. und 19. Jahrhundert ist dieser riesige Fundus an einzigartigem Wissen über Mensch und Natur rapide geschrumpft, verdrängt von einer industrialisierten Nahrungsmittelproduktion mit Düngemitteln und der exzessiven, gedankenlosen Abholzung der Wälder. Dies ist eine völlige Missachtung der indigenen Völker und der Zukunft unserer Erde.

Trotz allem existiert dieses große Reservoir an traditionellem Klima- und Umweltwissen weiter, nicht nur in den Erinnerungen von selbstversorgenden Bauern heute, sondern auch in längst vergessenen anthropologischen und historischen Archiven. Im 19. und 20. Jahrhundert trugen westliche Anthropologen einen Großteil dieser Informationen zusammen, da sie sich (oft als Handlanger des Kolonialismus) für die Einzelheiten des Alltagslebens interessierten, zu denen auch die Bedarfswirtschaft und traditionelle Praktiken gehörten. Ein wesentlicher Teil dieses traditionellen Wissens beschäftigte sich mit dem, was wir heute Risikomanagement nennen. Wenn man mit einem Bauern spricht, der von einer Ernte zur nächsten lebt und das Land von Hand bearbeitet, oder wenn man Geschichten über Fischer in viktorianischen Zeiten liest, die im Nordatlantik unter Segeln auf hoher See unterwegs waren, dann erleben wir nachdenkliche, umsichtige Menschen. Ihre Sorge galt und gilt dem langfristigen Überleben in einer Welt, in der das Gespenst von Hunger und Unterernährung stets am Horizont drohte.

Diese Menschen – und auch heute sind es noch Millionen auf der ganzen Welt – leben in ländlichen Gemeinschaften, nicht in großen Städten. Uns Städter und diese traditionell mit der Umwelt verbundenen Menschen trennt eine riesige Kluft des Verständnisses, aber auch des Gefühls von Dringlichkeit und Handlungsbedarf. Unser Leben hat keinerlei Verbindung mehr zu ihrem. Diejenigen, die inmitten ihrer Umwelt leben und arbeiten, haben eine tiefe emotionale Bindung zu ihrem Land – man denke nur an die Menschen, die für den Bau großer Wasserkraftwerke zur Umsiedlung gezwungen werden. Selbstversorgende Bauern haben eine solch innige Kenntnis ihres Landes und ihrer Landschaft, die für die meisten von uns, die wir in einem überfüllten städtischen Umfeld leben, unvorstellbar ist. Ihr Wissen über *lokale* ökologische Gegebenheiten, über *lokale* Klimaveränderungen wie Dürrezyklen und deren verräterische Anzeichen in unserer Lebenswelt schwindet rasch, gerät einfach in Vergessenheit oder wird schlichtweg ignoriert – und ist doch ein unschätzbares Archiv von Strategien und Methoden, mit denen kleine Gemeinschaften den Klimaveränderungen trotzten. Manche Erkenntnisse bleiben ein streng gehütetes Geheimnis, beispielsweise in den Gesellschaften der Amazonasbewohner, der Andenbauern, der Anasazi im Südwesten der USA und in den ländlichen Gemeinschaften Zentralafrikas. Angesichts der räuberischen Kolonisierung der letzten Jahrhunderte kann man ihnen das auch kaum verübeln. Ihr Wissen um die Umwelt ist häufig viel tiefgründiger als jenes, welches sich die Ökologen von heute mühsam erarbeiten, und es ist ein überwältigendes, oft vergessenes Vermächtnis der Vergangenheit. Werden wir diese Kluft angesichts der sich verschärfenden Klimakrise irgendwann überbrücken können? Werden wir Städter, die wir heute so stark von unserer Umwelt abgekoppelt leben, eines Tages in der sich rasant verändernden Welt wieder unmittelbarer eine enge Verbindung zu unserer Umwelt aufbauen können? Wenn ja, dann werden wir davon enorm profitieren.

VERWANDTSCHAFTLICHE BEZIEHUNGEN

Ein weiteres kostbares Erbe aus der Vergangenheit: die Verwandtschaftsbeziehungen (das heißt tatsächliche oder imaginäre familiäre Verbindungen innerhalb und zwischen Gemeinschaften). Keine menschliche Gesellschaft war jemals vollständig autark, auch wenn viele eiszeitliche Jäger in ihrem kurzen Leben vielleicht nur etwa 30 Menschen außerhalb ihrer Gruppe begegneten. Selbst die kleinsten Gruppen unterhielten zumindest sporadische Kontakte zu Nachbarn in der näheren und weiteren Umgebung. Manchmal trafen sie sich, um Partner für sich zu gewinnen, Streitigkeiten beizulegen oder Felle, exotischen Schmuck und andere Waren wie Steine zur Herstellung von Werkzeugen auszutauschen. Diese Kontakte hingen von verwandtschaftlichen Beziehungen ab. Verwandtschaftliche Verhältnisse beschäftigen Anthropologen seit Generationen, und das aus gutem Grund. Denn Familien, Großfamilien wie auch Verbindungen zu Verwandtschaftsgruppen, die weiter entfernt leben, haben schon immer kleine und große menschliche Gesellschaften zusammengehalten.

Die Zugehörigkeit zu einer Verwandtschaftsgruppe bringt natürlich Verpflichtungen mit sich: Man heiratet untereinander, hilft einander und kann vor allem auf gegenseitige Unterstützung bauen, denn man geht davon aus, dass sich die Verwandten im Notfall mit Nahrung und anderen Gütern unterstützen. Diese Zuverlässigkeit in der Zusammenarbeit und gegenseitigen Unterstützung war von entscheidender Bedeutung, wenn es darum ging, mit den Risiken von Ernteausfällen und lang anhaltenden Dürren umzugehen. Verwandtschaftsbeziehungen spielten in der Gesellschaft der Anasazi eine zentrale Rolle. So pflegten die Bewohner des Chaco Canyon beispielsweise enge gegenseitige Beziehungen zu ihren Verwandten in weit entfernten Gemeinschaften, die es ihnen, wenn die Lebensbedingungen im Canyon untragbar wurden, sogar ermöglichten, in diesen Dörfern eine neue Bleibe zu finden – und das taten sie auch.

Starke verwandtschaftliche Bindungen waren ebenfalls ein wichtiges Element in den äußerst komplexen vorindustriellen Zivilisationen. Die ersten mesopotamischen Städte waren letztlich Anhäufungen von Dörfern, deren Nachbarschaften sich nach der Zugehörigkeit zu einer Verwandtschafts- oder Berufsgruppe bildeten. Die meisten Ägypter unterhielten enge Beziehungen in ländlichen Dörfern, die über Generationen zurückreichten. Gleiches gilt für die Stadtbewohner am Indus in Südasien und für die Dorfbewohner der Khmer-Zivilisation in Südostasien. Die Maya und die Inka in den Anden stützten sich besonders dann auf verwandtschaftliche Beziehungen, wenn sie in einer Umgebung lebten, in der die Wasserabflüsse aus den Bergen und die Niederschläge einen großen Unsicherheitsfaktor in ihrem Leben darstellten.

Das Erbe verwandtschaftlicher Bindungen ist in den riesigen urbanen Gesellschaften von heute, in denen zumeist Anonymität und Isolation herrschen, hoffnungslos verwässert. Es gibt zwar auch hier Ausnahmen, aber man kann mit

Sicherheit festhalten, dass die Gesellschaften, die in enger Beziehung zu ihrem Land und ihrer Umwelt lebten, auch am stärksten in ihrer Verwandtschaft verwurzelt waren. Glücklicherweise gibt es auch heute in einigen urbanen Stadtvierteln engmaschige Gemeinschaften mit einem ausgeprägten Sinn für kulturelle Identität sowie Organisationen wie Bruderschaften und Kirchen, die eine enge Verbindung zu ihren lokalen Mitgliedern pflegen. Die wirksamsten Waffen im Kampf gegen Extremwetterereignisse wie den Hurrikan Katrina und ähnliche Katastrophen sind in jedem Falle verwandtschaftliche und gemeinschaftliche Bindungen sowie Institutionen mit langen, weit in die Vergangenheit zurückreichenden Traditionen. Derartige Beziehungen und Bewältigungsmechanismen werden in der Welt von morgen, mit ihren zunehmend extremeren Wetterereignissen, immer bedeutsamer werden.

BEWEGTE ZEITEN

Abwanderung und Mobilität sind ebenfalls wichtige Vermächtnisse unserer Vorfahren. In den letzten Jahrzehnten mussten wir uns schrittweise an eine Realität mit eingeschränkter Mobilität in einer Welt mit immens hoher Bevölkerungsdichte und Millionen von Stadtbewohnern gewöhnen. Wie würde man beispielsweise eine Stadt wie Houston, Miami oder das Stadtzentrum von Shanghai kurzfristig und in großer Zahl verlassen können? Eine schier unlösbare Aufgabe. In der Tat erlauben es die modernen Nationalstaaten den Menschen nicht, sich ohne die erforderlichen Dokumente frei zu bewegen.

Doch die Fähigkeit, frei umherzuziehen, ist eine natürliche menschliche Eigenschaft und war über Millionen von Jahren ein Charakteristikum menschlicher Existenz. Schließlich waren Jäger und Sammler abhängig davon, mobil zu sein: Sie mussten Wild jagen, essbare pflanzliche Nahrungsmittel ausfindig machen und sich lebensnotwendiges Wissen aus fernen Ländern aneignen. Als die menschlichen Populationen noch klein waren und die Verbände nicht mehr als ein paar Familien umfassten, war es kein Problem, abzuwandern – eine äußerst geeignete Anpassungsstrategie, um außergewöhnlich starken Überschwemmungen oder Dürreperioden zu entfliehen. Die Wildbeutergruppen, die im Herzen des Doggerlands (der heutigen Nordsee) fischten und anderweitig Nahrung suchten, waren in den tief liegenden Gebieten, in denen sich die Landschaft innerhalb der kurzen Lebensspanne eines Individuums schnell veränderte, ständig in Bewegung. Immer war nur eine überschaubare Zahl von Menschen betroffen, und Mobilität war Teil ihres täglichen Daseins.

Dieses Gleichgewicht änderte sich grundlegend, als die Bauern in dauerhaften Siedlungen sesshaft wurden und an Land gebunden waren, das ihnen über Generationen hinweg weitergegeben wurde, weil es im Erbrecht der Verwandtschaftsgruppen und Abstammungslinien fest verankert war. Oftmals verließen die Brandrodungsbauern ihre Siedlungen, wenn die nahe gelegenen Felder ausgelaugt waren. Solche Abwanderungen fanden etwa einmal in jeder Generation statt, wobei das Errichten der Siedlungen oft in groben Kreisbahnen stattfand, sodass die Gemeinschaften irgendwann an Orte zurückkehrten, die sie Jahre zuvor verlassen hatten. Da die meisten Gemeinschaften klein waren, gestaltete sich eine Umsiedlung entsprechend einfach, denn sie war eine gemeinsame Angelegenheit. Im Falle einer anhaltenden Dürre oder anderer Extremwetter wie beispielsweise katastrophalen Stürmen, stellte die Abwanderung stets eine gute Option dar.

Mobilität war eine wichtige Anpassungsstrategie, vor allem in vorindustriellen Gesellschaften wie der Indus-Kultur, in denen die Städte enge Verbindungen zu den ländlichen Gemeinschaften aufrechterhielten. Nahrungsmittel- oder Wasserknappheit löste eine Abwanderung in ländliche Gebiete aus, wo diese Ressourcen ausreichend zur Verfügung standen. Häufig wurden dazu verwandtschaftliche Beziehungen genutzt, die auf traditionellen gegenseitigen Verpflichtungen beruhten. Die heutigen Massenmigrationen stellen allerdings die Bewegungen des 19. Jahrhunderts, die als Reaktion auf starke El Niños stattfanden und häufig durch Armut und lang anhaltende Dürren ausgelöst wurden, in den Schatten. Solche – oft unfreiwilligen – Bevölkerungsbewegungen werfen komplexe soziale Fragen auf. Abwanderung und Mobilität als taktische Strategien, mit denen man klimatischen Veränderungen entgehen konnte, reichen, wie gesehen, weit in die Vergangenheit zurück und sind nahezu instinktive Verhaltensweisen für Menschen, die starken Belastungen ausgesetzt sind. Erzwungene Umsiedlungen waren seltener, kamen aber ebenfalls vor, wenn eroberte

Völker in neue und oft entlegene Gebiete umgesiedelt wurden, so wie es unter anderem bei den Assyrern und den Inkas der Fall war. Globale politische Strategien für den Umgang mit Umweltflüchtlingen sind ein drängendes Problem in unserer heutigen Welt, in der Mobilität keine Bereicherung, sondern eine Belastung ist.

FÜHRUNG

In den vorindustriellen Zivilisationen, die sich nach 3100 v. Chr. auf der ganzen Welt entwickelten, gewannen die von den Vorfahren ererbten menschlichen Verhaltensweisen immer mehr an Bedeutung. Dies war der Zeitpunkt, an dem Führung in vielen menschlichen Gesellschaften eine zentrale Rolle zuteil wurde, was sich sowohl positiv als auch negativ auf den Umgang der Menschen mit dem Klimawandel auswirkte.

Führung begann zunächst mit Erfahrung und erworbener Weisheit, Eigenschaften, die geachteten Ältesten und Schamanen, aber auch geistigen Medien zugeschrieben wurden, die als bedeutende Mittler zur übernatürlichen Welt galten. Die Ahnen spielten eine wesentliche Rolle im menschlichen Dasein und wurden nach ihrem Tod ins Reich der übernatürlichen Kräfte aufgenommen, das den Fortbestand der menschlichen Existenz bestimmte. Dieser Ahnenkult gewann in bäuerlichen Gesellschaften mit enger Bindung an das einst von den Vorfahren bewirtschaftete Land große Bedeutung. Um seinen Besitz zu legitimieren und Ansprüche auf das Land zu erheben, berief man sich auf die Vorfahren (und tut dies in jedem einzelnen Nationalstaat auch heute noch).

Verwandtschaftsbeziehungen und Vorfahren: Dies waren die beiden Pfeiler eines Herrschaftssystems in Gesellschaften, die zusehends komplexer wurden. Als die ersten vorindustriellen Zivilisationen entstanden, verlangten die Klimaveränderungen neue und vielschichtigere kulturelle und soziale Reaktionen. Kleine Siedlungen wurden zu Dörfern, Dörfer zu Städten, und entlang der Abstammungslinien und anderen Verwandtschaftsgruppen entwickelten sich hierarchische Strukturen, von denen einige eine deutlich wahrnehmbare spirituelle und politische Autorität erlangten. Die Häuptlinge hatten ihren Führungsanspruch lange Zeit durch persönliches Charisma erworben und ihn durch taktisch geschickte Gunstbeweise und die Vergabe von prestigeträchtigen Ämtern an loyale Gefolgsleute gesichert. Diese Loyalität war jedoch eine unsichere Angelegenheit, denn vieles hing davon ab, wen man mit seinen Zuwendungen bedachte und welche Gegenleistungen man dafür erwarten konnte: Gefälligkeiten und Geschenke – seien es Nahrungsmittel, politische Unterstützung oder sogar militärische Hilfe – gegen Loyalität. Entweder man hielt seine Anhänger zufrieden, oder sie liefen einem davon und folgten einem anderen Anführer.

Mit dem vererbten Führungsanspruch geriet das soziale Gleichgewicht aus dem Lot, es kam zur Unterscheidung zwischen Besitzenden und Besitzlosen. Die meisten vorindustriellen Zivilisationen waren zentralisierte Pyramiden sozialer Ungleichheit, die von mächtigen Individuen und ihren privilegierten Verwandten an der Spitze oder rund um die Spitze beherrscht wurden. Darunter befanden sich eng geschlossene Reihen von Beamten und Priestern, die Tausende von einfachen Bürgern beaufsichtigten und besteuerten. Diese Bürger sorgten durch ihre unermüdliche, harte Arbeit dafür, dass Nahrungsmittelüberschüsse dem Land zu Reichtum und Glanz verhalfen. Historische Gesellschaften mit ihren wenigen Nutznießern waren auf große Nahrungsmittelüberschüsse, überzeugende politische und religiöse Ideologien und eine entschlossene Führung angewiesen. Doch sie alle waren anfällig für lokale und globale Klimaveränderungen. Darin unterschieden sie sich gar nicht allzu sehr von den heutigen Gesellschaften, in denen die soziale Kluft zwischen den Besitzenden und Besitzlosen allgegenwärtig ist.

In fast allen historischen Gesellschaften lebten die selbstversorgenden Bauern am Rande des Existenzminimums. Hunger war ihr ständiger Begleiter und bedachtes Risikomanagement eine unausgesprochene Realität. Doch was passiert, wenn eine privilegierte Elite auf zuverlässige Nahrungsmittelüberschüsse und die daraus zu verteilenden Rationen angewiesen ist, um zu überleben? Dann tritt angesichts unvorhersehbarer Extremwetterereignisse – Hurrikans und große Stürme in Nordamerika oder der Nordsee, Jahrhundertregen, der die Bewässerungsanlagen in den peruanischen Flusstälern verwüstet, und vor allem Dürre – das Schreckgespenst der Verwundbarkeit – nur allzu deutlich in den Vordergrund. Zweifellos waren langfristige Trockenperioden die größte Gefahr für vorindustrielle Zivilisationen. Man muss hier aber unterscheiden zwischen kurzfristigen Dürren, die vielleicht ein bis drei Jahre andauerten, und weitaus schwerwiegenderen hydrologischen Trockenperioden, die sich über ein Jahrhundert oder länger erstrecken. Die Bauern in den Siedlungen waren kurze Dürreperioden gewöhnt, kannten schlechte Jahre, die sie dazu veranlassten, weniger beliebte Feldfrüchte anzubauen oder – oft vergeblich – nach Wildpflanzen zu suchen. Es gab Hunger, vielleicht auch Todesfälle, aber das Leben ging weiter. Solche kurzen Trockenperioden waren für die frühen Zivilisationen nicht katastrophal, vor allem dann nicht, wenn die Herrscher zuvor Maßnahmen ergriffen hatten, um Getreidevorräte für magere Jahre zu zu anzulegen.

Hydrologische Dürrezyklen oder Megadürren, wie wir sie heute nennen, waren eine andere Sache. Das 4,2 ka-Ereignis, also die Megadürre von 2200 bis 1900 v. Chr., wirkte sich beispielsweise auf den gesamten östlichen Mittelmeerraum und Südasien aus. Monsune wurden schwächer, Überschwemmungen des Nils fielen 2118 v. Chr. katastrophal aus, und der ägyptische Staat löste sich in konkurrierende Regionen auf. Die Nahrungsmittelüberschüsse verpufften, das Vertrauen in die Autorität der Pharaonen schwand. Mehrere Generationen vergingen, bevor sich der Staat unter den kriegerischen Herrschern wiedervereinigte. Von göttlichen Herrschern, die die Überschwemmungen in ihrer Macht hatten, war keine Rede mehr. Die Pharaonen erklärten sich nun zu „Hirten des Volkes" und investierten massiv in Bewässerungssysteme und staatliche Getreidespeicher. So überlebte das Alte Ägypten bis zur Römerzeit.

ORGANISATION VON RESSOURCEN

Ägypten hatte das große Glück, dass seine Herrschaftsgebiete mit ihren fruchtbaren Böden innerhalb sicherer Grenzen lagen und bewaffnete Invasionen praktisch unmöglich waren. Der Staat wurde anpassungsfähiger und konnte sich auf lange Sicht selbst erhalten, auch wenn am Hofe des Pharaos einzelne Gruppen untereinander zerstritten waren. In einer Ära, in der die Menschen nur eine kurze Lebenserwartung hatten und mit rudimentärer Medizin zurechtkommen mussten, war die Frage der Nachfolge allgegenwärtig und die Rivalen rangen im

Hintergrund um die Macht. Ständige Intrigen und unbeständige Allianzen waren Teil jeder vorindustriellen Zivilisation, von denen die meisten mit irritierender Häufigkeit aufstiegen und wieder untergingen. Die Gründe dafür sind offensichtlich. Nahezu jeder Stadtstaat in Mesopotamien, jedes Maya-Königreich und jeder frühe chinesische Herrschaftsbereich – um nur einige zu nennen – hatte Probleme mit der Infrastruktur. Die Pharaonen transportierten sehr effizient Armeen und Waren aller Art auf dem Wasserweg und in der Wüste verließen sie sich auf Esel, später auf Kamele. Dabei war die logistische Herausforderung, ihre Lasttiere zu füttern, enorm und begrenzte die Warenmenge, die eine Karawane transportieren konnte.

Staaten ohne geeignete Wasserwege sahen sich einer harten Realität gegenüber, sogar bis in die jüngste Vergangenheit hinein. Herrscher und Kaufleute konnten ihre Waren nur auf dem Rücken von Menschen oder mit Lasttieren wie Eseln oder Lamas transportieren. Schwere Lasten wie Holz oder Getreidesäcke wurden auf Flüssen oder Seen, in Küstennähe manchmal auch auf dem Meer transportiert. Der Warentransport auf dem Landweg war jedoch auf einen Umkreis von etwa 50 Kilometer begrenzt, denn dann brauchten die Lasttiere eine längere Ruhezeit oder mussten ausgewechselt werden. Durch diesen Umstand war die Größe des Territoriums, über das der Hof strenge Kontrolle ausübte, ebenfalls stark eingeschränkt – auf einen Radius von möglicherweise weniger als 100 Kilometer. Jenseits dieser Grenze wurde die Kontrolle nur dem Namen nach ausgeübt und hing stark von der Loyalität der Adligen und Provinzbeamten ab.

Ob die Anpassungen an plötzliche Klimaveränderungen, insbesondere an hydrologische Dürren und schwache Monsune, wirksam waren, hing von einer entschlossenen Führung und verwandtschaftlichen Bindungen ab. Eine starke Führung schuf Loyalität und ermöglichte eine bessere Infrastruktur – vor allem in den abgelegenen Gebieten –, um die ausreichenden Nahrungsmittelüberschüsse zu erzeugen, die die Menschen bei Nahrungsmittelknappheit über Wasser hielten. Ein entscheidender Vorteil, wenn Ernten ausfielen und das einfache Volk Hunger litt. Das Gleiche gilt für verwandtschaftliche Beziehungen, die die Menschen in Städten wie Mohenjo-Daro, Tikal oder Ur mit den Siedlungen im Umland verbanden. Solche Beziehungen waren wie eine Versicherungspolice, denn die Verpflichtung zur Gegenseitigkeit ermöglichte es den Hungernden, sich in Dürrezeiten beruhigt in Gebiete mit besseren Bedingungen zu begeben, beispielsweise wenn der Tigris keine Überschwemmungen brachte oder monatelange Regenfälle die Ernten im mittelalterlichen Europa dezimierten. Diese uralte Überlebensstrategie könnte sich einmal auszahlen.

Vorindustrielle Zivilisationen, einschließlich des Römischen Reiches, waren in hohem Maße von menschlicher Arbeitskraft, Lasttieren und Monokulturen in weiten Teilen des Reiches abhängig. In den späteren Jahrhunderten war das Imperium größten Teils auf Getreideimporte aus Ägypten und Nordafrika angewiesen, die mit großen Getreideschiffen über das Mittelmeer hin und her transportiert wurden. Die für die Ernährung eines Großteils des Reiches benötigte Infrastruktur war genau so effizient, wie es ruder- und segelgetriebene Frachtschiffe und Lasttiere zuließen, die die Ernten von den entlegensten Agrarflächen transportieren konnten. Am Ende wurde die Wirtschaft des Römischen Reiches nicht durch eine fehlende Infrastruktur untergraben, sondern durch schwache Monsune, die die Überschwemmungen des Nils dramatisch reduzierten und die Grenzen der Sahara nach Norden verschoben. Wie schon seine Vorgänger und auch Zeitgenossen, war Rom gegenüber großen klimatischen Veränderungen, die weite Teile der Welt – viele davon außerhalb der kaiserlichen Grenzen – betrafen, weitgehend machtlos.

Die zentralisierten vorindustriellen Staaten waren besonders anfällig für Megadürren und andere klimatische Veränderungen. Durch schwache Monsune oder plötzliche Überschwemmungen, die Bewässerungskanäle wegspülten, gefolgt von Dürren – wie im Falle Angkors –, waren die Herrscher, wie mächtig sie auch sein mochten, nicht überlebensfähig. Wenn die Staaten auseinanderbrachen, entstanden aus den verbleibenden Fragmenten vollkommen andere Gesellschaften, sie waren verstreuter und vielleicht auch mit neuen Fernhandelsrouten verbunden. Doch ihnen allen fehlte eine Infrastruktur in industriellem Maßstab, um die zunehmende Anfälligkeit für klimatische Veränderungen und das erhöhte Risiko unter Kontrolle zu bringen.

Über viele Jahrhunderte hinweg erlebten die vorindustriellen Zivilisationen einen Auf- und Abstieg, der häufig mit der vorherrschenden wirtschaftlichen und politischen Unbeständigkeit einherging. Fast ausnahmslos waren all diese Zivilisationen durch den Klimawandel gefährdet. Wenn ihnen einmal eine erfolgreiche Anpassung gelang, dann fand diese auf lokaler Ebene statt, wo fähige Verwalter die Nahrungsmittellieferungen eindämmen, Provinzgrenzen schließen oder auch Arbeiter zum Bau von Bewässerungskanälen einsetzen konnten. So prahlte beispielsweise der großspurige ägyptische Nomarch Anchtifi in Inschriften an den Wänden seines Grabes mit der erfolgreichen Bekämpfung der Dürre im Jahr 2180 v. Chr. Selbst wenn man seine Übertreibungen außer Acht lässt, so hatte er doch einen Schlüssel für die erfolgreiche Anpassung erkannt: *Lokale Maßnahmen sind häufig weitaus wirksamer als großspurige Pläne, die viele Menschen in Gefahr bringen.* Seine Gefolgsleute führten unermüdlich neue Methoden zur Bewältigung lokaler Probleme ein und entwickelten diese beständig weiter, womit sie letztendlich die Industrialisierung und Technologien in immer größerem Maßstab vorantrieben.

Uns heute verschaffen moderne Technologien einen großen Vorteil gegenüber den Menschen aus vorindustriellen Zeiten. Unsere technologischen Fähigkeiten sind so weit fortgeschritten, dass wir auf dem Mond landen und ihn erforschen, die tiefen Gräben des Pazifiks erkunden und uns an künstlicher Intelligenz versuchen können. Wir sind an einem Punkt angelangt, an dem viele Menschen naiv glauben, dass die Technologie den Klimawandel schon in den Griff bekommen wird. Ja, sie wird helfen, so wie die fortschreitende Technologie auch den römischen Straßenbauern und den Kapitänen der Klipperschiffe geholfen hat, aber die Kosten für die Umwelt waren und werden enorm sein. Die Art und Weise, wie wir uns an künftige klimatische Herausforderungen anpassen, wird in der Tat massive Investitionen in technologische Lösungen erfordern. Doch diese müssen CO_2-neutral und selbsttragend sein. Solche Investitionen sind langfristig angelegt und erfordern sowohl enorme Ausgaben als auch den politischen Willen, die Gesellschaft und die Art und Weise, wie wir regieren und Geschäfte machen, zu verändern. Es mag sein, dass die Entwicklung technologischer Innovationen zur Beherrschung des globalen Klimawandels in unserer Reichweite liegt. Aber die Verwirklichung dieser Innovationen gibt zukünftigen Generationen eine enorme Verantwortung. Auch in der Vergangenheit hat Innovation Verantwortung mit sich gebracht, aber heute nimmt diese Verantwortung Ausmaße an, die in der vorindustriellen Welt unvorstellbar waren.

DER WENDEPUNKT

Zum ersten Mal ist die Anpassung an den Klimawandel nicht mehr nur ein lokales, sondern gleichermaßen ein globales Problem. An ebendiesem Punkt tritt das Erbe der Vergangenheit in den Vordergrund. Die Vergangenheit war unser ständiger Begleiter, sie hat uns Mut gemacht, vor allgegenwärtigen Gefahren gewarnt und uns gezeigt, wie wir mit Krisen in einer klimatisch bedrohten Zukunft umgehen können. Noch nie waren die Erkenntnisse aus frühen Zeiten so wichtig wie heute. Zum ersten Mal verursachen wir selbst massive klimatische Veränderungen und unterbrechen die natürlichen Zyklen des globalen Klimas. Steigende Kohlendioxidwerte in der Atmosphäre, ein kontinuierlicher und sich beschleunigender Anstieg der weltweiten Temperaturen, ein steigender Meeresspiegel, der riesige Städte, die auf Höhe oder in der Nähe des Meeresspiegels liegen, überschwemmen wird, die katastrophale, unwiederbringliche Abholzung unserer Wälder: Von allen Seiten ist unsere Welt mit über 7,9 Milliarden Menschen von ökologischer Zerstörung umgeben. Hunderte Millionen Menschen sind gegenwärtig als Folge des vom Menschen verursachten Klimawandels durch extreme Wetterereignisse bedroht und erwarten dramatische Veränderungen beim Wasserstand großer Flüsse wie dem Nil und dem Mississippi. Wir sind von einer Vielzahl klimabedingter und ökologischer Katastrophen umzingelt, und ein Großteil dieser Katastrophen ist die direkte Folge menschlichen Handelns. Wir sind weit entfernt von den klimatischen Herausforderungen, an die sich die Andenbewohner, die Indus-Kultur, die mittelalterlichen europäischen Bauern und die Moguln in Indien anpassen mussten. Wir sind jetzt an einem Punkt angelangt, an dem wir uns mit einem nie da gewesenen und äußerst bedrohlichen *globalen* Klimawandel auseinandersetzen müssen.

Klimaforscher, Ökologen und hoch angesehene Wissenschaftler sowie Regierungsbehörden und internationale Organisationen haben uns immer und immer wieder vor der Krise gewarnt, der wir uns nun gegenübersehen. Aber, wie eine erfundene Legende über den römischen Kaiser Nero besagt, wir spielen auf der Harfe herum, während unsere Welt sich rettungslos weiter erwärmt und zu verbrennen droht. Es mangelt fast völlig am *global leadership*, das nicht nur Jahre oder Jahrzehnte, sondern über viele Generationen hinweg in die Zukunft blickt, und die weltweiten Strategien im Kopf hat, um unseren Nachkommen eine sichere Welt zu hinterlassen. Dies ist eine wahrhaft gigantische Herausforderung, einzigartig in der Geschichte der Menschheit, die uns und künftigen Generationen einen sehr hohen Preis abverlangen wird. Es ist nicht übertrieben, sich vorzustellen, dass die Zukunft der Menschheit auf dem Spiel steht.

Es ist Zeit für bedachtes Handeln. Denn die Lehren aus der Vergangenheit zu ignorieren – aus einer Vergangenheit von Hunderttausenden von Jahren –, ist, gelinde gesagt, fatal kurzsichtig.

LEHREN AUS DER VERGANGENHEIT

Welche Lehren hält die Vergangenheit für uns bereit, damit die Anpassung an den Klimawandel gelingt? Nun, sie sind extrem simpel.

Erstens sind wir menschliche Wesen, die die gleichen Verhaltenseigenschaften aufweisen wie jede Generation des *Homo sapiens* zuvor: die brillanten Fähigkeiten des Vorausdenkens, der geschickten Planung und Zusammenarbeit, des intellektuellen Denkens und der Innovation. Bei der Planung, wie unsere Anpassung an den Klimawandel gelingen kann, müssen wir diese uns innewohnenden Fähigkeiten beim Entwerfen künftiger Anpassungsstrategien voll ausschöpfen.

Zweitens wächst unsere Kompetenz bei der Vorhersage von Klimaveränderungen noch immer rasant an. Die historischen Gesellschaften, die auf den vorhergehenden Seiten beschrieben wurden, hatten keine wissenschaftliche Wettervorhersage, keine Satellitenbeobachtung, ihnen stand kein Spektrum an Proxies und Computermodellen zur Verfügung – nichts von alledem, was unser Wissen über das globale Klima und die unaufhörliche, launische Gavotte von Atmosphäre und Ozean revolutioniert hat. Die alten Babylonier und andere Völker spielten mit der Beobachtung der Himmelskörper, um Vorhersagen über das Wetter treffen zu können – hatten aber genauso wenig Erfolg wie die europäischen Astronomen des Mittelalters. Der englische Meteorologe Hubert Lamb bemerkte, dass Wettervorhersagen bis zum späten 19. Jahrhundert eine Art „Kirchturm-Meteorologie" waren, das heißt nichts anderes, als dass man Wolkenformationen und andere Wetterzeichen von einem erhöhten Aussichtspunkt aus beobachtete. Die vollständig wissenschaftliche Meteorologie ist ein Produkt des 20. und 21. Jahrhunderts. Ein Großteil wichtiger traditioneller Kenntnisse und Erfahrungen schlummert jedoch noch immer im Dunkel der Vergangenheit. Die ägyptischen Priester des Altertums bauten Nilometer, mit denen sie die jährlichen Überschwemmungen maßen, um die folgenden vorherzusagen, frühe europäische Seefahrer kannten die verräterischen Anzeichen herannahender Stürme, die Bewohner der Karibikinseln und die Astronomen der Maya-Zivilisation konnten so manchen bevorstehenden Wirbelsturm frühzeitig ausmachen, Pazifik-Reisende nutzten die 180-Grad-Verschiebungen der vorherrschenden polynesischen Passatwinde, um mithilfe der El Niños nach Osten zu segeln. Wir neigen dazu, die bemerkenswerte Fähigkeit der Vorhersage jener Menschen zu ignorieren, die noch immer in enger Verbindung mit ihrem Land oder dem Meer leben. Doch angesichts der lokalen Auswirkungen, die viele Klimaveränderungen mit sich bringen, ist dies ein schwerwiegender Fehler. Ein großer Teil dieses mündlich weitergegebenen traditionellen Wissens existiert noch, aber wir müssen es hervorholen und bündeln, bevor es zu spät ist.

Drittens vergessen wir bei unserer Beschäftigung mit dem globalen Klimawandel, dass viele Anpassungsstrategien, sei es der Bau von Uferdämmen oder die Verlegung von Häusern in höher gelegene Gebiete, eine Frage der *lokalen* Führung und des Handelns sind. Die lokalen Auswirkungen des Klimawandels tauchen immer wieder in den von uns gebrachten Beispielen auf, zahlreiche Beispiele für erfolgreiche Anpassungsmaßnahmen der lokalen Bevölkerung machen Mut. Ein bemerkenswertes Beispiel stammt aus Medmerry im Südosten Englands, wo häufig überschwemmtes Küstenland dem Meer überlassen und in ein Naturschutzgebiet umgewandelt wurde. Lokale Anpassungen sind von größter Bedeutung – koste es, was es wolle –, auch wenn sie durch globale Klimaentwicklungen motiviert wurden.

Viertens sind wir soziale Lebewesen: Unsere familiären und verwandtschaftlichen Beziehungen, die enge Verbundenheit der Menschen und Mitglieder in Gemeinschaften und gemeinnützigen Organisationen sind ein außerordentlich bedeutsamer Überlebensmechanismus und in einer Welt mit unangenehmen Klimakrisen von grundlegender Bedeutung. Solche Bindungen sind von jeher Teil aller menschlichen Erfahrung. Sie gehören zu den mächtigsten Bewältigungsmechanismen der Menschheit. Dennoch ignorieren wir konsequent ihr Potenzial. Als soziale Wesen in einer sesshaft gewordenen Welt neigen wir allerdings auch dazu, einander – und in gleicher Weise unsere Umwelt – auszubeuten, sei es im Bestreben, unseren hohen, bzw. höheren Status gegenüber anderen zu demonstrieren, oder einfach nur, um unser Überleben in einer Welt zu sichern, in der die Ressourcen endlich und manchmal unsicher sind. Unserer Meinung nach lassen sich viele Kriege auf einen Kampf um die Ressourcen zurückführen, unabhängig von jedem lauthals verkündeten ideologischen oder religiösen Vorwand.

Fünftens verfügt unsere industrialisierte Welt über außergewöhnliche Infrastrukturen, die ein enormes Potenzial für die Zukunft bieten. Dabei vergessen wir jedoch noch immer, dass zahllose Menschen tatsächlich von Ernte zu Ernte leben, keine zuverlässige Wasserversorgung haben und extrem anfällig für Dürren und Hunger sind. Nothilfe in Zeiten extremer Dürre und anschließender Hungersnot ist bewundernswert, aber kein dauerhaftes Allheilmittel. Wir waren bei der Recherche zu diesem Buch beide erstaunt darüber, wie wenig Aufmerksamkeit der traditionellen Landwirtschaft mit ihrer dezidierten Kenntnis der lokalen Umwelt geschenkt wird. Die Bauern der Anasazi im Südwesten der USA, die Kekchí-Maya in Belize und die Bauern mit ihren Hochäckern auf dem bolivianischen Altiplano sind Beispiele dafür, wie viel wir von der traditionellen Landwirtschaft lernen können, die seit vielen Jahrhunderten abseits des Rampenlichts erfolgreich betrieben wird. Ein mächtiges Erbe aus der Vergangenheit, dieses mündlich weitergegebene Wissen um landwirtschaftliche Methoden und Anpassungsstrategien, ist in Gefahr, zu verschwinden.

Und zu guter Letzt haben sich vorindustrielle Zivilisationen, wenn sie mit Klimakrisen konfrontiert waren, stets durch ihre Instabilität ausgezeichnet. Immer wieder gerieten selbst mächtige Führer in Zeiten der Not ins Wanken, insbesondere wenn Dürre und andere klimatische Störungen ihre vermeintlich übernatürlichen Kräfte zunichte machten. Diejenigen, die überlebten, indem sie entweder aktiv handelten oder sich wohlüberlegt und umsichtig an die veränderten Umstände anpassten, waren entschlossene Anführer, in der Lage, vorauszudenken und mutig voranzuschreiten. Einige anonyme Anführer von Chimú an der peruanischen Küste waren fähig, langfristig zu denken. Gelegentlich taten dies auch chinesische Kaiser, deren Bemühungen angesichts verkrusteter Bürokratien aber häufig zum Scheitern verurteilt waren. Die Vergangenheit erinnert uns daran, dass die ultimative Triebkraft für einen langfristigen Erfolg bei der Bekämpfung des Klimawandels immer ein charismatische, maßgebliche *global leadership* sein muss, die über nationale Interessen hinausgeht und die Bekämpfung des Klimawandels aus einer wahrhaft globalen Perspektive angeht.

Ausgangspunkt aller Bemühungen muss die Erkenntnis sein, dass wir eine globale Gemeinschaft von *Homo sapiens* sind. Unsere Zukunft hängt von einer Kontrollspitze ab, die sich nicht mit Wahlergebnissen und anderen Nebensächlichkeiten befasst. Die Vergangenheit erinnert uns daran, dass wir zum ersten Mal vor einer wirklich globalen Herausforderung stehen, wie wir sie in 3 Millionen Jahren noch nie erlebt haben. Und zwar, weil wir selbst diese Katastrophe verursachen und weil so viele von uns davon betroffen sein werden. Wir hoffen, dass dieses Buch durch die Bekundungen von Archäologen und Historikern die Wahrheit über den Klimawandel in der Vergangenheit zum Vorschein bringt und zeigt, wie das Leben wirklich war.

Wird die Menschheit überleben? Wenn es nach den Erkenntnissen aus der Vergangenheit geht, ja, dann werden wir überleben. Aber wir werden uns anpassen müssen, wir werden vielleicht sogar gezwungen werden, uns anzupassen. Zahlreiche Herausforderungen erwarten uns, die höchstwahrscheinlich Gewalt einschließen und zahlreiche Opfer fordern werden. Die Vergangenheit erinnert uns daran, dass wir Menschen erfinderisch und innovativ sind und dass wir in der Lage sind, Prüfungen zu bestehen, die weitaus schwerer sind als jene früherer Zeiten. Wenn wir zurückblicken – und das können wir jetzt auf eine Weise, die wir früher nicht für möglich gehalten hätten – erkennen wir, was funktioniert hat und was nicht. Alles entscheidend ist aber die Erkenntnis, dass wir uns als Spezies zusammenschließen und kooperieren müssen.

Wir werden überleben.

Ein Grund dafür ist, dass wir die komplexe Beziehung zwischen Menschheit und einem sich ständig verändernden Weltklima verstanden haben. Die Vergangenheit ist kein fremdes Land – sie ist ein Teil von uns allen, und sie birgt den Schlüssel für unsere Zukunft.

◆◆◆

DANK

Klima.Mensch.Geschichte. feiert eine große Revolution in der paläoklimatologischen Forschung: Neue Generationen multidisziplinärer archäologischer und historischer Studien haben unser Wissen darüber verändert, wie sich unsere Vorfahren an lang- und kurzfristige Klimaveränderungen angepasst haben. Dies war für uns beide eine spannende Entdeckungsreise, die sich auf vielfältige akademische und nichtakademische Quellen stützt. Neben breit gefächerten klimatologischen und historischen Themen haben wir uns in faszinierende, geheime Esoterika eingearbeitet, haben Erkenntnisse über die Sprichwörter der Sumerer, die Feste der Assyrer, das Wassermanagement der Maya und die Bedeutung der Mobilität im menschlichen Leben erhalten. Unsere klimatologischen Forschungen dringen tief ein in Megadürren und Klima-Proxies, Sonnenfleckenmaxima und die Bedarfswirtschaft – sie erkunden sogar Mary Shelleys *Frankenstein*. Vor allem aber versucht dieses Buch eine entscheidende Frage zu beantworten: Welche Bedeutung haben die Anpassungsstrategien unserer Vorfahren an den Klimawandel für die heutige, vom Menschen verursachte Erderwärmung? Warum sind die Erfahrungen aus der Vergangenheit bedeutsam für das Klima der Zukunft? Wir sind der Meinung, dass die Vergangenheit, die sich ständig verändernden klimatischen Bedingungen und die einfachen oder auch komplexeren historischen Gesellschaften wichtige Lehren für unsere Gegenwart und unsere Zukunft bereithalten.

In den vergangenen 15 Jahren hat Brian Fagan eine Reihe von Büchern über das Klima in der Vergangenheit und die menschliche Gesellschaft geschrieben, in denen es um Themen wie die El Niños, die Kleine Eiszeit und den steigenden

Meeresspiegel ging. Alle diese Bücher sind inzwischen hoffnungslos veraltet, ein Zeichen dafür, welche rasanten Fortschritte die Forschung innerhalb weniger Jahre gemacht hat. Angesichts dieser dramatischen neuen Erkenntnisse in den Bereichen Paläoklimatologie und Umweltgeschichte ist die aktuelle Fortsetzung unserer Bücher nun überfällig. Das vorliegende Buch stellt solch eine Neubewertung dar, in einer Welt, in der die vom Menschen verursachte Erwärmung unsere Zukunft bedroht wie nie zuvor.

Wir stehen vor einem komplexen historischen Rätsel, das sich auf eine schnell, ja rasant wachsende Forschungsliteratur stützt. Diese ist zum großen Teil äußerst technisch, wird intensiv diskutiert und zeigt häufig Widersprüche auf. Wir sind dankbar dafür, dass aufschlussreiche Bücher und Studien uns durch den Dschungel von Details geleitet haben. Ein Großteil der Literatur, die diesem Buch zugrunde liegt, ist äußerst anspruchsvoll und spiegelt die großen Fortschritte in der Umweltforschung der letzten Jahre wider. Die Experten in der Umweltforschung sind wirklich bemerkenswerte historische Detektive.

Wir haben im Laufe der Jahre von Dutzenden Gesprächen mit Kollegen aus vielen anderen Disziplinen profitiert – es sind tatsächlich so viele, dass es uns an dieser Stelle unmöglich ist, ihnen allen einzeln zu danken. Bitte verzeihen Sie uns, dass wir hier nun ein kollektives Dankeschön aussprechen. Unsere Kollegen aus der Paläoklimatologie waren ganz besonders spendabel mit ihren Ratschlägen und Ermutigungen, die wir dankbar angenommen haben.

Unser besonderer Dank gilt Dagmar DeGroot, Kyle Harper, Charles Higham, Lisa Lucero, Michael Mann, Michael McCormick, William Marquardt, Paul Mayewski, George Michaels, Vernon Scarborough, Sam White und dem verstorbenen Professor Grahame Clark, der Brian in die Fachgebiete Klimawandel und Umweltarchäologie einführte.

Unsere Agentin Susan Rabiner war, wie schon so häufig zuvor, stets eine Quelle der Inspiration und eine gute Freundin für uns. Ben Adams aus der Abteilung Public Affairs hat uns unentwegt ermutigt, und wir sind sehr dankbar für die scharfsinnigen Einsichten, die er uns vermittelt hat. Mitch Allen hat das gesamte Manuskript gelesen und seine stets präzisen Korrekturen eingebracht. Shelly Lowenkopf war der Fels in der Brandung und konnte unsere Erzählung wirkungsvoll voranbringen.

Und schließlich ein Wort des Dankes an unsere Familien. Brian hätte dieses Buch ohne Lesleys und Anas ständige Unterstützung nicht schreiben können, ganz zu schweigen von seinem katzenartigen Kollegen Atticus Catticus the Moose, der das Sonnenbaden dem Schreiben vorzieht. Nadia bedankt sich bei Matthew und Jacob für ihre gute Laune und ihre ermutigenden Worte – ein zusätzlicher Dank gilt Matin, Katja, Chiara und Alex.

◆ ◆ ◆

ABBILDUNGSNACHWEIS

$\blacklozenge\;\blacklozenge\;\blacklozenge$

ANMERKUNGEN

Die Literatur über das Klima der Vorzeit und somit die Paläoklimatologie ist enorm. Sie wächst täglich, sodass es immer schwieriger wird, auf dem neuesten Stand der Forschung zu bleiben. Die folgenden Anmerkungen führen zu wichtigen Quellen mit umfassenden Biografien, die den Weg in die Tiefen der Fachliteratur weisen können. Diese Anmerkungen erheben keinen Anspruch auf Vollständigkeit. Quellen werden nur bei der Erstnennung ausgeschrieben (*Anmerkung der Redaktion*).

PROLEGOMENON. BEVOR WIR BEGINNEN

1 nach: S. George Philander, Is the Temperature Rising? The Uncertain Science of Global Warming (Princeton, NJ: Princeton University Press, 1998).

1 EINE EISIGE WELT

2 John F. Hoffecker, A Prehistory of the North (New Brunswick, NJ: Rutgers University Press, 2005).

3 Brian Fagan (Hrsg.), The Complete Ice Age (London und New York: Thames & Hudson, 2009), ist eine Sammlung bekannter, von Experten geschriebener Essays. Zum Thema Temperaturen in der Eiszeit, siehe: Jessica Tierney et al., Glacial Cooling and Climate Sensitivity Revisited, Nature 584 (2020): 569–573. doi: 10.1038/s41586-020-2617-x.

4 Brian Fagan, Cro-Magnon: How the Ice Age Gave Birth to the First Modern Humans (New York: Bloomsbury Press, 2010).

5 Ian Gilligan, Climate, Clothing, and Agriculture in Prehistory: Linking Evidence, Causes, and Effects (Cambridge: Cambridge University Press, 2018), bietet eine umfassende und gut durchdachte Analyse dieses Themas.

6 Charles Darwin, Die Fahrt der Beagle, Tagebuch mit Erforschungen der Naturgeschichte und Geologie der Länder, die auf der Fahrt von HMS Beagle unter dem Kommando von Kapitän Fitz Roy besucht wurden (Hamburg: Marebverlag, 2006), 297.

7 Paul H. Barrett und Richard B. Freeman, Journal of Researches: The Works of Charles Darwin (New York: New York University Press, 1987), Teil 3, 2:120.

8 John F. Hoffecker, Desolate Landscapes: Ice-Age Settlement in Eastern Europe (New Brunswick, NJ: Rutgers University Press, 2002), Kap. 5.

9 Brian Fagan, Cro-Magnon: How the Ice Age Gave Birth to the First Modern Humans (New York: Bloomsbury Press, 2010)159–163.

10 Hoffecker, Prehistory of the North, Kap. 5 und 6.

11 Hoffecker, Prehistory of the North, Kap. 5 und 6.

12 Jean Combier und Anta Montet-White (Hrsg.), Solutré 1968–1998. Memoir XXX (Paris: Société Préhistorique Française, 2002).

13 Olga Soffer, The Upper Palaeolithic of the Eastern European Plain (New York: Academic Press, 1985).

2 NACH DEM EIS

14 Der griechische Philosoph Diogenes von Sinope (386–354 v. Chr.) soll von der Stadt Rhapta – irgendwo im heutigen Südtansania – 25 Tage lang ins Landesinnere gereist sein. Er nannte die Rwenzoris „die Mondberge" und glaubte, sie seien die Quelle des Nils. Der Geograf Marinus von Tyrus (ca. 70–130 n. Chr.) zeichnete Diogenes' Reisen auf, die als Grundlage für Ptolemaios Geographie dienten. Leider ist die geografische Abhandlung des Marinus von Tyrus verloren gegangen. Spätere Arabienreisende nannten die legendären Gipfel zu Recht Jibbel el Kumri („Mondberge" auf arabisch). Im Jahr 1889, lokalisierte der Entdecker Henry Morton Stanley, der ruhmreiche „Dr. Livingstone, nehme ich an", die Berge endgültig auf einer Landkarte. Kein europäischer Reisender hatte die Gipfel zuvor gesehen, da sie normalerweise in Wolken gehüllt waren.

15 Margaret S. Jackson et al., High-Latitude Warming Initiated the Onset of the Fast Deglaciation in the Tropics, Science Advances 5 (12) (2019). doi: 10.1126/sciadv.aaw2610.

16 Steven Mithen, After the Ice: A Global Human History, 20,000–5000 BC (Cambridge, MA: Harvard University Press, 2006), liefert eine deutliche und provokative Zusammenfassung.

17 Vincent Gaffney et al., Europe's Lost World: The Rediscovery of Doggerland (York: Council for British Archaeology, 2009).

18 Die Literatur über die erstmalige Besiedlung Amerikas ist umfangreich und voller kontroverser Thesen. Siehe David Meltzer, First Peoples in a New World: Colonizing Ice Age America (Berkeley: University of California Press, 2008). Siehe auch von demselben Autor: The Great Paleolithic War: How Science Forged an Understanding of America's Ice Age Past (Chicago: University of Chicago Press, 2015).

19 Auch hier zeigt sich die umfangreiche Literatur widersprüchlich. Eine hilfreiche Zusammenfassung findet sich in: Graeme Barker, The Agricultural Revolution in Prehistory (New York: Oxford University Press, 2006).

20   Bruce G. Trigger, Gordon Childe: Revolutions in Archaeology (New York: Columbia University Press, 1980), ist die beste Quelle zu Childes Vorstellungen und Werk.

21   William Ruddiman, Plows, Plagues, and Petroleum: How Humans Took Control of Climate (Princeton, NJ: Princeton University Press, 2016).

22   Der Ägyptologe James Henry Breasted prägte vor 100 Jahren in der populärwissenschaftlichen Literatur den Begriff „Fruchtbarer Halbmond". Er beschreibt einen riesigen, nach Süden offenen Halbkreis, der sich von der südöstlichen Ecke des Mittelmeeres nach Norden über Syrien, einen Teil der Türkei und das iranische Hochland und dann nach Süden zum Persischen Golf erstreckt. Breasted verglich diesen Bogen mit einer „Wüstenbucht". Der Fruchtbare Halbmond ist keine offizielle, doch passende Bezeichnung ohne feste Definition und hat sich im Laufe der Zeit etabliert.

23   Klaus Schmidt, Göbekli Tepe: A Stone Age Sanctuary in South-eastern Turkey (London: ArchaeNova, 2012).

24   Andrew T. Moore et al., Village on the Euphrates (New York: Oxford University Press, 2000).

25   Çatalhöyük ist ein in jeder Hinsicht bemerkenswertes archäologisches Langzeitprojekt, das von internationalen Teams, bestehend aus Ausgräbern und Forschern, durchgeführt wurde. Die Literatur zu diesem Thema wächst rasant. Der beste Einstieg für den allgemeinen Leser: Ian Hodder, The Leopard's Tale (London und New York: Thames & Hudson, 2011). Auf einer eher fachsprachlichen Ebene ist von demselben Autor herausgegeben: Religion in the Emergence of Civilization: Çatalhöyük as a Case Study (Cambridge: Cambridge University Press, 2010), ein faszinierender Ausflug in die Archäologie des Ungreifbaren.

3 MEGADÜRRE

26   Nicola Crusemann et al. (Hrsg.), Uruk: First City of the Ancient World (Los Angeles: J. Paul Getty Museum, 2019).

27   Monica Smith, Cities: The First 6,000 Years (New York, Penguin, 2019).

28   Tony J. Wilkinson, Archaeological Landscapes of the Near East (Tucson: University of Arizona Press, 2003).

29   nach Samuel Kramer, The Sumerians (Chicago: University of Chicago Press, 1963), 240.

30   nach Mario Liverani, The Ancient Near East: History, Society and Economy (Abingdon, UK: Routledge, 2014).

31   nach Kramer, The Sumerians, 190.

32   William H. Stiebing und Susan L. Helft, Ancient Near Eastern History and Culture, 3. Ausg. (Abingdon, UK: Routledge, 2017). Siehe auch Benjamin Foster, The Age of Agade: Inventing Empire in Ancient Mesopotamia (Abingdon, UK: Routledge, 2016).

33   nach Jerrold S. Cooper, Reconstructing History from Ancient Inscriptions: The Lagash-Umma Border Conflict, Sources and Monographs on the Ancient Near East 2, Nr. 1 (1983): 47–54.

34   Marc Van De Mieroop, A History of the Ancient Near East ca. 3000–323 BC, 2. Aufl. (New York: Blackwell, 2006). Siehe auch Foster, The Age of Agade.

35   Diesen Abschnitt, und praktisch das gesamte Kapitel, verdanke ich Harvey Weiss' bewundernswerter Darstellung über den Klimawandel und den Zusammenbruch des Reiches von Akkad.

Harvey Weiss, 4.2 ka BP Megadrought and the Akkadian Collapse, in: Megadrought and Collapse: From Early Agriculture to Angkor, Harvey Weiss (Hrsg.) (New York: Oxford University Press, 2017), 93–159. Die Literatur über Dürren und ihre Ursachen wächst. Siehe Heidi M. Cullen et al., Impact of the North Atlantic Oscillation on Middle Eastern Climate and Streamflow, Climatic Change 55 (2002): 315–338. Siehe auch Martin H. Visbeck et al., The North Atlantic Oscillation: Past, Present, and Future, Proceedings of the National Academy of Sciences 98, Nr. 23 (2001): 12876–12877.

36   Weiss, 4.2 ka BP Megadrought and the Akkadian Collapse, 135–159, beinhaltet eine wertvolle Liste von Proxie-Stätten und die dazugehörigen Referenzen.

37   Mike Charles, Huge Pessin und Mette M. Hald, Tolerating Change at Late Chalcolithic Tell Brak: Responses of an Early Urban Society to an Uncertain Climate, Environmental Archaeology 15, Nr. 2 (2010): 183–198

38   Mike Charles, Huge Pessin und Mette M. Hald, Tolerating Change at Late Chalcolithic Tell Brak: Responses of an Early Urban Society to an Uncertain Climate, Environmental Archaeology 15, Nr. 2 (2010): 183–198.

39   Walther Sallaberger, Die Amurriter-Mauer in Mesopotamien: der älteste historische Grenzwall gegen Nomaden vor 4000 Jahren, in: A. Nunn (Hrsg.), Mauern als Grenzen (Mainz: Phillipp von Zabern, 2009), 27–38.

40   nach Jeremy A. Black et al., The Literature of Ancient Sumer (New York: Oxford University Press, 2004), 128–131.

41   Das Fest wird in einer königlichen Inschrift aus Kalhu beschrieben. Van De Mieroop, A History of the Ancient Near East, 234.

42   Kuna Ba: Ashish Sinha et al., Role of Climate in the Rise and Fall of the Neo-Assyrian Empire, Science Advances 5, Nr. 11 (2019). doi: 10.1126/sciadv.aax6656.

43   Nathan J. Wright et al., Woodland Modification in Bronze and Iron Age Central Anatolia: An Anthracological Signature for the Hittite State? Journal of Archaeological Science 55 (2015): 219–230.

44   Touraj Daryaee, Sasanian Persia: The Rise and Fall of an Empire, Neuaufl. (New York: I. B. Tauris, 2013). Siehe auch Eberhard Sauer (Hrsg.), Sasanian Persia: Between Rome and the Steppes of Eurasia (Edinburgh: Edinburgh University Press, 2019).

45   Fagan, Cro-Magnon, 146–152.

4   NIL UND INDUS

46   Herodot Historien. Deutsche Gesamtausgabe, 4. Aufl. (Stuttgart: Körner 1971), 112.

47   Otto Kaiser, Die mythische Bedeutung des Meeres in Ägypten, Ugarit und Israel. Beihefte zur Zeitschrift für die alttestamentliche Wissenschaft. Hrsg. v. Otto Eissfeldt und Johannes Hempel. Beiheft 78 (Berlin: Verlag Alfred Tölpelmann, 1959), 30–31.

48   Barry Kemp, Ancient Egypt: The Anatomy of a Civilization, 3. Aufl. (Abingdon, UK: Routledge, 2018), ist eine umfassende Einführung in die altägyptische Zivilisation.

49   I. E. S. Edwards, The Pyramids of Egypt (Baltimore: Pelican, 1985), 12.

50   Mark Lehner, The Complete Pyramids (London: Thames & Hudson, 1997). Siehe auch Miroslav Verner, The Pyramids. Überarb. Aufl. (Cairo: American University in Cairo Press, 2021).

51 Die Dauer der Herrschaft von Pepi II. ist umstritten und könnte auch nur 64 Jahre betragen haben, was nach pharaonischen Maßstäben aber noch immer eine beeindruckende Regierungszeit ist.

52 Die Rolle des Klimawandels beim Zusammenbruch des Alten Reiches ist in der Ägyptologie umstritten. Eine gute Zusammenfassung der Argumente findet sich in Ellen Morris, Ancient Egyptian Exceptionalism: Fragility, Flexibility and the Art of Not Collapsing, in: Norman Yoffee (Hrsg.), The Evolution of Fragility: Setting the Terms (Cambridge, UK: McDonald Institute for Archaeological Research, 2019), 61–88.

53 Klagen des Ipuwer, von denen man annimmt, dass sie aus dem Mittleren Reich stammen, sind ein unvollständiges literarisches Werk und auf einem Papyrus, datiert von 1250 v. Chr., erhalten. Der Text stammt aber aus einer viel früheren Zeit. Er ist die früheste bekannte Abhandlung über die politische Ethik. Ipuwer vertrat die Ansicht, dass sein guter Pharao seine Beamten kontrollieren und nach dem Willen der Götter handeln sollte. Zitate nach Barbara Bell, Climate and the History of Egypt: The Middle Kingdom, American Journal of Archaeology 79 (1975): 261.

54 Alois Hahn und Volker Kapp (Hrsg.), Selbstthematisierung und Selbstzeugnis: Bekenntnis und Geständnis, (Frankfurt am Main: Suhrkamp, 1987), 208–232.

55 Eine allgemeine Beschreibung der Indus-Kultur: Andrew Robinson, The Indus: Lost Civilizations (London: Reaktion, 2021). Siehe auch Robin Coningham und Ruth Young, From the Indus to Ashoka: Archaeologies of South Asia (Cambridge: Cambridge University Press, 2015).

56 Ashish Sinha et al, Trends and Oscillations in the Indian Summer Monsoon Rainfall over the Past Two Millennia, Nature Communications 6, Nr. 6309 (2015); Peter B. de Menocal, Cultural Responses to Climate Change During the Late Holocene, Science 292, Nr. 5517 (1976): 667–673. Siehe auch Alena Giesche et al., Indian Winter and Summer Monsoon Strength over the 4.2 ka BP Event in Foraminifer Isotope Records from the Indus River Delta in the Arabian Sea, Climate of the Past 15, Nr. 1 (2019): 73. doi: 10.5194/cp-15-73-2019.

57 Gayatri Kathayat et al., The Indian Monsoon Variability and Civilization Changes in the Indian Subcontinent, Science Advances 3 (2017): e1701296.

58 nach Mortimer Wheeler, The Indus Civilization, 3. Aufl. (Cambridge: Cambridge University Press, 1968), 44.

59 Eine grundlegende Quelle: Cameron A. Petrie, Diversity, Variability, Adaptation, and 'Fragility' in the Indus Civilization, in: Yoffee, Evolution of Fragility, 109–134.

60 Cameron A. Petrie und John Bates, 'Multi-cropping', Intercropping and Adaptation to Variable Environments in Indus South Asia, Journal of World Prehistory 30 (2017): 81–130, ist eine umfassende Abhandlung über die Landwirtschaft am Indus.

5 DER UNTERGANG ROMS

61 Da wir beide keine Romanisten sind, folgt dieses Kapitel stark der gut begründeten These von Kyle Harper: The Fate of Rome: Climate, Disease, and the End of an Empire (Princeton, NJ: Princeton University Press, 2017). Harper zieht eine breite Palette von Quellen heran, um die zentrale Rolle des Klimawandels und der Pandemien in Bezug auf den anhaltenden Zerfallsprozess des Reiches zu erörtern. Dieses bemerkenswerte Buch, das zuweilen kontrovers und provokativ ist, macht

den Leser gekonnt mit den Feinheiten des Themas vertraut. Wir konnten in dieser Zusammenfassung die zahlreichen kontroversen Diskussionen und Meinungsverschiedenheiten natürlich nur am Rande streifen. Harper verweist auf eine umfassende Bibliografie. Siehe auch Rebecca Storey und Glenn R. Storey, Rome and the Classic Maya (Abingdon, UK: Routledge, 2017).

62   Ein Überblick über das Klima im Römischen Reich findet sich in Kyle Harper und M. McCormick, Reconstructing the Roman Climate, in: Walter Scheidel (Hrsg.), The Science of Roman History (Princeton, NJ: Princeton University Press, in Vorbereitung). Dazu eine wichtige Synthese: Michael McCormick et al., Climate Change During and After the Roman Empire: Reconstructing the Past from Scientific and Historical Evidence, Journal of Interdisciplinary History 43, Nr. 2 (2012): 169–220. Die Okmok II eruption: Joseph R. McConnell et al., Extreme Climate After Massive Eruption of Alaska's Okmok Volcano in 43 BCE and Effects on the Late Roman Republic and Ptolomaic Kingdom, Proceedings of the National Academy of Sciences 117, nr. 27 (July 7, 2020): 15443–15449. doi: 10.1073/pnas.2002722117.

63   Foggaras sind sanft abfallende unterirdische Kanäle oder Tunnel, die Wasserspeicher oder tiefe Brunnen zur Bewässerung landwirtschaftlicher Flächen anzapfen. Sie sind im Iran als Qanats bekannt und waren im Nahen Osten und in Nordafrika über viele Jahrhunderte weit verbreitet. Im Grunde handelt es sich um unterirdische Aquädukte.

64   Zitat und Quelle für den Absatz nach Harper, Fatum. Das Klima und der Untergang des Römischen Reiches (München: C.H.Beck 2020).

65   nach Harper, Fatum.

66   Sigwells: Richard Tabor, Cadbury Castle: The Hillfort and Landscapes (Stroud, UK: History Press, 2008), 130–142. Catsgore: R. Leech, Excavations at Catsgore, 1970–1973 (Bristol, UK: Western Archaeological Trust, 1982).

67   nach Harper, Fatum.

68   Harper, Fatum, 95.

69   Ein modius (pl. modii) entspricht etwa 9 Litern Trockenware.

70   Diese Abschnitte basieren auf Harper, Fate of Rome, 92–98. Eine Zusammenfassung der Seefahrt und des Handels im Indischen Ozean findet sich in Brian Fagan, Beyond the Blue Horizon: How the Earliest Mariners Unlocked the Secrets of the Oceans (New York: Bloomsbury Press, 2012), Kap. 7 bis 9.

71   Hui-Yuan Yeh et al., Early Evidence for Travel with Infectious Diseases Along the Silk Road: Intestinal Parasites from 2000-Year-Old Personal Hygiene Sticks in a Latrine at Xuanquanzhi Relay Station in China, Journal of Archaeological Science: Reports 9 (2016): 758–764.

72   William H. McNeill, Plagues nd Peoples (New York: Doubleday, 1976), und Harper, Fatum, Kap. 3, beschreiben die Antoninische Pest.

73   Cyprian (ca. 200–258 n. Chr.) stammte von den Berbern ab, wurde aber Bischof von Karthago und ein bekannter frühchristlicher Schriftsteller. Die von ihm beschriebene Seuche trägt seinen Namen. Zitat von Harper, Fatum, 196.

74   Für eine allgemeine Beschreibung siehe Lucy Grig und Gavin Kelly (Hrsg.), Two Romes: Rome and Constantinople in Late Antiquity (Oxford: Oxford University Press, 2012).

75   Harper, Fatum, 273.

76   Martin Finné et al., Climate in the Eastern Mediterranean, and Adjacent Regions During the Past 6000 Years – a Review, Journal of Archaeological Science 38 (2011): 3153–3173.

77   Erwin Cook, Megadroughts, ENSO, and the Invasion of Late-Roman Europe by the Huns and Avars, in: .William Harris (Hrsg.), The Ancient Mediterranean Environment Between Science and History (Leiden: Brill, 2013), 89–102. Siehe auch Q-Bin Zhang et al., A 2,326-Year Tree-ring Record of Climate Variability on the Northeastern Qinghai-Tibetan Plateau, Geophysical Research Letters 30, Nr. 14 (2003). doi: 10.1029/2003GL017425.

78   Harper, Fatum, 283. Ammianus Marcellinus (354–378 CE) war ein Soldat und der letzte bedeutende römische Historiker. Sein Hauptwerk war Res gestae, eine aus 31 Bänden bestehende Geschichte, die dort ansetzt, wo Tacitus endete. Die ersten 13 Bände sind verlorengegangen.

79   Beschrieben von Harper, Fatum, 199–200.

80   In unserer Zusammenfassung der Justinianischen Pest haben wir uns gestützt auf Harper, Fatum, Kap. 6. Über die lokalen Auswirkungen der Pest und die damit einhergehenden Sterblichkeitsraten – ebenso wie über die Geschichte von Yersinia pestis – müssen wir noch einiges lernen. Siehe auch William Rosen, Justinian's Flea (New York: Penguin Books, 2008).

81   Johannes von Ephesos (ca. 507–588 n. Chr.) war ein führender Vertreter der syrisch-orthodoxen Kirche und ein Historiker. Der dritte Teil seiner Kirchengeschichte (Ecclesiastical History) behandelt die Justinianische Pest, die er aus erster Hand miterlebte. Er hielt sie für ein Zeichen göttlichen Zorns. Zitat aus Harper, Fatum, 331.

82   Stuart J. Borsch, Environment and Population: The Collapse of Large Irrigation Systems Reconsidered, Comparative Studies in Society and History 46, Nr. 3 (2004): 451–468, und andere Veröffentlichungen desselben Autors.

83   Der römische Staatsmann Cassiodor (ca. 485–585 n. Chr.) war ebenfalls ein angesehener Gelehrter und Schriftsteller. Auf seinem Landgut am Ionischen Meer gründete er das Kloster Vivarium, dessen Bewohner sich dem Lesen und Kopieren von Manuskripten widmeten.

84   Edward Gibbon (1737–1794) war ein Historiker und Parlamentsabgeordneter, sowie Autor des unsterblichen Werkes, The History of the Decline and Fall of the Roman Empire, das zwischen 1776 und 1788 in sechs Bänden erschien. Edward Gibbon und David P. Womersley, History of the Decline and Fall of the Roman Empire, 3 Bände (London: Penguin Press, 1994).

6   DIE TRANSFORMATION DER MAYA

85   Der Begriff „Mesoamerika" wird in wissenschaftlichen Kreisen für das Gebiet Mittelamerikas verwendet, in dem sich vorindustrielle Zivilisationen entwickelten (darunter das heutige Zentralmexiko, Belize, Guatemala, El Salvador, Honduras, Nicaragua und das nördliche Costa Rica).

86   Der Begriff „Maya-Zivilisation" umfasst im Kern die klassische Maya-Zivilisation, die von etwa 250 bis 900 n. Chr. dauerte. Wir verwenden die Terminologie hier der Einfachheit halber, wohlwissend, dass sie eine erhebliche kulturelle Vielfalt verdeckt.

87   Für eine ausführliche Beschreibung des Tieflandes, auf die wir auch unsere Ausführungen gestützt haben, siehe Billie. L. Turner II, Jeremy A. Sabloff, Classic Period Collapse of the Central Maya Lowlands: Insights About Human-Environment Relationships for Sustainability, Proceedings of the National Academy of Sciences 109, Nr. 35 (2012): 13908–13914.

88 Die klassische, gängige Darstellung der alten Maya-Zivilisation findet man in Michael Coe und Stephen Houston, The Maya, 9. Ausg. (London und New York: Thames & Hudson, 2015). Linda Schele und David Freidel's A Forest of Kings (New York, William Morrow, 1990), ist eine anschauliche Darstellung des Maya-Königtums, die aber inzwischen etwas veraltet ist.

89 Richard R. Wilk, Dry-Season Agriculture Among the Kekchi Maya and Its Implications for Prehistory, in: Mary Pohl (Hrsg.), Prehistoric Lowland Maya Environment and Subsistence Economy (Cambridge, MA: Peabody Museum of Archaeology and Ethnology, Harvard University, 1985), 47–57. Siehe auch von demselben Autor Household Ecology: Economic Change and Domestic Life Among the Kekchi Maya of Belize. Arizona Studies in Human Ecology (Tucson: University of Arizona Press, 1991).

90 Billie L. Turner II, The Rise and Fall of Maya Population and Agriculture: The Malthusian Perspective Reconsidered, in: Lucile Newman (Hrsg.), Hunger and History: Food Shortages, Poverty, and Deprivation (Cambridge: Cambridge University Press, 1990), 178–211.

91 Robert J. Oglesby et al., Collapse of the Maya: Could Deforestation Have Con- tributed? Papers in the Earth and Atmospheric Sciences 469 (2010). http://digitalcommons. unl.edu/geosciencefacpub/469.

92 Die Literatur über den Zusammenbruch der klassischen Maya-Zivilisation ist enorm. Für allgemeine Zusammenfassungen, siehe T. Patrick Culbert (Hrsg.), The Classic Maya Collapse (Albuquerque: University of New Mexico Press, 1973), mittlerweile etwas veraltet, und David Webster, The Fall of the Ancient Maya (London und New York: Thames & Hudson, 2002). Eine nützliche Analyse, auf die wir hauptsächlich zurückgegriffen haben, findet sich in Turner und Sabloff, Classic Period Collapse of the Central Maya Lowlands.

93 David Hodell, Mareike Brenner und Jason H. Curtis, Terminal Classic Drought in the Northern Maya Lowlands Inferred from Multiple Sediment Cores in Lake Chichancanab (Mexico), Quaternary Science Reviews 24 (2005): 1413–1427.

94 Douglas Kennett und David A. Hodell, AD 750–100 Climate Change and Critical Transitions in Classic Maya Sociopolitical Networks, in: Harvey Weiss (Hrsg.), Megadrought and Collapse: From Early Agriculture to Angkor (New York: Oxford University Press, 2017), 204–230. Siehe auch Douglas Kennett et al., Development and Disintegration of Maya Political Systems in Response to Climate Change, Science 338 (2012): 788–791.

95 Copán: William L. Fash und Ricardo Agurcia Fasquelle, Contributions and Controversies in the Archaeology and History of Copán, in: E. Wyllys Andrews und William L. Fash (Hrsg.), Copán: The History of an Ancient Maya Kingdom, (Santa Fe, NM: School of American Research Press, 2005), 3–32. Siehe auch William L. Fash, E. Wyllys Andrews und T. Kam Manahan, Political Decentralization, Dynastic Collapse, and the Early Postclassic in the Urban Center of Copán, Honduras, in: Arthur A. Demarest, Prudence M. Rice und Don S. Rice (Hrsg.), The Terminal Classic in the Maya Lowlands: Collapse, Transition, and Transformation (Boulder: University Press of Colorado, 2005), 260–287.

96 Arthur Demarest, Ancient Maya: Rise and Fall of a Rainforest Civilization (Cambridge: Cambridge University Press, 2004).

97 Jeremy A. Sabloff, It Depends on How You Look at Things: New Perspectives on the Postclassic Period in the Northern Maya Lowlands, Proceedings of the American Philosophical Society 109

(2007): 11–25. Siehe auch Marilyn A. Masson, Maya Collapse Cycles, Proceedings of the National Academy of Sciences 109, Nr. 45 (2012): 18237–18238.

98   Marilyn A. Masson und Carlos Peraza Lope, Kukulkan's Realm: Urban Life at Mayapan (Boulder: University of Colorado Press, 2014), 5.

7 GÖTTER UND EL NIÑOS

99   Lonnie G. Thompson et al., A 1500-Year Record of Climate Variability Recorded in Ice Cores from the Tropical Quelccaya Ice Cap, Science 229 (1985): 971–973.

100   Michael Moseley, The Inca and Their Ancestors, 2. Aufl. (London und New York: Thames & Hudson, 2001), ist eine viel zitierte These.

101   Ruth Shady und Christopher Kleihege, Caral: First Civilization in the Americas. Zweispr. Ausg. (Chicago: CK Photo, 2010).

102   Moche: Apart from Moseley, The Inca and Their Ancestors, siehe Jeffrey Quilter, The Ancient Central Andes (Abingdon, UK: Routledge, 2013).

103   Walter Alva und Christopher Donnan, Royal Tombs of Sipán (Los Angeles: Fowler Museum of Cultural History, 1989). Eine Aktualisierung: Nadia Durrani, Gold Fever: The Tombs of the Lords of Sipan, Current World Archaeology 35 (2009): 18–30.

104   Lonnie G. Thompson et al., Annually Resolved Ice Core Records of Tropical Climate Variability over the Past 1800 Years, Science 229 (2013): 945–950.

105   Brian Fagan, Floods, Famines, and Emperors: El Niño and the Fate of Civilizations. Übrarb. Aufl. (New York: Basic Books, 2009), Kap. 7, ist eine geeignete Darstellung für interessierte Leser.

106   Michael Moseley und Kent C. Day (Hrsg.), Chan Chan: Andean Desert City (Albuquerque: University of New Mexico Press, 1982).

107   Brian Fagan, The Great Warming (New York: Bloomsbury Press, 2008), Kap. 9, ist eine allgemeine Darstellung.

108   Charles R. Ortloff, Canal Builders of Pre-Inca Peru, Scientific American 359, Nr. 6 (1988): 100–107.

109   Tom D. Dillehay und Alan L. Kolata, Long-Term Human Response to Uncertain Environmental Conditions in the Andes, Proceedings of the National Academy of Sciences 101, Nr. 2: 4325–4330.

110   Alan L. Kolata, The Tiwanaku: Portrait of an Andean Civilization (Cambridge, MA: Blackwell, 1993). Zwei Sammelbände sind ausführliche Monografien: Alan L. Kolata (Hrsg.), Tiwanaku and Its Hinterland: Archaeology and Paleoecology of an Andean Civilization, Teil 1: Agroecology und Teil 2: Urban and Rural Archaeology (Washington D. C.: Smithsonian Institution, 1996 und 2003).

111   Charles Stanish et al., Tiwanaku Trade Patterns in Southern Peru, Journal of Anthropological Archaeology 29 (2010): 524–532.

112   Dieser Abschnitt stützt sich hauptsächlich auf Lonnie G. Thompson und Alan L. Kolata, Twelfth Century A. D.: Climate, Environment, and the Tiwanaku State, in: Harvey Weiss (Hrsg.), Megadrought and Collapse: From Early Agriculture to Angkor (New York: Oxford University Press, 2017), 231–246.

113 R. Aalan Covey, Multiregional Perspectives on the Archaeology of the Andes During the Late Intermediate Period (c. A. D. 1000–1400), Journal of Archaeological Research 16 (2008): 287–338.

114 Elizabeth Arkush, Hillforts of the Ancient Andes: Colla Warfare, Society, and Landscape (Gainesville: University Press of Florida, 2011). Siehe auch Elizabeth Arkush und Tiffiny Tung, Patterns of War in the Andes from the Archaic to the Late Horizon: Insights from Settlement Patterns and Cranial Trauma, Journal of Archaeological Research 219, Nr. 4 (2013): 307–369; Alan L. Kolata, Charles Stanish und Oliver Rivera (Hrsg.), The Technology and Organization of Agricultural Production in the Tiwanaku State (Pittsburgh, PA: Pittsburgh Foundation, 1987).

115 Clark L. Erickson, Applications of Prehistoric Andean Technology: Experiments in Raised Field Agriculture, Huatta, Lake Titicaca, 1981–2, in: Ian S. Farrington (Hrsg.)Prehistoric Intensive Agriculture in the Tropics. International Series 232 (Oxford: British Archaeological Reports, 1985), 209–232. Ein wertvolles Dokument über die traditionelle Landwirtschaft in dieser Region ist Clark Erickson, Neo-environmental Determinism and Agrarian 'Collapse' in Andean Prehistory, Antiquity 73 (1999): 634–642.

8 CHACO UND CAHOKIA

116 Brian Fagan, Before California: An Archaeologist Looks at Our Earliest Inhabitants (Lanham, MD: Rowman & Littlefield, 2003); Jeanne Arnold und Michael Walsh, California's Ancient Past: From the Pacific to the Range of Light (Washington D. C.: Society for American Archaeology, 2011).

117 Lynn H. Gamble, First Coastal Californians (Santa Fe, NM: School for Advanced Research, 2015), ist eine sehr gute Zusammenfassung für allgemein interessierte Leser.

118 Douglas J. Kennett und James P. Kennett, Competitive and Cooperative Responses to Climatic Instability in Coastal Southern California, American Antiquity 65 (2000): 379–395. Siehe auch Douglas J. Kennett, The Island Chumash: Behavioral Ecology of a Maritime Society (Berkeley: University of California Press, 2005).

119 Lynn H. Gamble, The Chumash World at European Contact (Berkeley: University of California Press, 2011).

120 Frances Joan Mathien, Culture and Ecology of Chaco Canyon and the San Juan Basin (Santa Fe, NM: National Park Service, 2005). Siehe auch Gwinn Vivian, Chacoan Prehistory of the San Juan Basin (New York: Academic Press, 1990).

121 Ein populärwissenschaftlicher Bericht über den Chaco findet sich in Brian Fagan, Chaco Canyon: Archaeologists Explore the Lives of an Ancient Society (New York: Oxford University Press, 2005). Aufsätze über die jüngsten Forschungen im Canyon sind erschienen in Jeffrey J. Clark und Barbara J. Mills (Hrsg.), Chacoan Archaeology at the 21st Century, Archaeology Southwest 32, nos. 2–3 (2018).

122 Jill E. Neitzel, Pueblo Bonito: Center of the Chacoan World (Washington D. C.: Smithsonian Books, 2003). Siehe auch Timothy R. Pauketat, Fragile Cahokian and Chacoan Orders and Infrastructures, in: Norman Yoffee (Hrsg.), The Evolution of Fragility: Setting the Terms (Cambridge, UK: McDonald Institute for Archaeological Research, 2019), 89–108.

123 Vernon Scarborough et al., Water Uncertainty, Ritual Predictability and Agricultural Canals at Chaco Canyon, New Mexico, Antiquity 92, Nr. 364 (August 2018): 870–889.

124 Douglas L. Kennett et al., Archaeogenomic Evidence Reveals Prehistoric Patrilineal Dynasty, Nature Communications 8, Nr. 14115 (2017). doi: 10.1038/ncomms14115.

125 Dieser Abschnitt geht zurück auf David W. Stahle et al., Thirteenth Century A. D.: Implications of Seasonal and Annual Moisture Reconstructions for Mesa Verde, Colorado, in: Weiss, Megadrought and Collapse, 246–274. Siehe auch Mark Varien et al., Historical Ecology in the Mesa Verde Region: Results from the Village Ecodynamics Project, American Antiquity 72 (2007): 273–299.

126 Cahokia: Die Literatur ist enorm. Siehe Timothy R. Pauketat, Cahokia: Ancient America's Great City on the Mississippi (New York: Viking Penguin, 2009) und von ebd. Ancient Cahokia and the Mississippians (Cambridge: Cambridge University Press, 2004). Siehe auch Timothy R. Pauketat und Susan Alt (Hrsg.), Medieval Mississippians: The Cahokian World (Santa Fe, NM: School of Advanced Research, 2015); Pauketat, Fragile Cahokian and Chacoan Orders and Infrastructures, 89–108.

127 A. J. White et al., Fecal Stanols Show Simultaneous Flooding and Seasonal Precipitation Change Correlate with Cahokia's Population Decline, Proceedings of the National Academy of Sciences 116, Nr. 12 (2019): 5461–5466.

128 Samuel E. Munoz et al., Cahokia's Emergence and Decline Coincided with Shifts of Flood Frequency on the Mississippi River, Proceedings of the National Academy of Sciences 112, Nr. 20 (2015): 6319–6327. Siehe ebenfalls Timothy R. Pauketat, When the Rains Stopped: Evapotranspiration and Ontology at Ancient Cahokia, Journal of An- thropological Research 76, Nr. 4 (2020): 410–438.

129 A. J. White et al., After Cahokia: Indigenous Repopulation and Depopulation of the Horseshoe Lake Watershed AD 1400–1900, American Antiquity 85, Nr. 2 (April 2020): 263–278.

9 DIE VERSCHWUNDENE METROPOLE

130 Für einen allgemeinen Überblick zur Khmer-Kultur, siehe Charles Higham, The Civilization of Angkor (London: Cassel, 2002), oder Michael D. Coe, Angkor and the Khmer Civilization (London und New York: Thames & Hudson, 2005). Siehe auch Roland Fletcher et al., Angkor Wat: An Introduction, Antiquity 89, Nr. 348 (2015): 1388–1401.

131 Eine allgemeine Darstellung der neuesten Forschungsergebnisse ist zu finden in Brian Fagan und Nadia Durrani, The Secrets of Angkor Wat, Current World Archaeology 7, Nr. 5 (2016):14–21.

132 Zu LiDAR in Angkor: Damian Evans et al., Uncovering Archaeological Landscapes at Angkor Using Lidar, Proceedings of the National Academy of Sciences 110 (2013): 12595–12600.

133 Roland Fletcher et al., The Water Management Network of Angkor, Cambodia, Antiquity 82 (2008): 658–670.

134 Der Rest dieses Kapitels stützt sich auf Roland Fletcher et al., Fourteenth to Sixteenth Centuries AD: The Case of Angkor and Monsoon Extremes in Mainland Southeast Asia, in: Harvey Weiss (Hrsg), Megadrought and Collapse: From Early Agriculture to Angkor (New York: Oxford University Press, 2017), 275–313; Zitat von Seite 279.

135 Peter D. Clift und R. A. Plumb, The Asian Monsoon: Causes, History, and Effects (Cambridge: Cambridge University Press, 2008).

136 Dieser komplexe Prozess des Zerfalls ist zusammengefasst in Fletcher, Fourteenth to Sixteenth Centuries AD, 292–304.

137   Brendan M. Buckley et al., Climate as a Contributing Factor in the Demise of Angkor, Cambodia, Proceedings of the National Academy of Sciences 107 (2010): 6748–6752. Siehe auch B. M. Buckley et al., Central Vietnam Climate over the Past Five Centuries from Cypress Tree Rings, Climate Dynamics Heidelberg 48, Nr. 11 und 12 (2017): 3707–3708.

138   Dandak: A. Sinha et al., A Global Context for Megadroughts in Monsoon Asia During the Past Millennium, Quaternary Science Reviews 30 (2010): 47–62. Wanxiang speleothems: R.-H Zhang et al., A Test of Climate, Sun, and Culture Relationships from an 1810-Year Chinese Cave Record, Science 322 (2008): 940–942.

139   Robin A. E. Coningham und M. J. Manson, The Early Empires of South Asia, in: T. Harrison (Hrsg), Great Empires of the Ancient World (London und New York: Thames & Hudson, 2009), 226–249.

140   Kingsley M. De Silva, A History of Sri Lanka (New Delhi: Penguin Books, 2005).

141   Robin A. E. Coningham, Anuradhapura: The British–Sri Lankan Excavations at Anuradhapura Salgaha Watta. 3 Bände (Oxford, UK: Archaeopress for the Society for South Asian Studies, 1999, 2006, 2013).

142   Lisa J. Lucero, Roland Fletcher und Robin Coningham, From 'Collapse' to Urban Diaspora: The Transformation of Low-Density, Dispersed Agrarian Urbanism, Antiq-uity 89, Nr. 337 (2015): 1139–1154.

143   Mike Davis, Late Victorian Holocausts: El Niño Famines and the Making of the Third World (Brooklyn, NY: Verso Books, 2001).

144   nach Frederick Williams, The Life and Letters of Samuel Wells Williams, MD: Missionary, Diplomatist, Sinologue (New York: G. P. Putnam's Sons, Knickerbocker Press, 1889), 432.

10   AFRIKAS REICHWEITE

145   Mike Davis, Die Geburt der Dritten Welt. Hungerkatastrophen und Massenvernichtung im imperialistischen Zeitalter (Berlin/Hamburg: Assoziation A Verlag 2004), 206–207.

146   Davis, Die Geburt der Dritten Welt, 206.

147   Brian Fagan, Hungersnöte und Kaiser: El Niño und das Schicksal der Zivilisationen (New York: Basic Books, 2020), 368. 16. Abu Zayd Al-Sirafi war ein Seefahrer. Ca. 916 n. Chr. schrieb er Accounts of China and India, trans. Tim Macintosh-Smith (New York: New York University Press, 2017).

148   Matthew Fontaine Maury, Explanations and Sailing Directions to Accompany the Wind and Current Charts (New York: Andesite Press, 2015). Ursprünglich veröffentlicht im Jahr 1854.

149   Lionel Casson, The Periplus Maris Erythraei: Text with Introduction, Translation, and Commentary (Princeton, NJ: Princeton University Press, 1989). Weiteres zur Route über das Rote Meer in der Antike findet man unter Nadia Durrani, The Tihamah Coastal Plain of South-West Arabia in Its Regional Context c. 6000 BC–AD 600. BAR International Series (Oxford: Archaeopress, 2005).

150   Die Literatur ist umfangreich und wächst schnell. Eine gute Zusammenfassung findet sich bei Timothy Insoll, The Archaeology of Islam in Sub-Saharan Africa (Cambridge: Cambridge University Press, 2003), 172–177.

151 Roger Summers, Ancient Mining in Rhodesia and Adjacent Areas (Salisbury: National Museums of Rhodesia, 1969), 218.

152 David W. Phillipson, African Archaeology, 3. Aufl. (Cambridge: Cambridge University Press, 2010).

153 Thomas N. Huffman, Archaeological Evidence for Climatic Change During the Last 2000 Years in Southern Africa, Quaternary International 33 (1996): 55–60.

154 Die folgenden Abschnitte stützen sich auf P. D. Tyson et al., The Little Ice Age and Medieval Warming in South Africa, South African Journal of Science 96, Nr. 3 (2000): 121–125.

155 Peter Robertshaw, Fragile States in Sub-Saharan Africa, in The Evolution of Fragility: Setting the Terms, Norman Yoffee (Hrsg.) (Cambridge, UK: McDonald Institute for Archaeological Research, 2019), 135–160, bietet eine Diskussionsgrundlage für die in diesem Abschnitt beleuchteten Themen. Siehe auch Matthew Hannaford und David J. Nash, Climate, History, Society over the Last Millennium in Southeast Africa, WIREs Climate Change 7, Nr. 3 (2016): 370–392

156 Graham Connah, African Civilizations, 3. Aufl. (Cambridge: Cambridge University Press, 2015), stellt eine ausführliche Zusammenfassung dar. T. N. Huffman, Mapungubwe and the Origins of the Zimbabwe Culture, South African Archaeological Society Goodwin Series 8 (2000): 14–29, ist ein nützlicher Ausgangspunkt, aktualisiert von Robertshaw Fragile States in Sub-Saharan Africa, und Tyson et al., The Little Ice Age and Medieval Warming in South Africa.

157 Peter S. Garlake, Great Zimbabwe (London: Thames & Hudson, 1973), ist, obgleich etwas veraltet, noch immer eine grundlegende Quelle. Robertshaw, Fragile States in Sub-Saharan Africa, enthält zahlreiche aktuelle Bezüge.

158 Diskussion in Tyson et al., The Little Ice Age and Medieval Warming in South Africa.

11 EIN WÄRMEEINBRUCH

159 Procopius of Caesarea (ca. 500–ca. 570 n. Chr.) war ein byzantinischer griechischer Gelehrter und Jurist, der dem Kaiser Justinian gegenüber äußerst kritisch eingestellt war. Seine Kriegsgeschichte ist eine unschätzbare Quelle zum Verständnis der Ereignisse des frühen sechsten Jahrhunderts der Justinianischen Pest. Harper, Fatum, 361.

160 Michael McCormick, Paul Edward Dutton und Paul A. Mayewski, Volcanoes and the Climate Forcing of Carolingian Europe, A. D. 750–950, Speculum 82 (2007): 865–895, ist eine grundlegende Quelle zum Klima dieser Zeit und zu Eruptionen und Klima, auf die hier zurückgegriffen wird.

161 Bartholomeus Anglicus (ca. 1203–1272 n. Chr.), gemeinhin bekannt als Bartholomäus der Engländer, war ein franziskanischer Gelehrter und Kirchenbeamter. Sein 19-Werk De proprietatibus rerum (On the Properties of Things) war ein Vorläufer der modernen Enzyklopädie und wurde viel gelesen. Es deckte ein breites Spektrum von Themen ab, darunter Gott und Tiere.

162 Ulf Büntgen und Nicola Di Cosmo, Climatic and Environmental Aspects of the Mongolian Withdrawal from Hungary in 1242 CE, Nature Scientific Reports 6 (2016): 25606.

163 Hubert Lamb, Climate, History and the Modern World, 2. Aufl (Abingdon, UK: Routledge, 1995), bietet eine hervorragende Einführung in Lambs Werk. Für die MCA, siehe: The Early Medieval Warm Epoch and Its Sequel, Palaeogeography, Palaeoclimatology, Paleoecology 1 (1965): 13–37.

164 Michael Mann et al., Global Signatures and Dynamical Origins of the Little Ice Age and the Medieval Climate Anomaly, Science 326 (2009): 1256–1260.

165 Ulf Büntgen und Lena Hellman, The Little Ice Age in Scientific Perspective: Cold Spells and Caveats, Journal of Interdisciplinary History 44 (2013): 353–368. Sam White, The Real Little Ice Age, Journal of Interdisciplinary History 44, Nr. 3 (Winter 2014): 327–352, bietet ebenfalls bemerkenswerte Erkenntnisse. Büntgen und Hellman betonen, dass die Ergebnisse ihrer sorgfältigen Forschung aber nur vorläufig und viele hochtechnische Fragen noch nicht abschließend geklärt sind. Das Hauptproblem besteht in der Notwendigkeit, akribisch gesammelte und exakt datierte Proxie-Archive mit zuverlässigen Netzwerken von Instrumentenmessungen zu kalibrieren. Im Großen und Ganzen vermitteln die bisherigen Forschungen jedoch zumindest einen Gesamteindruck der Klimaschwankungen, der weitaus genauer ist als die Ergebnisse früherer Forschungen. Das Klimabild wird in den kommenden Jahren noch deutlich präziser werden, wobei vieles davon aus hoc entwickelten statistischen Berechnungen, manchmal auch Nachbardisziplinen, abgeleitet wird, die in den Händen von Spezialisten liegen. Aber schon heute wissen wir viel mehr über die Klimavariabilität im Mittelalter als noch vor einigen Jahren.

166 Ulf Büntgen et al. Tree-ring Indicators of German Summer Drought over the Last Millennium, Quaternary Science Reviews 29 (2010): 1005–1016.

167 Literatur über die mittelalterliche Landwirtschaft gibt es in Hülle und Fülle. Grenville Astill und John Langdon (Hrsg.) Medieval Farming and Technology: The Impact of Agricultural Change in Northwest Europe (Leiden: Brill, 1997), vermittelt einen sehr guten Überblick.

168 nach William of Malmesbury (ca. 1096–1143) war ein Mönch in Südwestengland und ein hoch angesehener Historiker, der wichtigste nach Venerable Bede (Beda der Ehrwürdige). In Historia Novella, Buch V, beschreibt er die Weinberge seiner Zeit.

169 Basierend auf Hubert Lamb, Climate, History and the Modern World (London: Methuen, 1982), 169–170.

170 William Chester Jordan, The Great Famine (Princeton, NJ: Princeton University Press, 1996), ist die maßgebliche Darstellung der Hungersnot, auf die wir uns hier stützen. Siehe auch William Rosen, The Third Horseman: Climate Change and the Great Famine of the 14th Century (New York: Viking, 2014).

171 Die Zitate in diesem Abschnitt stammen aus: Ronald D. Gerste, Wie das Wetter Geschichte macht. Katastrophen und Klimawandel von der Arktis bis heute. (Stuttgart: Klett Cotta, 2015) , 83. Aus Jordan, The Great Famine, 18.

172 In diesem Abschnitt beziehen wir uns auf Rosen, The Third Horseman, 149–151.

173 nach Wendy R. Childs (Hrsg. und übers.)., Vita Edwardi Secundi: The Life of Edward II (New York: Oxford University Press, 2005), 111.

174 C. A. Spinage, Cattle Plague: A History (New York: Springer, 2003).

12 „NEU-ANDALUSIEN" UND DARÜBER HINAUS

175 Die Besiedlung Grönlands durch die Nordmänner und die anschließenden Reisen nach Nordamerika sind intensiv erforscht worden. Dazu gibt es hervorragende Ausgrabungen dänischer Archäologen in Grönland. Siehe Kristen A. Seaver, The Frozen Echo: Greenland and the Exploration

of North America, ca. A. D. 1000–1500 (Stanford, CA: Stanford University Press, 1996). Für L'Anse aux Meadows, siehe Helga Ingstad (Hrsg.), The Norse Discovery of America (Oslo: Norwegian University Press, 1985). Ob es sich bei der Stätte L'Anse aux Meadows tatsächlich um den Ort handelt, an dem Erik überwintert hat, ist aber fraglich. Die kontroverse Diskussion darüber hat noch zu keinem Ergebnis geführt.

176   Nicolás Young et al., Glacier Maxima in Baffin Bay During the Medieval Warm Period Coeval with Norse Settlement, Science Advances 1, Nr. 11 (2015). doi: 10.1126 /sciadv.1500806.

177   Brian Fagan, Fish on Fridays: Feasting, Fasting, and the Discovery of the New World (New York: Basic Books, 2006), ist eine gute These.

178   Sam W. White, A Cold Welcome: The Little Ice Age and Europe's Encounter with North America (Cambridge, MA: Harvard University Press, 2017), ist die maßgebliche Quelle zu diesem Thema. Auf diese haben wir uns für das restliche Kapitel hauptsächlich gestützt.

179   Das Klima-Thema wird erörtert in White, A Cold Welcome, 9–19. Und Karen Kupperman, The Puzzle of the American Climate in the Early Colonial Period, American Historical Review 87 (1982): 1262–1289.

180   nach Anne Lawrence-Mathers, Medieval Meteorology: Forecasting the Weather from Aristotle to the Almanac (Cambridge: Cambridge University Press, 2019).

181   White, A Cold Welcome, 28–47, bietet eine umfassende Diskussion.

182   White, A Cold Welcome, 31–32.

183   Die Zitate in diesem Abschnitt stammen aus und sind übersetzt nach White, A Cold Welcome, 38, 41.

184   Roanoke: Karen Kupperman, Roanoke: The Abandoned Colony (Lanham, MD: Rowman & Littlefield, 2007).

185   David W. Stahle et al., The Lost Colony and Jamestown Droughts, Science 280, Nr. 5363 (1998): 564–567.

186   Richard Halkuyt, Voyages and Discoveries: The Principal Navigations, Voyages, Traffiques and Discoveries of the English Nation, Jack Beeching (Hrsg.). Überarb. Aufl. (New York: Penguin, 2006). Siehe auch White, A Cold Welcome, 103–108.

187   Zitate nach White, A Cold Welcome, 105.

188   Dieser Abschnitt über Jamestown basiert auf White, A Cold Welcome, Kap. 6. Siehe auch Karen Kupperman, The Jamestown Project (Cambridge, MA: Harvard University Press, 2007), und James Horn, A Land as God Made It: Jamestown and the Birth of America (New York: Basic Books, 2005).

189   Stahle et al., The Lost Colony and Jamestown Droughts, beschreibt die Baumringforschung. Siehe auch Tim M. Cronin et al., The Medieval Climate Anomaly and Little Ice Age in Chesapeake Bay and the North Atlantic Ocean, Palaeogeography, Palaeoclimatology, Paleoecology 297 (2010): 299–310.

190   Karen Kupperman, Apathy and Death in Early Jamestown, Journal of American History 66 (1979): 24–40.

191   Helen C. Rountree, The Powhatan Indians of Virginia: Their Traditional Culture (Norman: University of Oklahoma Press, 1989), ist hierzu eine wertvolle Quelle.

192   Die Literatur zu diesem Thema wächst schnell. Für eine Zusammenfassung siehe Martin Gallivan, The Archaeology of Native Societies in the Chesapeake: New Investigations and Interpretations, Journal of Archaeological Research 19 (2011): 281–325.

193   Helen C. Rountree, Pocahontas, Powhatan, Opechancanough: Three Indian Lives Changed by Jamestown (Charlottesville: University of Virginia Press, 2005), 64.

194   William M. Kelso, Jamestown: The Truth Revealed (Charlottesville: University of Virginia Press, 2018).

195   Nunalleq ist aus jüngeren Ausgrabungen bekannt: Paul M. Ledger et al., Dating and Digging Stratified Archaeology in Circumpolar North America: A View from Nunalleq, Southwestern Alaska, Arctic 69, NR. 4 (2019): 278–390. Siehe auch Charlotta Hillerdal, Rick Knecht und Warren Jones, Nunalleq: Archaeology, Climate Change, and Community Engagement in a Yup'ik Village, Arctic Anthropology 56 (2019): 18–38.

196   Gideon Mailer und Nicola Hale, Decolonizing the Diet: Nutrition, Immunity, and the Warning from Early America (New York: Anthem Press, 2018), stellt eine nützliche allgemeine Einführung in dieses aufstrebende Forschungsgebiet dar.

197   A. Park Williams et al., Large Contribution from Anthropogenic Warming to an Emerging North American Megadrought, Science 368, Nr. 6488 (2020): 314–318. Eine Zusammenfassung für allgemein interessierte Leser findet sich bei David W. Stahle, Anthropogenic Megadrought, Science 368, Nr. 6488 (2020): 238–239.

13   DAS EIS KEHRT ZURÜCK

198   nach Hubert Lamb und Knud Frydendahl, Historic Storms of the North Sea, British Isles, and Northwestern Europe (Cambridge: Cambridge University Press, 1991), ist eine großartige Studie, die die Meteorologie hinter der Grote Mandreke und anderen Stürmen beschreibt. Zitat von S. 93.

199   Ole J. Benedictow, The Black Death, 1346–1353: The Complete History (Woodbridge, UK: Boydell & Brewer, 2006).

200   M. Harbeck et al., Distinct Clones of Yersinia pestis Caused the Black Death, PLOS Pathology 9, Nr. 5 (2013): c1003349.

201   Boris V. Schmid et al., Climate-Driven Introduction of the Black Death and Successive Plague Reintroductions into Europe, Proceedings of the National Academy of Sciences 112, Nr. 10 (2015): 3020–3025

202   nach François Matthes, Report of Committee on Glaciers, Transactions of the American Geophysical Union 20 (1939): 518–523.

203   Umwelthistoriker haben sich in den letzten Jahren intensiv mit der Kleinen Eiszeit befasst, sodass es jetzt reichhaltiges historisches Material gibt. Größtenteils bezieht es sich auf das 16. und 17. Jahrhundert. Philipp Blom, Nature's Mutiny: How the Little Ice Age of the Long Seventeenth Century Transformed the West and Shaped the Present (New York: W. W. Norton, 2020), und Dagomar Degroot, The Frigid Golden Age: Climate Change, the Little Ice Age, and the Dutch Republic, 1560–1720 (Cambridge: Cambridge University Press, 2018), sind besonders empfehlenswert. Siehe auch Geoffrey Parker, Global Crisis: War, Climate Change and Catastrophe in the Seventeenth Cen-

tury (New Haven, CT: Yale University Press, 2013). Zu Eisschüben und zum Beginn der Kleinen Eiszeit, siehe Martin M. Miles et al., Evidence for Extreme Export of Arctic Sea Ice Leading the Abrupt Onset of the Little Ice Age, Science Advances 6, Nr. 38 (2020). doi.10.1126/sciadv.aba4320.

204   Zitate von Schaller bei Philip Blom, Die Die Welt aus den Angeln: Eine Geschichte der Kleinen Eiszeit von 1570 bis 1700 sowie der Entstehung der modernen Welt, verbunden mit einigen Überlegungen zum Klima der Gegenwart (München: Carl Hanser Verlag, 2017), 35.

205   Beschrieben in Blom, Nature's Mutiny, 39–40.

206   Degroot, The Frigid Golden Age, ist für diesen Abschnitt die maßgebliche Quelle.

207   nach Degroot, The Frigid Golden Age, 130.

208   Diskussion in Degroot, The Frigid Golden Age, 130–149.

209   Der niederländische Ingenieur Cornelius Vermuyden (1595–1677) führte in verschiedenen Teilen Englands Entwässerungsprojekte durch, darunter auch in den Mooren Ostenglands. Seine Bemühungen dort waren aber zunächst nur teilweise erfolgreich – bis Dampfpumpen zum Einsatz kamen.

210   Robert Bakewell (1725–1795) war ein Agrarwissenschaftler und Experte für Tierzucht, insbesondere für Schafe. Er düngte sein Weideland, um die Weidehaltung zu verbessern. Seine Wollschafe wurden bis nach Australien und Neuseeland exportiert, und er war außerdem der Erste, der Rinder zur Fleischgewinnung züchtete, deren Gewicht sich im Laufe des 18. Jahrhunderts mehr als verdoppelte.

211   nach William Derham (1657–1735) war Geistlicher in Upminster in der Nähe von London. Seine Leidenschaft galt der Mathematik, der Philosophie und der Wissenschaft. Er entwickelte die frühesten einigermaßen genauen Messungen der Schallgeschwindigkeit. Zitat aus den Observations upon the Spots That Have Been upon the Sun, from the Year 1703 to 1711. with a Letter of Mr. Crabtrie, in the Year 1640. upon the Same Subject. by the Reverend Mr William Derham, F. R. S, Philosophical Transactions of the Royal Society 27 (1711): 270.

212   Eine Zusammenfassung des „solaren Minimums" für allgemein interessierte Leser gibt Degroot, The Frigid Golden Age, 30–49.

213   Jean-Claude Thouret et al., Reconstruction of the AD 1600 Huaynaputina Eruption Based on the Correlation of Geological Evidence with Early Spanish Chronicles, Journal of Vulcanology and Geothermal Research 115, nos. 3–4 (2002): 529–570.

214   Gary K. Waite, Eradicating the Devil's Minions: Anabaptists and Witches in Reformation Europe, 1525–1600 (Toronto: University of Toronto Press, 2007).

215   Dieser Abschnitt basiert auf Degroot, The Frigid Golden Age, Kap. 2 und 3. The VOC: 81–108.

14   GEWALTIGE ERUPTIONEN

216   nach Francisco José de Caldas war von 1805 bis 1810 Direktor des astronomischen Observatoriums von Bogotá, Kolumbien. Zitat von A. Guevara-Murua et al., Observations of a Stratospheric Aerosol Veil from a Tropical Volcanic Eruption in December 1808: Is This the 'Unknown' ~1809 Eruption? Climate of the Past Discussions 10, Nr. 2 (2014): 1901. Ob die mysteriöse Eruption Ende 1808 oder erst 1809 stattfand, ist noch umstritten.

217   Stefan Brönnimann et al., Last Phase of the Little Ice Age Forced by Volcanic Eruptions, Nature Geoscience 12 (2019): 650–656.

218   Hier haben wir zurückgegriffen auf Gillen D'Arcy Wood, Tambora: The Eruption That Changed the World (Princeton, NJ: Princeton University Press, 2014), eine ausgezeichnete allgemeine Darstellung des Ausbruchs, sowie auf William Klingaman und Nicholas P. Klingaman, The Year Without Summer: 1816 and the Volcano That Darkened the World and Changed History (New York: St. Martin's Press, 2013).

219   Miranda Shelley, Mary Shelley (London: Simon & Schuster, 2018).

220   Karl Freiherr von Drais (1785–1851) war ein sehr produktiver Erfinder, der nicht nur das Veloziped erfand, sondern im Jahr 1821 auch die erste Schreibmaschine mit Tastatur und sogar ein fußbetriebenes, von Menschenhand angetriebenes Eisenbahnfahrzeug, den Vorläufer der heutigen Draisine. Als verspäteten Tribut an die Französische Revolution verzichtete er 1848 auf seinen Adelstitel und starb mittellos.

221   John D. Post, The Last Great Subsistence Crisis in the Western World (Baltimore: Johns Hopkins University Press, 1977), ist hier die maßgebliche Quelle.

222   Irish famine: Wood, Tambora, Kap. 8.

223   Christopher Hamlin, Cholera: The Biography (New York: Oxford University Press, 2008), ist hier ein Standardwerk.

224   Zitat aus Gillien D'Arcy Wood, Vulkanwinter 1816. Die Welt im Schatten des Tambora (Darmstadt: Konrad Theiss Verlag 2015), 121. Kap. 5 beschreibt die Ereignisse in Yunnan. Auf diesen Bericht stützen wir uns hier.

225   Dieser Abschnitt basiert auf Wood, Tambora, Kap. 9.

226   Thomas Jefferson, Notes on the State of Virginia (Chapel Hill: University of North Carolina Press, 2006). Ursprünglich 1784 in Paris veröffentlicht.

227   Thomas H. Painter et al., End of the Little Ice Age in the Alps Forced by Industrial Black Carbon, Proceedings of the National Academy of Sciences 110, Nr. 38 (2013): 15216–15221.

228   Richard H. Grove, Ecology, Climate, and Empire: Colonialism and Global Environmental History, 1400–1940 (Cambridge, UK: White House Press, 1997).

229   Rodney and Otamatea Times, Waitemata and Kaipara Gazette, August 14, 1912.

230   Peter Brimblecombe, The Big Smoke: A History of Air Pollution in London Since Medieval Times (Abingdon, UK: Routledge, 1987). Siehe auch Stephen Halliday, The Great Stink of London: Sir Joseph Bazalgette and the Cleansing of the Victorian Metropolis (Stroud, UK: Sutton, 2001).

231   Christos S. Zerefos et al., Atmospheric Effects of Volcanic Eruptions as Seen by Famous Artists and Depicted in Their Paintings, Atmospheric Chemistry and Physics 7, Nr. 15 (2007): 4027–4042; Hans Neuberger, Climate in Art, Weather 25, Nr. 2 (1970): 46–56.

232   James Hanson, Ansprache vor dem Kongress, 23. Juni, 1988.

15   ZURÜCK IN DIE ZUKUNFT

233   Raphael Meukom et al., No Evidence for Globally Coherent Warm and Cold Periods over the Preindustrial Common Era, Nature 571 (2019): 550–554.

234 nach David Lowenthal, The Past is a Foreign Country, Cambridge University Press, 2015 [Lowenthal zitiert mit seinem Titel den britischen Schriftsteller Leslie Poles (L.P.) Hartley (1895–1972), der seinen Roman The Go-Between (1953) mit den Worten begann: The past is a foreign country; they do things differently there.

235 Zum Verständnis der Dimensionen der globalen Erwärmung und der möglichen Lösungen gibt es ein sehr aussagekräftiges Werk von Paul Hawken (Hrsg.), Drawdown: The Most Comprehensive Plan Ever Proposed to Reverse Global Warming (New York: Penguin Books, 2017). Die Aufsätze in diesem bemerkenswerten Buch bieten Ideen und mögliche Lösungen, die manchmal atemberaubend einfach, aber stets zukunftsweisend sind.

REGISTER

AUTOREN

BRIAN FAGAN ist einer der weltweit führenden Autoren archäologischer Werke und eine international anerkannte Autorität auf dem Gebiet der Urgeschichte unseres Planeten. Er ist emeritierter Professor für Anthropologie an der Universität von Kalifornien, Santa Barbara, und Autor mehrerer bedeutender Bücher über historische Klimaveränderungen. Er hält zu diesem Thema in der ganzen Welt Vorträge – vor großem und kleinem Publikum. Eines seiner neuesten Bücher ist *Fishing: How the Sea Fed Civilization* (2018).

NADIA DURRANI ist eine an der Universität von Cambridge ausgebildete Archäologin und Autorin, die über Arabische Archäologie am University College in London promovierte. Sie ist Gründerin und Herausgeberin von *THE PAST* (www.thepastmagazine.com) und ehemalige Herausgeberin der beiden Zeitschriften *Current Archaeology* und *Current World Archeology*. Durrani ist Koautorin von Brian Fagan bei einer Reihe von Lehrbüchern sowie allgemeiner Literatur: *What We Did in Bed: A Horizontal History* (2019) und *Bigger Than History: Why Archeology Matters* (2019).

Die Natur verstehen ——— und retten

David Attenborough

DER LEBENDIGE PLANET

Wie alles mit allem vernetzt ist

432 Seiten, ca. € (D) 28,–

Der legendäre Tierfilmer und Naturforscher Sir David Attenborough beschreibt in seiner unnachahmlichen Art die Lebensräume auf unserem Planeten und erklärt, auf welche geheimnisvolle Weise alles Lebendige zusammenhängt. Das Buch führt uns in eisige Zonen, durch Tundra, Wald, Wüsten und Ozeane bis in die einsamen Höhen des Himalaya. Man staunt über die Anpassungsfähigkeit einzelner Arten und begreift die wunderbaren Kräfte der Natur, die die komplexen Bedürfnisse von Tieren und Pflanzen in den verschiedenen Lebensräumen ins Gleichgewicht bringt.

Wie können wir hier und jetzt die Klimawende schaffen? Wie argumentiert man mit Leugnern des Klimawandels? Dieses ungewöhnlich gestaltete Buch nennt die Fakten: kurz und kompakt, wissenschaftlich fundiert und nachprüfbar. Der bekannte Klimaexperte Prof. Mark Maslin entwirft keine Utopien, sondern liefert stichhaltige Argumente und gibt konkrete Tipps, was jeder von uns im Alltag beitragen kann. Wir haben allen Grund zum Optimismus, denn unsere Zukunft liegt ganz allein in unseren Händen.

PROF. MARK MASLIN

ERSTE HILFE FÜR DIE ERDE

Die Fakten

256 Seiten, ca. € (D) 16,–

kosmos.de